Ansgar Meroth
Boris Tolg

Infotainmentsysteme im Kraftfahrzeug

Weitere Bücher aus dem Programm Elektronik

Sensorschaltungen
von P. Baumann

Elektroniksimulation mit PSPICE
von B. Beetz

Elemente der angewandten Elektronik
von E. Böhmer, D. Ehrhardt und W. Oberschelp

Elemente der Elektronik – Repetitorium und Prüfungstrainer
von E. Böhmer

Mechatronik
herausgegeben von B. Heinrich

Sensoren für die Prozess- und Fabrikautomation
herausgegeben von S. Hesse und G. Schnell

Hochfrequenztechnik
von H. Heuermann

Informatik für Ingenieure 1 und 2
von G. Küveler und D. Schwoch

Automobilelektronik
von K. Reif

Grundkurs Leistungselektronik
von J. Specovius

Handbuch Kraftfahrzeugelektronik
herausgegeben von H. Wallentowitz und K. Reif

Elektronik
von D. Zastrow

Bussysteme in der Fahrzeugtechnik
von W. Zimmermann und R. Schmidgall

vieweg

Ansgar Meroth

Boris Tolg

Infotainmentsysteme im Kraftfahrzeug

Grundlagen, Komponenten, Systeme und Anwendungen

Mit 219 Abbildungen und 15 Tabellen

Vieweg Praxiswissen

Bibliografische Information der Deutschen Nationalbibliothek
Die Deutsche Nationalbibliothek verzeichnet diese Publikation in der
Deutschen Nationalbibliographie; detaillierte bibliografische Daten sind im Internet über
<http://dnb.d-nb.de> abrufbar.

Liste der Mitarbeiter:

Prof. Dr. Michael Burmester
Dr. Ralf Graf
Prof. Dr. Jürgen Hellbrück
Lothar Krank
Christian Plappert
Jörg Reisinger
Dr. Andreas Streit
Prof. Dr.-Ing. Jörg Wild

1. Auflage 2008

Alle Rechte vorbehalten
© Friedr. Vieweg & Sohn Verlag | GWV Fachverlage GmbH, Wiesbaden, 2008

Lektorat: Reinhard Dapper

Der Vieweg Verlag ist ein Unternehmen von Springer Science+Business Media.
www.vieweg.de

Technische Redaktion: FROMM MediaDesign, Selters/Ts.
Umschlaggestaltung: Ulrike Weigel, www.CorporateDesignGroup.de
Druck und buchbinderische Verarbeitung: Wilhelm & Adam, Heusenstamm
Gedruckt auf säurefreiem und chlorfrei gebleichtem Papier.
Printed in Germany

ISBN 978-3-8348-0285-9

Vorwort

Infotainmentsysteme im Kraftfahrzeug gehören zu den komplexesten Systemen der Konsumelektronik. Der Wunsch nach innovativer Technik und neuesten Multimedia-Trends mischt sich mit den Qualitäts-, Sicherheits- und Lebensdaueranforderungen der Automobilindustrie. Die Schnittstellen zu umgebenden Systemen sind vielfältig und die Schnittstelle zu den Fahrzeuginsassen in den Modalitäten Akustik, Optik und Haptik ist so komplex wie sonst nirgendwo im Fahrzeug und selten in anderen Lebensbereichen.

Ein handliches Buch über Infotainmentsysteme im Kraftfahrzeug auf dem Stand der Technik zu schreiben ist deshalb eine Herausforderung, die nur zu meistern ist, wenn man einige Kompromisse eingeht. Zu breit und interdisziplinär ist die Palette von Themen, die in der Tiefe behandelt werden müssten. Viele technische Lösungen sind Eigentum der Hersteller und der Öffentlichkeit nicht zugänglich. Das vorliegende Buch ist der Versuch, sich dieser Herausforderung zu stellen. Es soll:

- einen breiten technischen Überblick über Komponenten und Systeme im Bereich Kraftfahrzeug-Infotainment geben.

- einen Startpunkt bieten für Leser, die in das Thema einsteigen und sich – z. B. mittels der Lesetipps und der Bibliographie – in ein Spezialgebiet weiter vorarbeiten wollen.

- Studierenden und interessierten Technikern die Vielfältigkeit des Gebiets erschließen.

- Entscheidern und Personen, die in die Entwicklungs-, Fertigungs- und Vertriebskette involviert sind, notwendiges terminologisches und fachliches Rüstzeug vermitteln.

- ein Nachschlagewerk der notwendigen Begriffe sein.

Wir haben uns bewusst auf drei große Themenbereiche konzentriert: die technischen (Kapitel 2 bis 4) und psychologischen (Kapitel 8) Grundlagen der Mensch-Maschine-Interaktion von Infotainmentsystemen, die technischen Grundlagen der Rechnernetze im (Kapitel 5) und rund um (Kapitel 6) das Fahrzeug und die Software-Architektur (Kapitel 7) eines modernen Infotainmentsystems. Hardware-Aspekte sind, soweit zum Verständnis notwendig, in den technischen Kapiteln aufgegriffen.

An einigen Stellen haben wir es für notwendig befunden, in die Tiefe zu gehen, um eine geschlossene Verständniskette aufbauen zu können. Dafür mussten wir in vielen anderen Themen an der Oberfläche bleiben und uns der Gefahr aussetzen, nicht für Experten zu schreiben.

Im Interesse des Schreib- und letztlich auch des Leseflusses haben wir uns bewusst dafür entschieden, „Fahrer", „Benutzer", „Entwickler" und „Proband" zu schreiben aber „Fahrerinnen und Fahrer", „Benutzerinnen und Benutzer" usw. zu meinen.

Um der Interdisziplinarität des Themas gerecht zu werden, haben wir ausgewiesene Experten in ihren Gebieten um Unterstützung und Beiträge gebeten. Auf diesem Wege wollen wir unseren Mitautoren unseren herzlichsten Dank und unseren Respekt aussprechen. Eine kurze Beschreibung der Mitautoren findet sich vor dem Inhaltsverzeichnis.

Wir wurden in vielfältiger Weise von Kollegen, Mitarbeitern, Studenten, Freunden und nicht zuletzt von unseren Familien unterstützt. Ihnen ebenso herzlichen Dank, insbesondere:

- Gerhard Mauter von der Audi AG, der durch seine wertvollen Beiträge und Anregungen der Haptikforschung an der Hochschule Heilbronn entscheidende Impulse gab.

- Den Firmen Audi AG, Ehmann&Partner GmbH sowie Schunk GmbH & Co.KG Spann- und Greiftechnik für die Unterstützung der Hochschule Heilbronn in der Haptikforschung.

- Der Landesstiftung Baden-Württemberg als Trägerin des „Automotive Competence Center" (ACC) an der Hochschule Heilbronn.

- Prof. Gerhard Gruhler, Alexander Treiber, Prof. Dr. Wolfgang Wehl, Sebastian George Säläjan und Petre Sora für viele gute Tipps, Anregungen und Unterstützung.

- Den Medienbeauftragten der Firmen, die Bildmaterial für dieses Buch zur Verfügung gestellt haben.

- Prof. Dr. Peter Knoll für die Überlassung von Material und Wissen zu Anzeigetechnik in vielfältiger Form.

- Christian Plappert, ohne den das Buch überhaupt nicht begonnen worden wäre, für seine Initiative und seine Recherche-Unterstützung.

- Monika Brandenstein, Heinz Kreft, Hedwig Merettig, Dr. Oskar Meroth, Dr. Simon Winkelbach und anderen für sorgfältiges Korrekturlesen.

- Andrea, Christine, Mirjam und Jean Luc für ausgefallene und ausgeglichene Abende und Wochenenden.

Zu diesem Buch gibt es ein Internetangebot auf den Seiten des Vieweg Verlags

http://www.vieweg.de/tu/8u

Besuchen Sie uns dort!

Leonberg und Braunschweig, September 2007

Ansgar Meroth und *Boris Tolg*
im Namen aller Koautoren

Autorenverzeichnis

Prof. Dr.-Ing. **Ansgar Meroth** lehrt Informatik und Informationssysteme im Kraftfahrzeug im Studiengang Automotive Systems Engineering an der Hochschule Heilbronn. Nach seiner Promotion an der Universität Karlsruhe hatte er verschiedene Aufgaben in der Forschung, der Serienentwicklung und in der Zentrale bei der Robert Bosch GmbH inne.

Dr.-Ing. **Boris Tolg** studierte Informatik an der Technischen Universität Braunschweig. Seit seiner Promotion arbeitet er im Bereich Car Multimedia eines großen Automobilzulieferers.

Prof. Dr. **Michael Burmester** ist Professor für Ergonomie und Usability im Studiengang Informationsdesign an der Hochschule der Medien in Stuttgart und war zuvor nach seinem Studium an der Universität Regensburg in verschiedenen Forschungseinrichtungen und Unternehmen der Mensch-Maschine-Kommunikation tätig.

Dr. **Ralf Graf** ist akademischer Rat am Lehrstuhl für Arbeits-, Umwelt- und Gesundheitspsychologie der Katholischen Universität Eichstätt-Ingolstadt. Zuvor forschte er an den Universitäten Mannheim und Marburg.

Prof. Dr. **Jürgen Hellbrück** leitet die Professur für Arbeits-, Umwelt- und Gesundheitspsychologie der Katholischen Universität Eichstätt-Ingolstadt. Zuvor forschte er u. a. an den Universitäten in Würzburg, Osaka (Japan), Oldenburg und Konstanz.

Dipl.-Ing. **Lothar Krank** ist als Geschäftsführer bei der mm-lab GmbH in Kornwestheim tätig. Zuvor hatte er verschiedene Positionen in den Bereichen Netzstrategie, Business Development und Telematik bei der Alcatel SEL AG in Stuttgart inne.

Dipl.-Ing. (FH) **Jörg Reisinger** ist wissenschaftlicher Mitarbeiter im Automotive Competence Center der Hochschule Heilbronn und bereitet seine Promotion am Lehrstuhl für Ergonomie an der Technischen Universität München vor.

Dr. rer. nat. **Andreas Streit** ist als technischer Geschäftsführer und Entwicklungsleiter der mm-lab GmbH in Kornwestheim für die Entwicklung von Telematiklösungen verantwortlich. Zuvor war er als Entwicklungs- und Projektleiter für Telematiksysteme sowie in der Entwicklung optischer Übertragungssysteme bei der Alcatel SEL AG in Stuttgart tätig.

Prof. Dr.-Ing. **Jörg Wild** ist Professor für Feinwerktechnik/Mechatronik am Studiengang Mechatronik und Mikrosystemtechnik der Hochschule Heilbronn. Nach seiner Promotion an der Technischen Universität München arbeitete er an der Entwicklung von ABS/ASR Systemen bei der Robert Bosch GmbH.

Beiträge und Mitarbeiter

Einführung

Prof. Dr.-Ing. Ansgar Meroth
Dr.-Ing. Boris Tolg
Christian Plappert

Akustik und Audiotechnik

Prof. Dr.-Ing. Ansgar Meroth

Anzeigetechnik

Prof. Dr.-Ing. Ansgar Meroth

Haptische Bedienschnittstellen

Jörg Reisinger
Prof. Dr.-Ing. Jörg Wild

Netzwerke im Fahrzeug

Lothar Krank
Prof. Dr.-Ing. Ansgar Meroth
Dr. rer. nat. Andreas Streit
Dr.-Ing. Boris Tolg

Konnektivität

Lothar Krank
Dr. rer. nat. Andreas Streit

Plattform-Software

Dr.-Ing. Boris Tolg

Usability – Der Mensch im Fahrzeug

Prof. Dr. Michael Burmester
Dr. Ralf Graf
Prof. Dr. Jürgen Hellbrück
Prof. Dr.-Ing. Ansgar Meroth

Inhaltsverzeichnis

1 Einführung

Ansgar Meroth, Boris Tolg, Christian Plappert

Das Wort *Infotainment* ist ein Kunstwort, das sich aus den Begriffen *Information* und *Unterhaltung* (Entertainment) zusammensetzt. 75 Jahre nach Einführung des ersten Autoradios hat sich Infotainment einen wertbestimmenden Rang im Automobil erobert. Spätestens mit den Fahrerassistenzsystemen sind Fahrzeugfunktionen und Infotainment zu einer Einheit verschmolzen. Die Mindmap in Abbildung 1.1 zeigt einige Aspekte, die im Folgenden näher erläutert werden sollen.

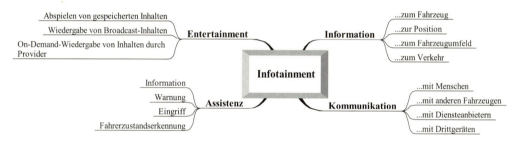

Abbildung 1.1 Aspekte des Infotainment im Kfz

Die Entwicklung eines Infotainmentsystems stellt die Ingenieure vor eine Reihe besonderer Herausforderungen:

- Infotainmentsysteme leben mit einer hohen Bandbreite an Anforderungen und Qualitätsmaßstäben.

- Infotainmentsysteme werden von den Kunden unmittelbar wahrgenommen und haben eine differenzierende Wirkung.

- Infotainmentsysteme im Kfz werden unmittelbar mit Geräten aus dem häuslichen und beruflichen Umfeld (Stereoanlage, Kommunikationseinrichtungen, Computer) verglichen, ohne dabei zwingend die besondere Problematik der Fahrzeugumwelt zu berücksichtigen.

- Infotainmentsysteme müssen mit allen Zuverlässigkeits- und Sicherheitsrestriktionen des Automobilbaus zurechtkommen. Dies gilt insbesondere für ihre prominente Rolle bei der Kommunikation mit den Fahrzeuginsassen und der unmittelbaren Gefährdung durch Ablenkung des Fahrers.

- Infotainmentsysteme sind einem hohen Innovationsdruck unterworfen, wodurch Entwicklungs- und Testzyklen kürzer sind als in den übrigen Fahrzeugdomänen.

- Infotainmentsysteme gehören zu den designbestimmenden Elementen des Innenraums.

- Infotainmentsysteme fügen sich lückenlos in den Informationshaushalt des Fahrzeugs ein und stehen mit allen Steuergeräten mittelbar oder unmittelbar in Kontakt.

- Der Wert von Infotainmentsystemen wird wie bei kaum einem anderen System im Fahrzeug durch die Software bestimmt.

Aus diesen Gründen sollte jeder, der mit Konzeption, Entwicklung, Integration, Bau und Vertrieb von Infotainmentsystemen befasst ist, über einen „Grundwortschatz" der beteiligten Disziplinen verfügen.

1.1 Anwendungen

Ohne Anspruch auf Vollständigkeit sollen an dieser Stelle einige gängige Anwendungen von Infotainmentsystemen beschrieben werden. In den technischen Kapiteln werden viele dieser Anwendungen noch einmal aufgegriffen und aus Sicht der dort beschriebenen technischen Grundlagen betrachtet.

1.1.1 Entertainment

Die Anforderungen im Bereich Entertainment sind vielfältig und wachsen beständig. Klassische Anwendungen, wie **analoges Radio** und das Abspielen von **Audio CD**s, die wiederum die Kassetten verdrängt haben, werden ergänzt um die Möglichkeiten neuer Medien. So gewinnt das weitverbreitete Audioformat **MP3** auch im Kraftfahrzeug zunehmend an Bedeutung. Dies bedingt die Möglichkeit **Daten CD**s und **Universal Serial Bus** (USB) Medien verarbeiten zu können. **Digitales Radio**, wie **Digital Audio Broadcast** (DAB), ermöglicht das Empfangen von Infotainmentinhalten und erweitert die Möglichkeiten des klassischen Radios so um ein Vielfaches.
Die Entwicklung der Entertainmentfunktionen geht aber noch weiter. Waren bisher lediglich Audiofunktionen in einem Fahrzeug verfügbar, so kommt nun, durch die Verbreitung des **Digital Video Broadcast** (DVB), noch Videofunktionalität hinzu. **Streaming**dienste, wie z. B. **Video on demand** oder **Internetradio**, werden durch die Anbindung des Fahrzeugs an das Internet ermöglicht und machen so die Insassen unabhängig von mitgeführten Datenträgern und von Programmzeiten.
Diese Entwicklung fordert Usability- und Sicherheitsexperten heraus, denn erstmals wird auch der für das Führen des Fahrzeug so wichtige „visuelle Kanal" potenziell für Unterhaltungszwecke genutzt und nicht nur der verhältnismäßig unbelastete „auditive Kanal".

1.1.2 Information

Das Infotainmentsystem kann den Fahrer auf vielfältige Weise durch die Bereitstellung von Informationen unterstützen. Durch eine umfassende Datenbank mit Straßendaten kann eine **Routenführung** zu einem vorgegebenen Ziel ermöglicht werden. Abbildung 1.2 zeigt ein Beispiel einer aktuellen Navigationssoftware.
Die über das digitale Radio übertragenen **Traffic Message Channel** (TMC) Nachrichten, ermöglichen die Berücksichtigung von aktuellen **Verkehrsinformationen**, wie Staus oder Baustellen, bei der Routenberechnung. Eine ausgefeilte Sensorik innerhalb des Fahrzeugs ermöglicht die Berechnung der aktuellen Position, der zurückgelegten Strecke sowie der Orientierung des Fahrzeugs. Diese Informationen können verwendet werden, um so genannte **Location based**

Services bereitzustellen. Ein typisches Beispiel für einen Location based Service ist eine Routenführung zu der nächstgelegenen Tankstelle oder die Reservierung eines Parkplatzes beim Einfahren in eine Stadt.

Abbildung 1.2 Beispiel einer aktuellen Navigationssoftware (Foto: Audi)

Die fahrzeuginterne Sensorik erlaubt aber nicht nur die genaue Lokalisierung des Fahrzeugs sondern auch die Bereitstellung von Informationen über den aktuellen **Fahrzeugzustand**. Weitere Sensoren sowie Kameras ermöglichen eine umfassende **Fahrzeugumfelderkennung**, wie in Abbildung 1.3 gezeigt. Die Umfelderkennung ermöglicht es, dem Fahrer Informationen über die aktuell geltenden Verkehrszeichen sowie den Zustand der Ampeln auf der aktuellen Fahrspur bereitzustellen.

Abbildung 1.3 Links: Beispiel einer Erkennungssoftware für das Fahrzeugumfeld.
Rechts: Gängige Umfeldsensoren (Fotos: Bosch)

1.1.3 Assistenz

Die Assistenzfunktionen verwenden die durch die Sensorik bereitgestellten Daten, um den Fahrer aktiv zu unterstützen. Die bereitgestellte Hilfe dient dabei hauptsächlich zur Erhöhung der Sicherheit und des Komforts. Bei einer erkannten Gefahrensituation kann der Fahrer entweder optisch, durch eine Warnleuchte oder das Display – oder akustisch durch ein Warnsignal informiert werden. Dabei ist darauf zu achten, dass die Menge an bereitgestellten Informationen den Fahrer nicht zu sehr von der eigentlichen Gefahr ablenkt. In diesem Zusammenhang wird von adaptiven, oder intelligenten Informationssystemen gesprochen.

Durch die Fahrzeugumfelderkennung kann die aktuelle Fahrspur ermittelt werden. Diese Information kann verwendet werden, um den Fahrer durch Warnsignale auf ein unbeabsichtigtes Verlassen der Fahrspur hinzuweisen und so bei der **Spurhaltung** zu unterstützen. Dieses System ist auch als **Lane Departure Warning** (LDW) bekannt.

Die Verwendung von Kameras und Lasern in dem Fahrzeug ermöglicht die Erkennung und Verfolgung von anderen Fahrzeugen auf der Straße. So kann sich das Fahrzeug aktiv an der **Unfall- und Unfallfolgenvermeidung** beteiligen. Nähert sich z. B. bei einem Spurwechsel ein Fahrzeug von hinten, so kann der Fahrer rechtzeitig vor einer möglichen Gefahrensituation gewarnt werden. Hinter dem Begriff **Pre-Crash-Sensorik** verbergen sich verschiedene Funktionen, die bei einem nicht mehr abwendbaren Unfall das Leben der Insassen schützen, z. B. eine maximale Bremsverzögerung, das Vorspannen der Gurtstraffer und die Parametrierung der Airbags, die zu einem abgestimmteren Auslösen führt.

Nachtsichtkameras ermöglichen es dem Fahrer, außerhalb des Lichtkegels der Scheinwerfer befindliche Hindernisse zu erkennen. Abbildung 1.4 zeigt ein Beispiel für die Unterstützung durch eine Nachtsichtkamera. Die Personen sind auf dem Display bereits deutlich zu erkennen, während sie sich noch vollständig außerhalb des Lichtkegels befinden. Unfälle mit Personenschaden können so verringert werden.

Abbildung 1.4 Fahrerassistenz durch Verwendung von Nachtsichtkameras (Foto: Bosch)

Beschleunigungssensoren messen die Gierbewegung (Drehung um die Hochachse), die Nickbewegung (Kippen um die Querachse) und die Rollbewegung (Kippen um die Längsachse) und vergleichen sie mit dem am Lenkrad und der Pedalerie eingestellten Fahrerwunsch. Durch einen abgestimmten Eingriff in Bremssystem, Motormanagement und aktiver Fahrwerksabstimmung kann das Fahrzeug so aktive **Anfahr-, Kurvenfahr- und Bremsunterstützung** leisten. Insbesondere in Grenzbereichen, z. B. bei plötzlichen Bremsmanövern, in engen Kurven mit rutschigem Untergrund, beim Ausweichen oder auch beim Anfahren am Hang, wird der Fahrerwunsch so präzise unterstützt.

Die Verwendung von Radarsensoren ermöglicht den Abstandsregeltempomaten oder **Adaptive Cruise Control** (ACC). Durch die Erkennung vorausfahrender Fahrzeuge kann die eigene Geschwindigkeit und der Abstand zum vorausfahrenden Fahrzeug angepasst werden.

Weitere bekannte Funktionen der Fahrerassistenz sind das **Antiblockiersystem** (ABS), das ein Blockieren der Räder beim Bremsen verhindert oder das **Elektronische Stabilitätsprogramm** (ESP). Letzteres verhindert durch ein Abbremsen einzelner Räder ein Schleudern des Fahrzeugs in Kurven.

Ebenfalls zur Fahrerassistenz zählt die **Fahrerzustandserkennung**. Die wichtigste Funktion wird die Erkennung von Aufmerksamkeitsdefiziten, Müdigkeit oder Schlaf sein. Hier werden sowohl videobasierte Lösungen als auch die Analyse von Fahrmanövern vorgeschlagen.

1.1.4   Kommunikation

Ein Infotainmentsystem bietet dem Kunden vielfältige Möglichkeiten mit seiner Umwelt zu kommunizieren. Die Fähigkeit der meisten Mobiltelefone, über **Bluetooth** mit anderen Geräten Informationen auszutauschen, kann im Fahrzeug dazu verwendet werden, die Bedienung des Telefons über das Fahrzeug zu ermöglichen. Freisprecheinrichtungen ermöglichen so die **Telefonie** aus dem Fahrzeug heraus.

Die Anbindung an das **Internet** ermöglicht den Zugriff auf **E-Mail**- und **Telematik**dienste. Letztere liefern als kostenpflichtige Mehrwertdienste Informationen über die aktuelle Verkehrslage schneller und genauer, als es über das Radio geschieht. Die notwendigen Daten werden mit Position und Geschwindigkeit der teilnehmenden Fahrzeuge untermauert, den so genannten **Floating-Car**-Daten. Ebenfalls zu den Telematikdiensten zählen Pannen- und Unfallmelder, die als Nachrüstgeräte oder im Fahrzeug verbaut erhältlich sind. Letztere lösen selbständig aus, wenn die Situation aus den Daten der Fahrzeugnetzwerke erkennbar ist.

Im Bereich der kommerziellen Fahrzeuge werden Kommunikations- und Informationssysteme im Zusammenhang mit der Fahrzeugposition vielfach für Disposition, Routenplanung, Verrechnung von Fahrzeiten und andere logistische Dienstleistungen herangezogen. Auch die Mautabrechnung zählt zu diesen Diensten.

In Zukunft wird auch die **Kommunikation zwischen Fahrzeugen** zum Standard gehören, alleine die Übermittlung eines Bremseingriffs an das Folgefahrzeug erspart einige hundert Millisekunden Reaktionszeit und damit bis zu einigen zehn Metern Bremsweg. Für Nutzfahrzeuge könnte in Zukunft die elektronische „Deichsel" Kolonnenfahrten mit deutlich reduziertem Abstand ermöglichen.

Im Bereich von **Service und Wartung** ermöglicht die drahtlose Kommunikation z. B. über Blucotooth oder WLAN kürzere Abfertigungszeiten. So können die Fehlerspeicher bereits beim Check-In ausgelesen und dadurch der Service-Umfang festgelegt werden.

Im Bereich des Umweltschutzes wird darüber diskutiert, im Rahmen der **OBD3**, die Daten des Abgassystems und insbesondere Fehlermeldungen online weiterzumelden und gegebenenfalls das Fahrzeug ferngesteuert stillzulegen. Auch hier, wie an vielen anderen Stellen, sind es nicht alleine die technischen Möglichkeiten sondern auch ethische und politische Fragen, die über den Einsatz solcher Systeme mit entscheiden.

Die **Kommunikation mit Drittgeräten** integriert das Fahrzeugumfeld und das häusliche Umfeld. Unter dem Stichwort **seamless mobility** werden Dienste und Inhalte von **nomadic devices** wie Mobiltelefonen, PNAs (Personal Navigation Assistant) und PDAs (Personal Digital Assistant), z. B. Adressbücher, Termine, Playlisten, Telefongespräche, vorgeplante Routen oder einfach Musikinhalte und Videos über die im Fahrzeug vorhandenen Benutzungsschnittstellen präsentiert oder von Diensten des Infotainmentsystems mit benutzt (z. B. Adressbuchinhalte für die Zieleingabe).

Stellen Sie sich vor,
Elektronik wäre orange …

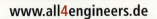

2 Akustik und Audiotechnik

Ansgar Meroth

Der Begriff Audio kommt vom lateinischen „audire", „hören" und bezieht sich auf alle akustischen Signale im Bereich der menschlichen Wahrnehmung. Ziel jeder Audiosignalverarbeitung ist es, dem Gehör genau das Signal zu bieten, das der Hörer erwartet („natürliche Wiedergabe"[Has06]), dafür muss der Weg des Signals von der Umwandlung über die Abstrahlung und Ausbreitung verstanden werden.

Audiotechnik im Fahrzeug ist in vielerlei Hinsicht eine Herausforderung an Produkt und Entwickler. Die Nutzer verlangen die akustische Qualität und die Störungsfreiheit, die sie von ihrem Wohnzimmer gewöhnt sind, unter einigen erschwerten Bedingungen:

- Umgebungsgeräusche, deren Schalldruck in der Größenordnung des Nutzsignals liegt.

- Sicherheitskritische Anforderungen an eine Aufmerksamkeitslenkung, die es dem Fahrer erlauben muss, seine Hauptaufgabe ablenkungsfrei auszuführen.

- Unterschiedliche Prioritäten des Signals (Gefahr, Warnung, Empfehlung, Unterhaltung).

- Platzierungs- und Bauraumrestriktionen für die Schallwandler.

- Ein Hörraum, dessen Dimension und dessen Resonanzverhalten im Bereich der hörbaren Frequenzen liegen.

- Elektromagnetische, thermische und mechanische Belastungen, die der Unterhaltungselektronik sonst fremd sind.

- Eine geforderte längere Lebensdauer und langfristige Bereitstellung von Ersatzteilen.

Audiokomponenten für das Fahrzeug sind daher durchweg Sonderbauteile, die in der Regel auf dieses Einsatzgebiet hin optimiert sind. Hieraus ergibt sich auch, dass die Komponenten hochwertiger Soundsysteme im Fahrzeug im Sinn eines Gesamtsystementwurfs aufeinander abgestimmt und in das Fahrzeug appliziert werden müssen. Abbildung 2.1 zeigt diese Wirkungskette. Das Kapitel beschreibt zunächst die Grundlagen der Akustik. Anschließend werden grundsätzliche Überlegungen zu Signalen angestellt, die die Grundlagen für die folgenden Inhalte bilden. Danach wird die Aufbereitung und Verstärkung von Audiosignalen beschrieben und schließlich die Wiedergabe über Lautsprecher und deren Gehäuse. Zwei zusätzliche Abschnitte geben zunächst einen Überblick über die Verwendung von Mikrophontechnik im Bereich Sprachsteuerung und Freisprechen und schließlich eine Einführung in die Sprachbedienung.

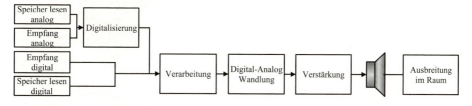

Abbildung 2.1 Audiosignalpfad von der Quelle zum Lautsprecher

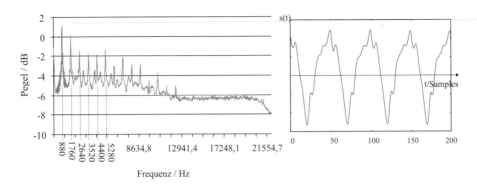

Abbildung 2.2 Spektrum und Verlauf des Blockflötentons a''

2.1 Schall und Hören

Töne sind harmonische (also sinusförmige) Schwingungen einer Frequenz. Sie werden durch ihre *Amplitude A* und ihre *Frequenz f* charakterisiert. Die Amplitude ist dabei ein Maß für die Druckabweichung vom Mittelwert, d. h. vom statischen Umgebungsluftdruck.

Klänge sind periodische Schwingungen, also Schwingungen, deren Amplitudenverlauf sich nach einer Periodenzeit $T = 1/f$ wiederholt. Sie entstehen durch *Resonanz* eines schwingenden Körpers (siehe unten) z. B. in Musikinstrumenten (Saiten, Pfeifen) oder in Stimmsystemen (Vokalklänge, Vogelgezwitscher etc.). Trägt man die Pegel aller beteiligten Töne nach der Frequenz in ein Diagramm ein, entsteht das *Spektrum* des Klangs, in diesem Fall ein *diskretes Spektrum* (siehe Abschnitt 2.2). Neben dem Amplitudenverlauf über der Zeit und dem Spektrum spielt die Form der *Hüllkurve*, also des übergeordneten zeitlichen Verlaufs eines Klangs, eine entscheidende Rolle bei der Klangwahrnehmung. Die Hüllkurve wird in vier bis sieben unterschiedliche Zeitabschnitte eingeteilt, typischerweise z. B. in:

- Attack: Zeit bis zur maximalen Amplitude (A)
- Decay: Einschwingzeit vor dem Sustain (D)
- Sustain: Haltezeit (stabile Phase) (S)
- Release: Ausschwingzeit (R)

Für die Klangwahrnehmung kommt es dabei wesentlich auf den Einschwingvorgang vor der Haltezeit an. In Abbildung 2.3 oben sind die Zeiten beim Anschlag einer Klaviersaite gut sichtbar.

Geräusche sind nichtperiodische, stochastische Schwingungen, z. B. Knallen, Klatschen, Wind- oder Wassergeräusche, Husten etc. Sie werden durch ihre Hüllkurve und ihr (kontinuierliches) Spektrum beschrieben.

Abbildung 2.2 zeigt das Spektrum einer Holzblockflöte. Gut sichtbar sind die diskreten Spektrallinien des Flötenklangs mit dem Grundton a^5 (880 Hz) und dessen ganzzahligen Vielfachen (2,3,4,5...), die sich aus der Ausbildung stehender Wellen (siehe unten) im Flötenrohr ergeben. Dadurch ergeben sich die Frequenzen 1.760 Hz, 2.640 Hz, 3.520 Hz, 4.400 Hz, 5.280 Hz usw., was den Tönen a^6, e^7, a^7, $c\#^8$, e^8 entspricht. Rechts im Bild ist der zeitliche Verlauf dargestellt, hier ist die Periode von ca. 50 Abtastpunkten (Samples) bei einer Abtastfrequenz von 44.100 Hz zu erkennen (siehe Abschnitt 2.3).

Eine „natürliche" Wiedergabe bezieht sich auf die Begriffe Tonalität, Dynamik und Räumlichkeit [Has06]:

Eine ausgewogene *Tonalität* bedeutet eine möglichst originalgetreue Wiedergabe des Signalspektrums am Hörort. Dieses wird durch die Signalaufnahme, -wandlung und -ausbreitung verändert und muss gegebenenfalls korrigiert werden. Fehlen Bässe, so wird z. B. Musik als „flach" empfunden, überbetonte Höhen bewirken eine Wahrnehmung von „schriller" Musik, bei fehlenden Höhen wird die Musik als „dumpf" wahrgenommen. Abbildung 2.3 unten zeigt den Spektralverlauf eines Flöten- und eines Klaviertons über der Zeit. Die Helligkeit korrespondiert dabei mit dem Signalpegel. Beim Klavier ebben die Obertöne nach dem Anschlag schnell ab, während sie bei der Flöte mitschwingen. Solche Verhaltensweisen, aber auch das Vorhandensein überlagerter Geräusche, z. B. beim Anblasen eines Blasinstruments oder beim Anstreichen oder Anzupfen von Saiten, rufen das Gefühl einer natürlichen, erwartungsgemäßen Wiedergabe hervor.

Die *Dynamik* ist schließlich das Verhältnis von lauten zu leisen Passagen, die einen Umfang von mehreren Zehnerpotenzen erreicht und am Abspielort möglichst genau abgebildet werden soll. Eine naturgetreue Abbildung der Hüllkurve (siehe Abbildung 2.3 oben) ist ebenfalls Sache der Dynamik.

Die *Räumlichkeit* wird als natürlich empfunden, wenn die Intention der Raumaufteilung bei der Aufnahme möglichst korrekt abgebildet wird. Nicht nur die *Bühnendarstellung*, also die Abbildung der Platzierung der Instrumente in der Breite und in der Tiefe, sondern auch die Abbildung des Aufnahmeraums selbst tragen zur Natürlichkeit bei.

Tonalität, Dynamik und Räumlichkeit werden maßgeblich vom Aufnahmesystem, der Signalverarbeitung beim Abspielen, der Verstärkung, der Schallwandlung und der Schallausbreitung im Raum beeinflusst.

2.1.1 Grundgrößen der Akustik

Schall ist eine mechanische Schwingung („Vibration"), die sich in einem Medium, z. B. Luft, Wasser oder Festkörpern („Körperschall") als *Druckwellenschwankung* und damit als longitudinale[1] Wellenfront ausbreitet [GM06]. Dabei wird keine Materie transportiert sondern die Teilchen des Mediums, das die Schallwelle überträgt, geben ihren Impuls an ihre Nachbarn ab, die ihn dann weiterreichen. Auf diese Weise pflanzt sich die Welle mit der *Schallgeschwindigkeit* c fort. Die Geschwindigkeit der Teilchen selbst um eine Ruhelage herum wird „Schnelle" v genannt. Da der Schalldruck unmittelbar von der Expansions- bzw. Kompressionsrate des Mediums (d. h. der Veränderung des Volumens einer bestimmten Menge des Mediums in einer bestimmten Zeit) abhängig ist, ist er eine Funktion der Schnelle (Membrangeschwindigkeit), der Frequenz f, mit der die Teilchen hin- und herschwingen, und der Dichte des Mediums.

Schalldruck und Schallschnelle sind zueinander proportional. Ihr Verhältnismaß wird *Wellenwiderstand* oder *Impedanz* Z genannt.

---

[1] Longitudinalwelle heißt, dass die Richtung der Druckveränderung dieselbe ist wie die Richtung der Wellenausbreitung, im Gegensatz zu Transversalwellen, Scherwellen, Biegewellen, Dehnwellen und Oberflächenwellen, in Festkörpern und Wasser kann sich Schall auch als Transversalwelle ausbreiten.

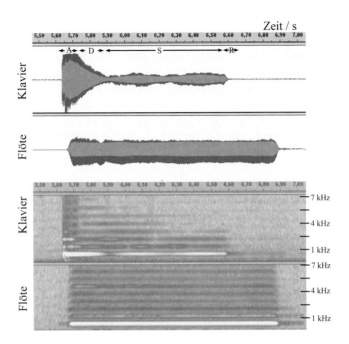

Abbildung 2.3 Hüllkurvenverlauf und Spektralverlauf eines Klavier- (a^5) und eines Flötentons (a^5)

Da aufgrund der Kopplung von Druck, Dichte und Geschwindigkeit über die Strömungsgleichungen Druck und Schnelle nicht zwingend in Phase sind, ist der Wellenwiderstand eine komplexe Größe. Im freien Raum unter der Annahme einer ebenen Welle (siehe unten) ist er jedoch eine reelle Konstante, die nur von der Dichte und der Schallgeschwindigkeit abhängt. In Luft beträgt er etwa $416\,\mathrm{Ns/m^3}$, abhängig von der Temperatur.

$$Z = \frac{p}{v} = \rho_0 \cdot c_0 \qquad (2.1)$$

Das Produkt von Schalldruck und Schallschnelle heißt *Schallintensität* und ist ein Energiemaß bezogen auf ein Flächenelement. Multipliziert mit einer Fläche (z. B. der Membranfläche eines Lautsprechers) ergibt sich die *Schallleistung*[2] P, die in diesem Fall die pro Zeiteinheit abgestrahlte Energie der Quelle angibt. Ihre Einheit ist Watt (W). Auch die Schallleistung ist eine komplexe Größe.
Damit ist:

$$I = p \cdot v = p \cdot \frac{p}{Z} = \frac{p^2}{Z} = v^2 \cdot Z \qquad (2.2)$$

Die Schallleistung ist also quadratisch an den Druck bzw. an die Schnelle gekoppelt.

---

[2] Englisch: Power.

2.1.2 Schallausbreitung im Raum

Die Schallgeschwindigkeit c beträgt in Luft[3] etwa 340 m/s, in vielen Gasen[4] ist sie höher, in Flüssigkeiten und in Festkörpern wegen der stärkeren inneren Bindung des Mediums deutlich höher (Wasser ca. 1.480 m/s, Glas ca. 4.000 m/s).

Aufgrund der endlichen Ausbreitungsgeschwindigkeit ist die zeitlichen Schwingung auch als räumliche Schwingung feststellbar. Was in der Zeit die *Periodendauer T* ist, ist im Raum die Wellenlänge λ, nach der sich eine periodische Schwingung wiederholt. λ und f sind über die Schallgeschwindigkeit gekoppelt. Mit:

$$\lambda = \frac{c}{f} \tag{2.3}$$

liegt der hörbare Wellenlängebereich von Schall in der Luft zwischen ca. 2 cm und 30 m.

Eine Schallwelle breitet sich, vorausgesetzt sie wird von einer unendlich kleinen Quelle abgestrahlt, kugelförmig im Raum aus (*Kugelwelle*). Dabei sinkt die Schallintensität umgekehrt proportional zum Quadrat des Abstands zur Schallquelle, da sich die Energie auf einer immer größeren Kugelschale verteilen muss (deren Fläche mit dem Quadrat des Abstands steigt). Damit sinkt der Schalldruck umgekehrt proportional zum Abstand zur Quelle.

Im Gegensatz dazu behält eine *ebene Welle*, die theoretisch von einer unendlich großen Membran abgestrahlt wird, ihren Schalldruck mit zunehmendem Abstand zur Quelle bei. Auch in sehr großem Abstand von einer beliebigen Schallquelle verhält sich die Schallwelle näherungsweise wie eine ebene Welle. Allerdings hat jedes Medium die Eigenschaft, einen Teil der Bewegungsenergie, die in einer akustischen Welle steckt, durch Reibung in Wärmeenergie umzuwandeln (zu *dissipieren*), man spricht von *Dämpfung* oder *Absorption*.

Eine Wellenfront, die auf eine unendlich ausgedehnte[5] starre Wand trifft, wird nun bis auf einen Reibungsanteil nahezu vollständig reflektiert, denn die Gasteilchen können ihre kinetische Energie nicht an die Wand übertragen. Dadurch entsteht eine gegenläufige Druckwelle, deren Ausfallswinkel zur Senkrechten gleich dem Einfallswinkel zur Senkrechten ist. An der Wand selbst ist der Druck maximal und die Schallschnelle Null. Im Spezialfall, dass eine Welle senkrecht zur Wand eintrifft, verdoppelt sich der Druck gegenüber dem Freifelddruck, die Welle wird mit um 180° gedrehter Phase in den Raum zurückgeworfen.

Im Gegensatz zu starren Körpern *absorbiert* ein poröses Wandmaterial Schall, da die Welle in dem komplexen Labyrinth der Hohlräume bei jeder Reflexion durch Reibung Energie verliert, diese wird als Wärmeenergie an das Absorbermaterial abgegeben. Oberflächen, deren Strukturen klein gegen die Wellenlänge des Schalls sind, reflektieren die Welle in unterschiedliche Richtungen, man spricht von *diffuser Reflexion*.

Trifft eine Schallwelle auf Gegenstände, deren Ausdehnung in der Größenordnung der Wellenlänge liegt, gilt dasselbe Prinzip: Wie bei einer Reflexion erscheint jeder Punkt des Gegenstandes, auf den sie auftrifft, wie eine einzelne Schallquelle, die die Energie in den Raum zurückstrahlt. Die Schallwellen jeder einzelner dieser Quellen überlagern sich zu einer Wellenfront (Huygenssches Prinzip), mit dem Unterschied, dass sie bei kleineren Gegenständen auch hinter

---

[3] Die Schallgeschwindigkeit ist mit etwa 0,6 m/s·K temperaturabhängig, z. B. $\approx$ 338 m/s bei 10 °C und$\approx$ 350 m/s bei 30 °C [Dic87].

[4] Ein Effekt, den man beim Einatmen von Helium ($c_{Helium} > c_{Luft}$) deutlich spürt, da die Frequenz der Stimme bei gleicher Wellenlänge, die durch die Länge der Stimmbänder festgelegt ist, deutlich höher ist.

[5] In erster Näherung eine im Vergleich zur Wellenlänge sehr große Wand.

den Gegenstand geführt werden. Man spricht von *Beugung* oder *Streuung*, je nachdem, ob der Gegenstand groß genug ist, einen *Schatten* zu werfen oder nicht.

Ein elastischer oder frei schwingend aufgehängter Gegenstand nimmt die Energie der auftreffenden Welle auf. Optimal ist die Energieaufnahme, wenn der Körper selbst bei Anregung mit der Frequenz der Welle schwingt (Eigenfrequenz) – der Körper ist in *Resonanz* mit der Welle. Als schwingender Körper gibt er jedoch seine Energie an das umgebende Medium wieder ab, so dass eine phasenverschobene Welle gleicher Frequenz (auch jenseits des Gegenstands) abgestrahlt wird. Der Körper ist *schalldurchlässig*, der Effekt heißt *Transmission*. Wird ein großer Teil der Energie in der Aufhängung oder durch innere Reibung dissipiert, so spricht man von einem *Resonanzabsorber*. Schließlich wird ein Teil der Energie vom Körper selbst weitergeleitet (*Körperschall*).

Alle oben aufgeführten Dämpfungseffekte werden im *Absorptionskoeffizienten* zusammengefasst. Er ist ein Maß für die dissipierte Schallenergie (vergleiche auch Abschnitt 2.2.4). Offensichtlich ist er frequenzabhängig, in den in der Raumakustik üblichen Materialien wird er noch durch weitere Faktoren bestimmt, z. B. durch die Luftfeuchtigkeit. Typische Absorptionskoeffizienten sind: Beton 1...2 %, Holz 15...6 %, Schaumstoff 15...≈100 %, Glaswolle 25...≈100 %. Der erste Wert bezieht sich jeweils auf ca. 100 Hz, der zweite auf ca. 4.000 Hz. Abbildung 2.4 fasst diese Mechanismen zusammen. Man beachte den Unterschied zum Begriff *Dämmung*: Dieser bezieht sich auf das Verhältnis der Schallintensitäten diesseits und jenseits einer Wand, ist also ein Maß für deren Durchlässigkeit, setzt aber nicht zwingend Dissipation voraus.

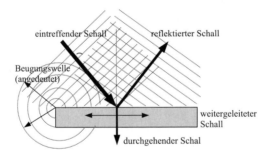

Abbildung 2.4 Reflexion, Leitung, Transmission und Beugung von Schall

In allen geschlossenen Räumen, speziell auch im Fahrzeug, kann es zu *stehenden Wellen* kommen, wenn eine Welle immer wieder zwischen zwei starren parallelen Wänden (z. B. den Fensterscheiben des Fahrzeugs) hin- und herreflektiert wird und sich dabei die Reflexionen überlagern. Die Überlagerung (Interferenz) von gleichphasig schwingenden hin- und herlaufenden Wellen ergibt Wellen*bäuche* bzw. Wellen*knoten*. Gegenphasig schwingende Anteile dagegen löschen sich vollständig aus, wobei die Phasenlage zweier Wellen immer in einen gegenphasigen und einen mitphasigen Anteil zerlegt werden kann. Mit anderen Worten: Unabhängig vom Ort der Schallentstehung bilden sich, wenn der Raumdurchmesser ein ganzzahliges Vielfaches der halben Wellenlänge λ des Schalls ist, stehende Wellen im Raum aus. Man nennt die Frequenzen der stehenden Wellen *Moden*. Im geschlossenen quaderförmigen Raum sind das *axiale* Moden, also Moden zwischen gegenüberliegenden Wänden, *tangentiale* Moden, die durch Vierfach-Reflexion entstehen, und *Schrägmoden*, die durch Sechsfachreflexion entstehen. Davon sind in der Praxis jedoch nur die Axialmoden relevant.

Es liegt nahe, dass bei einem Scheibenabstand von ca. 150 cm im Fahrzeug stehende Wellen bei ca. 110 Hz und deren Vielfachen, also 220 Hz, 440 Hz usw. auftreten. An den Wellenbäuchen ist die Amplitude überhöht, an den Wellenknoten ist sie Null. Für die Raumakustik heißt dies, dass einzelne Frequenzen an bestimmten Hörorten stark überhöht sind, an anderen aber einbrechen. Stehende Wellen sind übrigens auch der Grund für die Schallerzeugung [Gör06] in Rohren, an schwingenden Gegenständen, z. B. Saiten oder auf Flüssigkeitsoberflächen. Auch hier findet man höherwertige Moden, was das Spektrum in Abbildung 2.2 und Abbildung 2.3 erklärt.

Abbildung 2.5 zeigt beispielhaft einige Moden[6] einer (zweidimensionalen) rechteckigen Membran. In Klammern werden die Vielfachen der halben Wellenlänge pro Raumrichtung angegeben. Im Dreidimensionalen lässt sich dieser Effekt genauso nachvollziehen. Wie leicht zu erkennen ist, ergibt sich ein komplexes System von Resonanzen, das schließlich zu einem ortsabhängigen Frequenzgang des Raums mit Einbrüchen und Überhöhungen führt.

In einem Raum, in dem sich mehrere starre Gegenstände befinden, wird auch die reflektierte Welle wieder von anderen Körpern reflektiert (*Mehrwege-* oder *Multipath*-Reflexion), so dass eine zu einer bestimmten Zeit startende Schallwelle zu unterschiedlichen Zeitpunkten am Empfängerort ankommt. So entstehen Nachhall und Echo. Ein Schallereignis wird also zu unterschiedlichen Zeitpunkten vielfach dupliziert gemessen. Durch teilweise Absorption und diffuse Reflexion klingt der Schalldruck mit der Zeit ab. In diesem Zusammenhang spricht man von der *Impulsantwort* des Raums, die für jeden Raum charakteristisch ist (Abb. 2.6). Mit anderen Worten: Der Raum ist hörbar. Eine wichtige Kenngröße für einen Raum ist die *Nachhallzeit* (Reverberation Time, abk. RT)[Gör06], speziell die Zeit RT_{60}, d. h. die Zeit, nach der der Schalldruckpegel auf ein Tausendstel des Anfangsschalldrucks (-60 dB) abgeklungen ist. Eine Aufgabe der *Raumakustik* ist es, Hallzeiten so zu optimieren, dass einerseits der reflektierte Schall nutzbar gemacht wird, andererseits kein störender Nachhall oder gar ein Echo entsteht. In diesem Zusammenhang spricht man von der *Hörsamkeit* des Raums für bestimmte Inhalte. Bei klassischer Musik z. B. wird ein Hall mit Abklingzeiten im Bereich einer Sekunde als angenehm empfunden, weil er Einsatzfehler und Anstreich-/Anblastöne überspielt, bei Sprachübertragung hebt eine kurze Nachhallzeit die Lautstärke des Sprechers an, allerdings auf Kosten der Sprachverständlichkeit. Ob eine Reflexion übrigens als Hall oder als Echo wahrgenommen wird, hängt weniger mit den Verzögerungszeiten als vielmehr mit psychoakustischen Gegebenheiten zusammen und stellt sich als ein komplexes Phänomen dar.

Der Hörraum beeinflusst die Schallausbreitung also durch [Dic87]:

- Ein- oder mehrfache, totale oder teilweise Reflexion, so dass eine Änderung der Ausbreitungsrichtung, Bündelung oder Zerstreuung einsetzt. Diese ist in der Regel frequenzabhängig und wirkt speziell im Bereich hoher Frequenzen.

- Beugung der Schallwelle und damit eine Änderung der Ausbreitungsrichtung an Hindernissen und Kanten speziell im Bereich tiefer Frequenzen.

- Stehende Wellen.

---

[6] Die Berechnungen in diesem Kapitel wurden, soweit nicht anders vermerkt, mit dem OpenSource-Plotprogramm GnuPlot durchgeführt.

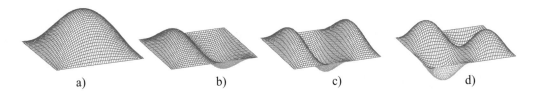

Abbildung 2.5 Moden auf einer rechteckigen Membran a:(1,1)Mode, b:(1,2)Mode,
c:(1,3)Mode, d:(2,2)Mode

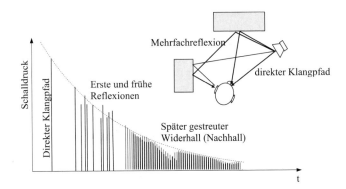

Abbildung 2.6 Impulsantwort des Raumes bei Mehrfachreflexion

- Teilweise oder totale Absorption, indem die Schallwelle ihre Energie an einen Körper im
  Raum abgibt. Auch diese ist frequenzabhängig.

2.1.3 Hören

Das Ohr ist ein komplexes Organ für den Hörsinn und den Gleichgewichtssinn (*Vestibularsinn*).
Seine Aufgaben reichen von der Schallleitung über die Impedanzanpassung und Filterung bis zur
Sensorik. Der Schall wird im äußeren Ohr aufgefangen und durch den Gehörgang zum *Trommel-
fell* geleitet (Abbildung 2.7 nach [STL05]). Diese Membran schließt das luftgefüllte Mittelohr
ab und schützt es vor dem Eindringen von Fremdkörpern und Krankheitserregern. Das Mittelohr
wird durch die Paukenhöhle gebildet, in der sich die Gehörknöchelchen *Hammer*, *Amboss* und
Steigbügel befinden. Sie sind wie eine Kette aneinandergereiht und übertragen den Schall bei
gleichzeitiger Impedanzwandlung (Hebelgesetz) und Tiefpassfilterung in das Innenohr. Für den
Druckausgleich zwischen Außenohr und Paukenhöhle sorgt eine Röhre (die Eustachi'sche Röhre
oder Tube) zwischen Rachenraum und Paukenhöhle. Beim Schlucken, Pressen oder Gähnen öffnet sie sich, ein Erlebnis, das jeder Taucher oder Flugzeugnutzer schon bewusst wahrgenommen
hat, insbesondere, wenn die Tube verstopft ist. Der Steigbügel überträgt die Schwingungen in das
flüssigkeitsgefüllte Innenohr über eine weitere Membran. Dahinter liegen die drei orthogonal angeordneten Bogengänge des Gleichgewichtsorgans, die wie Beschleunigungsmesser in den drei
Raumrichtungen funktionieren sowie die gewundene Schnecke (Cochlea), die den Schall an das

eigentliche Hörorgan weiterleitet und derart filtert, dass unterschiedliche Frequenzen an unterschiedlichen Orten die feinen Härchen des Corti'schen Organs reizen. Letztlich wird auf diesem mechanischen Weg eine Spektralanalyse durchgeführt. Die Schnecke besteht aus drei übereinanderliegenden Kanälen, die miteinander am so genannten Helicotrema in Verbindung stehen und einen akustischen Abschlusswiderstand darstellen (Vermeidung von Reflexionen und damit von stehenden Wellen).

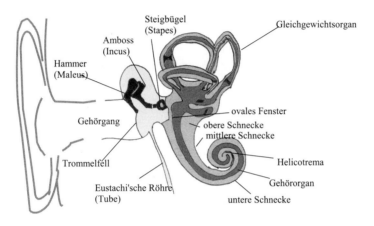

Abbildung 2.7 Das menschliche Gehör (nach [STL05])

Der hörbare Schall liegt in einem Frequenzbereich zwischen $20\,\text{Hz}$ und $20\,\text{kHz}$ und einem Bereich der Druckschwankungen von $2 \cdot 10^{-5}\,\text{Pa}$ bis $20\,\text{Pa}$ (Atmosphärendruck $\approx 10^5\,\text{Pa}$), was einer *Schallleistung* oder *Schallintensität* von $10^{-12}\,\text{W/m}^2$ bis ca. $10\,\text{W/m}^2$ entspricht.

Da der hörbare Schalldruck also über sechs Zehnerpotenzen variiert, wird er meist in dem Verhältnismaß dB (DIN 5493) angegeben. Bezugsgröße ist der minimale wahrnehmbare Schalldruck von $p_0 = 2 \cdot 10^{-5}\,\text{Pa}$ [DIN61], so dass gilt:

$$L_p = 20 \log \frac{p}{p_0} \tag{2.4}$$

In der Literatur und in Datenblättern wird der Schalldruck meist in dB (SPL) (engl. sound pressure level) angegeben, um ihn von den im Folgenden erklärten Größen abzugrenzen.

Da das menschliche Ohr ein nichtlineares und frequenzabhängiges Verhalten aufweist, existieren nach DIN/IEC 651 Bewertungsfilter, die den Frequenzgang (siehe Abschnitt 2.2) des Ohrs nachempfinden. Der bekannteste Filter ist der A-Bewertungsfilter, mit dem übliche Lautstärkemessgeräte ausgestattet sind. Die Korrekturkurven nach der Norm [Sen07] sind in Abbildung 2.8 rechts dargestellt. Nach der Korrektur liegt ein bewerteter Schalldruckpegel vor.

Um eine frequenzunabhängige Vergleichbarkeit wahrgenommener Lautstärken zu erhalten, wurde der *Lautstärkepegel* als Maß eingeführt (Abbildung 2.8 links gibt einen ungefähren Eindruck). Seine Einheit ist *phon*. Die Lautstärke beschreibt denjenigen Schalldruck, bei dem ein Sinuston von $1\,\text{kHz}$ ein äquivalentes Lautstärkeempfinden auslöst wie das zu beschreibende Schallereignis. Dazu werden in der Norm ISO 226 [ISO03] *Isophone*, also Kurven gleichen Lautstärkepegels, in Abhängigkeit von Frequenz und Schalldruck bezogen auf den Sinuston von $1\,\text{kHz}$ festgelegt. Aus ihnen kann man entnehmen, dass das Gehör im Bereich von etwa $250\,\text{Hz}$ bis $5\,\text{kHz}$,

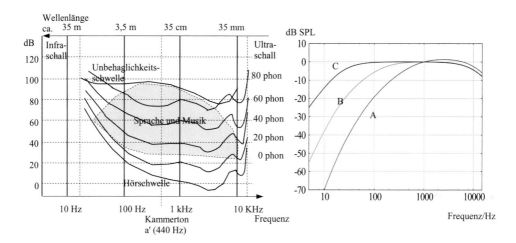

Abbildung 2.8 Links: Bereich der hörbaren Frequenzen, rechts: Korrekturkurven für den bewerteten Schalldruckpegel

dem Frequenzbereich der menschlichen Sprache, am empfindlichsten ist. Der Lautstärkepegel ist also immer eine subjektive Größe, die mit dem Alter und der Belastung des Gehörs zunehmend von der Norm abweichen kann. Neben der Lautstärke in phon setzt sich auch zunehmend eine Bewertung in *sone* durch, das ein subjektives Lautheitsempfinden auf einer linearen Skala abbildet. Jenseits von 40 phon (entspricht 1 sone) bedeutet eine Erhöhung der Lautstärke um 10 phon eine Verdopplung der Lautheit in sone. Diese Größen schwanken zwischen Individuen und sind deshalb für objektive Angaben nur bedingt geeignet, werden aber bei der Bewertung von Schallquellen gerne angewendet. Eine geschlossene Umrechnung zwischen den subjektiven und den objektiven Messgrößen ist nicht möglich.

2.1.4 Raumwahrnehmung

Das menschliche Gehör kann Schallquellen anhand der Laufzeitunterschiede bzw. Phasenunterschiede und der Pegelunterschiede orten, die durch die unterschiedlichen Schallwege zu den beiden Ohren entstehen. Dabei ist der Laufzeitunterschied im freien Raum bei Schallquellen von extrem links oder rechts am größten, bei einer Schallgeschwindigkeit von 340 m/s und einem Ohrenabstand von etwa 15 cm liegt er im Bereich von 0,5 ms. Durch die Filterwirkung der Ohrmuscheln kann zusätzlich noch unterschieden werden, ob der Schall von vorne oder von hinten auf die Hörorgane auftrifft.

Die Raumwahrnehmung wird von der *Stereophonie* genutzt, die die Signale zweier Lautsprecher (vorausgesetzt, sie sind phasengleich angeschlossen) zu einem Summensignal überlagert, das mit den entsprechenden Laufzeitunterschieden an den Ohren ankommt. Dabei werden *Phantomschallquellen* im Raum wahrgenommen, deren Position von den Intensitäts- und Phasenunterschieden der beiden Signale abhängt. Man spricht von *Intensitätsstereophonie*, wenn der Raumeffekt durch Pegeldifferenzen erzeugt wird, und von *Laufzeitstereophonie*, wenn er durch eine Phasenverschiebung erzeugt wird. Da die Phasenunterschiede und nicht Laufzeiten gemessen werden, ist der Effekt frequenzabhängig. Durch Manipulation dieser Parameter kann man die Position und Entfernung der wahrgenommenen Schallquellen beeinflussen, im einfachsten Fall durch eine Intensitätsverschiebung (Balance). Die Aufnahme des Originalmaterials erfolgt durch zwei Mikrophone mit entsprechender Richtwirkung; sind Intensitäts- und Laufzeiteffekte gleichsinnig, spricht man von *Äquivalenzstereophonie*. Aufnahmen mit einem *Kunstkopfmikrophon* liefern das Originalsignal so, wie es im Aufnahmeraum an den Ohren ankommt, wegen des *Reziprozitätsgesetzes* der Akustik liefert das Abspielen über einen Kopfhörer die dem Originalsignal ähnlichste Raumwirkung.

Bei größeren Laufzeitunterschieden zwischen den Signalen des linken und rechten Ohres (3 ms bis 30 ms) reagiert das Gehör mit der Unterdrückung des zweiten Signals gemäß dem *Haas-Effekt* oder *Gesetz der ersten Wellenfront*. Damit wird eine virtuelle Verschiebung der wahrgenommenen Quelle durch Einfluss des Raums verhindert. Bei noch größeren Laufzeitunterschieden werden die Signale zeitlich und räumlich entkoppelt wahrgenommen, d. h. aus zwei Quellen stammend.

Der Stereo-Effekt ist also an **einen** Hörort gebunden, im Fahrzeug bereitet es einen erheblichen technischen Aufwand, an vier bis sechs Sitzpositionen ein korrektes Stereosignal zu erzeugen, wobei die Mehrwegeausbreitung eine bei der Anpassung wichtige Rolle spielt, da die Laufzeiten der reflektierten Signale im Bereich der Laufzeitstereophonie liegen.

Inzwischen werden verstärkt speziell Filme mit mehr als zwei Kanälen aufgenommen. Zusätzlich zu den Stereolautsprechern unterstützen Surround Lautsprecher den Schall von den extremen Seiten und von hinten, das „Stereoloch" exakt in der Mitte zwischen den Stereolautsprechern wird durch einen Centerfill-Lautsprecher aufgefüllt (Dolby®-Surround). Meist wird das Bass-Signal ausgekoppelt und von einem einzelnen Basslautsprecher (Subwoofer) ausgegeben, weil tiefe Frequenzen nicht ortbar sind, da man sich im unmittelbaren Nahfeld der Quelle aufhält. Man spricht dann von einem 5.1 *Surround-System*. Es existieren auch 7.1-Systeme, allerdings hält sich derzeit die Zahl der verfügbaren Aufnahmen noch in Grenzen.

Auch aus einer Stereoquelle kann ein Surround-Signal ermittelt werden, indem gezielt der Raumeinfluss rückgerechnet wird, unter der Annahme, dass der Primärschall von einer Bühne abgestrahlt wird. Durch Auskopplung der Mono-Anteile der beiden Stereokanäle kann ein zusätzlicher Centerfill-Lautsprecher angesteuert werden.

Die komplexeste Form der Raumwiedergabe ist die *Wellenfrontsynthese*. Sie beruht auf der Tatsache, dass sich die akustischen Signale verschiedener Quellen zu einer resultierenden Wellenfront überlagern. Platziert man sehr viele unabhängige Schallquellen so in einem Raum, dass sich an den Rändern des Raums eine Wellenfront ergibt, die derjenigen entspricht, die sich aufgrund der abzubildenden Quellen im Freifeld an den Raumgrenzen einstellen würde, kann man den Raum akustisch „verschwinden" lassen. Dieses aufwändige Verfahren wird inzwischen in einigen größeren Kinos eingesetzt.

2.1.5 Maskierung und Störgeräusche

Treffen mehrere Schallsignale unterschiedlicher Frequenz gleichzeitig im Innenohr ein, verschiebt sich die Hörschwelle für Töne benachbarter Frequenzen (Abbildung 2.9 links). Fällt ein zweites Signal, das für sich allein die Ruhehörschwelle übersteigen würde und daher durchaus hörbar wäre, unter diese Mithörschwelle, wird sie von der starken ersten Frequenzkomponente

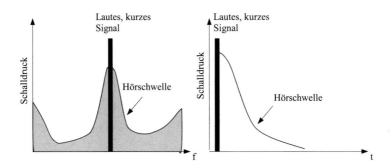

Abbildung 2.9 Simultane (links) und temporale (rechts) Maskierung

maskiert und ist nicht mehr wahrnehmbar. Man hört beispielsweise einen leisen Ton mit 1,1 kHz nicht, wenn gleichzeitig ein lauter Ton mit 1 kHz gespielt wird. Es entsteht also ein *maskierter Bereich*, den man nicht hören kann (*simultane Maskierung*). Der Maskierungseffekt wird z. B. bei der Kompression von Audiosignalen verwendet. Indem maskierte (unhörbare) Signalanteile herausgerechnet und entfernt werden, kann die Datenmenge reduziert werden. Eine andere Anwendung der simultanen Maskierung ist die AudioPilot®-Störgeräuschunterdrückung von Bose. Hier werden gezielt die Bänder angehoben, in denen Fahr- und andere Störgeräusche besonders intensiv sind, so dass diese unter die Hörschwelle sinken.

Neben der simultanen gibt es auch eine temporale, also zeitliche Maskierung (Abbildung 2.9 rechts). Sie tritt ein, wenn ein impulsförmiges Schallereignis auftritt. Das Gehör benötigt dann eine gewisse Erholungszeit, bis es wieder die volle Empfindlichkeit aufweist. Diesen Effekt nennt man zeitliche Nachverdeckung. Interessanterweise kann man auch eine zeitliche Vorverdeckung feststellen, d. h. schwächere Töne benachbarter Frequenz werden auch kurz vor dem Ereignis nicht wahrgenommen.

2.2 Signale und Systeme

Für das Verständnis von Aufbereitung, Übertragung und Wiedergabe akustischer Signale werden einige grundlegende Begriffe benötigt, die im Folgenden eingeführt werden. Das sehr breite und umfassende Gebiet der Signaltheorie kann hier jedoch nur kurz umrissen werden, ein umfassendes Verständnis liefern entsprechende Lehrbücher, z. B. [OL04] [Kar05] [Wer06b]. Wegen ihrer allgemeinen Gültigkeit lassen sich die nächsten beiden Abschnitte über analoge und digitale Signalverarbeitung auch auf die folgenden Kapitel über Graphik und Datenübertragung anwenden.

2.2.1 Lineare zeitinvariante Systeme

Der Begriff *Signal* kommt zunächst aus dem Militärischen und bezeichnet akustische oder optische Zeichen, die eine Information tragen. Im Folgenden verstehen wir unter Signalen mechanische oder elektromagnetische Schwingungen, die zur Informationsübermittlung dienen. Auf seinem Weg vom Sender zum Empfänger passiert ein Signal unterschiedliche *Systeme*, die es verändern oder übertragen. Hierzu zählen z. B. elektroakustische Wandler, Filter, Verstärker und viele andere Komponenten der Informationstechnik. Mathematisch ist ein System eine Funktion, die auf ein Eingangssignal, beschrieben durch eine beliebige Zeitfunktion $s(t)$, mit einem Ausgangssignal (*Systemantwort*) $g(t)$ reagiert (siehe Abbildung 2.10). Eine Sonderstellung nehmen dabei *lineare zeitinvariante Systeme* (kurz:*LTI-Systeme*[7]) ein, deren Systemantwort unabhängig von jeder Zeitverschiebung des Eingangssignals dessen Verlauf linear verzerrt, d. h. eine harmonische Schwingung maximal in Pegel und Phasenlage verändert ([OL04]). Solche Systeme sind z. B. alle Filter mit passiven Bauelementen. Obwohl die meisten technischen Systeme von Natur aus nichtlinear sind, können für allgemeine einführende Betrachtungen der Signalverarbeitung diese Nichtlinearitäten meist zunächst vernachlässigt werden.

Eigenschaft und zugleich Vorteil der Linearität ist, dass die Reihenfolge der Betrachtung vertauscht werden kann und somit die Systemantwort auf eine beliebige Kombination von Eingangssignalen gleich der entsprechenden Kombination der Systemantworten der einzelnen Eingangssignale ist (*Superpositionsprinzip*).

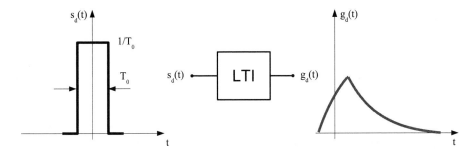

Abbildung 2.10 Antwort $g_d(t)$ eines LTI-Systems auf einen Rechteckimpuls $s_d(t)$

2.2.2 Faltung

Aus der Linearitätseigenschaft ergibt sich folgende Überlegung: Eine beliebige Zeitfunktion $s(t)$ wird durch eine Linearkombination von Basisfunktionen (z. B. Rechteckimpulsen) angenähert (approximiert). Die Systemantwort auf die approximierte Funktion ist gleich der Linearkombination der Systemantworten auf die Basisfunktionen. Ein Beispiel soll dies verdeutlichen: Zur Approximation wird eine Treppenfunktion gewählt, deren Basisfunktionen um nT_0 verschobene Rechteckimpulse, $s_d(t - nT_0)$ mit der Breite T_0 und der Höhe $1/T_0$ [8] sind. Die approximierte Funktion $s_a(t)$ ist:

$$s_a(t) = \sum_{n=-\infty}^{\infty} s(nT_0)s_d(t - nT_0)T_0 \approx s(t) \tag{2.5}$$

---

[7] Vom engl. linear time invariant.
[8] Sie besitzen also die Fläche 1.

Um annäherungsweise auf den Verlauf der Funktion zu kommen, müssen die Rechteckimpulse an den Stellen nT_0 jeweils mit $s(nT_0)$ multipliziert werden. Laut Superpositionsprinzip ist die Systemantwort:

$$g(t) \approx g_a(t) = \sum_{n=-\infty}^{\infty} s(nT_0)g_d(t - nT_0)T_0 \qquad (2.6)$$

also die Summe der Systemantworten $g_d(t)$ auf die einzelnen verschobenen Rechteckimpulse. Anschaulich lässt sich bereits vermuten, dass die Approximation umso genauer ist, je schmaler der Rechteckimpuls, also je kleiner T_0 ist. Geht T_0 gegen 0, wird aus dem Rechteck $d(t)$ ein unendlich schmaler unendlich hoher Impuls $\delta(t)$ mit ebenfalls der Fläche 1. Aus der Systemantwort $g_d(t)$ wird die *Impulsantwort* $h(t)$, also die Antwort auf ein Eingangssignal $\delta(t)$. Und aus der Summe wird ein Integral, das *Faltungsintegral* heißt und im Grenzfall gegen die ursprüngliche Funktion konvergiert:

$$s(t) = \int_{-\infty}^{\infty} s(\tau)\delta(t - \tau)d\tau \qquad (2.7)$$

die Systemantwort ist

$$g(t) = \int_{-\infty}^{\infty} s(\tau)h(t - \tau)d\tau \qquad (2.8)$$

In Kurzschreibweise lautet die Faltungsoperation

$$g(t) = s(t) * h(t) \qquad (2.9)$$

Anschaulich lässt sich die Faltung so erklären: Jedes Signal kann durch eine unendliche dicht gepackte Folge sehr kurzer Impulse beliebig genau angenähert werden. Die Antwort eines Systems auf ein beliebiges Signal kann damit durch die Summe aller Impulsantworten dieser unendlich vielen Impulse dargestellt werden.

Die Antwort eines LTI-Systems auf ein beliebiges Eingangssignal erhält man also durch Faltung des Signals mit der Impulsantwort des Systems.

Ein wichtiger Spezialfall ist:

$$s(t) = s(t) * \delta(t) \qquad (2.10)$$

2.2.3 Signale im Frequenzbereich

Neben dem zeitlichen Verlauf eines Signals ist vor allem auch die Verteilung seiner Amplitudenanteile[9] über der Frequenz von Interesse. Man nennt dies eine Darstellung im *Frequenzbereich* oder das *Spektrum* des Signals. Es lässt sich herleiten, dass die Antwort eines Systems auf ein Signal, dessen Spektrum $S(f)$ bekannt ist, durch eine einfache Multiplikation mit der so genannten *Übertragungsfunktion* $H(f)$ des Systems im Frequenzbereich zu ermitteln ist. Und diese Übertragungsfunktion ist genau das Spektrum der Impulsantwort des Systems. Um aus dem Zeitbereich $s(t), h(t)$ in den Frequenzbereich $S(f)$, $H(f)$ zu gelangen, hilft die *Fouriertransformation*, die nach Jean Baptiste **Fourier**[10] benannt ist. Hierzu bedarf es jedoch einiger Vorüberlegungen.

---

[9] Genauer: Amplitudendichte.
[10] Franz. Physiker 1768-1830.

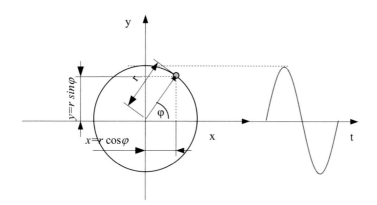

Abbildung 2.11 Komplexe Zahlenebene und periodische Vorgänge

Komplexe Zahlen

Zunächst muss man sich mit dem Begriff der *komplexen Zahlen* vertraut machen. Komplexe Zahlen erweitern den Horizont der Mathematik, indem sie die Möglichkeit schaffen, aus negativen Zahlen Wurzeln zu ziehen. Die Wurzel aus -1 ist j, aus -4 ist $2j$ usw. Denkt man weiter, so kann man sich beliebige Zahlen der Form $x + jy$ vorstellen, aus dem *Zahlenstrahl* wird eine *Zahlenebene* (x,y), man spricht auch von der *komplexen Ebene*. Der *Realteil* der komplexen Zahl x entspricht dem bekannten Zahlenstrahl der reellen Zahlen, y heißt *Imaginärteil*.
Eine äußerst hilfreiche Anwendung der komplexen Zahlen ist die Möglichkeit, harmonische Schwingungsvorgänge einfach darzustellen. Eine komplexe Zahl lässt sich nämlich in ihrer *Polarform $re^{j\varphi}$* darstellen. Dies beschreibt auf einem Kreis mit dem Radius r um den Ursprungspunkt denjenigen Punkt, der durch den Winkel φ gemäß Abbildung 2.11 bestimmt ist. Aus trigonometrischen Überlegungen ergibt sich der Zusammenhang: $x = r\cos(\varphi)$ und $y = r\sin(\varphi)$, so dass $x + jy = r(\cos(\varphi) + j\sin(\varphi)) = re^{j\varphi}$ ist. Ein Winkel von $0°$ auf dem Einheitskreis entspricht beispielsweise der Zahl $1 + 0j$, also 1, ein Winkel von $90°$ entspricht der Zahl $0 + 1j$, also j.
Lässt man nun den Punkt auf dem Kreis über die Zeit entlangwandern $re^{j\omega t}$, so schwankt der Realteil mit der Funktion $r\cos(\omega t)$, mit der *Kreisfrequenz ω*, stellt also eine Sinusschwingung dar. Da ein voller Umlauf eine Periode der Sinusschwingung ist, gilt $\omega = 2\pi f$. Auf der reellen Achse kann man also die Amplitude des Signals ablesen, auf der imaginären Achse seinen Phasenwinkel. Multiplikationen in dieser Darstellung sind einfach: Alle Amplituden werden multipliziert, alle Phasen addiert. Additionen von zwei Signalen mit demselben Phasenwinkel sind einfach Additionen der Amplituden [BSMM05].
Die *Ableitung* einer harmonischen Funktion ist:

$$\frac{ds(t)}{dt} = \frac{d}{dt}re^{j\omega t} = j\omega re^{j\omega t} = j\omega s(t) \qquad (2.11)$$

Fouriertransformation

Ein lineares zeitinvariantes System kann nur Betrag oder Phase einer harmonischen Schwingung verändern. Deshalb lässt sich die Antwort eines LTI-Systems auf eine harmonische Schwingung $e^{j\omega_0 t}$ der Frequenz ω_0 als komplexer Faktor H schreiben:

$$e^{j\omega_0 t} * h(t) = h(t) * e^{j\omega_0 t} = \int_{-\infty}^{\infty} h(\tau)e^{j\omega_0 t - \tau}d\tau = He^{j\omega_0 t} \tag{2.12}$$

wobei wir hier aufgrund der Linearitätseigenschaft einfach die beiden Operanden vertauscht haben. Diese Gleichung lässt sich (z. B. in [Gör06] ausgeführt) nach H auflösen und führt zu

$$H = \int_{-\infty}^{\infty} h(t)e^{-j\omega_0 t}dt \tag{2.13}$$

Da dies offensichtlich nicht nur für die Frequenz ω_0 gilt, können wir H als eine Funktion der Frequenz auffassen und schreiben:

$$H(f) = \int_{-\infty}^{\infty} h(t)e^{-j2\pi f t}dt \tag{2.14}$$

Die komplexe Funktion $H(f)$ stellt somit die Antwort eines Systems auf jede beliebige harmonische Anregung im *Frequenzbereich* dar, sie wird als *Spektrum* der Impulsantwort $h(t)$ des Systems bezeichnet, manchmal auch als *Frequenzgang*. Der Realteil von $H(f)$ ist der *Amplitudenfrequenzgang*, der Imaginärteil ist der *Phasenfrequenzgang*. Das Integral aus Gleichung 2.14 heißt *Fouriertransformation* [FK03].
Umgekehrt gilt die *inverse Fouriertransformation*:

$$h(t) = \int_{-\infty}^{\infty} H(f)e^{j2\pi f t}dt \tag{2.15}$$

Mit Gleichung 2.10 wird klar, dass man mit diesem Werkzeug auch jedes beliebige Signal selbst in den Frequenzbereich transformieren kann, wenn wir uns bewusst machen, dass nach Gleichung 2.5 ein Signal als unendliche Summe von Impulsen beschrieben wird. Damit gilt

$$S(f) = \int_{-\infty}^{\infty} s(t)e^{-j2\pi f t}dt \tag{2.16}$$

und umgekehrt. Der Realteil von $S(f)$ ist das *Amplitudenspektrum*, der Imaginärteil das *Phasenspektrum* von $s(t)$. Interessanterweise ergeben sich aus der Fouriertransformation auch negative Frequenzen. Für reale Systeme kann man sie wegen der Symmetrie des Spektrums einfach weglassen, da sie keine weitere physikalische Bedeutung haben.
In Abbildung 2.12 sieht man die Fouriertransformierten bzw. Spektren wichtiger Funktionen. Die linke Seite repräsentiert jeweils den Zeitbereich, also die Impulsantwort eines Systems bzw. den zeitlichen Verlauf eines Signals, die rechte Seite die Übertragungsfunktion eines Systems bzw. das Spektrum eines Signals.
Aus den Betrachtungen zur Fouriertransformation ergibt sich als Spezialfall die *Fourierreihenzerlegung* oder *Fourieranalyse*. Sie macht sich die Tatsache zunutze, dass *periodische* Schwingungen ein diskretes *Linienspektrum* besitzen und sich deshalb aus der Überlagerung beliebig vieler aber abzählbarer harmonischer Schwingungen konstruieren lassen. $S(t)$ wird aus der Rücktransformation der isolierten Spektrallinien nach Abbildung 2.12, 3. Zeile, als unendliche Reihe geschrieben:

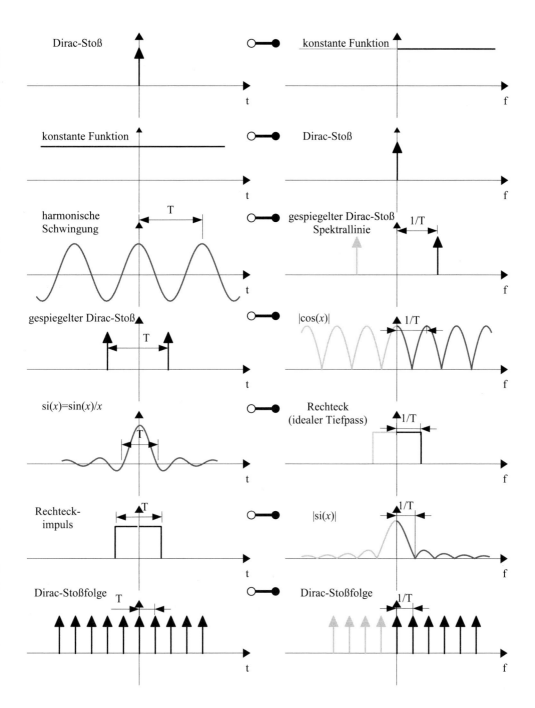

Abbildung 2.12 Fouriertransformierte wichtiger Funktionen

$$s(t) = a_0 + \sum_{n=1}^{\infty} a_n \cos(2\pi n f t) + b_n \sin(2\pi n f t) \tag{2.17}$$

mit dem Gleichanteil (Mittelwert) des Signals a_0 und den *Fourierkoeffizienten* a_n und b_n und der Periode T_0:

$$a_0 = \frac{1}{T_0} \int_0^{T_0} s(t)dt; \quad a_n = \frac{2}{T_0} \int_0^{T_0} s(t)\cos(2\pi n f t)dt; \quad b_n = \frac{2}{T_0} \int_0^{T_0} s(t)\sin(2\pi n f t)dt \tag{2.18}$$

2.2.4 Filter

Filter spielen in der Signalverarbeitung eine wesentliche Rolle. Speziell in der Audiosignalverarbeitung werden Filter zur Anpassung von Frequenzgängen, zur gezielten Veränderung des Spektrums (*Equalizer*) und damit z. B. für die Kompensation der Raumimpulsantwort und die Maskierung unerwünschter Nebengeräusche sowie für die Verteilung des Spektrums auf unterschiedliche Verarbeitungskanäle (*Weichen*) eingesetzt. Tiefpassfilter werden darüber hinaus zur Signalvorverarbeitung und -rekonstruktion bei der digitalen Signalverarbeitung eingesetzt, wie wir in Abschnitt 2.3 erfahren werden.

Filter klassifiziert man hinsichtlich ihrer spektralen Eigenschaften grob zunächst in *Tiefpassfilter*, *Bandpassfilter*, *Bandsperren* und *Hochpassfilter*. Weitere Merkmale sind die *Filterordnung*, d. h. der Abfall ihrer Durchlasskennlinie an der Grenzfrequenz und die *Filtercharakteristik*.

In diesem Abschnitt werden zunächst nur analoge Filter betrachtet. Eine Umsetzung des Filterverhaltens in digitalen, zeitdiskreten Systemen wird im Abschnitt 2.3 diskutiert.

Filter erster Ordnung

Zunächst betrachten wir einen Tiefpass erster Ordung, gebildet aus einem Widerstand und einem Kondensator, wie in Abbildung 2.13 dargestellt. Der Strom durch den Kondensator ist

$$i_C(t) = C\frac{du_2(t)}{dt} \tag{2.19}$$

und die Ausgangsspannung $u_2(t)$ ergibt sich aus der Kirchhoffschen Regel und unter der Annahme, dass der Ausgang offen ist ($i_C(t) = i_R(t)$), zu

$$u_2(t) = u_1(t) - u_R(t) = u_1(t) - Ri_R(t) = u_1(t) - RC\frac{du_2(t)}{dt} \tag{2.20}$$

Diese Differentialgleichung erster Ordnung kann für die Bedingung $u_1(t) = 1$ für $t \geq 0$ (*Sprungantwort*) mit dem Ansatz $u_2(t) = 1 - e^{-\frac{t}{RC}}$ gelöst werden.

Die Impulsantwort ist die Ableitung der Sprungantwort:

$$h(t) = \frac{1}{RC}e^{-\frac{t}{RC}} \text{ für } t \geq 0 \tag{2.21}$$

Die Übertragungsfunktion kann nun durch Transformation der Impulsantwort in den Frequenzbereich ermittelt werden. Alternativ können die Überlegungen zu harmonischen Funktionen dazu verwendet werden, die Differentialgleichung 2.20 umzuschreiben, indem $u(j\omega) = \hat{u}e^{j\omega t}$ gesetzt wird und die überall gleiche Exponentialfunktion weggelassen wird:

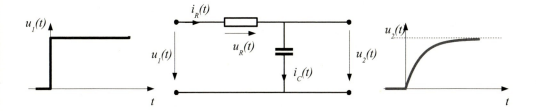

Abbildung 2.13 Sprungantwort eines RC-Glieds

$$u_2(j\omega) = u_1(j\omega) - j\omega RC u_2(j\omega) \tag{2.22}$$

Nach Umstellen und Ausklammern von u_2 ergibt sich

$$H(j\omega) = \frac{u_2(j\omega)}{u_1(j\omega)} = \frac{1}{1 + j\omega RC} \tag{2.23}$$

Trennung nach Real- und Imaginärteil durch Erweitern mit $1 - j\omega RC$ führt zum Betrags- und zum Phasenfrequenzgang der Schaltung:

$$|H(j\omega)| = \frac{1}{\sqrt{1 + (j\omega RC)^2}} \quad \text{bzw.} \quad \varphi(j\omega) = -\arctan(j\omega RC) \tag{2.24}$$

wie in Abbildung 2.14 gezeigt. $\Omega = \frac{\omega}{\omega_0}$ ist die normierte Frequenz, wobei ω_0 die *Grenzfrequenz* ist, bei der der Betragsfrequenzgang um $1/\sqrt{2}$ abfällt [LCL04].
In der gezeigten Schaltung ist $\omega_0 = 2\pi f_0 = \frac{1}{2\pi RC}$.

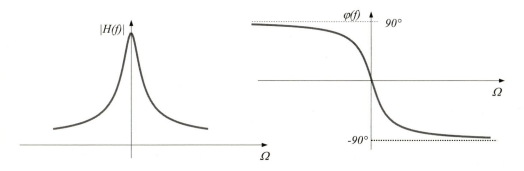

Abbildung 2.14 Betrag und Phase der Übertragungsfunktion eines RC-Tiefpasses

Der Betragsfrequenzgang $|H(j\omega)|$ wird häufig in dB angegeben. Sein Kehrwert, ebenfalls in dB, heißt *Dämpfung* α mit

$$\alpha = -20 \log_{10} |H(j\omega)| \tag{2.25}$$

Der Vorteil der logarithmischen Betrachtung ist, dass man die Frequenzgänge bzw. Dämpfungen und Verstärkungen aufeinander folgender Glieder einfach addieren kann.

Im Fall des RC-Tiefpasses erster Ordnung ist $\alpha = -20 \log_{10} \frac{1}{\sqrt{1+(j\omega RC)^2}} = 10 \log_{10}(1 + \omega^2 R^2 C^2)$.
Trägt man diesen Verlauf ab, erkennt man, dass ein Filter erster Ordnung ab der Grenzfrequenz
eine Dämpfung von 6 dB pro Oktave bzw. 20 dB pro Dekade aufweist. Diese übliche Darstel-
lungsweise heißt *Bode-Diagramm* und ist in Abbildung 2.15 links für Tiefpässe erster, zweiter
und dritter Ordnung dargestellt.

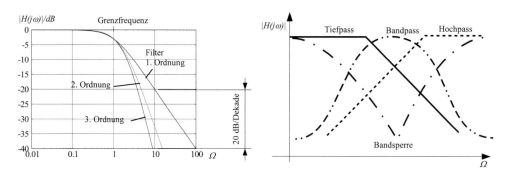

Abbildung 2.15 Bodediagramme

Entsprechende Überlegungen kann man für einen Hochpass erster Ordnung anstellen, bei dem
z. B. die Bauelemente aus Abbildung 2.13 vertauscht sind [TS02].

Filter höherer Ordnung

Das Hintereinanderschalten mehrerer passiver Filter erhöht die Dämpfung. Die Übertragungsfunktion hat die allgemeine Form:

$$A(P) = \frac{A_0}{1 + h_1 P + h_2 P^2 + h_3 P^3 + \cdots + h_n P^n} \tag{2.26}$$

oder

$$A(P) = \frac{A_0}{(1 + a_1 P + b_1 P^2)(1 + a_2 P + b_2 P^2)\cdots}. \tag{2.27}$$

wenn man $P = \frac{j\omega}{\omega_0}$ abkürzt. Die h_i sind im Nennerpolynom positive reelle Koeffizienten [TS02].
Die *Ordnung* des Filters ist gleich der höchsten vorkommenden Potenz n. Die Nullstellen des
Nennerpolynoms (Pole) bestimmen den Verlauf der Übertragungsfunktion. Damit lassen sich
beliebige Filtercharakteristiken erzeugen. Passive Filter stoßen aus verschiedenen Gründen bei
etwa 4. Ordnung an ihre Grenzen. Um Filter höherer Ordnung zu erzeugen, bedient man sich
deshalb aktiver Filterschaltungen, die auch komplexe Pole zulassen. Um die Steilheit der Übertragungsfunktion an der Grenzfrequenz zu steigern, kann man zulassen, dass die Sprungantwort
des Filters ein Einschwingverhalten aufweist und damit auch eine *Welligkeit* im Sperrbereich
oder im Durchlassbereich. Bestimmte Parametersätze a_i,b_i beschreiben optimierte Kennlinien,
die man nach ihren Erfindern z. B. *Butterworth-*, *Chebyshev*[11]- oder *Cauer*-Filter nennt. Während

---

[11] Englische Schreibweise, bisweilen findet man die alte deutsche Schreibweise Tschebyscheff.

Butterworthfilter einen maximal flachen Verlauf haben und sich damit erkaufen, dass sie nicht einschwingen, erlaubt man dem Chebyshev-Filter eine gewisse Welligkeit im Durchlassbereich und dem Cauer-Filter eine gewisse Welligkeit im Sperr- und im Durchlassbereich zugunsten eines steileren Abfalls.

2.2.5 Rauschen

Am Ausgang eines Verstärkers oder am Ende einer Übertragungsstrecke kommt es auch ohne Eingangssignal zu einem Ausgangssignal, dessen Zeitverlauf nicht vorhersagbar ist, also einem statistisches Signal oder *Rauschen* [Rop06]. Dieses statistische Signal überlagert sich dem Nutzsignal und verfälscht dessen Verlauf als Störung. Die Störung macht sich umso stärker bemerkbar, je kleiner die Amplitude $\hat{U}_A$ des Nutzsignals ist. Sie kann im Extremfall zur Unverständlichkeit der Nachricht führen.

Das Verhältnis zwischen Störungen (Rauschen) und Nutzsignal wird allgemein in dB ausgedrückt und heißt Rauschspannungsabstand oder SNR (Signal to Noise Ratio). Rauschsignale lassen sich im Zeitbereich mit statistischen Methoden und im Frequenzbereich über Leistungsbetrachtungen beschreiben.

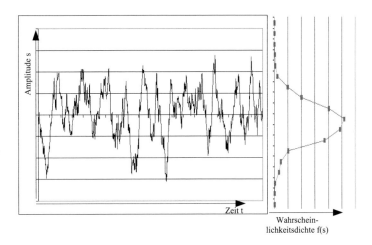

Abbildung 2.16 Mit einem Zufallsgenerator erzeugtes Rauschen und Amplituden

In elektronischen Systemen gibt es unterschiedliche Ursachen für das Rauschen, z.B.:

- Schrotrauschen, das auf Ladungsträgerfluktuation in den p-n Übergängen von Halbleitern zurückzuführen ist.

- Thermisches Rauschen (Widerstandsrauschen), das durch die thermische Bewegung von Elektronen im Kristallgitter des Leiters bewirkt wird. Aufgrund der statistischen Unabhängigkeit der thermischen Bewegungen einzelner Ladungsträger in einem Leiter sind die Rauschamplituden normalverteilt (Gauß-verteilt) mit der bekannten Wahrscheinlichkeitsdichte

$$f(s) = \frac{1}{\sqrt{2\pi}\sigma_s} e^{-\frac{(s-m_s)^2}{2\sigma_s^2}} \qquad (2.28)$$

Abbildung 2.16 zeigt diesen Sachverhalt an einem Signal, das mit einem einfachen numerischen Rauschgenerator erzeugt und ausgewertet wurde.

Thermisches Rauschen und Schrotrauschen können am Ausgang eines Übertragungssystems nicht mehr unterschieden werden. Man spricht deshalb allgemein von White Gaussian Noise und beschreibt Übertragungssysteme bezüglich ihres Störverhaltens mit der Terminologie des thermischen Rauschens. Speziell bei der additiven Überlagerung von Signal und Rauschsignal spricht man auch von *additive white Gaussian Noise* (AWGN). Ohne tiefer in die Materie einzudringen sei hier festgestellt, dass die aus der Gauß'schen Normalverteilung abgelesenen Werte

- m für den Mittelwert des vom Rauschen überlagerten Nutzsignals stehen, also für die Amplitude des Nutzsignals selbst und

- σ, die Standardabweichung für die mittlere Rauschamplitude und

- σ^2, die Varianz, für die mittlere Rauschleistung [12].

Betrachtet man die spektrale Leistungsdichteverteilung, kann man weiterhin feststellen, dass sie bei idealem thermischem Rauschen frequenzunabhängig ist, d. h. alle Frequenzen im Spektrum sind bis zur Unendlichkeit gleichverteilt. Deshalb heißt dieses Rauschen auch „weiß". Da dazu in der Praxis unendlich viel Energie nötig wäre, ist Rauschen im Normalfall bandbegrenzt. Eine Sonderform eines bandbegrenzten Rauschsignals ist das *rosa Rauschen*. Es zeichnet sich dadurch aus, dass seine Amplitudenverteilung umgekehrt proportional zur Frequenz verläuft also $\sim 1/f$, entsprechend einem Abfall von 3 dB/Oktave. Viele physikalische und technische Prozesse werden durch dieses Verhalten beschrieben. In der Akustik ist rosa Rauschen deshalb von Bedeutung, weil das menschliche Gehör dabei ein Geräusch empfindet, bei dem alle Frequenzanteile ungefähr gleich klingen.

Rauschen spielt insbesondere bei der Signalübertragung eine wichtige Rolle, deshalb wird im Abschnitt 5.2.2 noch weiter darauf eingegangen.

2.3   Digitale Audioelektronik

Nachdem die grundsätzlichen Begriffe der Signaltheorie geklärt sind, soll nun der elektrische Signalpfad beschrieben werden. Hier spielt die digitale Signalverarbeitung eine besondere Rolle. Ihre Vorteile liegen auf der Hand:

- Digital gespeicherte Inhalte können beliebig oft verlustfrei kopiert werden.

- Digital gespeicherte Inhalte können hochgradig komprimiert werden.

- Digital übertragene Daten sind je nach verwendeter Fehlercodierung robust gegen Übertragungsfehler und verlustfrei regenerierbar.

---

[12] Eine Amplitude zum Quadrat ist üblicherweise eine Leistung.

- Komponenten für die digitale Signalverarbeitung sind klein, preiswert und lassen sich mit ausgereiften Verfahren zur Synthese und Herstellung von Digitalschaltungen hochreproduzierbar und mit geringstem Abgleichsaufwand herstellen.

- Digitale Daten lassen sich effizient mit numerischen Methoden im Zeit- und Frequenzbereich verarbeiten. Dadurch können aufwändige Schaltungen eingespart werden.

Da Audiosignale häufig jedoch zunächst analog vorliegen, z. B. am Ausgang eines Mikrophonvorverstärkers oder eines anderen Wandlers, müssen sie zunächst abgetastet und digitalisiert werden. Nach der Übertragung, Speicherung und Verarbeitung der Signale werden sie wiederum konvertiert, ggf. verstärkt und schließlich über einen Lautsprecher ausgegeben.

2.3.1 Digitale Zahlendarstellung

Grundlage der digitalen Signalverarbeitung ist die Repräsentation von Signalamplituden durch diskrete Zahlen zu definierten, diskreten Zeitpunkten.

Diese Zahlen liegen in der Regel in *dualer* oder *binärer* Form vor. Dualzahlen bestehen aus den Ziffern '0' und '1' und werden in der Digitaltechnik deshalb bevorzugt, weil sie durch ein Schaltelement mit zwei Zuständen repräsentierbar sind. Die Ziffern werden *Bit*[13] genannt. Wie bei jedem Stellensystem (also auch unserem Dezimalsystem) repräsentiert die letzte Ziffer, das so genannte *least significant Bit*, *LSB*, ein Vielfaches von 1, die zweitletzte ein Vielfaches der Basis a(in diesem Fall 2), die drittletzte ein Vielfaches der Basis a zum Quadrat usw. Die erste Ziffer ist das *most significant Bit*, *MSB*. In einem Zahlensystem zur Basis a wird von den Ziffern $a_0, a_1, a_2, a_3, ..., a_n$ die Zahl:

$$a^0 a_0 + a^1 a_1 + a^2 a_2 + a^3 a_3 + ... + a^n a_n \qquad (2.29)$$

repräsentiert. Mit n Stellen können a^n Zahlen einschließlich der Null dargestellt werden, was am Dezimalsystem leicht zu überprüfen ist. Im Binärsystem hat man sich angewöhnt, die Ziffern in Vierer- (*Nibble*), Achter- (*Byte*) oder Sechzehnergruppen (*Word*) zu gruppieren (also Potenzen der 2).

Negative Zahlen

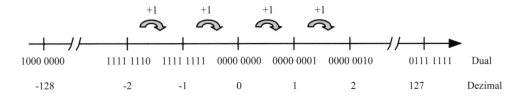

Abbildung 2.17 Negative Zahlen in Zweierkomplementdarstellung

---

[13] Von Binary Digit = Binärziffer.

Negative Zahlen werden dargestellt, indem der Zahlenstrahl einfach verschoben wird und zwar derart, dass jede Addition mit eins zur nächsthöheren Zahl führt. Dies klingt zunächst banal, wird aber beim Übergang von −1 zu 0 etwas komplizierter. Der Übergang gelingt in einem System mit fester Stellenanzahl (hier z. B. acht), wenn die −1 als höchste erlaubte Zahl (hier: 11111111) dargestellt wird, denn die nächsthöhere Zahl (wegen der festen Stellenzahl wird der Übertrag vernachlässigt) ist 00000000. Betrachtet man die Verschiebung genauer, stellt man fest, dass das MSB zum *Vorzeichenbit* wurde. Die restlichen Bit repräsentieren wie vorher die Zahl selbst, wobei negative Zahlen dadurch gekennzeichnet sind, dass sie gegenüber ihrem positiven Pendant *komplementiert* (alle Nullen werden Einsen und umgekehrt) und um eins verschoben sind. Man nennt diese Darstellung *Zweierkomplement*. Abbildung 2.17 verdeutlicht dies. Die folgende Tabelle 2.1 zeigt die Zahlenbereiche gängiger ganzer Zahlen.

Tabelle 2.1 Wertebereiche von Binärzahlen

Name	*Anzahl Bit*	*Wertebereich*
Unsigned Byte (Character)	8	0...255
Signed Byte	8	-128 ... +127
Unsigned Word	16	0 ... 65.535
Signed Word	16	-32.768 ... 32.767
Unsigned Long Word	32	0 ... 4.294.967.295
Signed Long Word	32	- 2.147.483.648 ... 2.147.483.647

Fließkommazahlen

Rationale Zahlen oder gar *reelle Zahlen* lassen sich wegen ihrer unendlichen Stellenanzahl im Rechner nicht darstellen. Stattdessen verwendet man *Fließkommazahlen*, die sich aus einer *Mantisse* mit fester Stellenzahl und einem *Exponenten* ebenfalls fester Stellenzahl zusammensetzt, so dass gilt:

$$\pm\text{Mantisse} \cdot 10^{\pm\text{Exponent}} \tag{2.30}$$

also z. B. $4.53432 \cdot 10^{-18}$. Die Anzahl der Bit für die Mantisse entscheidet über die Genauigkeit.

2.3.2 Abtastung und Digitalisierung

Um aus einem kontinuierlichen, *analogen* Signal ein digitales Signal zu gewinnen, sind, wie in Abbildung 2.18 zu erkennen, zwei Schritte notwendig: Zunächst muss das Signal durch *Abtastung* in ein *zeitdiskretes* Signal überführt werden. Hierzu wird die Amplitude des Eingangssignals zu diskreten Zeitpunkten gemessen, deren Abstand die *Abtastperiode* T_S [14] bzw. deren *Abtastfrequenz* $f_S = 1/T_S$ konstant ist.

---

[14] Das Subskript S steht für *sample*, dem englischen Wort für Abtastung.

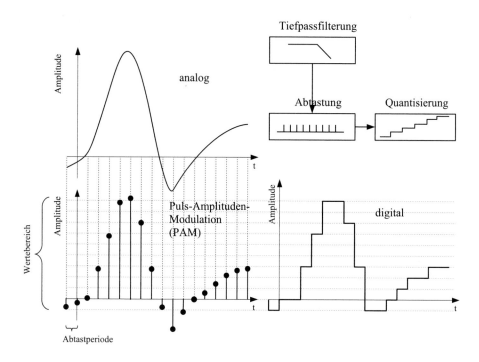

Abbildung 2.18 PCM-Verarbeitungskette vom analogen zum digitalen Signal

Das abgetastete Signal ist *zeitdiskret* und weiterhin *wertkontinuierlich*. Im zweiten Schritt wird der Abtastwert durch Rundung einer diskreten Zahl zugeordnet (*Quantisierung*), so dass das Signal als Zahlenfolge vorliegt. Man nennt dieses Verfahren *Pulscodemodulation* (PCM). In der Folge werden einige ausgewählte Eigenschaften der PCM diskutiert, zur Vertiefung sei auf ein breites Literaturangebot zur digitalen Signalverarbeitung verwiesen (z. B. [OL04] [Wat01] [Poh05]).

Abtastung

Mathematisch ist die Abtastung eine Multiplikation des Signals mit einer unendlichen Folge von zeitlich versetzten δ-Impulsen (Kammfunktion). Dabei interessiert vor allem, mit welcher Frequenz f_S das Originalsignal abgetastet werden muss, damit es später am Verstärker wieder rekonstruiert werden kann.

In Abbildung 2.19 oben ist das Spektrum eines bandbegrenzten analogen Signals angedeutet (Zeitbereich links und Spektrum rechts). In der Mitte ist das Spektrum der abtastenden Kammfunktion zu sehen. Unten ist schließlich das Ergebnis der Abtastung im Zeit- und Frequenzbereich skizziert. Die Eigenschaften der Kammfunktion haben zur Folge, dass das Spektrum des Originalsignals mit der Abtastfrequenz wiederholt wird. Durch die Bandbegrenzung des Signals steckt damit die gesamte Information über das Originalsignal im Spektrum des abgetasteten Signals. Es genügt lediglich eine Tiefpassfilterung, um diese wieder zu rekonstruieren. Anders

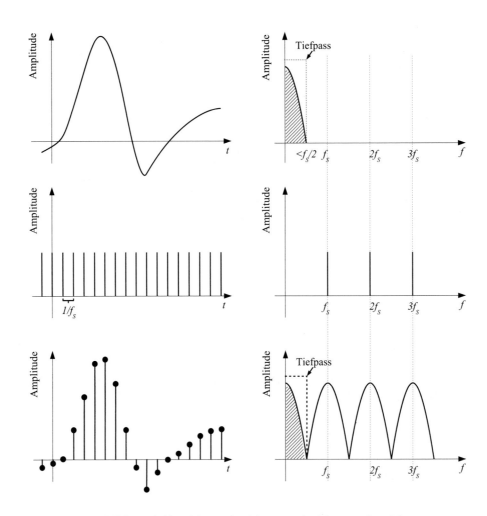

Abbildung 2.19 Wirkung der Abtastung im Frequenzbereich

sieht es aus, wenn das Originalsignal nicht bandbegrenzt ist. Abbildung 2.20 verdeutlicht diesen Sachverhalt. Die Frequenzanteile des Originalsignals, die oberhalb der halben Abtastfrequenz liegen, werden durch die Wiederholung des Spektrums in das Band des rekonstruierten Signals hineingespiegelt und lassen sich dort nicht mehr vom Originalsignal trennen. Man nennt diesen Effekt *Aliasing* und die gespiegelten Frequenzanteile *Aliases*[15].

Mit anderen Worten: Ein Signal, das nach der Abtastung vollständig und fehlerfrei rekonstruierbar sein soll, muss derart bandbegrenzt sein, dass die höchste vorkommende Frequenz gerade mindestens die halbe Abtastfrequenz ist oder umgekehrt: Um ein abgetastetes Signal fehlerfrei rekonstruieren zu können, muss die Abtastfrequenz mindestens das Doppelte der höchsten

---

[15] Im Kapitel 3 werden wir sehen, dass dieser Effekt auch beim Rastern eines Bildes auftritt, da dieses ebenfalls ein Abtastvorgang ist.

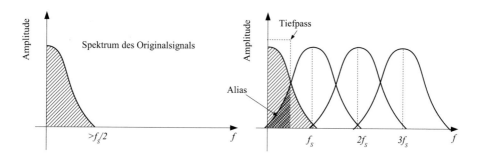

Abbildung 2.20 Fehler bei Unterabtastung (Aliasing); der stark schraffierte Bereich deutet die Aliasfrequenzen an.

im Originalsignal vorkommenden Frequenz sein. Diese Forderung heißt *Nyquist-Kriterium*, die halbe Abtastfrequenz ist die Nyquist-Frequenz. Der notwendige Tiefpassfilter vor der Abtastung wird *Antialiasing-Filter* genannt. Theoretisch müsste man einen unendlich steilen Tiefpass bauen um dieses Kriterium auszureizen, technisch werden in digitalen Aufnahmegeräten eher preisgünstige analoge Filter erster oder zweiter Ordnung eingesetzt und das Signal wird deutlich überabgetastet, d. h. mit deutlich höherer Frequenz (Oversampling).

Um in der nachfolgenden Verarbeitungskette effizient mit der Datenmenge umzugehen, wird das überabgetastete und quantisierte Signal einer sehr steilen digitalen Tiefpassfilterung unterzogen und dann nochmals mit der Zielfrequenz abgetastet (*Sample Rate Conversion*), wie Abbildung 2.21 zeigt. Diese liegt bei Musikdaten von CD bei 44,1 kHz, bei DVD Daten bei 48 kHz, was bedeutet, dass Audiosignale auf die in der Regel ausreichende Bandbreite von knapp 22 kHz bzw. 24 kHz begrenzt sind.

Abbildung 2.21 Ablauf einer PCM in einem realen Aufnahmegerät

Quantisierung

Nachdem der Abtastungsschritt also offensichtlich verlustfrei vollzogen wurde, wird mit dem Quantisierungsschritt ein Fehler in Kauf genommen. Die Abbildung der wertkontinuierlichen Amplitude auf eine diskrete Menge von n Quantisierungsstufen erfolgt nämlich, indem Amplitudenwerte, die zwischen diesen Stufen liegen, durch eine Rundungsvorschrift einer Stufe zugeordnet werden und daher nicht mehr rekonstruierbar sind. Ein weiterer Fehler wird durch das Abschneiden (*Clipping*) der Amplitudenwerte jenseits der niedrigsten und höchsten Stufe verursacht, was einem *Klirren* einer nichtlinearen Verstärkerkennline entspricht (siehe Abschnitt 2.4).

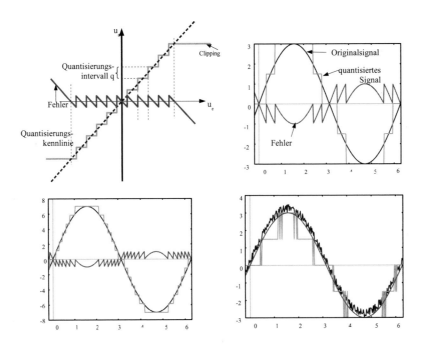

Abbildung 2.22 Quantisierungskennlinie (oben links), Beispiel für Quantisierungsfehler (oben rechts, unten links), Dithering (unten rechts)

In Abbildung 2.22 ist die Quantisierungskennlinie für elf Quantisierungsstufen zu sehen. Der Fehler, d. h. die Abweichung des quantisierten Signals vom Originalsignal macht sich wie ein additives Rauschsignal bemerkbar. Die Abbildung zeigt weiterhin zwei Beispiele für quantisierte Sinussignale, einmal mit fünf und einmal mit 15 Quantisierungsstufen. Da die Quantisierungsstufen in der Regel binär codiert sind, wählt man zweckmäßigerweise 2^n Stufen aus, die dann über n Bit codiert sind. Über statistische Betrachtungen kann man berechnen (siehe z. B. [OL04]), dass der *Signal-Rausch-Abstand* mit etwa 6 dB/Bit steigt, d. h. bei 16 Bit (CD-Codierung) ist der Signal-Rausch-Abstand des Quantisierungsrauschens etwa 96 dB.

Quantisierungsfehler stören insbesondere in den Passagen eines Musiksignals mit niedrigen Amplituden, denn dort sind die Fehler groß gegenüber dem Nutzsignal. Man kann diesen Effekt kompensieren, indem man das Signal nichtlinear quantisiert. Mit anderen Worten: mit kleiner werdender Amplitude werden auch die Quantisierungsintervalle kleiner. Man unterteilt das Signal beispielsweise logarithmisch in die Stufen

$$0 \to \frac{1}{128} \to \frac{1}{64} \to \frac{1}{32} \to \frac{1}{16} \to \frac{1}{8} \to \frac{1}{4} \to \frac{1}{2} \to 1$$

(dasselbe für die negative Aussteuerung) und bildet jedes so entstehende Intervall auf 8 Stufen (3 Bit) pro Quadrant ab. Dazwischen wird linear interpoliert, mit je 16 Stufen (4 Bit). Das achte Bit stellt das Vorzeichen dar. Damit werden kleine Signale bis zu 128-fach stärker berücksichtigt als Signale mit Vollaussteuerungspegel. Diese Kennlinie, zu sehen in Abbildung 2.23, nennt man *A*-

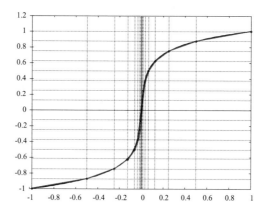

Abbildung 2.23 Nichtlineare Quantisierung mit der A-Kennlinie

Kennlinie (A-Law). Eine ähnliche Kennlinie ist die amerikanische μ-Kennlinie (μ-Law) [Hen03].
Für beide Kennlinien gibt es arithmetische Ausdrücke.
Um bei einer geringen Zahl von Quantisierungsstufen den Quantisierungsfehler zu verringern,
kann man außerdem dem Originalsignal ein leichtes Rauschen beimischen. Dieses bewirkt bei
der Abtastung, dass der Fehler vom Signal entkoppelt wird und der mittlere Fehler sinkt, wenn
man das quantisierte Signal beim Rückwandeln bandbegrenzt. Man nimmt also bewusst ein
schwaches Rauschen in Kauf und reduziert damit erheblich das Rauschen durch den Quantisierungsfehler. Dieser Effekt heißt *Dithering* (siehe Abbildung 2.22 rechts unten). Er funktioniert in
den Zwischenwerten des Signals ähnlich wie die *Pulsweitenmodulation*, die in Abschnitt 2.3.6
beschrieben ist. Vorausgesetzt, die Abtastrate ist hoch genug, kann man damit über Mittelwertbildung Amplituden „zwischen" zwei Stufen darstellen.

Noise shaping

Auch das *Noise shaping*, zu deutsch „Rauschformung", ist eine Methode zur Verringerung des
Quantisierungsrauschens zumindest im signifikanten Anteil des Signals. Die Idee ist es, das
Quantisierungsrauschen in einen Frequenzbereich zu schieben, wo es nicht oder kaum wahrgenommen wird. Zunächst wird das Signal mit deutlich höherer Abtastrate überabgetastet, als es anschließend gespeichert oder übertragen werden soll. Auch die Quantisierung erfolgt zunächst mit
mehr Quantisierungsstufen. Anschließend erfolgt eine Wortbreitenreduktion und ein Resamp-
ling, wobei die wegfallenden LSBs einfach zum nächsten Sample hinzugezählt werden. Ein Beispiel soll das verdeutlichen. Ein Signal der Wortbreite N soll zu einem der Wortbreite $N - 2$
reduziert werden. Die Originaldatenwörter lauten:

> ...0011, ...0011, ...0011, ...0011, ...0011, ...

Nach Abschneiden der zwei niedrigsten Bits ergibt sich:

> ...00, ...00, ...00, ...00, ...00, ...

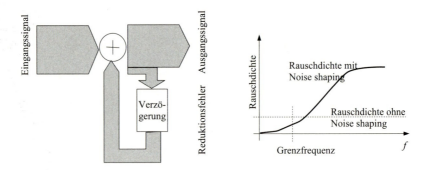

Abbildung 2.24 Noise Shaper 1. Ordnung

Einfaches Abschneiden ergäbe den in den fünf Samples konstanten bzw. niedrigfrequenten Fehler von 11. Ein Noise shaper erster Ordnung arbeitet gemäß Abbildung 2.24 und addiert die abgeschnittenen Bits, also den Fehler zum nachfolgenden Datenwort, hinzu. In diesem Fall verändern sich die Datenworte nach der Addition gemäß Tabelle 2.2 [Gör06, Wat01, Poh05]

Tabelle 2.2 Noise-shaping-Beispiel

Takt	Signal + Fehler	→	Ausgang	Fehler
1.	...0011 + 00 = ...0011	→	...00	11
2.	...0011 + 11 = ...0110	→	...01	10
3.	...0011 + 10 = ...0101	→	...01	01
4.	...0011 + 01 = ...0100	→	...01	00
5.	...0011 + 00 = ...0011	→	...00	11

Es ist leicht zu erkennen, dass das so gebildete Ausgangssignal

$$...00, ...01, ...01, ...01, ...00, ...$$

die Informationen der abgeschnittenen Bits in niederfrequenter Form enthält, denn nach Mittelung (Tiefpassfilterung) erhält man einen zusätzlichen Signalanteil, der 3/4 einer Quantisierungsstufe ausmacht.

In einem gegebenen Zeitintervall der Dauer T ist nämlich die mittlere Signalamplitude $\bar{s}$

$$\bar{s} = \frac{1}{T} \int_0^T s(t)dt \tag{2.31}$$

Das entspricht offensichtlich genau dem Wert 11 (also 3 von 4 möglichen Zuständen). Damit wird der Quantisierungsfehler für niedrige Frequenzen kompensiert. Allerdings erhöht er sich für hohe Frequenzen deutlich wie in Abbildung 2.24 rechts zu sehen ist. Dies erscheint logisch, denn bei gegebener Abtastrate und gegebener Anzahl von Quantisierungsstufen kann keine zusätzliche Information abgebildet werden sondern es wird lediglich Energie aus dem Wertebereich in den Zeitbereich umgeschichtet. In Summe bleibt die „Fehlerenergie" konstant.

2.3.3 D/A-Wandlung

In der digitalen Audiotechnik besteht vor der Endstufe die Notwendigkeit, das digitale Signal in ein „analoges"[16], d. h. in ein Spannungssignal zurückzuwandeln, dessen Signalstärke proportional zum Wert des Digitalworts ist, z. B. um es einem Verstärker zuzuführen. Es ist technisch nicht möglich, bei einer Codierung von n Bit für jede der 2^n Signalstufen eine entsprechende Referenzspannung vorzuhalten. Ein einfaches direktes Verfahren ist, durch parallel geschaltete Stromquellen oder parallel geschaltete Widerstände n Ströme gemäß der Beziehung:

$$I_1 = 2I_2 = 4I_3 = 8I_4 = \ldots = 2^{n-1}I_n \tag{2.32}$$

zur Verfügung zu stellen und entsprechend der „1"-Bits zu addieren [Zöl05]. Der resultierende Strom ist proportional zum digitalen Signalwert und muss noch in einer in Abbildung 2.25 gezeigten Strom-Spannungswandler-Schaltung umgewandelt werden. Ein gravierender Nachteil dieser Schaltung ist die Tatsache, dass sehr große Skalenunterschiede bei den Strömen bzw. den Widerständen herrschen, denn schon bei einem 16 Bit Wort ist der größte Widerstand 32.768-mal größer als der kleinste. Dies bringt mitunter Abgleichprobleme mit sich. Die gebräuchlichste Alternative ist eine Schaltung, die als R/2R Netzwerk (siehe Abbildung 2.26 für vier Bit) bekannt ist.

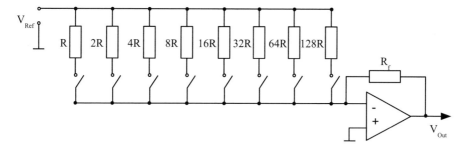

Abbildung 2.25 Digital-Analog-Wandler (DAC) mit gewichteten Widerständen

Hier werden nur Widerstände mit den Werten R und $2R$ benötigt [Zöl05][Sea98]. Mit einem digitalen Schalter (Transistor) wird entweder die Referenzspannung (1) oder Masse (0) an die einzelnen Zweige angelegt. Ein Beispiel soll die Funktion erläutern: Wird das most significant Bit (MSB) auf 1 gelegt, die anderen auf 0 (entsprechend dem Wort „1000"), liegt die halbe Referenzspannung am Ausgang, denn jeder Knoten „sieht" nach *Thevenin* in Richtung des least significant Bit (LSB) einen Widerstand gegen Masse von $2R$. Damit fällt an den Knoten in Richtung des LSB jeweils die halbe Spannung gegenüber der des vorherigen Knotens ab. Die Spannungen addieren sich linear, so dass z. B. für das Wort „1010" die resultierende Spannung $U_{ref}/2 + U_{ref}/8 = 5U_{ref}/8$ ist. Dieses Netzwerk lässt sich beliebig kaskadieren, allerdings spielen bei sehr großen Netzwerken und damit hohen Skalenunterschieden auch parasitäre Effekte eine Rolle, z. B. Querableitungen oder Rauschen.

---

[16] Die Anführungszeichen um das Wort „analog" tragen der Tatsache Rechnung, dass es sich genau genommen nach der D/A-Wandlung weiterhin um ein diskretes Signal handelt, da die Zwischenstufen nicht rekonstruiert werden.

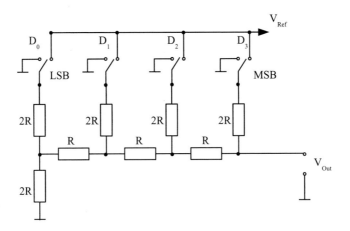

Abbildung 2.26 Digital-Analog-Wandler mit $R/2R$ Netzwerk

Qualitätsmerkmale eines Digital-Analog-Wandlers sind u. a. die Einstellzeit (Zeit vom Anlegen des Datenworts bis zum Erreichen der Ausgangsspannung), der Offsetfehler (Gleichspannung bei 0) und die Nichtlinearität (Abweichung der Kennlinie von der idealen Geraden).

2.3.4 Deltamodulation

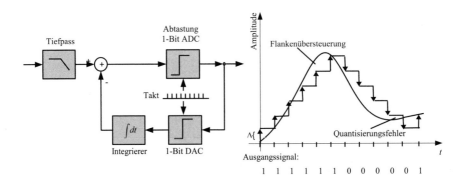

Abbildung 2.27 Deltamodulation (DM)

Erhöht man bei einem PCM-Modulator die Abtastfrequenz, stellt man fest, dass sich zwei auf-einanderfolgende Samples mit steigender Abtastrate immer weniger unterscheiden, das Signal wird quasi stationär gegenüber der Abtastung. Ein Beobachter kann aus dem vorausgegangenen Signalverlauf den weiteren Verlauf schätzen. Diesen Grundgedanken macht sich das Verfahren der *Deltamodulation* (*DM* oder *DPCM*) zunutze. Im extremen Fall ist das Folgesample nur noch eine Quantisierungsstufe größer oder kleiner als das aktuelle, so dass man gänzlich auf den Quan-tisierer verzichten kann, indem man eine Schaltung nach Abbildung 2.27 aufbaut.

Vom ursprünglichen Eingangssignal wird das aus dem vorherigen Abtastschritt gewonnene Signal abgezogen, so dass am Eingang des Quantisierers nur noch eine Differenz in Höhe einer Quantisierungsstufe übrigbleibt. Der Quantisierer wird damit zum 1-Bit A/D-Wandler, der nur noch entscheiden muss, ob das Sample um eine Stufe größer oder kleiner als das Vorgängersample ist. Dieser Wert wird für einen Abtastschritt gespeichert und auf einen 1-Bit A/D-Wandler, also auf einen Operationsverstärker gegeben, der eine Signalamplitude erzeugt, die einem positiven oder negativen Quantisierungsschritt entspricht. Anschließend wird dieses „Signaldelta" auf den vorausgehenden Wert integriert. Dieser Wert, der dem gespeicherten Vorgängersample entspricht, kann nun, wie erwähnt, von der Signalamplitude des nächsten Abtastschrittes abgezogen werden. Die Deltamodulation codiert also den Anstieg eines Signals und nicht seine Amplitude. Steigt die Amplitude des Originalsignals zu schnell an, entsteht ein großer Fehler, den man als *Flankenübersteuerung* oder englisch *Slope Overload Distortion* bezeichnet. Der Deltamodulator kommt einfach dem steilen Anstieg nicht nach, so dass sich eine deutliche Frequenzabhängigkeit des Ausgangssignals ergibt.

Bleibt die Amplitude des Signals konstant, so „zittert" das deltamodulierte Signal mit dem Quantisierungsfehler um den Originalwert (engl. granular noise). Die Deltamodulation ist also immer ein Kompromiss zwischen der Quantisierungsstufe und der Abtastfrequenz. Je geringer die Quantisierungsstufe, desto schneller muss abgetastet werden.

Bei der Demodulation (D/A-Wandlung) muss das binäre Signal, das ja „nur" die Differenz zum vorhergehenden Abtastwert enthält, natürlich wieder integriert, also aufaddiert werden (Abbildung 2.28). Dabei fällt auf, dass sich Übertragungs- oder Lesefehler summieren können, wenn sie sich im Mittel nicht aufheben. Rekonstruiertes Signal und Originalsignal können also auseinander laufen.

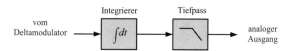

Abbildung 2.28 Demodulation des DM-Signals

2.3.5 Sigma-Deltamodulation

Den Nachteil der Flankenübersteuerung kann man mit verschiedenen Verfahren, z. B. der adaptiven Deltamodulation, umgehen. Das heute in der Audiotechnik allerdings üblichste Verfahren ist die *Sigma-Deltamodulation* (SDM) [Zöl05][Wat01][Poh05]. Wie in Abbildung 2.29 links zu sehen, wird zusätzlich das Eingangssignal integriert, was die steilen Flanken für den folgenden Quantisierungsschritt glättet, ohne die Information zu entfernen. Am Ausgang des Sigma-Delta-Modulators liegt demzufolge bereits ein integriertes Signal an, so dass sich das Integrierglied im Demodulationsschritt einsparen lässt. Dadurch wird die Gefahr systematischer, sich aufaddierender Fehler bei der Datenübertragung geringer. Nicht zuletzt ist die Umwandlung in ein PCM-Signal einfach, denn aufgrund der Integration codiert die SDM wie die PCM die Amplitude des Signals und nicht dessen Anstieg wie die DM.

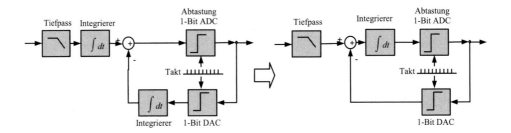

Abbildung 2.29 Sigma-Delta-Wandler (links: Idee, rechts: Realisierung)

Macht man sich die Linearitätseigenschaft der Integration und der Subtraktion zunutze, dann kann man die Schaltung nach Abbildung 2.29 noch zu dem rechts dargestellten Schema vereinfachen. Beide Integratoren wandern hinter das Subtraktionsglied und werden zusammengezogen. Bei einer genauen Betrachtung des Verhaltens eines Sigma-Deltamodulators und speziell des Integrierglieds am Eingang des Quantisierers, stellt man fest, dass das quantisierungsbedingte Signal-Rauschverhältnis mit der Frequenz sinkt. Bei einem frequenzunabhängigen Signalpegel heißt das, dass das Quantisierungsrauschen ansteigt. Oversampling und Noise-Shaping werden deshalb bei Sigma-Deltamodulation eingesetzt, um diese Störung in einen nicht relevanten Bereich des Spektrums zu verschieben.

Diskussion

Zusammenfassend sollen noch einmal die verschiedenen Verfahren zur digitalen Modulation diskutiert werden [Wat01].
Abbildung 2.30 zeigt die Abhängigkeiten der Signalpegel und des Quantisierungsrauschens über der logarithmisch skalierten Frequenz. PCM und SDM stellen die Amplitude des Signals dar, so dass bis zur Nyquistgrenze die Amplituden frequenzunabhängig skaliert sind. Bei der DM, die die erste Ableitung der Amplitude anstelle von Amplitudenwerten codiert, besteht die Gefahr von Flankenübersteuerung. Bei der SDM steigt die Amplitude des Quantisierungsrauschens mit der Frequenz an. Beide Delta-Verfahren, DM und SDM, haben gegenüber der PCM den Vorteil, dass

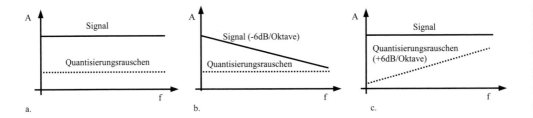

Abbildung 2.30 Frequenzabhängigkeit von Signal und Quantisierungsrauschen
a. PCM b. DM c. SDM

sie schaltungstechnisch weniger aufwändig zu realisieren sind, dafür aber hohe Abtastfrequenzen benötigen, da sie nur ein Bit zur selben Zeit codieren. Sampling-Raten vom 64, 128 oder 256-fachen der PCM-Abtastfrequenz (üblicherweise 44,1 kHz oder 48 kHz) sind keine Seltenheit. SDM ist heutzutage bei allen digitalen Aufnahmegeräten Standard.

2.3.6 Pulsweitenmodulation

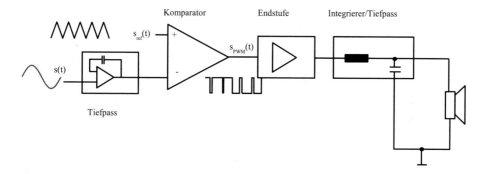

Abbildung 2.31 Pulsweitenmodulation

Bereits beim Noise shaping und bei den differenziellen Wandlern wurde gezeigt, dass Signal-amplituden über eine zeitliche Mittelwertbildung dargestellt werden können. Ein Spezialfall ist die *Pulsweitenmodulation* (PWM). Sie beruht auf der Idee, dass der Mittelwert eines Signals mit nur zwei Amplitudenstufen über das *Tastverhältnis*[17] zwischen Ein- und Ausschaltzeit innerhalb eines definierten Zeitintervalls jeden beliebigen Wert annehmen kann [Lea05] [Jon00].
Für ein Signal, das nur die zwei Zustände (Amplituden) s_0 und s_1 einnehmen kann, lässt sich in einem Zeitintervall jeder beliebige Mittelwert gemäß Gleichung 2.31 einstellen, wenn die Amplitude s_0 für die Dauer t_0 und die Amplitude s_1 für die Dauer t_1 anliegen, so dass mit $t_0 + t_1 = T$

$$\bar{s} = (s_0 t_0 + s_1 t_1)/T \tag{2.33}$$

gilt. Wegen der Abtastbedingung lassen sich damit natürlich nur bandbegrenzte Signale darstellen, deren obere Grenzfrequenz deutlich kleiner als $1/T$ ist.
Am Beispiel der Darstellung eines Sinussignals soll dies in Abbildung 2.32 verdeutlicht werden. Das Signal eines Sägezahngenerators $s_{ref}(t)$ und das bandbegrenzte Signal $s(t)$ werden gemäß Abbildung 2.31 mit einem Komparator verglichen. Am Ausgang des Differenzverstärkers liegt an:

$$s_{PWM}(t) = \begin{cases} s_1 & \text{wenn } s(t) > s_{ref}(t) \\ s_0 & \text{wenn } s(t) \leq s_{ref}(t) \end{cases} \tag{2.34}$$

---

[17] Engl. *duty cycle*.

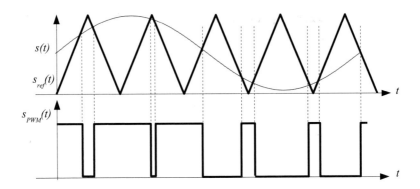

Abbildung 2.32 Darstellung eines Sinussignals durch PWM

Damit ist die *Pulsweite* des Ausgangssignals proportional zur Signalamplitude, deshalb der Begriff *Pulsweitenmodulation* (PWM) oder *Pulsdauermodulation* (PDM). Das Verfahren, aus einem zeitkontinuierlichen Signal mit Hilfe eines Rampengenerators ein PWM-Signal zu machen, heißt auch *NPWM* (Natural Sampling Pulse Width Modulation)
Theoretisch gilt, dass die Frequenz des Sägezahns f_T mindestens dreimal so groß wie die höchste vorkommende Signalfrequenz f_s ist [Lea05], in der Praxis wird sie weit höher gewählt, in der Regel zwischen 250 kHz und 1 MHz [Max02].
Die Mittelwertbildung erfolgt mit einem Integrierglied. Mehr dazu im Kapitel 2.4. Mit einigem Aufwand, der sich aus den hohen Abtastfrequenzen ergibt, kann man inzwischen pulscodemodulierte Signale direkt in PWM-Signale umwandeln, so dass es integrierte PCM zu PWM-Verstärker zu kaufen gibt, die lediglich an eine Class-D Endstufe angeschlossen werden müssen.

2.3.7 Diskrete Transformationen

Auch für zeitdiskrete Signale lässt sich eine Transformation in den Frequenzbereich angeben. Da durch die Abtastung aus dem kontinuierlichen Signal eine Folge $s_d(n) = s(t_n)$ gebildet wurde, geht das Fourierintegral in eine Summe über

$$S_d(k) = \sum_{n=0}^{M-1} s_d(n)e^{-j2\pi nk/M} \quad k = 0,\ldots,M-1 \tag{2.35}$$

bzw. die Umkehrung in

$$s_d(n) = \frac{1}{M} \sum_{k=0}^{M-1} S_d(k)e^{j2\pi nk/M} \quad k = 0,\ldots,M-1. \tag{2.36}$$

Man nennt sie konsequenterweise *diskrete Fouriertransformation* (DFT), technisch wird sie mit dem Algorithmus der *schnellen Fouriertransformation*, engl. *FFT* für fast Fouriertransformation, umgesetzt. Dabei ergibt sich ein Problem: Da der Betrachtungszeitraum (Fenster) nun nicht mehr wie bei der Fouriertransformation von $-\infty$ bis $+\infty$ reicht sondern nur noch aus M diskreten

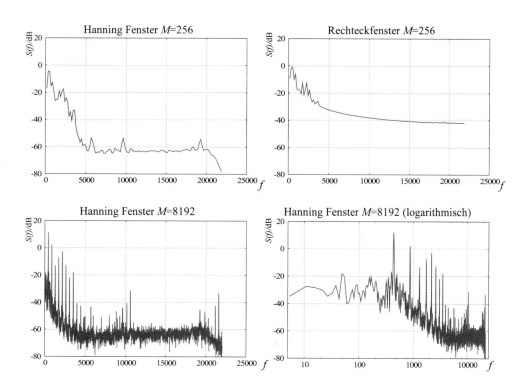

Abbildung 2.33 FFT mit unterschiedlichen Fenstern und Darstellungsvarianten

Zeitpunkten besteht, macht man zwangsläufig einen Fehler. Dieser ergibt sich zum einen daraus, dass Teile des Signals einfach ignoriert werden, zum anderen aber führt man einen beträchtlichen Signalanteil durch das abrupte Schneiden (*Rechteckfenster*) selbst ein. Deshalb wird das Signal vor einer DFT in der Regel gezielt ausgeblendet, die Kennlinien heißen dann z. B. *Blackman-Fenster*, *Hanning-Fenster* oder *Hamming-Fenster* usw. Abbildung 2.34 zeigt die Verläufe einiger Fenster für $M = 1024$ [Rop06].

Abbildung 2.33 zeigt eine FFT ein und desselben Klaviertons (440 Hz) mit unterschiedlichen Fensterbreiten, linearer und logarithmischer Darstellung und den Unterschied zwischen einem Rechteckfenster und einem Hanning-Fenster. Wegen der Symmetrie des Spektrums stehen real nur die Hälfte der Samples zur Verfügung. Die Fensterbreite ist gleichzeitig ein Maß für die Abtastdauer, bei nicht periodischen Signalen erzeugt man natürlich nur eine Momentanaufnahme des sich ständig ändernden Signals. Da sich damit auch das Spektrum ständig ändert, wird in solchen Darstellungen wie zu Anfang des Kapitels in Abbildung 2.3 das Fenster kontinuierlich verschoben. Bei einer dreidimensionalen Darstellung spricht man auch von einem *Wasserfalldiagramm*. Letztlich muss man sich der Tatsache bewusst sein, dass es sich immer um eine mehr oder weniger gute Annäherung handelt.

Bei der Berechnung zeitdiskreter Übertragungsfunktionen erweitert man die diskrete Fouriertransformation zur *z-Transformation* in den Bereich der komplexen Variablen *z*. Einer ihrer Vorteile besteht darin, dass der Übergang zwischen zwei Samples, d. h. die Verzögerung um eine

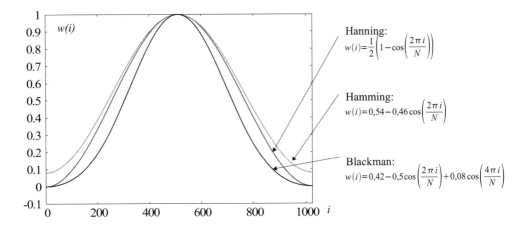

Abbildung 2.34 Vergleich unterschiedlichen Fenster

Abtastperiode durch eine Multiplikation mit z^{-1} beschrieben werden kann. Rechenregeln zur Fourier-, z- und der verwandten Laplacetransformation findet man in [FK03].

2.3.8 Digitale Filter

Digitale Filter haben den Charme, nahezu beliebig parametrierbar zu sein. Sie arbeiten im Zeitbereich oder im Frequenzbereich. Im **Frequenzbereich** muss eine FFT durchgeführt, das Spektrum mit der entsprechenden Übertragungsfunktion multipliziert und in den Zeitbereich zurücktransformiert werden. Für Filter auf Audiodatenströmen ist dieses Verfahren sehr aufwändig. Im **Zeitbereich** bedienen sich digitale Filter der *diskreten Faltung*

$$y(n) = \sum_{k=-\infty}^{\infty} x(k)h(n-k) \tag{2.37}$$

und falten das diskrete Signal mit ihrer diskreten Impulsantwort, wie in Abbildung 2.36 zu sehen ist.

Da reale Systeme *kausal* sind, also keine Zukunftsaussagen über Signale machen, müssen nur die vorangegangenen Werte des Signals betrachtet werden. Eine Möglichkeit der Realisierung besteht darin, die Signalfolge durch eine Kette von Speichergliedern zu „schieben" und jeweils mehrere Samples mit einer endlichen Anzahl $N + 1$ von Filterkoeffizienten zu multiplizieren. Diese Koeffizienten sind nichts anderes, als die diskreten Werte der Impulsantwort (Abbildung 2.35). Eine Aufsummierung führt zu Gleichung 2.37 mit einer endlichen Zahl von Samples. Eben weil diese endlich ist, heißt das Verfahren *FIR*, von *Finite Impulse Response*, Filter mit endlicher Impulsantwort.

Abbildung 2.36 zeigt links die Filterkoeffizienten h_i eines FIR-Filters, der die Impulsantwort eines idealen Tiefpasses mit 11 Filterkoeffizienten annähert ($N = 10$). Rechts, in logarithmischer Darstellung, ist der jeweilige Betragsfrequenzgang für 11 bzw. 33 Koeffizienten ($N = 10$ bzw. $N = 32$) nach [Rop06] dargestellt. Eine Verbesserung der Dämpfung und der Welligkeit im

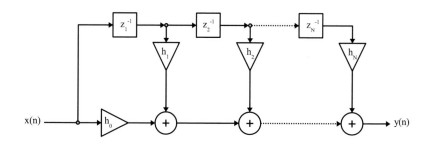

Abbildung 2.35 FIR-Filter

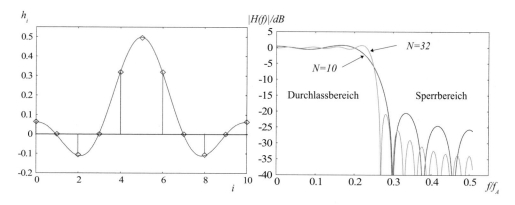

Abbildung 2.36 Impulsantwort eines idealen Tiefpasses als FIR-Filter mit $N=10$ und Übertragungsfunktion mit $N=10$ und $N=32$

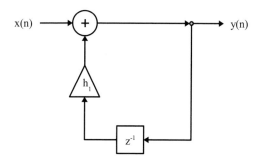

Abbildung 2.37 IIR-Filter

Sperrbereich lässt sich dadurch erreichen, dass man die Filterkoeffizienten mit einer der aus der FFT bekannten Fensterfunktionen gewichtet.

Benötigt man längere Impulsantworten, stoßen FIR-Filter an ihre technischen Grenzen. Alternativ kann man das Signal nach Schieben und Multiplikation mit den Filterkoeffizienten wieder rekursiv in die Filterkette einspeisen. Die Antwort auf einen einzelnen Impuls klingt dann theoretisch erst nach unendlich langer Zeit ab. Praktisch ist die Impulsantwort vollständig abgeklungen, wenn das least significant Bit sich nicht mehr ändert. Von dieser unendlichen Impulsantwort hat das Filter seinen Namen *IIR* für *Infinite Impulse Response*. Die einfachste mögliche Implementierung mit einem einzigen Verzögerungsglied ist in Abbildung 2.37 dargestellt.

Hiermit lässt sich bereits ein Tiefpass erster Ordnung erzeugen, wenn der Koeffizient $h_1 < 1$ ist. Mit $h_1 = 1$ wird ein Integrierer erster Ordnung realisiert. Digitale Filter sind ausführlich bei [Wat01] oder [Poh05] sowie [Rop06] beschrieben.

2.3.9 Darstellung von Audiosignalen bei Speicherung und Übertragung

Für die Speicherung und Übertragung von Audiosignalen sind zwei Alternativen relevant:

- **Direkte PCM, ADPCM oder SDM Speicherung**: Hierbei wird das Signal so wie es abgetastet wurde auf das Medium gespeichert bzw. übertragen. Mehrere Kanäle und mehrere Samples werden in der Regel in so genannten *Chunks* zusammengefasst. Die Daten unterscheiden sich nicht nur hinsichtlich der Abtastrate sondern auch hinsichtlich der Quantisierungskennline (μ oder A-Law), der Zahlendarstellung (z. B. 16 oder 24 Bit/Sample signed integer oder unsigned integer oder 4 bzw. 8 Byte Gleitkommazahlen) und der Chunk-Größe sowie im Dateiheader, in dem diese Informationen abgelegt sind. Bekannte unkomprimierte Formate sind Microsoft/IBM WAV, AIFF (Apple), AU (Sun) oder IFF (Amiga).

- **Komprimierte Speicherung bzw. Übertragung**: Datenkompression erfolgt nach zwei grundsätzlichen Verfahren:

  - **Verlustlose Kompression**: Hier werden nur Informationen aus den Daten entnommen, die redundant vorhanden sind (siehe Abschnitt 5.3.5), d. h. die gesamte in den Daten enthaltene Information bleibt erhalten. Hierzu zählen die Huffman-Codierung und die Lempel-Ziv-Codierung (LZ) wie sie in .zip Dateien angewendet wird.

  - **Verlustbehaftete Kompression**: Audiodaten werden mit einem psychoakustischen Modell bewertet, das vor allem temporale und simultane Maskierung (siehe Abschnitt 2.1.5) berücksichtigt. Dazu wird der Datenstrom zunächst einer Dynamikkompression unterzogen. Anschließend wird er laufend mit Hilfe der FFT in (z. B. 32) kritische Frequenzbänder unterteilt, die hinsichtlich ihrer Maskierungseigenschaften bewertet werden. Hieraus lassen sich Informationen darüber gewinnen, ob das momentane Signal im betrachteten Band überhaupt hörbar ist. Nicht hörbare Signalanteile werden unterdrückt. Der resultierende Datenstrom wird zum Schluss noch einer verlustlosen Kompression unterzogen. Weitere Einsparungen, allerdings auf Kosten der hörbaren Qualität werden durch einfache Bandbegrenzung und durch Re-Sampling erreicht. Die bekanntesten Verfahren sind MPEG Layer 3 (MP3) und Ogg. Letzteres wird gerne als Alternative in freien Systemen geschätzt, weil die MP3-Codierung durch zahlreiche Patente geschützt ist (z. B. EP1149480). [mp307]. Der Qualitätsverlust bei der Audiokompression wird von unterschiedlichen Individuen unterschiedlich, idealerweise jedoch gar nicht wahrgenommen. Am deutlichsten hörbar ist die Bandbreitenbegrenzung, teilweise sind jedoch auch Artefakte hörbar, wie Klingeln vor oder nach einem akzentuierten Geräusch, Aussetzer, Rauschen oder Lautstärkeschwankungen.

Neben der Kompression kommen bei der Übertragung und Speicherung von Audiodaten weitere Mechanismen zur Anwendung. Der bedeutendste ist die Verschlüsselung mit dem Ziel des Kopierschutzes. Die Rechteinhaber von Musikinhalten fordern vermehrt, dass der Zugriff auf digitale Audiodaten in der Ursprungsqualität im Audiopfad durch Dritte nicht möglich ist. Daran ist oft die Lizenzierung für den entsprechenden Decoder geknüpft. Für die Hersteller von Infotainmentsystemen bedeutet dies, dass Signale, die z. B. über Bussysteme übertragen werden, aufwändig verschlüsselt werden müssen. Im Abschnitt 5.12 werden die physischen Speichermechanismen behandelt, in 6.5 werden die Themen Kompression und Verschlüsselung aus dem Blickwinkel der Kommunikation noch einmal aufgegriffen.

2.4 Verstärker

Endstufenverstärker bilden ggf. zusammen mit den Frequenzweichen die Schnittstelle zwischen dem elektromechanischen System Lautsprecher und dem elektronischen Audiosystem. Sie haben die Aufgabe, ein niederfrequentes Signal mit genügend Leistung an die Lautsprecher abzugeben. Bei Mehrwegesystemen befindet sich zwischen Endstufe und Lautsprecher noch eine passive Frequenzweiche, ein Bandpassfilter, der das Spektrum des Signals auf die Einzellautsprecher aufteilt. Hochwertige Systeme besitzen mitunter jedoch eine aktive Weiche, d. h. die Aufteilung des Spektrums erfolgt in der Signalverarbeitung vor der Endstufe, so dass das bandpassgefilterte Signal pro Lautsprecher getrennt verstärkt werden muss.
Typischerweise werden von Endstufen folgende Eigenschaften gefordert:

- Hoher Eingangswiderstand und niedriger Ausgangswiderstand und damit eine hohe Signalverstärkung.

- Hohe Ausgangsspannung und/oder hoher Ausgangsstrom (Leistung ist Strom mal Spannung).

- Hoher Wirkungsgrad, d. h. ein großes Verhältnis der abgegebenen Signalleistung zu der aus dem Netzteil entnommenen Leistung. Mit anderen Worten, die Leistung wird an die Lautsprecher weitergegeben und nicht durch die Endstufenschaltung verbraucht. Dadurch bleibt die Wärmeentwicklung gering.

- Weitgehende Frequenzunabhängigkeit im spezifizierten Frequenzband.

- Geringe harmonische Verzerrung.

- Kurzschlussfestigkeit.

Während in kompakten Anlagen im Fahrzeug die Endstufenverstärker in der Regel in der Headunit verbaut sind, benötigen Verstärker größerer Leistungsklassen nicht zuletzt wegen ihrer Wärmeentwicklung einen größeren Bauraum, z. B. unter den Sitzen oder im Kofferraum (siehe Abbildung 2.41). In integrierten, vernetzten Anlagen wird der Verstärker sowohl mit dem digitalen Musiksignal als auch mit Steuerbefehlen für die Klangbeeinflussung versorgt (siehe Abschnitt 5.10). In diesem Fall befindet sich im Verstärkergehäuse auch die gesamte Elektronik zur digitalen Signalverarbeitung. Beim Anschluss an das Bordnetz ist zu beachten, dass Endstufenverstärker hochdynamische Lasten mit hohen Impulsströmen sind. Das Bordnetz selbst wirkt wie eine Induktivität, integriert also Lastspitzen auf. Um die bei hohen Impulsleistungen

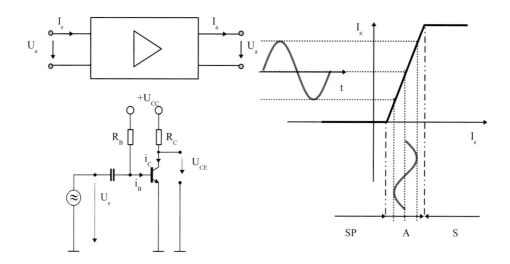

Abbildung 2.38 Der Verstärker als Vierpol, am Beispiel des Klasse-A-Stromverstärkers

benötigte Energie kurzfristig zur Verfügung zu stellen und Rückwirkungen auf das Bordnetz zu vermeiden, empfiehlt sich eine Pufferung, z. B. über *Supercaps*, also Kondensatoren mit extrem hoher Kapazität (mehrere 10 F) oder über eine zweite Batterie.

2.4.1 Stetige Endstufen

Ein stetig wirkender Verstärker wandelt ein Spannungs- oder Stromsignal mit einer analogen Amplitude in ein Spannungs- oder Stromsignal höherer Leistung um. Dies geschieht in der Regel mit Hilfe von bipolaren Transitoren oder MOS-Transitoren, in den meisten Fällen in integrierten Schaltungen. Die Funktion einer Verstärkerschaltung an dieser Stelle zu erläutern, würde Rahmen und Abstraktionsgrad dieses Buchs sprengen; hier sei auf Literatur zur Schaltungstechnik verwiesen [TS02, Sei03, HH89]. Die grundsätzliche Idee des Verstärkers besteht darin, dass Bipolar- oder Feldeffekt-Transistoren so beschaltet werden, dass ein Eingangssignal geringer Leistung auf ein Ausgangssignal höherer Leistung abgebildet wird. Wie in Abbildung 2.38 sichtbar, können im Verhältnis von Ausgangssignalpegel zu Eingangssignalpegel drei Bereiche unterschieden werden: Ein Sperrbereich (in der Abbildung SP) mit einer Verstärkung[18] von 0, ein Arbeitsbereich (A) mit einer nahezu konstanten Verstärkung und ein Sättigungsbereich (S), ebenso mit Verstärkung 0. Diese Bereiche ergeben sich zwingend aus dem Wirkprinzip eines Halbleiterverstärkers. Soll ein bipolares Signal verstärkt werden, ist es notwendig, den *Arbeitspunkt*, d. h. den Punkt auf der Kennlinie, der für ein Eingangssignal 0 steht, so festzulegen, dass beide Polaritäten abgebildet werden.

---

[18] Die Verstärkung ist die Steigung der Kennlinie, die das Verhältnis von Ausgangs- zu Eingangssignalpegel markiert.

Die Betriebsart, in der der Arbeitspunkt genau in der Mitte der Kennlinie gewählt wird, nennt man *Eintaktstufe* oder *Klasse-A-Verstärker*[19]. Im Prinzip wird der Gleichspannungsanteil des Eingangssignals so weit angehoben, dass auch seine negative Amplitude zu einer positiven Eingangsspannung des Verstärkers führt. In Abbildung 2.38 ist das Schaltbild eines einfachen Klasse-A-Verstärkers mit einem Bipolar (NPN)-Transistor dargestellt. Der Widerstand R_B gibt den Basisstrom vor und stellt damit den Arbeitspunkt ein. Der Kondensator am Eingang sorgt dafür, dass dieser Gleichanteil nicht an das Eingangssignal durchgereicht wird und nur dessen Wechselanteil berücksichtigt wird. Damit wird eine Beeinflussung der Arbeitspunkteinstellung verhindert. Der Widerstand R_C stellt die Arbeitskennlinie ein. In der Praxis wird die Schaltung durch entsprechende Gegenkopplung noch stabilisiert. Hier sei auf die Literatur verwiesen [TS02].

Wenn das Signal aus dem linearen Bereich des Verstärkers gerät, entstehen *nichtlineare Verzerrungen*, engl. Distortions, was neuen Frequenzen oberhalb der Signalfrequenz im Spektrum gleichkommt. Diese Verzerrungen werden *Klirren* genannt, das Verhältnis des nichtlinearen Anteils zum Nutzsignal ist der *Klirrfaktor*. Gemessen wird er, indem man eine harmonische Schwingung an den Eingang des Verstärkers gibt, über einen Filter die harmonische Schwingung und die Verzerrung auskoppelt und miteinander ins Verhältnis setzt.

Es ist leicht einzusehen, dass in dieser Schaltung bei Ruhepegel (Eingangssignal 0 V) am Eingang ein konstanter Ausgangsstrom fließt, der in Wärmeleistung aber nicht in akustische Leistung umgesetzt wird. Der Wirkungsgrad des Klasse-A-Verstärkers beträgt aus diesem Grund theoretisch maximal ca. 25 %, der Rest der Energie muss aufwändig abgeführt werden. Klasse-A-Verstärker werden deshalb lediglich für kleine Leistungen eingesetzt, wo eine einfache Schaltung einem guten Wirkungsgrad vorzuziehen ist.

Legt man den Arbeitspunkt auf Potenzial 0 V, kann der Verstärker nur eine Polarität des Signals übertragen. Wie Abbildung 2.39 zeigt, müssen zur Übertragung beider Polaritäten zwei komplementäre Verstärker eingesetzt werden, die gegenphasig arbeiten. In diesem Beispiel sind es zwei Bipolartransistoren. Man nennt diese Betriebsart *Gegentaktstufe* oder *Klasse-B-Verstärker*. Mit ihnen erreicht man theoretisch Spitzenwirkungsgrade von 78,5 %.

In der Abbildung sind neben dem Schaltungsprinzip die beiden komplementären Kennlinien (durchgezogen und gestrichelt) sowie die Signalverläufe bei sinusförmigem Eingangssignal zu sehen. Da der nutzbare Arbeitsbereich erst ab einer geringen Schwellenspannung einsetzt und die Kennlinie des realen Verstärkers am unteren Ende des Arbeitsbereichs nicht linear verläuft, entstehen in der Praxis Übernahmeverzerrungen, also Verzerrungen im Kleinsignalverhalten dieser Schaltung. Deshalb ist es ratsam, den Arbeitspunkt auf Kosten des Wirkungsgrads ein Stück in den Arbeitsbereich hineinzuverlegen. Diese Schaltung nennt man *AB-Verstärker*. Zur Diskussion von schaltungstechnischen Details siehe z. B. [Erh92]. Am Rande sei erwähnt, dass für bestimmte Anwendungen (z. B. für Senderendstufen in der Hochfrequenztechnik) der Arbeitspunkt auch in den Sperrbereich verlegt werden kann. Dieser *Klasse-C-Verstärker* verzerrt das Signal extrem, hat jedoch einen hohen Wirkungsgrad.

---

[19] Engl. Class-A Amplifier.

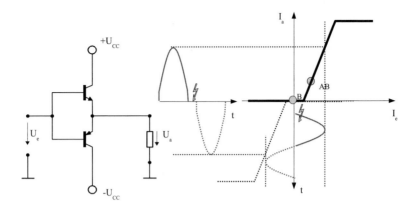

Abbildung 2.39 Klasse-B-Verstärker

2.4.2   Geschaltete Endstufen

Bei geschalteten Endstufen der Klasse D werden die Ausgangstransistoren als Schalter betrieben, d. h. die Transistoren befinden sich entweder im Sperrbetrieb oder im Sättigungsbetrieb. Damit lassen sich nur zwei Signalpegel darstellen, nämlich „Transistor stromlos" und „Transistor vollständig leitend". In beiden Betriebszuständen wird im Transistor kaum Verlustleistung umgesetzt, d. h. er arbeitet mit einem theoretischen Wirkungsgrad von 100 %, in der Praxis von 85 % bis 95 %, was den Aufwand für die Entwärmung erheblich reduziert und damit für Geräte mit geringem Bauraum optimal ist. Auch für mobile Geräte mit begrenzten Energiereserven ist der Klasse-D-Verstärker wegen seines hohen Wirkungsgrades ideal.

Klasse-D-Verstärker arbeiten nach dem Prinzip der Pulsweitenmodulation (siehe Abschnitt 2.3.6). Die Endstufen werden wegen der geringeren Schaltzeiten in der Regel als Halb- oder Voll-*Brücke* aufgebaut, wie Abbildung 2.40 zu entnehmen ist [Lea05]. Generell eignen sich MOS-FETs wegen ihrer Schaltgeschwindigkeit und ihrer geringen Verlustleistung (Leckstrom im Aus-Zustand und Spannungsabfall im Ein-Zustand) besser als Bipolartransistoren. Die Transistoren, die die Brücke zur positiven Versorgung bilden (T_1 bei der Halbbrücke, T_1 und T_3 bei der Vollbrücke), nennt man *High-Side*-Treiber, diejenigen, die zur negativen Versorgung schalten, *Low-Side*-Treiber (T_2 bei der Hallbrücke, T_2 und T_4 bei der Vollbrücke).

Das Prinzip der Halbbrücke entspricht dem Klasse-B-Verstärker, entweder ist T_1 leitend und T_2 sperrt oder umgekehrt.

Bei der Vollbrücke sind in einer Phase T_1 und T_4 leitend und T_2 bzw. T_3 sperren. Damit fließt der Strom „von links nach rechts" durch die Last. Beim Umschalten sperren T_1 und T_4 und T_2 bzw. T_3 leiten, der Strom fließt von „rechts nach links". Vollbrücken ermöglichen somit einen bipolaren Stromfluss durch die Last (den Lautsprecher) auch wenn keine negative Versorgungsspannung vorliegt. Die Low-Side-Treiber schalten dann gegen Masse.

Die Diode D, die in Sperrrichtung parallel zu den Transistoren geschaltet ist, nimmt die in der Spule gespeicherte Energie beim Abschalten des Transistors auf. Man nennt diese, beim Schal-

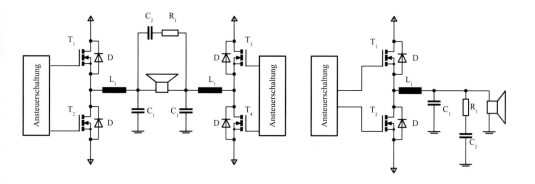

Abbildung 2.40 Schema eines Klasse-D-Verstärkers als Voll- (links) und Halbbrücke (rechts)

ten induktiver Lasten übliche Schutzschaltung *Freilaufdiode*. Moderne MOS-FETs und speziell integrierte Brückenschaltungen haben die Freilaufdiode meist oft bereits eingebaut.

Ein Problem bei geschalteten Endstufen in Voll- oder Halbbrückenschaltung ist das so genannte *shoot through*, das beim Umschalten auftritt. Für einen kurzen Moment sind High-Side- und Low-Side-Treiber gleichzeitig eingeschaltet, so dass ein Kurzschluss entsteht und ein hoher Strom an der Last vorbei durch die Endstufe fließt, der die Transistoren zerstören kann. Eine Möglichkeit, dies zu verhindern, ist eine getrennte Ansteuerung beider Seiten mit einem Gleichspannungsoffset, so dass bei der Übernahme eine kurze Zeitverzögerung entsteht. Dies verhindert das shoot through, führt jedoch zu Übernahmeverzerrungen im Ausgangssignal, deren Effekt ähnlich einer Klasse-B-Endstufe ist.

Die zeitliche Integration des Ausgangssignals wird leistungsseitig von einem passiven LC-Filter (L_1C_1) übernommen, der auf die Grenzfrequenz des Eingangssignals abgestimmt ist. Die Spule, die den vollen Strom tragen muss, darf dementsprechend nur einen sehr geringen ohmschen Widerstand aufweisen. Zur Kompensation der induktiven Last des Lautsprechers wird oftmals noch ein RC-Glied zwischen Filter und Lautsprecher eingesetzt (R_1C_2).

Wegen der hohen Frequenzen, die bei der Pulsweitenmodulation auftreten, können bei Klasse-D-Verstärkern Probleme durch Abstrahlung auftauchen. Kritisch ist insbesondere die Stromspitze, die beim Abschalten der Transistoren kurzzeitig durch die Freilaufdiode fließt. Es ist deshalb besonders auf die *Elektromagnetische Verträglichkeit* (EMV) zu achten. Sorgfältige Planung der Leitungsführung und hinreichende Abstände der Bauteile auf der Leistungsseite, kurze Leitungen und große Masseflächen schützen vor *Übersprechen*, d. h. Signalkopplung zwischen den Kanälen. Vermeidung von Schleifen bei der Leitungsführung und Schirmung schützen vor Abstrahlung nach außen und Störung anderer Komponenten im Fahrzeug. Die Ausstattung der Stromversorgung der Endstufe mit Filtern und entsprechende Masseführung verhindern eine Rückwirkung auf das Bordnetz.

D-Klasse-Verstärker werden üblicherweise als integrierte Schaltungen (z. B. TAS5112 von Texas Instruments oder MAX9709 von Maxim) ausgeführt, wobei die Leistungstransistoren und die Ansteuerlogik auf einem Halbleiter aufbebaut sind. In der Regel sind auch Überstrom-, Übertemperatur-, Überspannungs- und Unterspannungsschutzschaltungen integriert. „Analoge"

Endstufen enthalten meist zudem auch den Sägezahngenerator und den Komparator, so dass mit einem einzigen Baustein ein analoges Signal mittels Pulsweitenmodulation und einer geschalteten Endstufe verstärkt werden kann.

Abbildung 2.41 Verstärker GTA480 und Velocity VA4100 (nicht maßstäblich) (Fotos: Blaupunkt)

2.5   Wiedergabe von akustischen Signalen

Lautsprecher wandeln die elektrischen Signale des Verstärkers in mechanische Schwingungen um, die sich, abhängig von der Lautsprechergeometrie, den Einbaubedingungen und der Schallführung, als akustische Wellen im Fahrzeuginnenraum ausbreiten. Dabei bilden das *Lautsprecherchassis*, also der eigentliche elektroakustischer Wandler, und die *Box* (engl. cabinet) ein System, dessen Komponenten aufeinander abgestimmt sein müssen, weil sie gemeinsam die Schallabstrahlung beeinflussen.

Das meistverbreitete Lautsprecherprinzip ist das des elektrodynamischen Wandlers (Abb. 2.42[20]). Eine Spule wird von einem im Rhythmus des Tonsignals schwingenden Strom durchflossen und induziert ein magnetisches Wechselfeld. In einem externen stationären Magnetfeld erfährt die Spule eine zur Stromstärke proportionale Kraft. Gegen die Rückstellkraft einer Feder wird so eine proportionale Auslenkung erzeugt. Die meisten elektrodynamischen Lautsprecher arbeiten nach dem Tauchspulenprinzip. An einer Membran aus beschichtetem Papier, Kunststoff, Gewebe (z. B. Kevlar®), Polycarbonat, Metall oder Keramik [Bau01] ist eine Spule befestigt, die in einen konzentrischen Permanentmagneten eintaucht.

Lautsprechermembranen werden zur Verbesserung der Steifigkeit als *Konus*membran[21] oder als *Kalotten*membran[22] ausgeführt. Die Membran überträgt die Bewegungsenergie an die Luft, wo sich eine akustische Welle ausbildet.

---

[20] Foto: T200 ©VISATON GmbH & Co KG.
[21] Konus = Kegel.
[22] Kalotte = abgeflachte Kugelkappe.

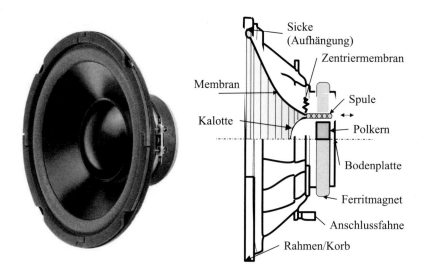

Abbildung 2.42 Elektrodynamischer Tauchspulenwandler (Foto: Visaton)

Die Aufhängung oder *Sicke* am Korb und die Zentrierspinne (Zentriermembran) halten die Membran mit möglichst konstanter Federwirkung in ihrer vorgegebenen Bewegungsrichtung und erzeugen die Gegenkraft. Die Steife der Sicke bestimmt, wie unten gezeigt wird, die Grundresonanzfrequenz und den Hub. Die Sicke wird aus Gummi, Schaumstoff, beschichtetem Gewebe oder Membranmaterial hergestellt.

2.5.1 Eigenschaften

Abstrahlverhalten

Die genaue Kenntnis des Abstrahlverhaltens eines Lautsprechers ist aus mehreren Gründen interessant: Die *Richtcharakteristik*, d. h. die Verteilung des abgestrahlten Schalldrucks, die *Wellenwiderstandsanpassung* des Lautsprechers, mit anderen Worten die Effizienz, mit der die mechanische Energie der Membran als akustische Energie in den freien Raum abgegeben wird, und der *Frequenzgang* bilden die wichtigsten Randbedingungen, um Einbauort und Formgebung des Lautsprechers und des Gehäuses optimal festzulegen.

Ein wichtiger Begriff bei der Einschätzung des Abstrahlverhaltens eines Lautsprechers sind die *Strahlungsimpedanz*, das Verhältnis zwischen den im umgebenden Medium aufgebauten Schalldruck zur Membranschnelle, und die *Strahlungsleistung*. Wie die Schallleistung ist auch sie eine komplexe Größe. Man unterscheidet:

- akustische *Blindleistung*: Imaginärteil der Strahlungsleistung, d. h. der Anteil der Schwingung, bei dem Membranschnelle und Schalldruck um 90° phasenverschoben sind, und deshalb kein Energietransport stattfindet.

  Im unmittelbaren Nahfeld (Abstand < λ) eines Lautsprechers dominiert der Blindanteil, da die Luftteilchen der schwingenden Membran nicht „nachkommen".

- akustische *Wirkleistung*: Realteil der Strahlungsleistung, der für den Energietransport steht.

Die Strahlungsleistung einer nicht punktförmigen Quelle ist abhängig von der Frequenz der Quelle und der Raumrichtung.

Für einen idealen zylindrischen Kolbenstrahler vor einer unendlichen Schallwand, der nur in *eine* Raumhälfte abstrahlt, sind in Abbildung 2.43 (links) Linien konstanter Strahlungsleistung in Abhängigkeit vom Raumwinkel für drei verschiedene Frequenzen aufgetragen. Dabei ist λu die Wellenlänge multipliziert mit dem Umfang der Membran, d. h. die Frequenzen sind auf die Größe des Lautsprechers normiert dargestellt. In Abbildung 2.43 (rechts) ist der Realteil der Strahlungsimpedanz in Abängigkeit von λu zu sehen, der zunächst näherungsweise mit dem Quadrat der Frequenz ansteigt und sich dann bei $\lambda u \approx 2$ einem Grenzwert nähert. Diese Grenze ist die *obere Grenzfrequenz* eines Lautsprechers.

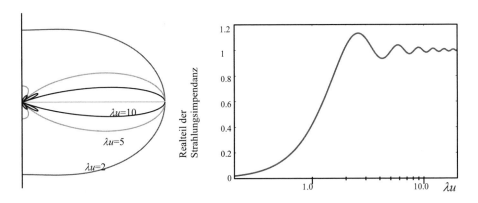

Abbildung 2.43 Abstrahlcharakteristik (links) und Strahlungsimpedanz (rechts) des idealen Kolbenstrahlers

Wegen der Abstrahlungsbedingung in Abbildung 2.43 **steigt also die Richtwirkung mit der Frequenz und mit der Membranfläche an**. Der Schalldruck ist dabei proportional zur Membranfläche und zur Auslenkung der Membran und quadratisch proportional zur Frequenz.

Auch auf einer runden Membran können sich stehende Oberflächenwellen bilden, und zwar radial und entlang des Umfangs zirkular. Auch hier gilt, dass die erste zirkulare Mode sich bei $u = 2\lambda$ ausbildet, so dass dieser Grenzwert im Sinne der Vermeidung von Partialschwingungen angenommen werden kann. Generell lässt sich speziell für tiefe Frequenzen formulieren, dass der Wirkungsgrad der Abstrahlung mit der Membrangröße steigt, wobei die Partialschwingungen ebenfalls zunehmen.

Frequenzgang

Das System aus Membran, Sicke, Kalotte und Tauchspule lässt sich mechanisch als Feder-Dämpfer-Massesystem (Masse von Membran und Schwingspule m, Dämpfungskonstante r, Federkonstante $k = 1/C$ bzw. C=Nachgiebigkeit) beschreiben, das durch das magnetische Feld harmonisch mit der Kraft F_m angeregt wird. Die Kräftebilanz lautet im vereinfachten eindimensionalen Fall

$$F_m = F_0 \cos(\omega t) = m\ddot{x} + r\dot{x} + \frac{1}{C}x \tag{2.38}$$

wobei der einfache Punkt die erste Ableitung der Auslenkung nach der Zeit bedeutet (so genannte *Schnelle* der Membran) und der doppelte Punkt die zweite Ableitung (Beschleunigung). ω ist die Kreisfrequenz $2\pi f$ der anregenden Schwingung, F_0 die Amplitude dieser Anregung.

Die allgemeine Lösung dieser Differentialgleichung zweiten Grades[23] lautet mit der Auslenkung ξ:

$$x(t) = \xi \cos(\omega t - \varphi) \tag{2.39}$$

Daraus ergibt sich die Bewegungsgleichung der Membran zu:

$$F_m \cos(\omega t) = -\omega^2 m\xi \cos(\omega t - \varphi) - \omega r\xi \sin(\omega t - \varphi) + \frac{1}{C}\xi \cos(\omega t - \varphi) \tag{2.40}$$

Diese Gleichung entspricht einem elektrischen Resonanzkreis, in dem die Induktivität der mechanischen Masse m entspricht, der Widerstand der Dämpfung r und die Kapazität der Nachgiebigkeit C.

Löst man Gleichung (2.40) nach der Auslenkung auf und setzt sie ins Verhältnis zur anregenden Kraft, ergibt sich ein Verlauf, wie er im Bodediagramm in Abbildung 2.44 dargestellt ist. Bei der *Resonanzfrequenz*

$$f_0 = \frac{\omega_0}{2\pi} = \frac{1}{2\pi \sqrt{mC}} \tag{2.41}$$

ist ein deutliches Maximum zu erkennen. Die Frequenz in Abbildung 2.44 ist auf diese Resonanzfrequenz bezogen (normiert).

Entsprechend der drei Terme auf der rechten Seite von Gleichung (2.41) kann man drei Frequenzbereiche unterscheiden:

- Bereich I: Kleine Frequenzen (unterhalb ω_0): Hier dominiert die Nachgiebigkeit der Membran, d. h. die *Rückstellkraft* $\frac{x}{C}$. Membran und äußere Kraft sind in Phase. Die Auslenkung ist frequenzunabhängig.

- Bereich II: Resonanzfall: Hier nimmt das System ständig Leistung auf [Gör06], die Phasenverschiebung zwischen anregender Kraft und Auslenkung beträgt 90°. Die Auslenkung ist $\xi \sim \frac{F_0}{r}$, bei fehlender Dämpfung geht der Term gegen Unendlich, es entsteht die *Resonanzkatastrophe*. Das Maß für die Dämpfung der Resonanz nennt man *Güte Q* des Systems. Sie berechnet sich [KMR05][Kut04] zu

$$Q = \frac{1}{\omega_0 rC} = \frac{\omega_0 m}{r} = \frac{m}{r\sqrt{mC}} = \frac{1}{r}\sqrt{\frac{m}{C}} \tag{2.42}$$

Bei einer Güte von 0,5 ist das System *aperiodisch* gedämpft.

---

[23] Eine Herleitung der Schwingungsgleichungen findet sich in jedem Physikbuch, z. B. [GM06] – für die Audiotechnik optimiert in [Kut04], für die Elektrotechnik in [KMR05].

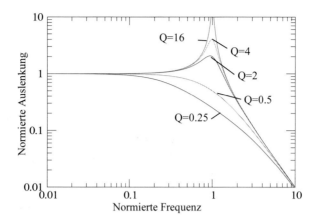

Abbildung 2.44 Frequenzverlauf der Schwingungsamplitude für verschiedene Gütezahlen
gemäß Gleichung (2.42)

- Bereich III: Hohe Frequenzen (oberhalb ω_0): Hier dominiert der quadratische Term der
  Frequenz und damit die *Trägheitskraft m$\ddot{x}$*. Die Auslenkung bezogen auf die anregen-
  de Kraft fällt mit $\frac{1}{\omega^2}$, also 12 dB/Oktave, und der Phasenwinkel zwischen Anregung und
  Membranschwingung ist wegen des negativen Vorzeichens 180°.

Legt man nun den Arbeitsbereich des Lautsprechers in den Bereich III, so kompensiert der quadratische Abfall der Amplitude mit der Frequenz gerade den quadratischen Anstieg des Schalldrucks, der Frequenzgang wird idealerweise *linear*! Die Resonanzfrequenz begrenzt damit das
abstrahlbare Spektrum des Lautsprechers am unteren Ende, ist also die *untere Grenzfrequenz* des
Lautsprechers.

Leider ist die ideal schwingende Membran nicht der einzige Schwingkreis eines Lautsprechers,
und so spielen für den Frequenzgang des Lautsprechers noch weitere Effekte eine Rolle, z. B.
der durch die Induktivität und den Widerstand der Spule gebildete Schwingkreis, die Masse
und Kompressibilität der mitschwingenden Luft, Gehäuserückwirkungen (siehe unten) usw., so
dass man eine Reihe von gedämpften Schwingkreisen vorfindet. Bei der weiteren Betrachtung
hilft die bereits erwähnte Analogie zur elektrischen Wechselstromrechnung. Das allgemeine Ersatzschaltbild des dynamischen Lautsprechers ist in Abbildung 2.45 dargestellt. Der eingesetzte
Wandler ist der Übertrager zwischen den elektrischen und den mechanischen Größen, wobei für
den *Übertragungsfaktor*[24] M gilt: $F_{v=0} = M \cdot I$ bzw. $U_{I=0} = -M \cdot v$. In der Regel rechnet man ihn
heraus, indem man die Bauelemente auf einer Seite entsprechend normiert [Kut04, LPW01].
Der resultierende Verlauf der Impedanz nach Betrag und Phase ist in Abbildung 2.46 zu sehen,
hier für einen fiktiven Tiefton-Lautsprecher[25]. Bei der Resonanzfrequenz dreht sich die Phase
um und der Betrag der Impedanz hat seinen höchsten Wert.

---

[24] Er wird auch als *Antriebsfaktor B* × *l* bezeichnet, da dies die Kraftwirkung eines Magnetfelds *B* auf ein Leiterstück
der Länge *l* ist.
[25] Gerechnet mit SPICE.

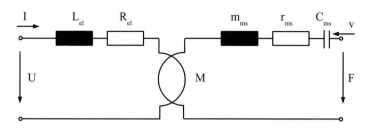

Abbildung 2.45 Ersatzschaltbild des dynamischen Lautsprechers [Kut04, LPW01]

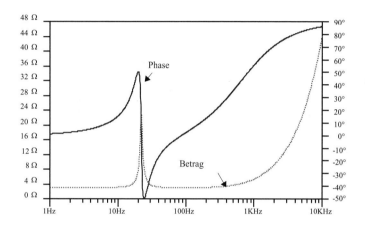

Abbildung 2.46 Impedanzverlauf eines dynamischen Lautsprechers (Tieftöner)

Um reproduzierbare Kenngrößen für Lautsprecher zu erhalten, haben **Thiele** und **Small** zwischen den 1960er und 1970er Jahren eine Liste von Parametern erarbeitet, die von den Herstellern angegeben werden und die oben geschilderten Sachverhalte wiedergeben (Thiele/Small-Parameter). Diese sind u. a. :

- Die untere Grenzfrequenz, gegeben durch die Resonanz des mechanischen Systems F_{res}.

- Die Güte Q_{es} des elektrischen Schwingkreises.

- Die Güte Q_{ms} des mechanischen Schwingkreises.

- Die Güte Q_{ts} des Gesamtsystems bei ausgebautem Lautsprecher bzw. Q_{tc} bei im geschlossenen Gehäuse eingebauten Lautsprecher, die inklusive der Gehäuseeinflüsse idealerweise bei 0,5...0,707 liegt.

- Die Nachgiebigkeit der Membranaufhängung (Sicke) C_{ms}.

- Die bewegte Masse M_{ms}, d. h. die Masse der Membran plus der mitschwingenden Luft.

- Der mechanische Widerstand R_{ms}.

- Das *äquivalente Luftvolumen* V_{as} in l (Liter), das anzeigt, welches Luftvolumen dieselbe Rückstellkraft aufbringen würde wie die Sicke. V_{as} spielt beim Einbau in eine Box, wie unten gezeigt wird, eine wichtige Rolle.

- Die maximale Membranauslenkung X_{max}.

- Der Antriebs- oder Kraftfaktor M oder $B \times l$ in Tm (Teslameter), je höher der Kraftfaktor, desto höher die Rückstellkraft.

- Die Induktivität der Spule L_e.

- Der ohmsche Widerstand der Spule R_e, nicht zu verwechseln mit der *Nennimpedanz* Z bei F_{res} des Gesamtsystems, die ebenfalls angegeben wird (meist 2, 4 oder 8 Ω).

- Der *Übertragungsbereich* zwischen den äußeren Grenzen des Frequenzgangs (für Hifi-Lautsprecher die –10 dB Grenzen).

- Die effektive Membranfläche S_d.

- Die maximale Leistung (Belastbarkeit) P in W, entweder bei Sinusbelastung oder als Impulsbelastbarkeit. Die Belastbarkeit ist an das *Strom-Zeit-Integral* gebunden. Eine sehr kurze Belastung (Impulsbelastung) mit langer Pause zwischen den Spitzen, in der die Wärme, die zur Zerstörung der Spule führt, wieder abgetragen wird, kann natürlich viel höher ausfallen als eine Dauerlast mit einem bestimmten *Effektivwert* (RMS[26]). Deshalb ist der interessantere Wert die RMS-Belastbarkeit P_{RMS}.

- Der *Wirkungsgrad* oder *Kennschallpegel* des Systems in dB/W gemessen in 1 m Entfernung. Dieser liegt im Bereich 85–110 dB. Das Produkt von Wirkungsgrad und Belastbarkeit ist der *Spitzenschalldruckpegel*.

2.5.2 Weitere Wandlerprinzipien

Neben den elektrodynamischen Wandlern existieren noch weitere Wandlertechniken, die jedoch, außer in geringem Maß der piezoelektrische Wandler, in der Kfz-Akustik keine Bedeutung haben. Man unterscheidet:

- *Magnetostatische Wandler:* Bei magnetostatischen Wandlern ist der Antrieb auf der gesamten Membranfläche verteilt, z. B. auf einer Aluminiumleiterbahn, die mäanderförmig auf einer Folie, die als Membranfläche dient, strukturiert ist. In einem Magnetfeld wird die Membran aufgrund der Lorentzkraft proportional zum Strom, der die Leiterbahn durchfließt, ausgelenkt. Sie finden hauptsächlich im gehobenen Home-Entertainment-Bereich (z. B. Visaton, ELAC) Anwendung. Im Fahrzeug sind sie wegen ihres geringen Wirkungsgrades kaum verbreitet.

- *Elektrostatische Wandler:* Elektrostatische Wandler werden durch elektrische Feldkräfte angetrieben, die flächig auf eine zwischen zwei aufgeladenen Gittern angebrachte Folie wirken. Dazu sind hohe Spannungen notwendig, was sie für Automobilanwendungen uninteressant macht. Vorteil im Home-Entertainment-Bereich ist die geringe bewegte Masse und das Ausbleiben von Partialschwingungen aufgrund des flächigen Antriebs (z. B. Martin Logan).

---

[26] Engl. root mean square – Der Effektivwert ist der zu einem periodischen Signal äquivalente Gleichstromwert, bei dem in einem bestimmten Zeitraum, in der Regel der Periodendauer, dieselbe durchschnittliche Leistung umgesetzt wird wie beim Originalsignal. Er wird aus der Wurzel (root) des Mittelwerts (mean) der quadrierten Amplitude (square) bestimmt: $\sqrt{\frac{1}{T_0} \int_0^{T_0} s^2(t)dt}$, bei sinusförmigen Signalen ist er $\frac{s_{max}}{\sqrt{2}}$.

- *Piezoelektrische Wandler:* Diese beruhen auf dem piezoelektrischen Effekt, ein Kristall verformt sich aufgrund eines elektrischen Feldes. Piezohochtöner werden wegen ihrer Robustheit und ihres hohen Wirkungsgrades für Hornlautsprecher im Bereich von Beschallungsanlagen oder für Kleinstlautsprecher (z. B. Summer im Kombiinstrument) eingesetzt.

- *Gasentladungswandler (Plasmahochtöner):* Beim Plasmahochtöner wird eine durch ein hochfrequentes elektrisches Feld erzeugte Gasentladung mit dem akustischen Signal moduliert und dehnt sich proportional zur Signalamplitude aus. Damit wird eine nahezu masselose Membran erzeugt. Der Plasmahochtöner wird wegen seiner aufwändigen Ansteuerung (hohe Spannung) und der mit der Gasentladung einhergehenden Produktion von Ozon und Stickoxiden nicht mehr hergestellt.

2.5.3 Bauformen und Ausführungen von Lautsprechern

Um das hörbare Spektrum abzudecken, werden Lautsprecher mit unterschiedlichen Durchmessern oder Bauformen eingesetzt, im Allgemeinen *Hochtöner* (Tweeter), *Mitteltöner* (Midrange) oder *Tieftöner* (Woofer bzw. Subwoofer). Breitbandlautsprecher decken zwar nahezu das gesamte hörbare Spektrum ab, gleichförmigere Frequenzgänge werden jedoch mit Zwei- oder Dreikanalsystemen erzielt. Zudem sind die Anforderungen an die Systeme teilweise konträr. Mit Hilfe von Frequenzweichen (siehe unten) werden die Tief-, Mittel- und Hochtöner gezielt mit dem Signal versorgt, dessen Spektrum optimal auf die Wandler angepasst ist. Im Folgenden seien einige Ausführungsbeispiele von Lautsprechern aufgezählt:

Neodym-Lautsprecher werden meist als gekapselte Kalottenlautsprecher ausgeführt und mit einem Magneten aus Neodym versehen, einem Material, das eine wesentlich höhere Magnetfeldstärke und damit einen höheren Kraftfaktor aufweist als herkömmliche Ferrit-Werkstoffe [Bau01]. Trotz der hohen Materialkosten wird Neodym in den meisten höherwertigen Car-Hifi-Lautsprechern eingesetzt. Der Nachteil des Materials ist allerdings seine Temperaturanfälligkeit, denn bei Temperaturen über 100 °C kann es zu irreversiblem Verlust der Magnetisierung kommen.

Koaxial- und Triaxiallautsprecher: Hier wird Bauraum eingespart, indem der Hochtöner mittig auf der Membran des Tieftöners (Koaxial) oder ein Hoch- und ein Mitteltöner nebeneinander über der Membran des Tieftöners angebracht sind (Triaxial), siehe Abbildung 2.47 Mitte und rechts. Die Bilder zeigen die Systeme IC102, IC122 und THX639 von Blaupunkt.

Dual-Cone-Lautsprecher besitzen einen zweiten Konus, der zur Verbesserung der Abstrahlcharakteristik bei hohen Frequenzen beiträgt (Abbildung 2.47 links).

Tieftöner (Subwoofer) benötigen eine wesentlich höhere Leistung als Lautsprecher des Mittel- und Hochtonbereichs. Da die Leistung mit der Membranfläche ansteigt, haben sie eine große Membran (Mitteltöner typisch 165 mm oder 200 mm, Subwoofer ab 250 mm). Diese ist aus den oben genannten Gründen nicht für die Abstrahlung hoher Frequenzen geeignet. Im Fahrzeug befindet man sich für tiefe Frequenzen im Nahfeld des Lautsprechers, der Schalldruckpegel ist quasistationär, d. h. es ist keine Wellenausbreitung und damit auch keine Richtungswirkung

Abbildung 2.47 links: Dual Cone Lautsprecher, mitte: Koaxialsystem, rechts: Triaxialsystem
(Fotos: Blaupunkt)

spürbar. Subwoofer werden daher meist als Monolautsprecher ausgeführt. In einem digitalen
Übertragungssystem werden die tiefen Frequenzen aus beiden Stereokanälen ausgekoppelt und
am Subwoofer zusammengeführt.

2.5.4 Einbau und Gehäuse

Die oben genannten Abstrahlungs- und Frequenzgangeigenschaften gelten für den Lautsprecher
nur, wenn er in eine unendlich große, zumindest aber gegenüber der Wellenlänge hinreichend
große Schallwand eingebaut ist. Ist dies nicht der Fall, wird bei tiefen Frequenzen der Überdruck,
den eine nach vorne schnellende Membran aufbaut, direkt von der Membranrückseite abgesaugt
und deshalb kaum Schall abgestrahlt, man spricht vom *akustischen Kurzschluss* (Abbildung 2.48
links). Erst der Einbau in eine Schallwand verhindert dies. Da weder im Wohnraum und schon
gar nicht im Fahrzeug ausreichende Schallwände vorhanden sind, ist zumindest für Tieftöner der
Einbau in ein Gehäuse (engl. *Box*) notwendig.

Die einfachste Gehäuseausführung ist die geschlossene[27] Box (Abbildung 2.48 Mitte). Ist sie
kleiner als die Wellenlänge des abgestrahlten Signals, verhält sich die Box wie eine atmende
Kugel, hat also eine kugelförmige Abstrahlcharakteristik. Da dies meist nicht gewünscht ist,
stellt man Boxen bevorzugt in Ecken oder zumindest vor Wänden auf, so dass sich die abgestrahlte Leistung verdoppelt (Wand) oder vervierfacht (Ecke), entsprechend einer Pegelanhebung
um 6 dB bzw. 12 dB [Kut04]. Praktische Schallwände sind dann die Heckablage für Bässe und
Subbässe und die Türverkleidungen für Bässe und Mitteltonlagen.

Durch die Kompression baut das Luftvolumen im Gehäuse eine Rückstellkraft auf, die wie die
Federkraft der Sicke proportional zur Membranauslenkung ist. Die Box wirkt also wie eine
zusätzliche Kapazität C_{ab} im Schwingkreis nach Gleichung (2.38).

Da die beiden Kapazitäten in Reihe geschaltet sind, gilt für die neue Gesamtnachgiebigkeit[28]
C_{ac}:

$$\frac{1}{C_{ac}} = \frac{1}{C_{ms}} + \frac{1}{C_{ab}} \tag{2.43}$$

---

[27] Engl. closed.
[28] Das kleine *c* im Suffix steht für „cabinet" also Gehäuse.

Dadurch erhöhen sich Güte Q_{tc} und Resonanzfrequenz, weshalb beim Entwurf des Lautsprecherchassis entsprechend niedrigere Güten, d. h. weicher gefederte Sicken eingeplant werden. Um diejenige Abstimmung zu erhalten, die beim Entwurf des Lautsprecherchassis beabsichtigt war, muss also das entsprechende Luftvolumen zur Verfügung gestellt werden; der Lautsprecherhersteller gibt dies in der Regel an. Mit den Thiele-Small-Parametern wird das äquivalente Luftvolumen der Systemnachgiebigkeit V_{as} angegeben. Mit ihm lässt sich einfach abschätzen, ob eine geschlossene Box richtig dimensioniert ist. Ist das Luftvolumen der Box V_b deutlich größer als V_{as}, spielt die Nachgiebigkeit des Gehäusevolumens C_{ab} gegenüber C_{ms} keine Rolle; die Box beeinflusst also die Resonanzfrequenz und die Güte nicht. Sind V_b und V_{as} gleich oder ist V_b größer als V_{as}, dann verschlechtern sich Güte und Resonanzfrequenz des Gesamtsystems gegenüber dem ausgebauten Chassis.

Im Inneren der Box würden sich durch Reflexion stehende Wellen ausbreiten, deshalb werden geschlossene Boxen mit einem porösen Dämmmaterial (z. B. Noppenschaum, Filz) gefüllt, das zum einen die notwendige Kompressibiliät für die schwingende Membran sicherstellt, zum anderen aber die Schallausbreitung hinreichend dämmt. Allerdings verändern sich durch die Dissipation von Energie auch die Parameter der Box: Die Nachgiebigkeit vergrößert sich entsprechend einem „virtuell“ größeren Gehäuse und die Dämpfung wird größer, so dass die Güte des Systems wiederum sinkt.

Die *Bassreflexbox* (engl. ported oder vented box) nutzt im Gegensatz zur geschlossenen Box auch die Abstrahlung der Membranrückseite. Sie besitzt ein Rohr in der Schallwand (Bassreflexrohr), das zusammen mit dem komprimierten Luftvolumen im Inneren der Box einen so genannten *Helmholtz-Resonator*, im Prinzip ein Feder-Masse-Pendel, bildet, dessen Resonanzfrequenz genau auf oder etwas unter die Resonanzfrequenz des Lautsprechers abgestimmt ist. Die vom Bassreflexrohr umschlossene Luftmasse bildet somit eine eigene Schallquelle.

Für Spektralanteile knapp oberhalb der Resonanzfrequenz ist die Phase um $180°$ gedreht, so dass die außenliegende Membran und die Luft im Bassreflexrohr gleichphasig schwingen und der abgestrahlte Schalldruck nahezu verdoppelt wird. Der Schalldruck sinkt allerdings mit 12 dB pro Oktave nach oben hin.

Bei der Resonanzfrequenz überträgt der Helmholtz-Oszillator die maximale Energie, unterhalb der Resonanzfrequenz wird der Schall aus dem Bassreflexrohr in Phase mit der Membranrückseite übertragen, so dass sich ein akustischer Kurzschluss bildet und sich daher eine Dämpfung von 18 dB pro Oktave einstellt. Damit verhält sich die Bassreflexbox im oberen Spektralbereich wie eine geschlossene Box und im unteren wie ein offenes Lautsprecherchassis. Insgesamt erhöht sich die Filterordnung, so dass der Frequenzgang des Systems definierter wird. Die Hersteller geben hierzu neben der unteren Grenzfrequenz des Gesamtsystems f_b oftmals noch die -3 dB-Cutoff-Frequenz f_3 an, das ist die Frequenz, bei der der Schalldruckpegel gegenüber dem Pegel bei Resonanzfrequenz um 3 dB abgefallen ist.

Im Ersatzschaltbild in Abbildung 2.49 sind die beiden Öffnungen mit den Strahlungsimpedanzen Z_S des Lautsprechers und Z_S' der Bassreflexöffnung zu erkennen. Die Rückstellkraft der im Gehäusevolumen eingeschlossenen Luft bezieht sich nur noch auf die Differenz der Schallschnelle zwischen Rohr und Lautsprechermembran.

Die Abstimmung der Bassreflexbox erfolgt meist über die Rohrlänge bei gegebenem Rohrdurchmesser. Die Werte lassen sich nur schwer analytisch bestimmen, da sich das mitschwingende Luftvolumen über die Ränder des Bassreflexrohrs hinaus aufweitet. Deshalb stecken in der richtigen Abstimmung sehr viel Erfahrung und darauf basierende Formeln mit Korrekturfaktoren. Hier

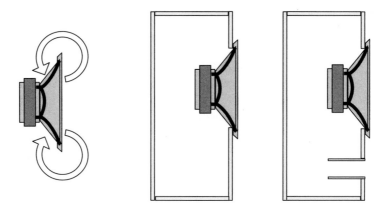

Abbildung 2.48 Akustischer Kurzschluss (links), geschlossene Box (Mitte), Bassreflexbox (rechts)

sei auf die Empfehlungen der Hersteller verwiesen. Bei Einbauraumsrestriktionen sind Lösungen wie in Abbildung 2.50 gefragt.

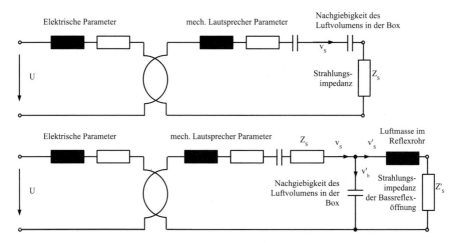

Abbildung 2.49 Ersatzschaltbild der geschlossenen (oben) und der Bassreflexbox (unten)

Zusammenfassend kann gesagt werden, dass das Gehäuse den Frequenzgang und das Zeitverhalten der Lautsprecher wesentlich beeinflusst. Im geschlossenen Gehäuse sind hier die am besten definierten Verhältnisse zu finden, allerdings auf Kosten des Wirkungsgrads. Steht jedoch genug Leistung zur Verfügung, kann man sich ein geschlossenes Gehäuse „leisten" [Blu07].

2.5.5 Frequenzweichen

Frequenzweichen (engl. crossover network) sind Filter, die der Aufteilung des Spektrums auf verschiedene Bänder (Wege) dienen. In der Audiotechnik werden sie eingesetzt, weil Lautspre-

Abbildung 2.50 Bassreflexbox im Audi Q7 (Foto: Bose)

cher nicht das gesamte hörbare Spektrum abstrahlen können. Da in der Regel Zweiwege- oder Dreiwegesysteme eingesetzt werden, muss die Weiche das hörbare Spektrum an zwei oder drei Senken verteilen. Dies geschieht beim Dreiwegesystem durch einen Tiefpass, einen Bandpass und einen Hochpass. Wir unterscheiden:

- Analoge passive Weichen: Diese Großsignalweichen sind zwischen Endstufe und Lautsprecher geschaltet. Sie bestehen ausschließlich aus passiven Bauelementen. Die Endstufe verarbeitet das gesamte Spektrum, die Längsbauteile der Weiche tragen den gesamten Strom und müssen entsprechend geringe Verlustwiderstände aufweisen und hoch belastbar sein. Die Querbauteile müssen entsprechend spannungsfest sein. Passive Weichen werden in der Regel wegen des Aufwands und der Verlustleistung maximal als Filter erster oder zweiter Ordnung aufgebaut. Daneben können passive Weichen noch andere Funktionen erledigen, z. B. Überlastschutz.

- Analoge aktive Weichen: Diese Kleinsignalweichen sind zwischen Vorverstärker und Endstufen geschaltet. Jedes Band wird separat verstärkt, die Weichen bestehen aus passiven und aktiven Bauelementen, die die Filterordnung entsprechend erhöhen. Speziell im Tieftonbereich ist eine direkte Kopplung zwischen Endstufe und Lautsprecher wünschenswert.

- Digitale aktive Weichen: Die Bandaufteilung wird im digitalen Verarbeitungspfad vorgenommen, jedes Band benötigt eine eigene D/A-Wandlung und Verstärkung. Hier können beliebige Filterordnungen realisiert werden, die zudem flexibel an die Systemgegebenheiten angepasst werden können.

Das System Einbauort-Gehäuse-Chassis-Weiche muss als Gesamtsystem betrachtet und optimiert werden. Die dem System Chassis-Gehäuse eigenen Betrags- und Phasenfrequenzgänge und die einbaubedingten unterschiedlichen Phasenlagen zwischen den Chassis an der Crossover-Frequenz können und müssen speziell im Übergang von Mittel- zu Hochtonbereich bei der Auslegung der Weichen berücksichtigt und ggf. kompensiert werden.

2.5.6   Anforderungen an Audiosysteme im Automobil

Neben den bereits in der Einleitung genannten Restriktionen im Automobil, spielen die Beschaffenheit und Form des Hörraums und die Existenz von Nebengeräuschen eine wichtige Rolle bei der Auslegung von Audiosystemen für Fahrzeuge. Insbesondere gilt:

• Der Raumeindruck im Fahrzeug soll an mindestens vier Plätzen einwandfrei sein.

• Fahr- und andere Nebengeräusche sollten unterdrückt werden. Bei einem Fahrgeräusch von typischerweise 60 dBA müssen mindestens 80 dBA für das Nutzsignal erbracht werden [Blu07]. Im einfachsten Fall wird die Lautstärke über das Tachosignal an die Fahrzeuggeschwindigkeit gekoppelt (*GALA* – Geschwindigkeitsabhängige Lautstärkeanpassung), im Extremfall werden einzelne Frequenzbänder des Nutzsignals angehoben um Nebengeräusche zu maskieren.

• Der Durchmesser des Hörraums liegt in der Größenordnung einer Wellenlänge. Da zumindest die Seitenscheiben den Schall reflektieren, ist mit stehenden Wellen und Resonanzen in einem Frequenzbereich zu rechnen, der den empfindlichsten Teil des Hörbereichs darstellt.

• Sitze und andere Einbauten stellen ebenfalls Ursachen von Resonanzen, Absorption und Reflexion dar. Mehrwegausbreitung führt zu lokalen Überhöhungen und Auslöschungen von einzelnen Frequenzanteilen.

• Geringe Einbautiefen erlauben kein ausgeprägtes Luftvolumen hinter der Membran und keine optimale Wellenwiderstandsanpassung in den Abstrahlraum.

• Die Tonalität der Quelle soll trotz der Filtereigenschaften des Fahrzeugs gewährleistet sein, d. h. vom Fahrzeug gedämpfte oder überhöhte Frequenzanteile müssen kompensiert werden.

• Die Bordnetzspannung des Fahrzeugs begrenzt die in den Lautsprechern umsetzbare elektrische Leistung (U^2/R).

Zwar ist die Fahrzeuggeometrie statisch, d. h. die Systeme müssen nur einmal eingemessen und optimiert werden, jedoch sind die Einflüsse der einzelnen Innenraumkomponenten sehr diffizil, z. B. besitzt eine Lederinnenausstattung ein völlig anderes Absorptionsverhalten als eine Textilinnenausstattung, ein Panoramadach ein anderes Reflexionsverhalten als ein geschlossenes Dach. Solche Effekte lassen sich kaum simulieren, deshalb werden hochwertige Soundsysteme im Fahrzeug auf alle möglichen Aufbau- und Innenausstattungsvarianten appliziert. Zudem werden frequenzselektive Störgeräuschkompensation, die Kompensation von Resonanzen, die Bühnen- und Raumdarstellung und das Surround-Erleben im High-Endbereich im digitalen Signalpfad realisiert. Eine frühe Beteiligung beim Interieur-Design des Fahrzeugs ist für das *acoustic systems engineering* unerlässlich.

Abbildung 2.51 zeigt als Beispiel die akustische Übertragungsfunktion einer Limousine[29], einmal gemessen an der Fahrerseite und einmal an der Beifahrerseite. Die Stimulation erfolgte mit einem breitbandigen Rauschgenerator. Deutlich sind Resonanzdämpfungen und Überhöhungen zu erkennen, die Ortsabhängigkeit bei Frequenzen über 300 Hz deutet wie bereits beschrieben auf Wellenknoten von stehenden Wellen hin.

---

[29] BMW E36.

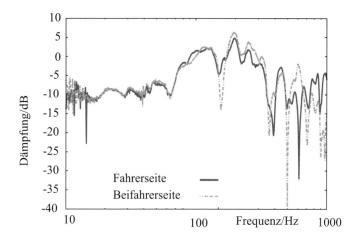

Abbildung 2.51 Akustische Übertragungsfunktion einer Limousine

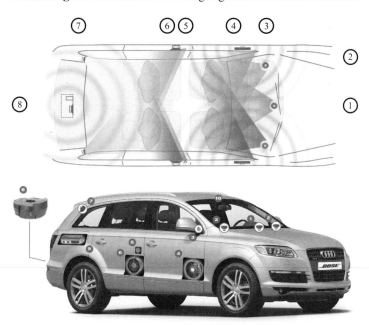

Abbildung 2.52 Beschallung eines Audi Q7 (Bild: Bose)

2.5.7 Integration ins Fahrzeug

Bei der Integration in das Fahrzeug spielen im **Tieftonbereich** die Erzielung des geeigneten Gehäusevolumens und die Schallwand eine besonders wichtige Rolle, während die Raumwahrnehmung nicht in Betracht gezogen werden muss. Im **Hoch/Mitteltonbereich** dominieren Di-

Abbildung 2.53 Bang&Olufsen Advanced Sound System im Audi A8 (Bild: Audi)

rektivität und Richtungshören die Wahl des Einbauorts, denn sie bestimmen die Raumwahrnehmung. Dafür sind nicht zuletzt die frühen Reflexionen, z. B. an der Front- und den Seitenscheiben
verantwortlich [Blu07]. Dabei sind der freien Platzwahl designerische und sicherheitstechnische
Grenzen gesetzt. Neben den Türen und dem Armaturenbrett bieten sich für Hoch/Mitteltöner im
Wesentlichen die Säulen und der Dachhimmel an, während im Tief- und Subtieftonbereich (auch
wegen der Dimension der Schallwände) faktisch nur die Türen und die Heckablage in Frage
kommen. Fehlt diese, so müssen individuelle Lösungen, z. B. im Reserverad oder am Mitteltun-
nel (Beispiel Porsche Cayman) erarbeitet werden. Im High-End-Bereich wird die Richtcharakteristik der Hochtöner zudem mit Schallführungen auf die Einbaulage hin optimiert.
Als Beispiel sei in Abbildung 2.52 die Beschallung eines Audi Q7, Baujahr 2006, mit Bose®-
Sound-System[30] genannt. Der Centerfill-Lautsprecher ① sitzt in der Mitte der Armaturentafel
und wird von den beiden Stereolautsprechern ② flankiert. Für die Platzierung der beiden 2,5
cm Hochtöner ③ wurden die Spiegeldreiecke gewählt. Die Beschallung der hinteren Sitzplätze
und der Surroundeffekt wird von je einem Paar 16,5 cm Tief-Mitteltönern und Hochtönern in den
hinteren Türen ⑤,⑥ und einem 8 cm Neodym-Mitteltöner ⑦ in den D-Säulen vorgenommen. Die
Bässe entstehen schließlich in den beiden vorderen Türen mit je einem 20 cm Neodym-Tieftöner
④ und in einer 20 l-Bassreflexbox in der Felge des Ersatzrades ⑧ (Abbildung 2.50).
Ein weiteres Beispiel für eine Ausstattung, die den heutigen Stand der Technik markiert, ist
der Audi A8 mit dem Advanced Sound System [Blu07], wie in Abbildung 2.53 gezeigt. Hier
stehen aus 14 getrennten Kanälen (vom digitalen Signalpfad über die Endstufen bis hin zum
Lautsprecher) insgesamt 1.100 W elektrischer Leistung zur Verfügung.

2.6   Mikrophone

Mikrophone werden im Fahrzeug für die Anwendungen Freisprechen, Sprachbedienung und De-
tektion von Hintergrundschall für die Störgeräuschkompensation verwendet. Sie wandeln die

---

[30] Bildbasis ©Bose Automotive GmbH.

mechanische Energie, die mit der Schallwelle transportiert wird, in elektrische Energie um. Dabei unterscheidet man *passive Wandler* (oder *Steuerwandler*), die eine externe elektrische Quelle benötigen (z. B. Kondensator-, Kohlemikrophone) und *aktive Wandler*, die direkt die mechanische Energie in elektrische umwandeln (z. B. piezoelektrische, magnetische, dynamische Mikrophone). Auch kann man Mikrophone danach unterscheiden, ob die abgegebene Signalamplitude proportional zur Auslenkung (*Elongationswandler* wie Kohlemikrophone) oder proportional zur Geschwindigkeit der Membran ist (*Schnellewandler* wie alle dynamischen Mikrophone).

2.6.1 Wirkung und Bauformen

Mikrophone bestehen aus einer Membran, deren Schwingungen entweder [Gör06][BP99]

- die Kapazität zwischen der Membran und einer Gegenelektrode verändern (Kondensatormikrophone) oder

- eine Induktivität in einem Magnetfeld bewegen und damit eine elektrische Spannung induzieren (dynamische Mikrophone, Umkehrprinzip zum dynamischen Lautsprecher) oder

- Kohlekörner zusammenpressen und damit deren elektrischen Widerstand ändern (Kohlemikrophon) oder

- einen Kristall mechanisch verformen und durch den piezoelektrischen Effekt eine elektrische Spannung erzeugen (Umkehrprinzip zum Piezolautsprecher).

Für jeden Einsatzzweck existieren heute spezialisierte Mikrophone, die sich durch ihre Richtcharakteristik, ihren Frequenzgang, ihre Ausgangsimpedanz, die Ansteuerung und ihr Rauschverhalten unterscheiden. Die wichtigsten Typen sind hier zusammengefasst:

- Kohlemikrophone: Die billigsten und schlechtesten Vertreter der Steuerwandler. In einer Druckdose befinden sich Kohlekörner, die mit den Membranschwingungen zusammengepresst und expandiert werden. Dadurch ändert sich ihr Widerstand und ein Stromfluss wird moduliert. Man benötigt eine externe Stromquelle. Kohlemikrophone wurden früher in Telefonhörern eingesetzt.

- Tauchspulenmikrophone (Dynamische Mikrophone) sind so genannte *Schnellewandler*, die auf dem elektrodynamischen Prinzip beruhen: Eine Spule ist an der Membran befestigt und bewegt sich mit den Schallwellen im Magnetfeld eines ringförmigen Permanentmagneten mit der Schnelle der Luftteilchen (daher der Name). Dadurch wird in der Spule eine zur Membranschnelle proportionale Spannung induziert. Man benötigt keine externe Quelle, aber empfindliche Verstärker.

- Bändchenmikrophone sind dynamische Mikrophone (Druckgradientenmikrophone), bei denen die Membran gleichzeitig der Leiter im Magnetfeld ist. Sie zeichnen sich durch eine geringe bewegte Masse und damit ein hervorragendes Impulsverhalten und einen linearen Frequenzgang aus, sind aber mechanisch sehr empfindlich. Durch induktive Übertrager (Trafo) wird die Impedanz von ca. $0,2\,\Omega$ auf übliche Impedanzen von $200\,\Omega$ heraufgesetzt.

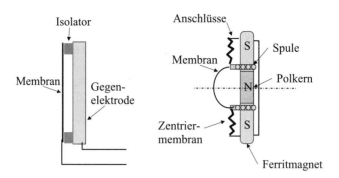

Abbildung 2.54 Schnitt durch ein Kondensator- (links) und ein Tauchspulenmikrophon (rechts)

- Kondensatormikrophone (erfunden 1928 von Neumann) bestehen aus zwei gegeneinander isolierten Leitern von geringem Abstand, von denen einer frei schwingen kann und als wenige μm dicke Membran ausgebildet ist. Mit der Schwingung ändert sich die Kapazität der Anordnung. Damit kann ein Strom moduliert oder ein Schwingkreis verstimmt werden. Man benötigt – wie beim Kohlemikrophon – eine externe Quelle. Kondensatormikrophone sind als Druck- oder Druckgradientenwandler erhältlich.

- Elektretmikrophone sind Kondensatormikrophone, bei denen die Membran aus einem Elektret besteht (Elektrostatisches Pendant zu einem Magneten). Ein Elektret ist eine hochisolierende Kunststofffolie, die einmal nach Erhitzung unter Einfluss eines elektrischen Feldes in eine Richtung polarisiert und dann durch Abkühlung in diesem Polarisationszustand eingefroren wurde. Dadurch ergibt sich ein dauerhaftes äußeres elektrisches Feld. Die Schwingung der Elektretmembran induziert einen Verschiebungsstrom, der sich in einem Leitungsstrom an der Gegenelektrode fortsetzt. Man benötigt einen hochohmigen Wandler (FET-Verstärker) um ein übertragbares Signal zu erhalten. Kleinstmikrophone beruhen meist auf dem Elektretprinzip.

Trifft der Schall auf eine *geschlossene* Mikrophonkapsel, die allenfalls eine kleine Öffnung für den Ausgleich des Umgebungsdrucks hat, folgt die Membran allein dem absoluten Momentandruck der Schallwelle (*Druckwandler*). Damit spielt die Schallrichtung keinerlei Rolle und der *Feldübertragungsfaktor* $B_F(\theta)$ nimmt im Polardiagramm [Gör06] den Wert B_{F0} an, wobei B_{F0} der Feldübertragungsfaktor des Mikrophons bei senkrechtem Einfall ist, θ der Einfallswinkel des Schalls. Normiert auf B_{F0} erhält man die *Richtfunktion* $\Gamma(\theta) = 1$.
Das Mikrophon bekommt damit eine *Kugelcharakteristik*. Der Wandler bildet einen mechanischen Schwingkreis mit der Membranmasse, den Membranverlusten und der Rückstellkraft, die sich aus Membranrückstellkraft und Rückstellkraft der eingeschlossenen Luftmasse zusammensetzt. Da die Auslenkung (siehe Abbildung 2.44) unterhalb der Resonanzfrequenz frequenzunabhängig ist, werden Druckwandler *hoch abgestimmt*, d. h. die Resonanzfrequenz begrenzt das Übertragungsband am oberen Ende.
Ist die Membran jedoch nach beiden Seiten hin offen, so spielt für die Auslenkung nur der *Druckgradient*, also die räumliche Veränderung des Drucks zwischen zwei benachbarten Punkten vor und hinter der Membran (A und B in Abbildung 2.55), eine Rolle [BP99]. Diesen Effekt erreicht

man auch, indem man zwei Membranen hintereinandersetzt und deren elektrische Ausgangssignale voneinander abzieht. Das Resultat ist eine *Achtercharakteristik*, die sich daraus ergibt, dass der Druckgradient einer von vorne oder hinten auftreffenden Schallwelle maximal, von seitlich auftreffenden Schallwellen aber gleich Null ist, gemäß:

$$B_F = B_{F0} \cdot \cos\theta \qquad\qquad (2.44)$$

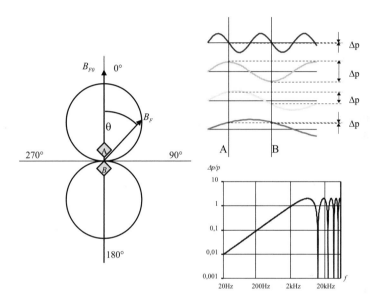

Abbildung 2.55 Richtcharakteristik (links) eines Druckgradientenwandlers, rechts: Frequenzgang

Im ebenen Schallfeld (entfernte Schallquelle) ist der Druckgradient abhängig von Frequenz und Phasenlage der Schallwelle. Abbildung 2.55 rechts oben verdeutlicht diesen Sachverhalt. A und B seien die Punkte, an denen der Gradient gemessen wird. Ist der Abstand $|AB|$ der beiden Punkte genau eine Wellenlänge groß, ist der Druckunterschied genau 0. Mit anderen Worten, das Mikrophon ist für alle Frequenzen $f = c/n \cdot \lambda/2$ völlig unempfindlich. Bei niedrigen Frequenzen, wenn $|AB| < \lambda/2$, steigt der Gradient mit der Frequenz an, danach fällt er wieder ab, um bei $|AB| = n\lambda/2$ auf Null zu gehen.

Im Kugelfeld einer räumlich nahen Schallquelle ist der Druckgradient zusätzlich noch entfernungsabhängig, da der Schalldruck mit $1/r$ (r = Abstand zur Schallquelle) abnimmt. Da der Gradient selbst frequenzabhängig ist, dominiert bei niedrigen Frequenzen die Abstandsabhängigkeit. In der Nähe des Mikrophons werden also tiefe Frequenzen angehoben (Nahbesprechungseffekt). Durch mechanische Maßnahmen oder entsprechende elektrische Verschaltung der vorderen und hinteren Membranen kann man erreichen, dass eine Kugel- und eine Achtcharakteristik wie in Abbildung 2.56 überlagert werden, die resultierende Charakteristik ist dann eine Niere (engl. Cardioide), denn es ist

$$B_f(\theta) = B_{F0} \cdot (0,5 + 0,5 \cdot \cos\theta) \tag{2.45}$$

also gerade die Summe von Kugel und Achtcharakteristik.

Die Maßnahmen können darin bestehen, das Signal eines Mikrophons mit Kugelcharakteristik und das eines mit Achtcharakteristik zusammenzuschalten oder den Schallweg zur Membranrückseite durch mechanische Maßnahmen zu verändern (akustisches Laufzeitglied). Durch Variation des Laufzeitglieds oder der Signalanteile bei der Verschaltung mit

$$B_f(\theta) = B_{F0} \cdot (a + (1 - a) \cdot \cos\theta) \tag{2.46}$$

lassen sich verschiedene Zwischencharakteristiken realisieren, z.B. *die breite Niere* ($a = 0,66$), die *Superniere* ($a = 0,25$) oder die *Hyperniere*($a = 0,37$) [Gör06].

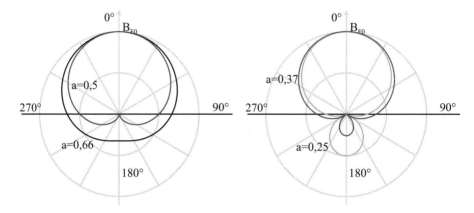

Abbildung 2.56 Links: Nieren- und breite Nierencharakteristik, rechts: Superniere und Hyperniere

Zusätzlich zu den beschriebenen Eigenschaften spielen die Abmessungen des Mikrophons eine wichtige Rolle. Der Umfang der hörbaren Frequenzen beträgt beinahe 10 Oktaven (λ ist ca. 2 cm bei 16 kHz bis ca 10 m bei 30 Hz). Kommen die Abmessungen des Mikrophons in die Größenordnung der Wellenlänge oder darüber, so beeinflussen Beugungs- und Interferenzeffekte den Druckgradienten bis sie schließlich dominieren. Man spricht dann von einem *Interferenzempfänger*. Nahezu jedes Mikrophon ist bei hohen Frequenzen ein Interferenzempfänger. Die bisherigen Überlegungen galten für Freifeldaufnahme. Findet die Aufnahme jedoch in einem geschlossenen Raum statt, so überwiegt – je nach Volumen und Nachhallzeit eines Raums – bei einem bestimmten Abstand zwischen Mikrophon und Schallquelle (dem Hallradius r_H) der durch Reflexion erzeugte diffuse Anteil des Schalls gegenüber dem Direktschall. Dadurch verliert das Mikrophon seine Richtcharakteristik. Besonders gute Mikrophone sind die, deren Diffusfeldfrequenzgang parallel zum Direktschallfrequenzgang verläuft. Dabei muss[31] das Übertragungsmaß zwischen Diffusfeld und Direktschall (zwischen 250 Hz und 8 kHz) mindestens 3 dB betragen. Der Einfluss des Diffusfelds bestimmt auch das Maß der Rückkopplung. Man sieht daran, dass ein Richtmikrophon bei einem Abstand zwischen Quelle und Mikrophon $> r_H$ keinen Einfluss

---

[31] Nach der früheren DIN 45500 (HiFi), jetzt DIN EN 61035.

mehr auf die Rückkopplungen hat sondern allenfalls die Richtcharakteristik der Lautsprecher, wenn diese in ein Raumvolumen mit besonders guten Absorptionseigenschaften hineinstrahlen (z. B. Zuschauer).

2.7 Sprachverarbeitung

Die Sprachverarbeitung spielt in der akustischen Kommunikation im Fahrzeug eine zunehmende Rolle, da sie den Fahrer von Bedien- und Ableseaufgaben zumindest soweit entlastet, dass der Blick nicht von der Fahrbahn abgewendet werden muss. Zunehmende gesetzliche Einschränkungen, z. B. das Handyverbot, zunehmende Bedienaufgaben und zusätzliche Informationen, z. B. SMS und E-Mail lassen sich nur noch über die Modalität Sprache bewältigen.
Bei der Sprachverarbeitung unterscheiden wir zwischen der Erzeugung und der Erkennung gesprochener Sprache.

- Bei der *Sprachausgabe* steht im Vordergrund, Texte mit einer möglichst natürlichen Aussprache akustisch auszugeben.

- Bei der *Sprachanalyse* ist es notwendig, die Sprache vom Hintergrundgeräusch zu trennen und zu identifizieren, Silben und Worte als akustische Symbole zu identifizieren und einen Sinnzusammenhang (die *Semantik*) daraus abzuleiten.

2.7.1 Sprachausgabe

Bei der Sprachausgabe unterscheidet man zwischen der Ausgabe von Worten und Satzteilen einer natürlichen Stimme (*Pre-recorded voice*) und der Sprachsynthese. Pre-recorded voice wird nach wie vor gerne in Systemen eingesetzt, in denen der Wortschatz überschaubar ist und es auf hohe Verständlichkeit und natürliches Empfinden ankommt, z. B. in Navigationssystemen oder in Dialogsystemen. Sprachsynthese wird eingesetzt, wenn unbekannte Texte vorgelesen werden sollen (*Text-to-Speech*), z. B. E-Mails oder Internetseiten. Die Kombination beider Techniken bringt immer die Problematik der Diskrepanz zwischen den Klangbildern mit sich, ist aber zurzeit noch üblich, insbesondere in Dialogsystemen.
Sprache wird über unterschiedliche Phänomene konstituiert. Zur Kategorisierung und Beschreibung hat man u. a. folgende Begriffe zur Verfügung [Ste99, Pau98]

- *Stimmhafte Laute* bestimmen die individuelle *Sprachgrundfrequenz* eines Sprechers
- *Stimmlose Laute* sind sprecherunabhängig (z. B. „s", „f"..)[32].
- Ein *Phonem* ist die kleinste sprachliche Einheit, die zwei Worte unterscheidet, selbst aber noch keine Bedeutung hat. Der Kategorisierung von Phonemen liegt eine subjektive Bewertung zugrunde.
- *Allophone* sind Laute, die gemeinsam ein Phonem bilden.
- *Morpheme* sind bedeutungstragende Spracheinheiten.

---

[32] Zudem teilt man die Vokale und speziell die Konsonanten einer Sprache in unterschiedliche Kategorien ein.

- *Formanten* sind charakteristische Maxima im Spektrum eines Sprachsignals.

- Die *Prosodie*, die Sprachmelodie, kodiert über Betonungen nicht nur Emotionen und kulturelle Hintergründe sondern ist auch sinntragend, z. B. wird am Ende einer Frage die Endsilbe des letzten Wortes angehoben. Mehrdeutige Sätze werden durch die Prosodie aufgelöst („Wir brauchen sofort wirksame Medikamente" [Pau98]) Sie ist zunächst unabhängig von der Artikulation eines Wortes sondern an die Schallerzeugung gebunden.

- Die *Koartikulation* ist die Bildung von Übergängen zwischen Lauten, die sich über mehrere Laute hinweg erstrecken kann.

In Abbildung 2.57 wurde das Spektrum einer Sprecherin aufgenommen, die gebeten wurde, folgende Sätze zu sprechen: „Bitte nach 500 Metern rechts abbiegen und der A 81 folgen!" (oben) und „Bitte nach 500 Metern rechts abbiegen!". In den Bildern ist jeweils das Wort „abbiegen" in den beiden Kontexten dargestellt. Deutlich sind die Übergänge zwischen den Silben, die Formanten und die unterschiedlichen Sprachmelodien zu erkennen. Im Bild oben hebt die Sprecherin die Stimme um den Übergang zum zweiten Satzteil anzudeuten, im Bild unten wird die Stimme gesenkt um das Ende des Satzes zu markieren.

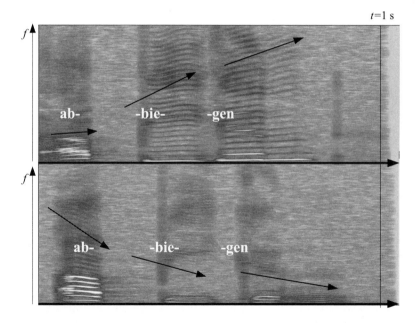

Abbildung 2.57 Das Wort „abbiegen" in unterschiedlichen Zusammenhängen

Eine als natürlich empfundene Sprachausgabe lebt nicht nur von den Lauten sondern auch von der Prosodie, die sich nur aus dem Sinnzusammenhang erschließt.
Bei der synthetischen Sprachausgabe werden die Worte des zu lesenden Textes zunächst in der Regel mittels eines Lexikons, das Worte, Silben und Lautgruppen umfasst, in eine Lautschrift transkribiert. Vom Umfang und der Qualität dieses Lexikons hängt die Qualität der Sprachsynthese entscheidend ab. Doch auch hier sind durch Doppeldeutigkeiten Grenzen gesetzt, die sich

nur aus dem Gesamtkontext erschließen lassen (Beispiel bei [Ste99]: „Wachstube" als „Wach-Stube" oder als „Wachs-Tube").

Die Transkription wird schließlich in ein akustisches Signal umgesetzt, z. B. unter Zuhilfenahme einer Bibliothek vorsynthetisierter Laute.

2.7.2 Spracheingabe

Die Sprachanalyse geht den Fragen nach „Wer spricht?" (*Sprecheridentifikation, Sprecherveri-fikation*), „Was wird gesprochen?" (*Spracherkennung*) und ggf. „Wie wird gesprochen?" (Ex-traktion von kulturellen oder emotionalen Mustern). Jeder Mensch hat einen unverwechselbaren „Stimmabdruck". In Abbildung 2.58 ist noch einmal das Wort „abbiegen" im oberen Zusammen-hang dargestellt, diesmal von einem Mann gesprochen.

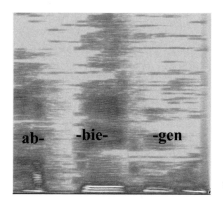

Abbildung 2.58 Noch einmal das Wort „abbiegen" von einem Mann gesprochen

Die Aufgabe der Spracherkennung besteht nun darin, Merkmale zu extrahieren, die unabhängig vom Umgebungsgeräusch und vom Zustand des Sprechers (Müdigkeit, Emotionen, Variationen der Sprechweise) sind, im Idealfall sogar sprecherunabhängig. Die erste Aufgabe wird durch eine signalverarbeitende Maßnahme *Sprecherseparation* gelöst [GS05], wozu in der Regel das Signal mehrerer Mikrophone genutzt wird. Mit etwas Aufwand kann man damit sogar unterscheiden, an welcher Position der Sprecher sitzt.

Die anschließende *Parameterextraktion* aus dem in der Regel zeitlich normierten Sprachsignal liefert das Datenmaterial für die *Mustererkennung*. Durch Vergleich mit einer Referenzdatenba-sis (z. B. nach Training des Systems) wird eine Hypothese gebildet um welches Wort es sich handeln könnte. Bei der Erkennung von Wortfolgen wird mit Hilfe statistischer Betrachtungen (Markov-Kette) versucht, die im Kontext wahrscheinlichste Wortfolge zu finden. Die Worterken-nungsrate wird verbessert, wenn man pro Erkennungsvorgang die Zahl der möglichen Worte, das *Vokabular*, in Abhängigkeit vom Kontext einschränkt, denn damit steigt gleichzeitig der phone-tische Unterschied zwischen den Worten. Wird zudem Sprecherunabhängigkeit gefordert, sinkt die Zahl der gleichzeitig zu erkennenden Worte weiter.

Bei der Spracheingabe (Spracherkennung) im Fahrzeug unterscheidet man zwischen:

- intuitiven Sprachbefehlen („Navigation starten"),

- Zifferneingaben,

- sprecherindividuellen und damit sprechabhängigen, trainierbaren Kommandos („Nach Hause"), so genannte *Voice tags*,

- Buchstabieren und

- sprecherunabhängige Ganzworten (z. B. Städtenamen, feste Befehle).

Aus ergonomischen Gründen sind Worterkennungsraten von mindestens 95 %und Latenzzeiten der Dialoge unter einer Sekunde zwingend notwendig[AJA05]. Dabei liegt die besondere Herausforderung darin, dass die Zahl der möglichen Worte, insbesondere bei der Navigation, in die zehntausende geht. Dies ist umso bedeutender, als dass eine Fehlerkennung sofort eine deutliche Ablenkung hervorruft. Erschwerend kommt hinzu, dass der Benutzer im Fall einer Fehlerkennung nicht unterscheiden kann, ob diese durch eine Störung hervorgerufen wurde oder durch den Gebrauch eines im Kontext nicht zulässigen Wortes [Böh04]. Im besten Fall geht die Akzeptanz eines solchen Systems verloren, im schlimmsten Fall wird eine sicherheitskritische Situation herbeigeführt.

Designer von Sprachdialogsystemen [AJA05, Böh04] nehmen auf diese Gegebenheiten Rücksicht. Im Fahrzeug unterscheiden sich die zu bedienenden Geräte zunächst einmal im Umfang und der Komplexität der Vokabulare, angefangen von Klimaanlage und CD-Spieler (wenige Einwortbefehle) über das Telefon (Zifferneingaben, Einwortbefehle, Voice Tags) bis hin zur Navigation (sehr viele Einwortbefehle, insbesondere Orts- und Straßennamen, Voice Tags, Buchstabieren). Sprachdialogdesign erfolgt immer im Zusammenhang mit den anderen Modalitäten, vor allem der visuellen. In einem Display angezeigte Hinweise und Zustandssymbole („Jetzt sprechen", „Bitte wiederholen") unterstützen den Dialog. Der Sprecher wird durch gezielte Fragen bei der Wahl seiner Eingabemöglichkeiten auf den zulässigen Wortschatz eingeschränkt und gegebenenfalls rückgefragt („Haben Sie – Freiburg – gesagt?"). Dabei ist auf kurze Antwortzeiten zu achten um keine Wiederholungs- oder Abbruchaktionen durch den Benutzer zu provozieren. Die Antwortzeiten ergeben sich aus den Erkennungszeiten und den Zeiten zum Nachladen von Wörterbüchern während des Kontextwechsels, z. B. zwischen Ortseingabe und Straßeneingabe bei der Navigation.

In modernen Spracheingabesystemen besteht die Verbesserung der Erkennungsqualität darin, breitere Kontexte und Varianten zuzulassen. Anstatt „CD" – „Titel" – „nächster Titel" ist „Bitte dritten Titel von CD zwei" erwünscht. Weiterhin geht der Trend dahin, nicht phonembasierte sondern textuelle Wörterbücher, die gegebenenfalls dynamisch erzeugt werden (Beispiel Kontaktliste aus dem Telefonbuch, Senderliste aus RDS), zur Auswertung heranzuziehen, was für Einzelwortbefehle in einigen Mobiltelefonen bereits umgesetzt ist.

2.8 Zum Weiterlesen

- **Akustik**: Die Eigenschaften von Wellen sind in jedem Physikbuch beschrieben, z. B. im Standardwerk von **Gerthsen** [GM06]. Eine tiefer gehende Einführung speziell in die

Akustik, und dort insbesondere in analytische Verfahren liefert **Kuttruff** [Kut04]. Etwas stärker praxisorientiert und mit einer Überblick über die geltenden Normen versehen, ist das Buch von **Zollner** und **Zwicker** [ZZ93], das neben einem Abriss der Grundlagen der Akustik vor allem die Modellierung und Dimensionierung von elektroakustischen Wandlern beschreibt. **Lenk**, **Pfeifer** und **Werthschützky** [LPW01] entwickeln in ihrem Buch eine sehr umfassende und theoretisch fundierte Systematik allgemeiner elektromechanischer Systeme. Ein sehr gut lesbares Kompendium der Akustik, insbesondere der Terminologie, bietet die **Deutsche Gesellschaft für Akustik e.V.** in ihren Empfehlungen, z. B. [DEG06].

- **Tontechnik**: Einen leicht zu lesenden und sehr umfassenden Überblick über die Tontechnik gibt **Görne** [Gör06]. Ausführlicher aber nicht mehr ganz so aktuell ist das zweibändige Werk von **Dickreiter** [Dic87, Dic90]. Eine umfassende Einführung in die Elektroakustik ist ebenfalls das Buch von **Leach** [Lea05], das ebenso einen Einblick in die Schaltungstechnik gibt.

- Eine der international besten **Internetquellen** zur Akustik und zur Tontechnik ist zurzeit die Homepage von Eberhardt Sengpiel [Sen07]. Hier finden sich zahlreiche Definitionen, Erklärungen und hilfreiche Applets zur Berechnung akustischer Größen.

- **Signalverarbeitung**: Eine vertiefte Darstellung der mathematischen Grundlagen der Signalübertragung geben **Ohm** und **Lüke** in ihrem bereits in der neunten Auflage erschienenen Standardwerk [OL04], das in vielen Hochschulen als Basislehrbuch verwendet wird (Reichlich gelöste Übungsaufgaben vorhanden). Eine didaktisch hervorragende Ausarbeitung des Themas **Signale und Systeme** liefert **Karrenberg** [Kar05] inklusive einer Software zum Sammeln eigener Erfahrungen. **Werner**[Wer06b] gibt einen schnellen, gut verständlichen, aber tief gehenden Abriss über die Nachrichtentechnik allgemein. Das Buch ist mit gelösten Übungsaufgaben versehen und eignet sich gut als Einstieg in das Thema.

- Eines der Standardwerke der **Schaltungstechnik** in englischer Sprache ist [HH89], im Deutschen ist es das seit Jahrzehnten immer wieder erneuerte Buch von **Tietze** und **Schenk** [TS02], auch [Sei03] bietet hier einen breiten Einstieg.

- **Watkinson** [Wat01] beschreibt die digitaltechnischen Grundlagen speziell für die **akustische Signalverarbeitung** in einem gut lesbaren Werk, das als eines der Standardwerke gilt. Noch ausführlicher ist das Buch von **Pohlmann** [Poh05], inzwischen in der fünften Auflage. Beide Bücher sind mit umfassenden Bibliographien ausgestattet und eignen sich daher exzellent als Einstieg in die englischsprachige Literatur auf dem Gebiet. Für eine Vertiefung des theoretischen Hintergrunds der digitalen Audiosignalverarbeitung eignet sich das Buch von **Zölzer** [Zöl05].

- **Sprachsynthese** und **Spracherkennung** sind z. B. bei **Paulus** [Pau98] ausführlich beschrieben.

  Weitere Literatur ist im Text des Kapitels angegeben.

2.9   Literatur zu Audiotechnik

[AJA05]   ARÉVALO, Luis ; JUNGK, Andreas ; AUBERG, Stefan: Sprachbedienung für Navigationssyste-
me – Mehr Sicherheit bereits im Einstiegssegment. In: WINNER, Hermann (Hrsg.) ; LANDAU,
Kurt (Hrsg.): *Cockpits für Straßenfahrzeuge der Zukunft*. ergonomia, 2005. – Darmstädter
Kolloquium Mensch & Fahrzeug, TU Darmstadt 8./9. März 2005

[Bau01]   BAUER, H. (Hrsg.): *Audio, Navigation und Telematik für Kraftfahrzeuge*. Stuttgart : Bosch,
2001

[Böh04]   BÖHME, Werner: Erweiterter Sprachwortschatz für Sprachdialogsysteme. In: MÜLLER-BAGEHL,
Christian (Hrsg.) ; ENDT, Peter (Hrsg.): *Infotainment/Telematik im Fahrzeug – Trends für die
Serienentwicklung*. expert Verlag, 2004

[Blu07]   BLUM, Peter: *Das Audi A8 Advanced Sound System*. Pressemitteilung Audi AG, 2007

[BP99]   BORÉ, Gerhart ; PEUS, Stephan: *Mikrophone – Arbeitsweise und Ausführungsbeispiele*. 4.
Auflage. Berlin : Georg Neumann GmbH, 1999
http://www.neumann.com/download.php?download=docu0003.PDF

[BSMM05] BRONSTEIN, I.N. ; SEMENDJAJEV, K.A. ; MUSIOL, G. ; MÜHLIG, H.: *Taschenbuch der Mathematik*.
6. vollst. üb. u. erg. Aufl. (Nachdruck). Frankfurt a. Main : Verlag Harry Deutsch, 2005

[DEG06]   DEGA: *DEGA-Empfehlung 101 – Akustische Wellen und Felder*. Version: März 2006.
https://www.dega-akustik.de/Publikationen/DEGA_Empfehlung_101.pdf, Abruf: 28.12.2006.
Empfehlung der Deutschen Gesellschaft für Akustik e.V.

[Dic87]   DICKREITER, Michael: *Handbuch der Tonstudiotechnik*. Bd. 2. 5. Auflage. München, New
York, Paris, London : K.G.Saur, 1987

[Dic90]   DICKREITER, Michael: *Handbuch der Tonstudiotechnik*. Bd. 1. 5. Auflage. München, New
York, Paris, London : K.G.Saur, 1990

[DIN61]   *DIN 45630 T2 Normalkurven gleicher Lautstärkepegel*. Berlin, 1961

[Erh92]   ERHARDT, Dietmar: *Verstärkertechnik*. Wiesbaden : Vieweg, 1992

[FK03]   FÖLLINGER, Otto ; KLUWE, Mathias: *Fourier-, Laplace- und z-Transformation*. 8. Auflage.
Heidelberg : Hüthig-Verlag, 2003

[GM06]   GERTHSEN, Christian ; MESCHEDE, Dieter: *Physik*. 23. Auflage. Berlin : Springer, 2006

[Gör06]   GÖRNE, Thomas ; SCHMIDT, Ulrich (Hrsg.): *Tontechnik*. Hanser Fachbuchverlag, 2006

[GS05]   GRUHLER, G. ; SCHWETZ, I.: *Mehrkanal-Mikrofonsysteme im KfZ zur Störgeräuschminderung
und Sprecherseparation*. 7. Technologie-Transfer-Forum DLR Lampoldshausen, Nov 2005

[Has06]   HASENHÜNDL, Ingrid: *Das Bose® Prinzip: Vom Konzept zum lebensechten Sound im Auto*.
Pressemitteilung Bose Automotive GmbH, 2006

[Hen03]   HENNING, Peter A.: *Taschenbuch Multimedia*. 3. Auflage. Fachbuchverlag Leipzig, 2003

[HH89]   HOROWITZ, Paul ; HILL, Winfried: *The Art of Electronics*. 2. Auflage. Cambridge : Cambridge
University Press, 1989

[ISO03]   *ISO 226 Acoustics – Normal equal-loudness-level contours*. Genf, 2003

[Jon00]   JONSSON, Bengt E.: *Switched-Current Signal Processing and A/D Conversion Circuits: Design
and Implementation*. Boston, MA : Kluwer Academic Publishers, 2000 (Kluwer International
Series in Engineering & Computer Science)

[Kar05]   KARRENBERG, Ulrich: *Signale, Prozesse, Systeme. Eine multimediale und interaktive
Einführung in die Signalverarbeitung*. 4. Auflage. Springer, 2005. – Mit Software zur Signalverarbeitung

[KMR05]   KÜPFMÜLLER, Karl ; MATHIS, Wolfgang ; REIBINGER, Albrecht: *Theoretische Elektrotechnik.Eine
Einführung*. 17. bearb. Aufl. Berlin : Springer, 2005

[Kut04]   KUTTRUFF, Heinrich: *Akustik*. Stuttgart : Hirzel Verlag, 2004

[LCL04]   LINDNER, Helmut ; CONSTANS LEHMANN, Harry B.: *Taschenbuch der Elektrotechnik und Elektronik*. 7. Auflage. Thun und Frankfurt a. M. : Verlag Harri Deutsch, 2004

[Lea05]   LEACH, Marshall: *Introduction to Electroacoustics and Audio Amplifier Design*. 3. Auflage. Kendall/Hunt Publishing Company, 2005

[LPW01]   LENK, Arno ; PFEIFER, Günther ; WERTHSCHÜTZKY, Roland: *Elektromechanische Systeme*. Heidelberg : Springer, 2001

[Max02]   MAXIM: Class D Audio Amplifiers Save Battery Life – Application Note 1760 / Maxim Integrated Products. 2002. – Forschungsbericht. – http://pdfserv.maxim-ic.com/en/an/AN1760.pdf (10.4.2007) auch veröffentlicht in *Electronic Products* 2002

[mp307]   *MP3 Licence Portfolio*. 2007. – http://mp3licensing.com/patents/index.html (10.8.2007)

[OL04]   OHM, Jens-Rainer ; LÜKE, Hans D.: *Signalübertragung*. 9. Auflage. Berlin, Heidelberg, New York : Springer, 2004

[Pau98]   PAULUS, Erwin: *Sprachsignalverarbeitung*. Heidelberg, Berlin : Spektrum – akademischer Verlag, 1998

[Poh05]   POHLMANN, Ken C.: *Principles of Digital Audio*. 5. Auflage. McGraw-Hill, 2005

[Rop06]   ROPPEL, Carsten: *Grundlagen der digitalen Kommunikationstechnik*. Carl Hanser Verlag, 2006

[Sea98]   SEAMS, Jerry: R/2R Ladder Networks / IRC/Advanced Film Division. Version: 1998. http://www.irctt.com/pdf_files/LADDERNETWORKS.pdf (4.6.2007). 4222 South Staples Street Corpus Christi, Texas 78411 : International Resistive Company, Inc./Advanced Film Division, 1998. – Application Note AFD006

[Sei03]   SEIFART, Manfred: *Analoge Schaltungen*. 6. Auflage. Verlag Technik, 2003. – 656 S.

[Sen07]   SENGPIEL, Eberhardt: *Forum für Mikrofonaufnahmetechnik und Tonstudiotechnik*. 2007. – http://www.sengpielaudio.com/ (10.8.2007)

[Ste99]   STEINMETZ, Ralf: *Multimedia-Technologie: Grundlagen, Komponenten und Systeme*. 2. Auflage. Berlin : Springer, 1999

[STL05]   SCHMIDT, Robert F. (Hrsg.) ; THEWS, Gerhard (Hrsg.) ; LANG, Florian (Hrsg.): *Physiologie des Menschen: Mit Pathophysiologie*. 29. Auflage. Berlin : Springer, 2005

[TS02]   TIETZE, Ulrich ; SCHENK, Christian: *Halbleiter-Schaltungstechnik*. 12. Auflage. Berlin, Heidelberg, New York : Springer-Verlag, 2002. – 1606 S.

[Wat01]   WATKINSON, John: *The Art of Digital Audio*. 3. Auflage. Oxford : Focal Press/Butterworth-Heinemann, 2001

[Wer06]   WERNER, Martin: *Nachrichtentechnik. Eine Einführung für alle Studiengänge*. 5., völl. üb. u. erw. Aufl. Wiesbaden : Vieweg, 2006

[Zöl05]   ZÖLZER, Udo: *Digitale Audiosignalverarbeitung*. 3. Auflage. Wiesbaden : Teubner, 2005

[ZZ93]   ZOLLNER, Manfred ; ZWICKER, Eberhard: *Elektroakustik*. 3. verb. u. erw. Aufl. Berlin, Heildelberg : Springer, 1993

3 Anzeigetechnik

Ansgar Meroth

Der visuelle Kanal besitzt die höchste Informationsdichte im Fahrzeug. Anzeigen im Fahrzeug liefern Informationen zum Betriebszustand des Fahrzeugs, warnen bei kritischen Zuständen, informieren über den Zustand der Entertainmentkomponenten, geben empfangene Nachrichten wieder, unterstützen bei der Navigation (Abbiegehinweise, Karten) oder der Fahrzeugführung (Abstand zu Hindernissen und zu Fahrbahnbegrenzungen) oder dienen der Unterhaltung (Videoentertainment). Entsprechend ihrer Funktion sind Anzeigen an verschiedenen Stellen im Fahrzeug verteilt und beruhen auf unterschiedlichen Technologien.

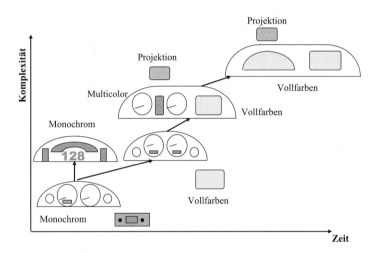

Abbildung 3.1 Trends bei der Verteilung von Anzeigen am Fahrerarbeitsplatz

Der ursprüngliche Zweck der Anzeigetechnik im Fahrzeug war die Visualisierung von Messgrößen aus dem Fahrzeug. Die erste Anzeige war ein Kühlmittelthermometer, das auf den Kühler aufgeschraubt werden konnte. Bald kamen die *Tankfüllstandsanzeige*, der *Tachometer*, der *Wegstreckenzähler* (*Odometer*), der *Drehzahlmesser*, das *Ölthermometer* und die *Uhr* dazu, letztere ist die erste Information, die nicht unmittelbar mit dem Fahrzeugzustand zu tun hat. Einen Meilenstein in der Verwendung von Anzeigen im Auto brachte die Einführung des *Autoradios* im Jahr 1932 durch Blaupunkt. Die Frequenzanzeige war die erste Anzeige zur Fahrerunterhaltung über die reine Deckung des Informationsbedarfs hinaus. In der Folge etablierte sich ein Architekturprinzip, das die Informationsanzeigen am unteren Blickfeldrand des Fahrers im Kombiinstrument zusammenzog, während die Unterhaltungsmedien in die Mittelkonsole deutlich unter das primäre Blickfeld wanderten (*Head Down Display*, HDD) [ADML05].

Alle Anzeigen bis zu diesem Zeitpunkt waren rein mechanische oder elektromechanische Anzeigen, die spezifisch für die Umwandlung der Messgrößen in Anzeigegrößen optimiert waren.

Im Zeitalter von Modularisierung und Variantenvielfalt machen sie inzwischen reinen elektronischen Anzeigen Platz, denn selbst die Zeigerinstrumente sind schrittmotorgetrieben und geben eine rechnerisch ermittelte Größe wieder.

Licht und Farbe, die zunächst funktional bestimmt waren (Glühlampe zur Skalenbeleuchtung und verschiedenfarbige Warnlampen) wurden mit der Verfügbarkeit von universellen Farbdisplays zu Gestaltungselementen. Diese nehmen eine zunehmende Fläche im Blickfeld des Fahrers ein und wandern mit der *Head-up Display*-Technik (HUD) auch in den primären Blickbereich hinein [ADML05], [BMH06].

Abbildung 3.1 fasst diese Trends in einem Überblick zusammen [Kno01].

Die Gestaltung von Anzeigen im Fahrzeug stellt eine besondere Herausforderung dar:

- Anzeigen konkurrieren auf dem visuellen Kanal direkt mit der Straße und dem Verkehr und lenken sowohl Blick als auch mentale Aufmerksamkeit von diesen ab [Röß05] [Kut06].

- Anzeigen nehmen die gestalterischen Elemente des Interieurs auf und setzen sie fort, d. h. sie transportieren Anmutung, Form- und Farbelemente (siehe Kapitel 8.1).

- Anzeigen verdichten Informationen, die direkt der Fahrsicherheit dienen bis zu solchen, die reine Unterhaltungsfunktion haben. Sie stehen somit miteinander in Konkurrenz.

Schließlich stellt die Fahrzeugumgebung selbst auch an die *Anzeigetechnik* spezielle Anforderungen:

- Schnell wechselnde Lichtverhältnisse erfordern entspiegelte Oberflächen, hohe Kontraste und eine hohe Leuchtdichte.

- Die Anzeigen müssen robust sein gegen hohe Temperaturen, die speziell im Cockpit-Bereich auftreten und gegen Vibrationen.

- Die Ablesesicherheit bei kurzen Akkomodationszeiten muss gesichert sein.

Abbildung 3.2 57 Jahre liegen zwischen den beiden Fotos – links: Volkswagen 1950 (Foto: Blaupunkt), rechts: S-Klasse 2007 (Foto: Produktkommunikation Mercedes Car Group)

In diesem Kapitel werden zunächst einige grundsätzliche Überlegungen zur Natur von Licht und speziell von Farben und zum Sehen angestellt und anschließend die wichtigsten Anwendungen

von Anzeigen im Fahrzeug beschrieben. Es folgt eine Diskussion der grundsätzlichen Display-
technologien. Auf das weite Feld der Computergrafik musste aus Platzgründen verzichtet werden. Im Abschnitt 3.4 sind jedoch Quellen aufgeführt, wo diese Themen gegebenenfalls vertieft
studiert werden können.

3.1 Licht und Sehen

Licht ist eine transversale elektromagnetische Welle [1]. *Sichtbares Licht* im Unterschied zu *ultra-
violettem Licht* und *Infrarotlicht* ist derjenige Teil des elektromagnetischen Spektrums zwischen
ca. 400 nm und 700 nm Wellenlänge, der von den Sinnesrezeptoren im menschlichen Auge wahrgenommen wird. Er erstreckt sich also gerade einmal über knapp eine Oktave des elektromagnetischen Spektrums.

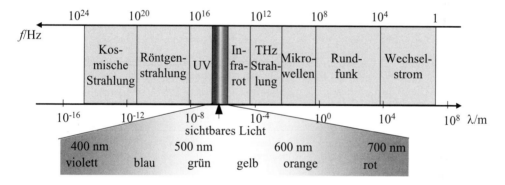

Abbildung 3.3 Farbe und Wellenlänge des Lichts

3.1.1 Sehen

Das menschliche *Auge* (Abbildung 3.4) setzt sich aus *Linse* und *Iris* (Blende) zur Fokussierung
und Regelung des Lichteinfalls und einem Sensorapparat, der *Netzhaut*, zusammen. Geschützt
wird das Auge durch die transparente *Hornhaut*. Die Linse ist flüssigkeitsgefüllt und so aufgebaut, dass die Kontraktion der Ringmuskulatur um die Linse zu einer Brennweitenveränderung
und damit Fokussierung führt. Da der Brechungsindex der Linse wellenlängenabhängig ist, kann
man insbesondere die im Spektrum weit auseinanderliegenden Farben Blau und Rot nicht sehr
gut nebeneinander fokussieren bzw. erscheinen diese nebeneinander betrachtet in unterschiedlicher Entfernung.

---

[1] Im Unterschied zur akustischen Welle ist die elektromagnetische Welle transversal, d. h. die Feldgrößen sind senkrecht
zur Ausbreitungsrichtung gerichtet. Außerdem ist eine elektromagnetische Welle nicht an ein Medium gebunden.

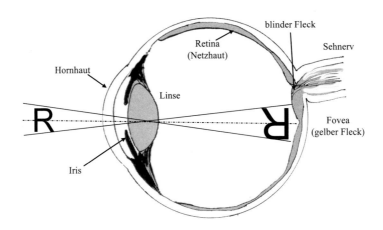

Abbildung 3.4 Aufbau des menschlichen Auges (nach [STL05])

Die Netzhaut besteht aus farbsensitiven, aber relativ unempfindlichen *Zapfen* und den empfindlichen aber farbenblinden *Stäbchen*. Die Zapfen befinden sich hautpsächlich im zentralen, die
Stäbchen ausschließlich im peripheren Bereich. Deshalb lassen das Farbsehvermögen, die Fo-
kussierfähigkeit und die Auflösung des Auges bei schwachem Licht nach („Bei Nacht sind alle
Katzen grau"), was man bei der Betrachtung des nächtlichen Sternhimmels testen kann, wenn
schwache Sterne, die man direkt anschaut, plötzlich verschwinden und sichtbar werden, wenn
man etwas daneben schaut [Mye02] [Hen03].
Die Zapfen treten in drei Typen auf:

- 430 nm (blau) 4 % aller Zapfen, zentral nicht vertreten

- 530 nm (grün) 32 % aller Zapfen, zentral konzentriert

- 560 nm (rot/gelb) 64 % aller Zapfen, am empfindlichsten

Die maximale Auflösung des Auges von 0,4′ ≈ 0,006° wird im Bereich der so genannten Fovea (gelber Fleck) erreicht, dort befindet sich die größte Dichte an Sinneszellen (Zapfen) (ca.
140.000 mm²). Andere Quellen sprechen von ca. 1′. Bei einem Leseabstand d von 30 cm entspricht dies einer Auflösung von ca. 30 μm bis ca. 90 μm. Es macht bei der Auslegung von Displays also keinen Sinn, für typische Leseabstände kleinere Pixel[2] zu wählen. Neben dem gelben
Fleck existiert auch ein Bereich, in dem keine Sinneszellen vorhanden sind: im *blinden Fleck*
münden alle Neuronen des Auges. Normalerweise wirkt sich der blinde Fleck auf das Sehen
nicht störend aus, da die fehlende Wahrnehmung durch ständige unbewusste Augenbewegungen
(*Sakkaden*), das Bild des zweiten Auges und schließlich durch die *Erwartung* kompensiert wird.
Abbildung 3.5 macht letzteren Effekt deutlich: Schließt man das linke Auge, so dass dessen Information fehlt, blickt starr mit dem rechten auf das Kreuz und führt dann das Blatt langsam bis
auf etwa 30 cm an den Kopf heran, verschwindet das Herz irgendwann. Das Gehirn „erfindet"
ein weißes Blatt an der Stelle.

---

[2] Zum Vergleich: Eine Winkelminute entspricht der Größe einer Briefmarke in 100 m Betrachtungsabstand.

Abbildung 3.5 Experiment zum blinden Fleck

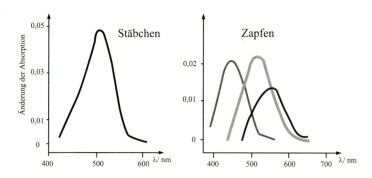

Abbildung 3.6 Spektrales Absorptionsvermögen der Sinneszellen

Für die Helligkeitsempfindung spielt die Farbe Gelb die dominante Rolle, denn bei der dem Gelb entsprechenden Wellenlänge von 500 nm sind die Stäbchen entsprechend der Oberflächenfarbe der Sonne am empfindlichsten. Blau dagegen spielt bei der Helligkeitswahrnehmung nahezu keine Rolle.

Helligkeitsunterschiede, genauer Lichtstärkeunterschiede, kann das Auge durch mehrere Maßnahmen ausgleichen: Für kurzfristige Anpassungen ist die Iris zuständig, die mechanisch den Lichteinfall ins Auge reguliert. Für langfristige Anpassung, die mehrere Minuten dauern kann, ändern die Sinneszellen chemisch ihren Messbereich. Alles in allem werden so Lichtstärkeverhältnisse von bis zu $1 : 10^7$ abgedeckt, man spricht bei diesem Anpassungsvorgang von *Adaptation*.

Dass wir Licht als farbig empfinden, verdanken also wir der Tatsache, dass wir unterschiedliche Rezeptorsysteme besitzen, die jeweils ein unterschiedliches Absorptions- und Reaktionsverhalten haben (siehe Abbildung 3.6 nach [STL05]). Ein Lichtstrahl selbst besitzt nämlich keine Farbe sondern eine spektrale Energieverteilung. Die Farbauflösung des Auges beträgt ca. 380.000 Farben, gleichzeitig kann man jedoch mit 95 % Sicherheit nur ca. 15 Farben unterscheiden [Hen03]. Nicht nur die räumliche und die spektrale Auflösung des Auges sind begrenzt sondern auch die zeitliche. Dies führt zu verschiedenen Effekten. Einerseits werden schnelle Bewegungen verwischt, andererseits werden zeitlich schnell hintereinander gezeigte diskrete Bilder wie ein kontinuierlich bewegtes Bild gesehen. Die Grenze der zeitlichen Auflösung ist die so genannte *critical fusion frequency* oder *Flimmergrenze*. Diese nimmt logarithmisch mit der mittleren Leuchtdichte (Definition siehe unten) des betrachteten Objekts bzw. der Anzeige zu. Die Norm ISO 9241-3 [DIN00] legt eine Näherungsformel für die Frequenz fest, bei der 95 % der Betrachter unter ungünstigen Bedinungen in Abhängigkeit von der Leuchtdichte gerade kein Flimmern mehr wahrnehmen. Sie liegt, bei üblichen Anzeigen, etwa zwischen 60 Hz und 80 Hz. Auf weitere Normen der Ergonomiereihe DIN ISO 9241 wird im Kapitel 8.1 noch ausführlich eingegangen.

3.1.2 Lichtmessung

Da Helligkeit ein subjektiver Eindruck ist, werden für die *Photometrie* standardisierte Größen bereitgestellt, die eine objektive Charakterisierung der Beleuchtungsverhältnisse möglich machen. Da Licht nur ein Ausschnitt aus dem elektromagnetischen Spektrum darstellt und sich physikalisch außer durch seine Frequenz bzw. Wellenlänge λ nicht von anderen elektromagnetischen Wellen unterscheidet, müssen Größen, die sich auf das sichtbare Licht beziehen, mit der normierten spektralen Empfindlichkeit des Auges $V(\lambda)$ gewichtet werden.

Für die Standardisierung ist die *CIE* (Commission Internationale de l'Eclairage), die *internationale Beleuchtungskommission* zuständig [CIE]. Die Arbeitsgruppe 4.12 „Photometrie" der Physikalisch-technischen Bundesanstalt in Braunschweig ist national für die „Realisierung, Darstellung und Weitergabe" [PTB03] dieser Größen verantwortlich. Die wichtigsten seien hier kurz zusammengefasst:

- *Lichtstärke I*, Einheit *candela* (cd): *I* ist eine der sieben Basisgrößen des SI-Einheitensystems. Sie wird von einer Normallichtquelle abgeleitet und beschreibt die Strahlungsleistung einer Lichtquelle bezogen auf den Raumwinkel[3], ist also unabhängig vom Abstand von der Lichtquelle.

- *Lichtstrom* Φ, Einheit *lumen* (lm): Φ ist die gesamte Strahlungsleistung einer Lichtquelle im sichtbaren Spektrum (also gewichtet mit $V(\lambda)$). 1 cd ist also gleich 1 lm/sr. Φ entspricht also einer Leistung in Watt.

- *Beleuchtungsstärke E*, Einheit *lux*: *E* ist der Lichtstrom, der beim Empfänger auf eine Flächenelement auftrifft, also abhängig vom Beleuchtungsabstand.

- *Lichtmenge Q*, Einheit *lm · s*: *Q* ist die Energie, die eine Lichtquelle innerhalb einer bestimmten Zeit abgibt, gewichtet mit der spektralen Empfindlichkeit des Auges $V(\lambda)$.

- *Leuchtdichte L*, Einheit cd/m^2: *L* bezeichnet die Lichtstärke eines Flächenstrahlers bezogen auf seine Fläche und ist damit eine wichtige Größe bei der Charakterisierung von Displays, zumal das Helligkeitsempfinden des Auges nicht von der Lichtstärke sondern von der Leuchtdichte abhängt. Ein kleiner Strahler mit derselben Lichtstärke wie ein größerer erscheint also heller als dieser. Die Mittagssonne hat eine Leuchtdichte von über 10^7 cd/m², der Mond etwa $2{,}5 \cdot 10^3$ cd/m².

---

[3] Der Raumwinkel ist das dreidimensionale Gegenstück zu Winkel in der Ebene. So wie auf einem Kreisbogen der Winkel in *rad* als die Länge des Kreisbogens geteilt durch den Radius definiert ist (entsprechend hat ein Vollkreis den Winkel 2π), ist der Raumwinkel in *Sterad* oder *sr* das Verhältnis der Oberfläche einer Kugelschale zum Radius der Kugel im Quadrat. Eine Vollkugel entspricht damit dem Raumwinkel 4π.

- *Lichtausbeute η*, Einheit lm/W: η ist im Prinzip der Wirkungsgrad einer Lichtquelle und wäre dimensionslos, wenn nicht der Lichtstrom und die Strahlungsleistung über $V(\lambda)$ gekoppelt wären. η gibt also an, wieviel Leistung aufgebracht werden muss um ein lumen sichtbaren Lichts zu erzeugen. Besonders schlecht schneiden offene Flammen mit etwa 0,1..1 lm/W ab, entsprechend einem Wirkungsgrad von 0,015 %..0,15 %, Glühlampen liegen bei ca. 10..30 lm/W (1,5 %.. $\approx$ 5 %), Leuchtstofflampen bei 50..100 lm/W, LEDs bei ca. 100 lm/W und die besten Gasentladungslampen bei bis zu 200 lm/W.

3.1.3 Räumliches Sehen

Räumliches Sehen erlaubt eine genaue Entfernungsschätzung und eine sichere Orientierung im Raum. Vorausetzung für die Raumwahrnehmung ist das stereoskopisches bzw. binokulare Sehen, d. h. beide Augen sind nach vorn gerichtet und erzeugen von einem Gegenstand zwei perspektivisch verschiedene Bilder. Durch Verrechnung der beiden Bilder im Gehirn wird dort ein räumliches Bild wahrgenommen. Auf der Fläche, an der sich die Bildausschnitte überschneiden, dem gemeinsamen oder binokularen Gesichtsfeld, ist Tiefenwahrnehmung möglich. Die Sehnerven aus diesem Bereich kreuzen sich und werden von der jeweils gegenüberliegenden Gehirnhälfte verarbeitet. Den Vorteil des räumlichen Sehens erkaufen wir uns mit einem eingeschränkten Blickfeld bzw. mit der Notwendigkeit, durch unbewusste Augen- und Kopfbewegungen unser Blickfeld „mechanisch" zu erweitern.

Auch mit einem Auge bzw. mit zwei Augen auf einem zweidimensionalen Foto können wir Entfernungen und Tiefe schätzen, denn unsere Erfahrung sagt uns, dass entferntere Gegenstände bekannter Größe kleiner erscheinen als nähere. Außerdem werfen Gegenstände Schatten und erzeugen so eine Raumtiefe. So kann man viele optische Täuschungen erklären. Selbst wenn alle objektiven Daten für Räumlichkeit fehlen, sehen wir dann 3D-Bilder, wenn wir einen bekannten Gegenstand zu erkennen glauben z. B. einen Würfel aus Draht. Weiterhin spielen die Bewegung eines Objekts und der Fokussierungsvorgang bei der Raumwahrnehmung eine Rolle.

Als Fazit sei gesagt, dass die Bilder im Kopf entstehen und nicht alleine auf der Netzhaut. Die kognitive Komponente des Sehens spielt bei der Auslegung von visuellen Benutzungsschnittstellen eine herausragende Rolle. Dazu sei auf das Kapitel 8.2 verwiesen.

3.1.4 Material und Farbe

Dass wir überhaupt etwas sehen, verdanken wir der Eigenschaft von Materie, den Weg und die spektrale Zusammensetzung des Lichts zu beeinflussen. Ein ideal schwarzer Raum (dessen Wände jedes Licht absorbieren), in dem eine Lichtquelle leuchtet, wird als vollständig dunkel empfunden. Ein Körper ist sichtbar, weil er Licht von einer Lichtquelle reflektiert. Die Farbempfindung ist darauf zurückzuführen, dass ein Teil des Spektrums dabei absorbiert wird. Ein roter Körper absorbiert z. B. alle Spektralanteile außer Rot.

Manche Materialien sind lichtdurchlässig (*transparent*). Wenn sie dabei das Spektrum des Lichts beeinflussen werden sie ebenfalls als farbig empfunden und man spricht von Filterung. Eine blaue Filterscheibe absorbiert alle Spektralanteile außer Blau. Die Opazität, den „Kehrwert" der Transparenz benutzt man, um die Lichtundurchlässigkeit oder Trübung eines Körpers zu beschreiben.

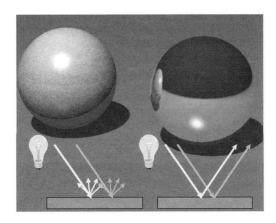

Abbildung 3.7 Diffuse (links) und spiegelnde Reflexion (rechts)

Diese Erklärung des Farbensehens ist allerdings auch nur die halbe Wahrheit. Denn der Farbeindruck entsteht erst im Gehirn und dieses legt noch andere Maßstäbe an, als die direkte Messung der spektralen Zusammensetzung von Licht. Ändert sich beispielsweise die Lichtfarbe (von Sonnenlicht auf Neonlicht oder Glühlampenlicht), sehen wir dennoch die Gegenstände in ihrer gewohnten Farbe, denn das Gehirn ordnet den Bildern die Farbe zu, die es „erwartet" und nicht die, die objektiv von den Rezeptoren gemessen wird. Ein Film oder ein Kamerasensor bilden dagegen die Szene entsprechend ihrer spektralen Empfindlichkeiten ab, so dass unterschiedliche Lichtquellen unterschiedliche Farbstiche hervorrufen. Deshalb ist ein *Weißabgleich* notwendig, der von modernen Digitalkameras automatisch durchgeführt wird.

Bei Reflexion und Transparenz spielt weiterhin die *Streuung* eine wichtige Rolle. Ist einem einfallenden Lichtstrahl genau ein reflektierter (bzw. durchgelassener, transmittierter) Lichtstrahl zuzuordnen, wird der Körper als spiegelnd bzw. durchsichtig empfunden (siehe Abbildung 3.7[4]). Wird ein Lichtstrahl in mehrere Richtungen gestreut, ist die Reflexion diffus, ein transparentes streuendes Material wird als trüb empfunden. Ist die Streuung frequenzabhängig, entstehen Farbeffekte, z. B. die Himmelsfarbe Blau.

Durch die mehrfache Reflexion des Lichts an den im Raum befindlichen Körpern, werden diese nicht nur von der primären Lichtquelle sondern von vielfältig reflektiertem Licht beleuchtet. Schatten sind deshalb nie schwarz sondern nehmen die Farbe der Umgebung an. Die Qualität photorealistischer Darstellungen hängt mitunter von der Genauigkeit ab, mit der diese Mehrfachreflexion simuliert wird.

Transparenz, Diffusivität, Farbe eines Körpers usw. sind Eigenschaften von Material und Oberflächenbeschaffenheit (Textur). Diese Eigenschaften werden in photorealistischen Modellierern einem Körper zugeordnet.

---

[4] Alle 3D-Abbildungen in diesem Buch wurden, wenn nicht anders bezeichnet, mit der freien Rendering-Software POV-Ray [PR] erzeugt.

3.1.5 Farbmessung und Farbsynthese

Farbe ist nach DIN 5033 [DIN83a]: „... diejenige Gesichtsempfindung eines dem Auge struktur-los erscheinenden Teiles des Gesichtsfeldes, durch die sich dieser Teil bei einäugiger Beobach-tung mit unbewegtem Auge von einem gleichzeitig gesehenen, ebenfalls strukturlosen angren-zenden Bezirk allein unterscheiden kann."

Bei der Auslegung von Displays im Fahrzeug spielt das Verständnis der Farbsynthese eine her-ausragende Rolle, denn die dargestellten Inhalte greifen Farb- und Formensprache des Interieurs auf und müssen diese ohne Brüche fortsetzen. Dazu ist eine objektive Beurteilung, Kategorisie-rung und Standardisierung von Farbe notwendig.

Dafür existiert eine Reihe von Normsystemen, von denen hier nur vier herausgegriffen werden sollen:

- Die Normen der Reihe DIN 5033, *Farbmessung* [DIN83a] legen Begriffe der Farbwahr-nehmung, Farbentstehung, Maßzahlen für Farben und Messmethoden fest. Hierzu zählen:

    - Teil 1: Grundbegriffe der Farbmetrik (1979)
    - Teil 2: Normvalenzsysteme (1992), entsprechend der CIE-Normen
    - Teil 3: Farbmaßzahlen (1992)
    - Teil 4 bis Teil 7: Verschiedene Messverfahren
    - Teil 8: Messbedingungen für Lichtquellen (1982)
    - Teil 9: Weißstandard für Farbmessung und Photometrie

- Die Normen der Reihe DIN 6164 [DIN83b] definieren die DIN-Farbenkarte für unter-schiedliche Normalbetrachter.

- Die ISO gibt zusammen mit der CIE [CIE] Normen zu Farbklassifizierung und Farbmes-sung heraus.

- Der Verband der deutschen Automobilindustrie (VDA) legt in der VDA 280 die Messbe-dingungen für Lacke, Kunststoffe und Textilien im Automobil fest [VDA01].

Um eine objektiv messbare Skala für wahrnehmbare Farben zu erhalten, hat die CIE den wahr-nehmbaren Farbraum ausgemessen und mit Hilfe des CIE-Farbdiagramms beschrieben.

Die Idee ist, dass die Linearkombination von drei experimentell ermittelten Gewichtsfunktio-nen jede mögliche spektrale Verteilung des Lichts darstellen kann. Durch Faltung der spektralen Verteilung mit den Gewichtsfunktionen erhält man drei Koordinaten, die man dann in ein zweidi-mensionales Koordinatensystem transformiert. In dem Diagramm sind die monochromatischen Farben (eine Wellenlänge) am Rand zu finden. Im Zentrum befindet sich die CIE-Illuminate C, der Punkt, an dem wir „weiß" bzw. „grau" empfinden, denn das CIE-Modell gibt nur die Farben selbst, nicht deren Abschattungen wieder. Man sieht an den *Gamuts*, das sind die polygonalen Bereiche im Inneren des Farbraums, die die darstellbaren Farben im weiter unten beschriebenen RGB- und im CMYK-Modell zeigen, dass mit diesen Modellen bei weitem nicht alle sichtba-ren Farben dargestellt werden können. Der gekrümmte Pfeil im Inneren zeigt die Farbkurve des *schwarzen Strahlers*, das ist ein (bis zur Glut) erhitzter ideal schwarzer Körper, der keinerlei Reflexion aufweist. Man spricht auch von *Farbtemperatur*. Die Farbtemperatur einer Glühbirne beträgt z. B. 2.200 K, die einer Leuchtstoffröhre 4.400 K und die des Sonnenlichts im Sommer 5.500 K.

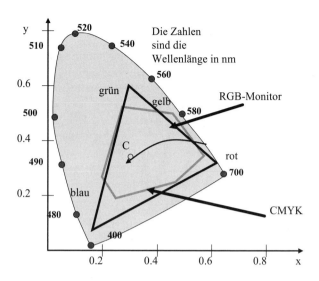

Abbildung 3.8 CIE Farbmodell nach [CIE]

Farben werden synthetisiert, indem die gewünschte spektrale Verteilung des abgestrahlten oder reflektierten Lichts approximiert wird. Dazu genügen in der Regel drei bis fünf Stützstellen im Spektrum.

Bei der *additiven Farbmischung* entsteht der Farbeindruck durch die Überlagerung der drei Grundfarben *Rot*, *Grün* und *Blau* (*RGB*) in unterschiedlicher Intensität. Bei der *subtraktiven Farbmischung* wird aus weißem Licht durch die Filterung mit unterschiedlich dichten Filtern der Farben *Cyan*, *Magenta* (Purpur) und *Gelb* die gewünschte Farbe erzeugt.

Die additive Mischung der drei Grundfarben Rot, Grün und Blau spannt einen *Farbwürfel* auf mit den Eckfarben Schwarz, Weiß, Rot, Grün, Blau, Gelb, Cyan, Magenta. Im Würfelvolumen befinden sich alle Farben, die mit diesem Modell dargestellt werden können (Abbildung 3.9). Additive Farbmischung wird immer dann angewendet, wenn selbstleuchtende Präsentationsmedien (Kathodenstrahlröhre, LCD, DLP, Plasmabildschirm) eingesetzt werden. Die subtraktive Farbmischung wird aus der Überlagerung von Absorptionskomponenten (Filtern) aus weißem Licht erzeugt. Die Grundfarben sind Cyan, Magenta und Gelb (Yellow), deshalb heißt das Farbmodell *CMY-Modell*. Das CMY-Modell wird bei subtraktiven Präsentationsmedien (Drucker, Fotos) eingesetzt. Um Tinte zu sparen, setzen Drucker oft das *CMYK-Modell* ein, dabei wird die Abdunkelung aus der Zumischung von Schwarz erzeugt, mit $K = min(C,M,Y)$ und $C' = C - K, M' = M - K, Y' = Y - K$.

Für die Verarbeitung bzw. die Druckvorbereitung erlauben professionelle Graphikprogramme die Erstellung von Farbauszügen. Aus ihnen werden z. B. die Druckplatten für den Druck hergestellt. Abbildung 3.10 zeigt RGB-Farbauszüge und die CMYK-Farbauszüge im Vergleich zu einem isochromatischen Graustufenbild, also einem Bild, in dem alle Farben gleich gewichtet sind. Man beachte, dass die CMYK-Auszüge für die subtrakive Mischung vorgesehen sind, d. h. Stellen mit hohem Anteil z. B. an Gelb sind dunkler als solche mit einem geringen Gelbanteil – gut zu sehen am gelben Sonnenhut unten auf dem Foto, der im Gelb-Auszug fast schwarz ist. Im Gegensatz

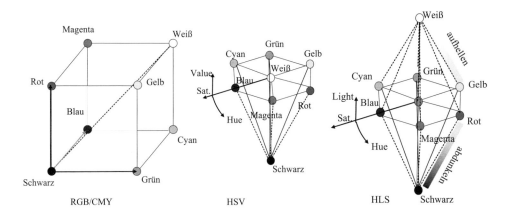

Abbildung 3.9 Hardware- (links) und benutzerorientierte Modelle (Mitte und rechts)

Abbildung 3.10 Farbauszüge im RGB und CMYK-Modell

dazu ist der RGB-Auszug additiv, d. h. Stellen mit z. B. hohem Blauanteil sind heller als solche mit geringem Blauanteil, zu sehen an der violetten Zinnie in der Bildmitte.

Farben lassen sich weiterhin mit den Eigenschaften *Farbton* (hue, tint, tone), *Schattierung* (shade), *Sättigung* (saturation), Helligkeit (lightness, value), Leuchtdichte (luminance), Intensität (intensity) und Farbvalenz (metamer) charakterisieren.

Hieraus ergeben sich weitere Modelle:

Für das Fernsehen, wird das *YUV-Farbmodell* (PAL, europäische Fernsehnorm) oder das YIQ-Farbmodell (NTSC, amerikanische Fernsehnorm) verwendet. Beide Modelle verwenden eine Helligkeitsachse (Y, siehe CIE-Farbmodell) und zwei Farbachsen, die die Farbwiedergabe der

Phosphore in der Farbröhre optimal ausnutzen. Für Schwarzweiß-Fernseher wird nur die Hellig-keitsachse ausgewertet.

RGB, CMYK, YIQ und YUV Modell sind *hardwareorientierte Modelle*, weil sie die Beson-derheiten des Ausgabegeräts berücksichtigen. Dagegen tragen die *benutzerorientierten Modelle* eher der Farbwahrnehmung Rechnung (Abbildung 3.9 Mitte und rechts).

Beim *HSV-Modell* (Hue, Saturation, Value) werden die Farben nach *Farbton*, *Sättigung* und *Hel-ligkeit* charakterisiert. Beide Modelle ordnen die reinen Farbtöne auf einem Sechseck (Hexagon) an. In der Literatur findet man unterschiedliche Kombinationen von Grundfarben. Beim HSV-Modell ist der Mittelpunkt dieser Fläche der Weißpunkt, dazwischen nimmt die Sättigung der Farbe immer weiter ab. Entlang der z-Achse wird die Farbe durch Abtönen mit Schwarz (wie beim Maler) abgedunkelt (Abbildung 3.9).

Beim *HLS-Modell* entspricht die positive z-Achse einer Aufhellung mit Weiß, die negative einer Abdunkelung mit Schwarz.

Um in der Multimedia-Technik durch die gesamte Bearbeitungskette reproduzierbare Farben zu erhalten, ist ein Farbmanagementsystem notwendig. Für Kameras und Scanner werden darin Eingabeprofile abgelegt, für Bildschirme Monitorprofile und für Drucker und Belichter Ausgabe-profile. Mit Hilfe dieser Profile lassen sich die Spektren ineinander umrechnen und eine Farbe wirkt in allen Bearbeitungsschritten gleich. Daneben existiert eine Reihe von Farbmustertabellen, in denen bestimmte Farben genau spezifiziert sind, z. B. die DIN-Farbmustertabelle [DIN83b] das RAL-System, das PANTONE-System, das TRUMATCH-System oder das FOCOLTONE-System [Hen03].

3.2 Displaytechnik

3.2.1 Aufbau von Bildern

Bevor wir die eigentliche Technik der Bilderzeugung behandeln, ist es notwendig einige grundsätzliche Fragen des Bildaufbaus zu betrachten. Zunächst betrachten wir zwei Kategori-en, die sich aus der Bildentstehung ergeben:

Vektorgraphik

Eine Reihe von computergenerierten Graphiken, dazu zählen viele Zeichensätze (Fonts), CAD oder anderen Zeichnungen, wird bei der Erstellung durch Linienzüge, Kreisbögen, Polynom-kurven, Flächenelemente oder andere geometrische Objekte beschrieben. Man kann ihre Form durch eine Serie von Vektoren definieren, die die Lage markanter Punkte gegenüber dem Bildur-sprungspunkt festlegen. Zum Beispiel werden beschrieben:

- Linien durch Anfangs- und Endpunkte
- Kreisbögen durch Mittelpunkt, Radius, Anfangs- und Endpunkt sowie Drehsinn (meist positiv, also gegen den Uhrzeigersinn) bzw. durch Anfangs- und Endwinkel
- Polynomkurven durch Stützstellen und Koeffizienten
- Flächenelemente durch Stützstellen

Mechanische Ausgabegeräte wie Plotter setzen diese Vektoren direkt in eine Stift-Bewegung von Punkt zu Punkt und damit in ein Bild um. Graphikformate wie Postscript, Adobe PDF und die meisten CAD-Formate (IGES, STEP, DXF) verwenden unter anderem Vektorgraphik. Die Vorteile sind klar: Die Graphiken sind beliebig und ohne Verluste skalier-, dehn-, scher-, dreh- und auf sonstige Weise transformierbar. Farben und Reflexionsverhalten sind Attribute von Flächen und daher leicht austauschbar. Zusätzliche Attribute können funktionales Wissen über Bildelemente speichern. Im Fahrzeug wird Vektorgraphik hauptsächlich für die Darstellung von Karten aus dem Navigationssystem verwendet. Erst seit dem Aufkommen leistungsfähiger Graphikhardware auch für fahrzeugtaugliche Anwendungen kann man über Vektorgraphik auch über skalierbare Schriften, Symbole und Abbiegehinweise verfügen.

Rastergraphik

Rastergraphik entsteht durch *Abtastung* von Bildern, z. B. durch den Bildsensor einer Kamera. Sie besteht aus einzelnen, theoretisch unendlich kleinen (dimensionslosen) Punkten, die man *Pixel* (von engl. picture element) nennt. Jedem Pixel ist ein Farbwert bzw. eine Helligkeit zugeordnet. Aus der Betrachtung eines einzelnen Pixels lässt sich kein Rückschluss auf den Ursprungsgegenstand ziehen. Rastergrafiken kann man gut komprimieren und sie – da Displays ein Bild ebenfalls aus Bildpunkten aufbauen – im besten Fall ohne weitere Bearbeitung direkt darstellen. Aus diesem Grund werden in der Anzeigetechnik im Fahrzeug viele Systeme mit in Rastergraphik vorliegenden Schriften, Symbolen, ja sogar Abbiegehinweisen aufgebaut, denn in den meisten Fällen, z. B. im Mulitfunktionsdisplay im Kombiinstrument, macht Drehen, Skalieren oder Dehnen keinen Sinn.

Um zu einer Rastergraphik zu kommen, muss man – entsprechend der im Abschnitt 2.3.2 angestellten Betrachtungen – ein zunächst einmal kontinuierlich vorliegendes Bild abtasten und quantisieren, mit denselben Folgen, wie sie dort beschrieben sind. Der Unterschied besteht darin, dass die Abtastung eines Bildes in der räumlichen Dimension stattfindet. Aber auch hier entstehen Aliases (siehe Seite 32), wie in Abbildung 3.11 zu sehen ist. So wird aus einem raumkontinuierlichen Bild ein raumdiskretes Bild. Auch Vektorgraphik muss, soll sie auf einem Rasterdisplay dargestellt werden, zunächst abgetastet werden. Man spricht in diesem Fall von *Rendering*.
Das *Spektrum* eines Bildes ist die Fouriertransformierte des Bildes, hohe Frequenzen sind starke Helligkeitsänderungen auf einer kurzen Strecke, niedrige Frequenzen „langsame" Änderungen (also geringe Änderungen oder Änderungen auf einer längeren Strecke). Hierfür ist eine zweidimensionale Fouriertransformation definiert [NH04 S. 525.]. Das Abtasttheorem gilt entsprechend. Auch hier wird mit Überabtastung und anschließender Tiefpassfilterung, in der Bildverarbeitung *Blur* genannt, das Entstehen von Aliases verhindert (*Antialiasing*). Tiefpassfiltern wirkt sich dadurch aus, dass die Bilder „weich" bzw. „verschwommen" wahrgenommen werden.
Abbildung 3.11 zeigt oben eine Spirale mit 30 Windungen in unterschiedlichen Auflösungen. Im Bild rechts wurde vor der Reduktion noch eine Tiefpassfilterung vorgenommen. Das Zusammenkneifen der Augen ergibt übrigens wieder eine Tiefpassfilterung, die Aliases, die bereits entstanden sind, lassen sich jedoch nicht mehr rückgängig machen (wie in Abschnitt 2.3.2 erläutert).

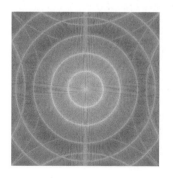

Abbildung 3.11 Abtastung einer Vektorgraphik (Spirale oben) und eines Fotos (unten) mit unterschiedlichen Abtastraten

In Abbildung 3.12 ist links die Fouriertransformierte der Spirale zu sehen, leicht sind die Grundfrequenz und ihre Harmonischen durch die Spiralarme zu erkennen aber auch schon Alias-Frequenzen. Rechts sieht man die Fouriertransformierte eines Fotos. Die Bildinformation ist auch hier vollständig erhalten und lässt sich durch Rücktransformation wieder gewinnen.

Abbildung 3.12 Fouriertransformationen

Auch in der Zeit und im dreidimensionalen Raum werden Bilder abgetastet. Erstes ist beim Filmen der Fall. Aliases machen sich z. B. bemerkbar, wenn man ein fahrendes Fahrzeug filmt, bei dem die Felgen unterabgetastet werden: Die Felge scheint sich langsam vor- oder gar rückwärts zu bewegen. Dieser Effekt heißt *Stroboskopeffekt* und ist exakt auf dieselben Ursachen zurückzuführen wie in 2.3.2 beschrieben. In einer dreidimensionalen räumlichen Abtastung heißen die

Pixel *Voxel* (von engl. volume pixel). Sie spielen in der Simulation und in der medizinischen Bildgebung eine wichtige Rolle [Mye02].

Nach der Abtastung erfolgt die Quantisierung in diskrete Helligkeitswerte. Bei Graustufenbildern werden 8 bis 16 Bit pro Pixel für die Helligkeitscodierung verwendet (entsprechend 256 bis 65.536 Graustufen), bei Farbmonitoren, die ausnahmslos nach der additiven Farbmischung (siehe Abschnitt 3.1.5) arbeiten, 8 bis 16 Bit pro Pixel und Farbe, also 24 bis 48 Bit pro Pixel[5]. Alternativ können die Farben in einer *Farbtabelle* oder *Palette* abgelegt werden. Mit 8 Bit lassen sich damit 256 unterschiedliche Farben übertragen. Die Farbtabellen des Ursprungssystems und des Displays müssen natürlich übereinstimmen.

Ziel einer Anzeige ist es letztlich, eine elektrische Größe (Strom oder Spannung) in einen Helligkeitswert zu übersetzen. Der Zusammenhang ist dabei in der Regel leider nicht immer linear. Idealerweise verläuft die Antwort eines Bildpunktes in drei Phasen ab: In der Phase bis zum Schwellenwert (engl. Threshold) reagiert die Anzeige überhaupt nicht, danach verläuft die Helligkeit linear mit der Spannung und verharrt dann auf einem Sättigungswert. Der Abstand zwischen Schwellenwert und Sättigungswert legt den *Kontrast* der Anzeige [NW97] fest. Sind die Übergänge zwischen den Phasen zu weich, wirkt die Anzeige flau. Aber auch der lineare Bereich ist nicht immer linear. Bei Kathodenstrahlröhren verläuft er systemtechnisch bedingt exponentiell ($\sim e^{\gamma U}$). Um nun die wahrgenommene Anzeige reproduzierbar zu machen, wird die Bildhelligkeit L pauschal mit einem Wert $L^{1/\gamma}$ normiert, man spricht von der *Gamma-Korrektur*. Abbildung 3.13 zeigt die Auswirkungen.

Abbildung 3.13 Gammakorrektur

3.2.2 Display-Layout und -Ansteuerung

Displays zeigen geometrische Formen und Farben bzw. Helligkeitswerte an. Ist die Form unveränderlich, z. B. bei der Anzeige von festen Symbolen, kann sie direkt als physisches Lay-

---

[5] Daher die Millionen Farben in der Werbung für Bildschirme – siehe die Bemerkungen im Abschnitt 3.1.4.

out des Displays definiert werden. Beispiele sind die Ziffern des Wegstreckenzählers in vielen Kombiinstrumenten oder kleine Anzeigen von Haushaltsgeräten und Uhren. Sollen nur Ziffern und Buchstaben dargestellt werden, eignen sich „Siebensegment" oder „Dreizehnsegment-Anzeigen", wie sie von Uhren oder vom Wegstreckenzähler im Fahrzeug bekannt sind. Um sich die Zahl der Zuleitungen zu sparen, werden mehrstellige Segmentanzeigen im *Multiplexbetrieb* betrieben. Dazu werden die selben Segmente aller Ziffern parallel geschaltet. Die in der jeweiligen Technologie benötigte Gegenelektrode erstreckt sich dagegen über eine Ziffer. So kann jeweils ein Segment einer Ziffer angewählt werden, das Gesamtbild ergibt sich aus der zeitlichen Aneinanderreihung. Bei n Segmenten und m Ziffern benötigt man $m + n$ Leitungen im Gegensatz zu $m \cdot n$ Leitungen, wenn man alle Segmente aller Ziffern gleichzeitig ansteuert. Entweder die Segmente speichern nun ihren Zustand selbst oder das Auge übernimmt aufgrund seiner Trägheit die Integrationsfunktion. Abbildung 3.14 zeigt Segmentelektroden und Gegenelektrode einer Siebensegmentanzeige.

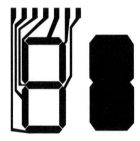

Abbildung 3.14 Siebensegmentanzeige für ein LC-Display: Segment- und Gegenelektrode

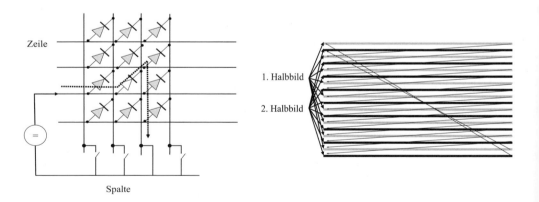

Abbildung 3.15 Matrixadressierung und Interlace-Scan

Für die Darstellung von beliebigen Inhalten werden Displays als meist rechteckige *Matrixdisplays* aufgebaut, die eine Rastergraphik der Bildinhalte darstellen. Die Bildpunkte auf Displays heißen auch *Dots* (engl.), also kleine Flecken, um deutlich zu machen, dass sie eine endliche Ausdehnung besitzen. Sie sind in der Regel quadratisch und aus ihrer Anzahl in horizontaler und vertikaler Richtung ergibt sich ein Höhen/Seitenverhältnis des Bildschirms (*aspect ratio*).

Für die Bildgebung werden die Helligkeitswerte jedes einzelnen Dots Zeile für Zeile aus einem Speicher, dem *Framebuffer* in das Display übertragen und dargestellt, wobei das Display über eine Zeilen- und eine Spaltenleitung adressiert wird (siehe Abbildung 3.15). Man spricht von *Rasterscan*, ist das Bild gezeichnet, wird – in der Regel oben links – von vorne begonnen. Die Übertragungsgeschwindigkeit heißt *Framerate*. Die „Dot-Rate", also die Anzahl der abgetasteten Dots pro Sekunde ist die Framerate (z. B. 60 oder 75 Hz) mal der Anzahl der Punkte (Zeilen mal Spalten). Aus der Zeit der Kathodenstrahlröhre existiert die *Austastlücke* zwischen zwei Scan-Durchläufen, das ist die Zeit, die der Elektronenstrahl benötigt, um von der rechten unteren in die linke obere Ecke zurückzukehren (siehe weiter unten in diesem Kapitel).

Ausgehend von frühen IBM-PCs, die unter anderen ein übliches amerikanisches TV-Format mit fest eingestellten 640×480 Bildpunkten (VGA = „Video Graphics Adapter") übernahmen, entstand eine Reihe von abgeleiteten Displayformaten, bei denen die Anzahl der Bildpunkte und das Seitenverhältnis festgelegt sind. Tabelle 3.1 zeigt die gebräuchlichsten.

Tabelle 3.1 Typische Displayformate nach [Mye02] und weiteren Recherchen

Name	Anzahl Pixel Breite	Anzahl Pixel Höhe	aspect ratio	Pixel	Pixeltakt MHz bei 60 Hz	Datenrate Gbit/s mit 8 Bit/Farbe
QVGA	320	240	4:3	76.800	0,61	0,11
VGA	640	480	4:3	307.200	18,43	0,44
SVGA	800	600	4:3	480.000	28,80	0,69
XGA	1.024	768	4:3	786.432	47,19	1,13
SXGA	1.280	1.024	5:4	1.310.720	78,64	1,89
SXGAW	1.600	1.024	25:16	1.638.400	98,30	2,36
UXGA	1.600	1.200	4:3	1.920.000	115,20	2,76
HDTV	1.920	1.080	16:9	2.073.600	124,42	2,99
QXGA	2.048	1.536	ca. 4:3	3.145.728	188,74	4,53

Wenn nicht gerade hinter jedem Bildpunkt ein Speicher steht, der die Helligkeitswerte bis zur Auffrischung im nächsten Scan-Durchlauf speichert, versucht man, die Adressierungszeit, d. h. die Zeit, während der die Information am Bildpunkt ansteht, im Verhältnis zur Scanzeit möglichst lang zu halten [NW97], denn die Materialien, die die Bildpunkte erzeugen, haben eine endliche Antwortzeit und fallen nach Abschalten der Adressierung nach mehr oder wenig kurzer Zeit wieder in den Ursprungszustand zurück. Hierzu existieren diverse Adressierungsstrategien [NW97, Lüd01, RM03]. Die bekannteste ist das beim Fernsehen verwendete *Interlace*-Verfahren, bei dem nur jede zweite Zeile des Bildes übertragen wird, im ersten Schritt alle ungeraden, im nächsten alle geraden. Das Gehirn lässt diesen Betrug um jeweils ein halbes Bild mit sich machen und ergänzt die Bilder intern (Abbildung 3.15 rechts). Die Anordnung der Farbpunkte innerhalb eines Bildpunkts bei Farbdisplays kann ebenfalls unterschiedlich gestaltet sein, wie Abbildung 3.16 zeigt. Für die Auswahl ist die Anwendung entscheidend. Bei bewegten TV Bildern werden Dreieck- (Delta-) oder Diagonalanordnungen vorgezogen, während bei Bildschirmen, die vorwiegend Computergraphik zeigen, die Streifenanordnung bevorzugt wird [Lüd01]. Der *Bildpunktabstand* (dot pitch) wird vom Mittelpunkt zum Mittelpunkt der Bildpunkte gemessen, bei Diagonalanordnungen ist er also länger als der horizontale oder vertikale

Abstand einzelner Punkte. Bei der Dimensionierung von Anzeigen wird der maximale dot pitch aus der Winkelauflösung des Auges bei gegebenem Betrachtungsabstand ermittelt.

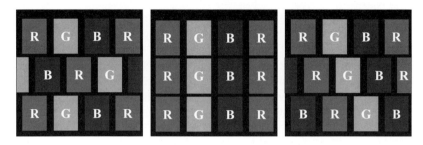

Abbildung 3.16 Anordnung der Farben in den Bildpunkten (links Delta, Mitte Streifen, rechts Diagonal) [nach [Lüd01 S. 17]]

3.2.3 Anzeigetechnologien

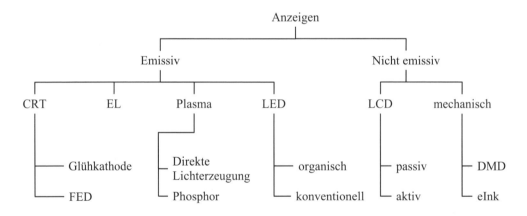

Abbildung 3.17 Übersicht über gängige Anzeigetechniken (nach [Mye02])

Nach diesen Vorbereitungen ist es nun an der Zeit, die Mechanismen der Bildentstehung näher zu betrachten. Abbildung 3.17 gibt einen Überblick über die gängigsten Anzeigetechnologien [Mye02].

Wir unterscheiden zunächst zwischen selbstleuchtenden (*emissiven*) Anzeigen und solchen, die eine zusätzliche Lichtquelle benötigen (je nach Wirkungsweise spricht man von *Lichtventilen* oder *Lichtmodulatoren*. Eine weitere Kategorisierung wird zwischen *Direktsichtanzeigen* und *Projektionsanzeigen* gemacht, sie spielt im Fahrzeug außer im später beschriebenen Head-up-Display keine Rolle.

3.2.4 Flüssigkristallanzeigen

Prinzip

Kristalle besitzen die Eigenschaft der Anisotropie, d. h. bestimmte Eigenschaften des Materials sind richtungsabhängig. Dazu gehört unter anderem der Brechungsindex. Er hängt unter anderem von der Polarisationsrichtung des Lichts ab, das durch den Kristall hindurchtritt. Die Polarisationsrichtung ist die Richtung der Schwingungsebene einer transversalen Welle, im Fall von Licht die Richtung der elektrischen Feldstärke. Unpolarisiertes Licht kann man in eine vertikal und eine horizontal polarisierte Komponente aufteilen. Tritt es durch einen Kristall mit dieser Eigenschaft hindurch, werden die zwei Komponenten unterschiedlich stark gebrochen, aus dem Kristall treten zwei Strahlen polarisierten Lichts aus. Diesen Effekt nennt man *Doppelbrechung*. Eine Überlagerung der beiden Strahlen führt zu einem Strahl mit veränderter Polarisationsrichtung. Optisch anisotrope Medien können also die Polarisationsrichtung von Licht beeinflussen.

Normalerweise gehen Kristalle bei Erhitzen von der festen Phase in die flüssige Phase über, die durch das Fehlen einer Fernordnung und isotrope Eigenschaften charakterisiert ist. Spezielle organische Kristalle haben jedoch die merkwürdige Fähigkeit, dass sie bei Raumtemperatur bereits flüssig sind, jedoch einer elastischen Fernordung unterliegen und in dieser Phase optisch anisotrop bleiben. Man spricht von einer Orientierungsfernordnung, während die Positionsfernordnung verloren geht. Von dieser Fernordnung hat die *nematische Phase* ihren Namen, in der sich die Moleküle des Flüssigkristalls fadenförmig (griechisch nema) anordnen.

Diese Kristalle wurden 1888 vom Biologen Friedrich Richard Reinitzer entdeckt und heißen Flüssigkristalle (LC – liquid crystal). Für eine Flüssigkristallzelle befüllt man den Hohlraum zwischen zwei Glasplatten (einige μm) mit Flüssigkristallen. Die meisten heute gebräuchlichen Anzeigen nutzen dabei den Schadt-Helfrich-Effekt. Hierbei werden auf die Glasplatten zunächst transparente Elektroden aus Indium-Zinn-Oxid (*ITO*) aufgebracht und anschließend eine so genannte *Orientierungsschicht* aus Polyamid. Durch entsprechende Oberflächenbehandlung (Reiben) dieser Schicht, wird dafür gesorgt, dass die Vorzugsrichtungen (Direktor) der Moleküle direkt auf der Schicht bis auf einen kleinen *Tilt-Winkel* parallel zur Glasplatte orientiert sind.

Auf der gegenüberliegenden Platte wird die Orientierung dazu um 90° verdreht. Aufgrund der Wechselwirkungen zwischen den Molekülen drehen sich die dazwischenliegenden Schichten schraubenförmig auf und drehen durch ihre Doppelbrechungseigenschaft dabei die Polarisationsrichtung von durchtretendem Licht um 90°. Man spricht von einer Twisted-nematic (TN)-Zelle (Abbildung 3.18)[Lüd01].

Beide Glasplatten werden nun mit Polarisationsfiltern beklebt, die Licht von nur einer Polarisationsrichtung passieren lassen. In Abbildung 3.19 ist zu sehen, dass diese beiden Filter ebenfalls um 90° verdreht sind und deshalb das von unten eintretende Licht nach der Verdrehung in der Zelle den oberen Polarisationsfilter ungehindert passieren kann. Eine Eigenschaft der Flüssigkristalle ist, dass sie sich entlang eines elektrischen Feldes ausrichten. Wird an die Elektroden eine Gleichspannung angelegt, so richten sich die Direktoren aller Kristalle senkrecht auf (auch eine anisotrope Eigenschaft), der Verdrehungseffekt verschwindet und das Licht behält seine Polarisationsrichtung bei. Die Zelle ist „aktiv dunkel" bwz. „normally white".

Ordnet man die Polarisationsfilter dagegen parallel an, so ist die Zelle „aktiv hell" bzw. „normally black". Die Schaltzeiten von Flüssigkristallen liegen bei etwa 1 bis 10 ms. TN-Zellen sind

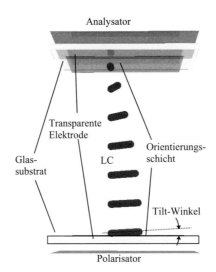

Abbildung 3.18 Aufbauprinzip einer TN-Flüssigkristallzelle

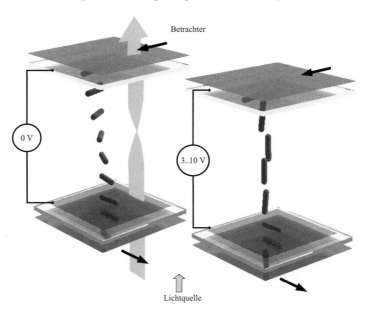

Abbildung 3.19 Schaltzustände einer TN-Flüssigkristallzelle

einfach und preiswert herzustellen, haben aber eine Reihe von Nachteilen, z. B. eine verhältnismäßig träge Reaktion, deren Geschwindigkeit temperaturabängig ist, einen eingeschränkten
Kontrastverlauf und ein sehr eingeschränkter Blickwinkel. Abseits der senkrechten Achse werden die Kontraste schnell schlechter und können sogar umschlagen, so dass ein invertiertes (ne-

gatives) Bild zu sehen ist. Verschiedene Verfahren werden eingesetzt, um diesem Effekt entgegen zu wirken:

- Bei der *IPS*-Zelle (In-plane-switching) werden zwei Elektroden pro Zelle auf die untere Glasplatte aufgetragen. Die unterste Lage der Flüssigkristalle verbleibt beim Schalten in zur Glasplatte parallelen Ausrichtung, wird aber bei angelegter Spannung um 90° gedreht. In einem Fall entsteht eine verdrehte Kristallstruktur mit dem oben beschriebenen Effekt, im anderen Fall liegen alle Flüssigkristalle parallel zueinander und parallel zur Glasplatte, so dass keine Polarisationsdrehung erfolgt.

- Bei VA-Zellen (vertical alignment) werden die Kristalle zwischen einer unverdrehten horizontalen und einer vertikalen Ausrichtung umgeschaltet. Im Fall der horizontalen Ausrichtung kann Licht nicht passieren, wenn es rechtwinklig zur Ausrichtung der Direktoren polarisiert ist, im Fall der vertikalen Ausrichtung durchläuft es die Zelle unbeeinflusst.

Bei der Herstellung eines (passiven) LC-Displays werden die Elektroden aus ITO auf die Gläser mit „Sputtern" in dünnen Schichten aufgetragen und in einem photochemischen Verfahren strukturiert (geätzt). Dabei muss man darauf achten, dass sich gegenüberliegende Elektroden nur an sichtbaren Stellen kreuzen. Zwischen die Scheiben werden kleine Kügelchen (Spacer) eingefüllt, die einen konstanten Abstand gewährleisten. Die Scheiben werden verklebt, durch eine Öffnung wird der Flüssigkristall eingefüllt. Viele LC-Displays besitzen bereits fest strukturierte Symbole oder 7- bzw. 13-Segment-Ziffern.

Strukturiert man die Elektroden in Form einer Matrix wie in Abbildung 3.20 links, in der sich Zeilen (obere Platte) und Spalten (untere Platte) kreuzen, entsteht eine Matrixanzeige, die in den Kreuzungspunkten optisch wirksam ist und die Bildpunkte bildet.

Aktiv-Matrix LCD

Der größte Nachteil der oben beschriebenen Flüssigkristallzellen sind ihre langsamen Schalt- und die kurzen Speicherzeiten, die die Zahl der im Multiplex- bzw. Scanbetrieb angesteuerten Elemente stark begrenzt. Erhöht man ihre Zahl, bleibt für die Vollaussteuerung des einzelnen Bildelements zu wenig Zeit. Verlangsamt man die Abtastrate, klingen die anfangs des Bildes angesteuerten Bildteile ab, bevor die Abtastung zu Ende ist und das Bild flimmert. Praktischerweise speichert man die für die Ansteuerung benötigte Energie an jedem Bildpunkt und beschreibt beim Scannen nur den Speicher. Da die Energie sehr gering ist, die für das stationäre Halten der Ausrichtung von Flüssigkristallen erforderlich ist, kann man die Speicher (Kondensatoren) sehr klein machen und sie zwischen den Pixeln verstecken. Abbildung 3.20 rechts zeigt schematisch den Aufbau. Nun benötigt man lediglich einen Schalter in Form eines Feldeffekttransistors, der gemäß der Schaltung in Abbildung 3.21 den Speicher zum Scanzeitpunkt nachlädt. Um Masseleitungen zu sparen, schaltet man die Kondensatoren einer Zelle gegen die Zeilenleitung der vertikal darunterliegenden Nachbarzelle, deren Potenzial zum Zeitpunkt der Ansteuerung auf 0 V liegt. In einer von vielen Varianten der Matrixansteuerung kann man die Spaltenleitungen vermittels Schieberegistern parallel ansteuern und über sie die analoge, zur gewünschten Helligkeit proportionale Spannung anlegen. Über die Zeilenleitungen wird durch den in Abbildung 3.21 angedeuteten Zeilenimpuls die Zelle im Multiplexbetrieb adressiert.

Nahezu alle Farb-LCDs mit hoher Auflösung arbeiten nach diesem Prinzip der aktiven Matrix. Die Herstellung ist weit aufwändiger als die einer passiven Anzeige, weil an jedem Bildpunkt ein

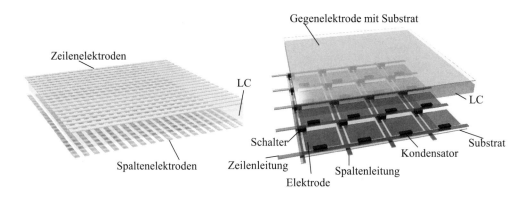

Abbildung 3.20 Aktive und passive Matrix

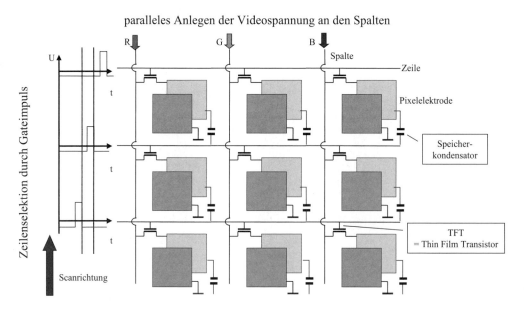

Abbildung 3.21 Schaltung der Aktiv-Matrix-Anzeige

Transistor und ein Kondensator aufgebaut werden müssen. Der Aufbau erfolgt mit einem Verfahren, das an die Halbleitertechnologie anlehnt. Auf das Glas wird zunächst eine dünne amorphe Siliziumschicht abgeschieden, die als Substrat dient. Dann folgen Dotierungs-, Strukturierungsschritte und Oxidationsschritte, die einen Transistor und einen Kondensator bilden. Wegen ihres Aufbaus heißen die Transistoren *Dünnfilmtransistor* oder *TFT* (Thin film transistor). Eine ganze Reihe weiterer Anzeigetechniken, die auf Flüssigkristallen basieren, ist in [Lüd01] beschrieben. Abbildung 3.22 zeigt einen Bildpunkt eines gängigen TFT-Monitors. Gut sind die Zeilen- und Spaltenleitungen und der Kondensator zu sehen. Der Transistor selbst ist abgedeckt, da ihn das zum Betrachten des Displays notwendige Licht sofort zum Durchschalten bringen würde. Die Strukturen der elektronischen Bauelemente begrenzen die lichtdurchlässige Fläche oder *Apertur* des Displays. Je kleiner die Strukturen sind, desto mehr Licht kann im Hellzustand der Zelle hindurchdringen. Da der Kontrast K als das Verhältnis der Lichtstärken I des Hell- und des Dunkelzustands definiert ist, genauer als

$$K = \frac{I_{max} - I_{min}}{I_{max} + I_{min}} \qquad (3.1)$$

ist der Kontrast eines Zelle mit kleineren Strukturen besser, als der einer Zelle mit größeren Strukturen. In der Praxis versucht man z. B. die Elektronenbeweglichkeit in den Transistoren zu erhöhen, so dass die Transistoren bei gleichem Durchsatz kleiner gemacht werden können.

In Abbildung 3.22 ist weiterhin der Farbfilter zu sehen. Farbfilter werden photochemisch herge-stellt und zusammen mit der Black-Matrix, d. h. der Abdeckung der Leitungen und der Halblei-terstrukturen, zwischen Zelle und Betrachter angebracht. Alternativ befindet sich der Farbfilter zwischen Zelle und Hinterleuchtung und die Abdeckung wird direkt auf die aktive Schicht auf-getragen.

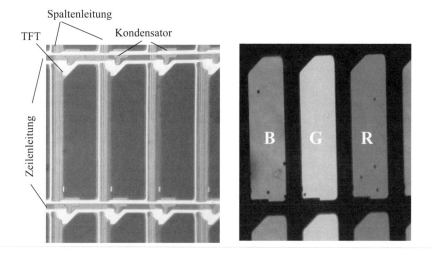

Abbildung 3.22 Mikroskopaufnahme eines TFT-Pixels und des Farbfilters

Hinterleuchtung und Lichtführung

Flüssigkristallanzeigen leben von der Hinterleuchtung. Diese muss hell genug sein, soll sich ab-solut homogen über die gesamte Displayfläche verteilen und darf keine wahrgenommenen Farb-stiche erzeugen. Je nach Anwendungsfall unterscheidet man zwischen *reflektiven*, *transmissiven* und *transflektiven* Hinterleuchtungskonzepten:

- Reflektive Anzeigen sind auf der Rückseite (*Backplane*) mit einer Spiegelschicht ausge-stattet. Das Licht durchquert die Zelle zweimal. Ein Vorteil ist, dass die Beleuchtung sich

Röhre

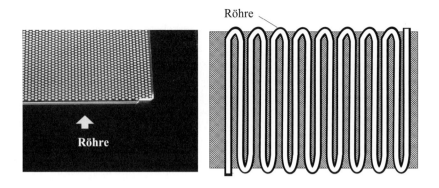

Abbildung 3.23 Hinterleuchtung mit CCFL-Röhren

der Umgebungshelligkeit „anpasst". Im Dunkeln ist die Anzeige natürlich nicht mehr ablesbar. Bei Kleindisplays z. B. in Uhren werden deshalb Frontbeleuchtungen mit kleinen Glühlampen oder Leuchtdioden integriert.

- Transmissive Anzeigen benötigen eine aktive Hinterleuchtung (Backlight). Drei technische Möglichkeiten sind gängig:

  - Hinterleuchtung mit Kaltkathoden-Fluoreszenzröhren (*CCFL*-Cold Cathode fluorescent lamp). Hierbei handelt es sich um Leuchtstoffröhren mit meist indirekter Lichterzeugung, d. h. eine Gasentladung im Inneren der Röhre erzeugt ein ultraviolettes Licht, das von einem Leuchtstoff an der Röhreninnenfläche in weißes Licht umgesetzt wird. CCFL-Röhren haben eine Lichtausbeute von bis zu 100 lm/W bei einem Lichtstrom von 300 bis 750 lm. Sie sind damit die effizientesten Hinterleuchtungsmittel, die zurzeit für helle Anzeigen im Einsatz sind [Wen07].

    Die Röhre wird entweder mäanderförmig gebogen und das Licht über eine Streuscheibe verteilt oder das Licht wird mit einer oder zwei geraden Röhren in einen Lichtleiter geführt, der durch Prismen oder Bedruckung mit hellen Punkten den größten Teil des Lichts auf der dem Display zugewandten Seite abstrahlt. In Abbildung 3.23 sieht man links den Lichtleiter aus einem TFT-Monitor, rechts eine mäanderförmige Anordnung, die für besonders helle Anwendungen eingesetzt wird.

    Die Ansteuerung der CCFL-Röhren erfolgt durch einen Hochspannungserzeuger, den so genannten *Inverter*, der mit einer hochfrequenten Spannung in der Regel im Resonanzzündverfahren angesteuert wird. Im Fahrzeug, wo der Inverter aus bauraumtechnischen Gründen nahe am Display angebaut ist, sind besondere EMV-Maßnahmen notwendig, weil die magnetische Abstrahlung seines Transformators die Displayansteuerung stört.

  - Die Ansteuerung durch helle Leuchtdioden (siehe unten): Nachdem Leuchtdioden in der jüngeren Vergangenheit im Hinblick auf Lichtausbeute und Lichtstrom nachgeholt haben, werden sie zunehmend als Backlight eingesetzt [Win07]. In Clustern von roten, grünen und blauen LEDs strahlen sie ein additiv erzeugtes weißes Licht aus, dessen Farbtemperatur nachträglich noch justiert werden kann. Auch hier sind Lichtleiter notwendig, um eine homogene Beleuchtung zu erzielen.

- Auch Elektrolumineszenzfolien (siehe unten) werden insbesondere für kleine Displays als Hinterleuchtung eingesetzt. Bei großflächigen Aktivmatrixanzeigen spielen sie noch keine Rolle.

- Transflektive Anzeigen schließlich haben zwischen Backlight und Zelle einen halbdurchlässigen Spiegel. Steht genug Umgebungslicht zur Verfügung, wird dieses vom halbdurchlässigen Spiegel reflektiert und die Anzeige ist reflektiv. Bei Dunkelheit wird die Hinterleuchtung eingeschaltet und die Anzeige ist transmissiv. Eine Schwierigkeit liegt darin, dass im reflektiven Modus der Farbfilter zweimal durchquert wird. Der Farbfilter muss sorgfältig abgestimmt sein, damit die Anzeige im reflektiven Modus nicht zu dunkel oder im transmissiven Modus ausgebleicht erscheint.

Zwischen Lichtleiter und Display können noch weitere Filter, z. B. *Brightness Enhancement Filter* – mit Mikroprismen geprägte Folien – eingesetzt werden, die das abgestrahlte Licht *kollimieren*, d. h. parallel führen. Auf der dem Betrachter zugewandten Seite des Displays wird die Lichtführung weiter verändert. Hierzu zählen Streuscheiben zur Entspiegelung und zur Verbesserung des Blickwinkels [BMH02].

Eine weitere interessante Anwendung der Lichtführung sind *3D-Displays* bzw. *Dual-view-Displays*. Sie basieren auf einer *Parallaxenbarriere*, unter dem Namen Two-way viewing-angle von Sharp entwickelt. Sie besteht aus einer Streifenmaske, die das Licht jeder zweiten Pixelspalte in eine andere Richtung lenkt. So kann man auf einem Display zwei Inhalte mit halber horizontaler Auflösung darstellen, die aus unterschiedlichen Betrachtungswinkeln gesehen werden können. Je nach (fest eingestelltem) Winkel können dadurch bei einem relativ begrenzten Betrachtungsabstand zwei versetzte Bilder in die Augen des Betrachters projiziert werden, so dass ein 3D-Bild entsteht oder aber zwei unterschiedliche Bilder für Beifahrer und Fahrer (z. B. Navigationssystem und Video) bereitgestellt werden (Abbildung 3.24).

Abbildung 3.24 Dual-view-Display (Foto: Sharp)

3.2.5 Emissive Anzeigen

Kathodenstrahlröhren

Bei den emissiven Anzeigen dominierte bis vor wenigen Jahren die *Kathodenstrahlröhre* (Cathode-ray tube, *CRT*). Kathodenstrahlröhren ist gemeinsam, dass in einem Vakuum ein Elektronenstrahl eine Elektrode (Kathode) verlässt und in Richtung des Bildschirms beschleunigt wird. Der Bildschirm ist mit einem so genannten *Phosphor* beschichtet, einer Substanz, deren Elektronen beim Auftreffen des Elektronenstrahls auf höhere Energieniveaus gehoben werden und beim Zurückfallen in den Grundzustand Licht einer definierten Farbe abstrahlen. Nicht zuletzt wegen ihrer Einbautiefe wird sie im Fahrzeug nicht eingesetzt. Die Elektronen werden bei der konventionellen Bildröhre durch Erhitzen der Kathode (Glühkathode) freigesetzt, alternativ kann man sie auch durch hohe Feldstärken freisetzen. Hohe Feldstärken entstehen an Leitern mit dünnen Spitzen in der etwa $20\,\mu m$ großen Zelle eines *Field Emission Displays* (FED). Die Spitzen bestehen aus Kohlenstoffröhrchen mit einem Durchmesser von nur $10\,nm$ [YY$^+$03], so dass der Feldemissionseffekt schon bei vergleichsweise niedrigen Spannungen einsetzt. Ebenfalls zu den Kathodenstrahlanzeigen zählen die *Vakuumfluoreszenz-Anzeigen* (VFD)[Dor04]. Die Elektronen werden aus der auf ca. $600\,°C$ erhitzten Glühkathode die als dünnes Netz zwischen Betrachter und Phosphor gespannt ist, gegen den Phosphor und die Anode beschleunigt. Ein Problem aller Elektronenstrahlanzeigen ist, dass sie nur im Hochvakuum arbeiten, dies macht die klassische CRT schwer und begrenzt die Lebensdauer. Ebenfalls lebensdauerbegrenzend wirken sich Erosionseffekte durch den Elektronenstrahl aus. Vorteile von Elektronenstrahlanzeigen sind ihre große Helligkeit, die sie im Kfz für Segmentanzeigen im Kombiinstrument interessant machen, ihre Temperaturunabhängigkeit und ein sehr guter Betrachtungswinkel.

Plasmaanzeigen

Auf Anregung eines Gases oder eines Phosphors beruht das Prinzip der *Plasmaanzeigen*. Hier wird in einem mit Edelgas (z. B. Neon oder Xenon) gefüllten Raum zwischen zwei Elektroden eine Gasentladung gezündet, die aufgrund der hohen Elektronenbindung im Gas zu keinem Durchschlag führt. Sie ist entweder direkt sichtbar oder strahlt im UV-Spektrum und bringt dann einen Phosphor im Inneren der Zelle zum Leuchten, vergleichbar mit einer Leuchtstoffröhre. Abbildung 3.25 zeigt eine solche Zelle, ausgeführt als reflektive Zelle, d. h. der Phosphor befindet sich auf der Rückelektrode [NW97]. Die Frontelektrode ist transparent und besteht aus ITO.
Ein Problem der Plasmazelle ist, dass sich das ausgesandte Licht nicht wie beim Elektronenstrahl modulieren lässt. Um dennoch Grauwerte anzeigen zu können, werden Plasmadisplays gepulst angesteuert, ähnlich einer Pulsweitenmodulation, die Integration geschieht im Auge des Betrachters.

Anorganische und Organische Leuchtdioden

Leuchtdioden (LED = Light emitting diode) sind seit langem die erste Wahl für Warnlampen und werden seit einiger Zeit auch für Matrixanzeigen speziell im Großbildbereich verwendet. Es han-

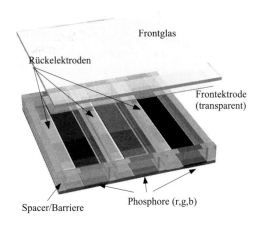

Abbildung 3.25 Prinzip einer Plasmazelle nach [NW97]

delt sich bei „klassischen" anorganischen LEDs um Halbleiterdioden mit der Eigenschaft, durch Rekombinationen von Leitungselektronen und Löchern im Durchlassbetrieb Licht zu emittieren. LEDs sind weit verbreitet, denn sie besitzen im Vergleich zu Glühbirnen eine wesentlich größere Lebensdauer, sie sind billig, wartungsfrei, haben extrem hohe Lichtausbeute, was zu geringem Energieverbrauch führt, und sind technisch einfach zu handhaben. Sie werden in der Regel aus Galliumphosphid (GaP), Galliumarsenphosphid (GaAsP) oder Galliumarsenid (GaAs) hergestellt.

Wie bei jeder Halbleiterdiode ist darauf zu achten, dass im Durchlassbetrieb eine maximale Stromstärke nicht überschritten wird; dies wird durch Verwendung eines Vorwiderstandes garantiert. Im Sperrfall darf natürlich die Durchbruchspannung nicht überschritten werden. Beides würde zur Zerstörung der Diode führen.

LEDs gibt es in den Farben, Weiß, Blau, Rot, Grün, Orange und Gelb sowie IR, abhängig von Halbleiter und Dotierung, die Farbe der Vergussmasse spielt dabei keine Rolle. Die Lichtausbeute liegt bei einigen 10 lm/W bis etwa 100 lm/W, was etwa der einer Leuchtstofflampe entspricht. LEDs werden im Kfz zu Anzeigezwecken (Signallampe), Beleuchtungszwecken (Ziffernblattbeleuchtung, Zeigerbeleuchtung) und im Bereich Außenbeleuchtung (Rücklicht, Bremslicht, seit Kurzem auch Abblendlicht) eingesetzt. Riesige LED-Displays (mehrere $10\,m^2$) mit hohen Auflösungen (z. B. SVGA bei einem dot pitch von 8 mm) werden für Stadionanzeigen und als Werbeflächen eingesetzt.

Homogene flächige Beleuchtung durch LEDs erzielt man nur mit Hilfe eines Lichtleiters bzw durch Streu- und Reflektorelemente, da der Austrittswinkel des Lichts aus dem Kristall durch den Grenzwinkel der Totalreflexion begrenzt ist.

Dem Wunsch nach flexiblen, einfach zu strukturienden emissiven Anzeigen ist man mit der Entdeckung von organischen Halbleitern näher gekommen. In organischen LEDs (*OLEDs*) wird der kristalline Halbleiter (schwer zu handhaben und zu fertigen) durch einen organischen (Kunststoff) ersetzt (Poly(p-phenylen vinylen), PPV), der ebenso wie eine kristalline LED die Eigenschaft hat, durch Ladungsträgerinjektion Elektronen-Loch-Paare zu bilden und durch Rekombination Licht zu erzeugen [Wak03, ND03]. Der Ablesewinkel beträgt fast 180°. Als Elektroden kommen Aluminium (hinten, lichtundurchlässig) und ITO (vorne, lichtdurchlässig) in Frage. Damit lassen sich in Zukunft sogar biegsame ultradünne Displays herstellen, mit einer Ausbeute von bis zu 35 lm/W. Anfängliche Probleme mit der Lebensdauer scheinen beseitigt und so sind Lebensdauern von einigen zehntausend Stunden zu erreichen [Hel07].

OLED-Matrixanzeigen gibt es als passive und als aktive Matrix. Weil OLEDs im Gegensatz zu LCDs nicht spannungs-, sondern stromgesteuert sind, ist die Beschaltung der Zelle sehr aufwändig und erfordert meist vier bis sechs Transistoren, die die in Abbildung 3.26 gezeigte Prinzipschaltung erweitern [Bla04].

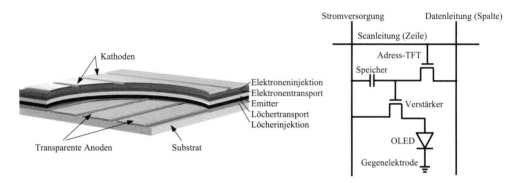

Abbildung 3.26 Schichtaufbau einer Passiv-Matrix OLED nach [Wak03] und Prinzipbeschaltung einer Aktiv-Matrix-Zelle nach [Bla04]

EL-Displays

Ebenso flexibel und leicht zu handhaben sind anorganische EL- (*Elektrolumineszenz*)-Anzeigen auf der Basis von Zinksulfid (ZnS) und ähnlichen Verbindungen, die durch Beimischungen (Aktivatoren) unterschiedliche Emissionsspektren erzeugen (z. B. blau, violett, gelb, grün, orange, weiß). EL-Folien sind dünner als 0,5 mm und arbeiten bei der relativ hohen Spannung von 60–140 V (Arbeitsfrequenz 400–2.000 Hz). Die Lebensdauer beträgt 25.000 h, bei einer Lichtausbeute von bis zu 5 lm/W. EL-Folien werden z. B. als Hinterleuchtung von transmissiven LC-Displays eingesetzt, zur Instrumentenbeleuchtung, als Leuchtzeichen, für Werbezwecke oder als flächige Innenraumlichtquelle in Fahrzeugen. Man kann damit eine angenehme, blendfreie Umgebungsbeleuchtung realisieren, die technisch vergleichsweise einfach als Paste oder Pulver aufgetragen und gesintert werden kann. Die prinzipielle Idee einer EL-Zelle beruht auf dem Effekt, dass Elektronen aus der Kathode oberhalb einer Schwellenfeldstärke über die Potenzialbarriere eines Isolators hinweg in den optisch aktiven Phosphor tunneln können. Aus diesem Grund müssen hohe Spannungen angelegt werden. Befinden sich die Elektronen einmal im gut leitfähigen „Phosphor", der aus einem Leitermaterial mit einer optisch wirksamen Beimischung besteht, werden sie stark beschleunigt und erzeugen durch Kollision mit dem optisch wirksamen Aktivator durch Erregung und Relaxation eine Lichtemission. Materialien für die unterschiedlichsten Farben sind im Einsatz [RHS03], auch für weißes Licht, das entsprechend farbgefiltert werden kann („color-by-white"). Auch Matrixanzeigen sind mit EL-Technologie realisierbar.

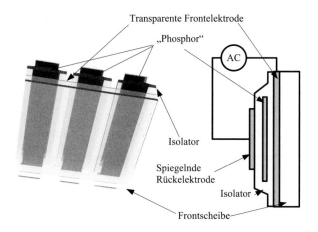

Abbildung 3.27 Prinzip eines Elektrolumineszenz-Displays nach [RHS03]

3.2.6   Flat Panel Monitore

Displays werden in der Regel als fertige Module, bestehend aus Zelle, Ansteuerungselektronik und gegebenenfalls Hinterleuchtung geliefert. In manchen Fällen ist der Inverter für die Hinterleuchtung bereits integriert, was, speziell im Kfz, nicht immer von Vorteil ist, da er unter EMV- und Entwärmungsgesichtspunkten verbaut werden muss.
Für den Anschluss eines Moduls stehen unterschiedliche Varianten zur Verfügung, z. B.

- Das analoge FBAS-(Farb-, Bild-, Austast-, Synchron-) Signal, in dem Y, U und V gemischt sind.
- Das analoge RGB Signal (Rot-Grün-Blau),

  - entweder mit vier Koaxialleitungen (BNC-Stecker), je eine für eine Farbe plus Synchronisation
  - oder mit einem 15 poligen Sub-D Stecker (VGA-Stecker).

- Digitale Anschlüsse (die DA-Wandlung erfolgt im Display selbst), z. B.

  - DVI (Digital Video Interface) bzw.
  - DVI Dual Link mit 24 Pins, Bandbreite 2×165 MHz (2.048×1.536 bei 60 Hz, 1.920× 1.080 bei 85 Hz) und
  - HDMI (High-Definition Multimedia Interface) mit 19 Pins und 5 Gbit/s Bandbreite bis 50 m Kabellänge.

- Die Panels von TFT-Monitoren werden üblicherweise digital angesteuert, in der Regel über LVDS (Low Voltage Differential Signaling), d. h. über ein differenzielles Signal mit einem Hub von 350 mV.

Die Synchronisation erfolgt meist mit getrennten Signalen für den Bild- und den Zeilenwechsel (*Hsync* = Horizontal Sync: Zeilenwechsel und *Vsync* = Vertical Sync = Bildwechsel). Bei einem Display mit $n \times m$ Bildpunkten (*n*: Dots/Spalte, *m*: Dots/Zeile) erfolgt also nach n Farbwerten ("Pixel"-takten, engl. *Dot-clock*) ein Hsync und nach m Hsyncs ein Vsync. Meist sind diese Pixelanzahlen jedoch nicht die tatsächlich sichtbaren sondern es wird mit einer horizontalen und vertikalen Austastlücke gearbeitet. Manche Displays arbeiten mit einem *Csync* (composite Sync), hierbei werden Hsync und Vsync gemischt (Abbildung 3.28).

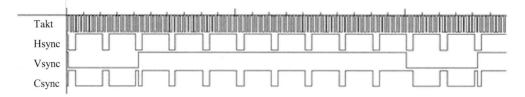

Abbildung 3.28 Dotclock, Hsync, Vsync und Csync bei einem hypothetischen 10x10 Display

3.3   Einsatz von Anzeigen im Fahrzeug

Unterschiedliche Einsatzorte und Anwendungsfälle fordern auch unterschiedliche Anzeigetechniken. Stand der Technik sind die folgenden Anwendungen:

• Das *Kombiinstrument* zur zentralen Anzeige von Fahrzeugfunktionen aber auch von wichtigen Fahrerinformations- und -assistenzdaten,

• Die *Head-Unit* als zentrales Bediengerät für das Infotainment,

• Einzelne Bediendisplays z. B. in der C-Säule, im Dachbereich oder im Rückspiegel,

• Das *Head-up Display* zur Unterstützung von Assistenzfunktion und Warnhinweisen,

• *Rear-Seat-Entertainment* zur Unterhaltung der Passagiere,

• *Mobile Displays* für Navigation, PDA[6]-Funktionen und Telephonie.

3.3.1   Kombiinstrument

Das *Kombiinstrument*, engl. *instrument cluster*, ist die zentrale Anzeigeeinheit für die Fahrzeugfunktionen, erfüllt aber darüber hinaus eine immer größer werdende Fülle an zusätzlichen Aufgaben:

• Da im Kombiinstrument die meisten Informationen zusammenfließen, wird es bisweilen als Gateway eingesetzt (siehe Abschnitt 5.9.4).

---

[6] Personal Digital Assistant.

- Im Kombiinstrument sind bisweilen zusätzliche Funktionen insbesondere der Karosserie-elektronik untergebracht, z. B. die Wegfahrsperre.

- Das Kombiinstrument speichert diagnose- und identifizierungsrelevante Informationen.

- Das Kombiinstrument rechnet Informationen in einen darstellbaren Wert um. Zu diesen Rechenfunktion gehört z. B. auch die Integration bzw. Filterung stark schwankender Größen wie etwa dem Tankfüllstand oder die Anpassung von Kennlinien z. B. der Kühlmitteltemperatur.

- Das Kombiinstrument verknüpft die dargebotenen Daten zu zusätzlichen Informationen, z. B. den Momentan- und den Durchschnittsverbrauch.

Zeigerinstrumente

Trotz vielfältiger Möglichkeiten, Zeiger auf Rasterdisplays realistisch darzustellen, dominiert bis heute das Zeigerinstrument mit mechanischem Zeiger das Kombiinstrument. Zeigerinstrumente sind heute ausschließlich schrittmotorgetrieben und werden vom Controller des Kombiinstruments angesteuert.

Die Herausforderung moderner Zeigerinstrumente besteht hauptsächlich in der gleichmäßigen Ausleuchtung des Zeigers und des Zifferblattes, was mit komplexen Lichtleitern bewerkstelligt wird (siehe Abbildung 3.29).

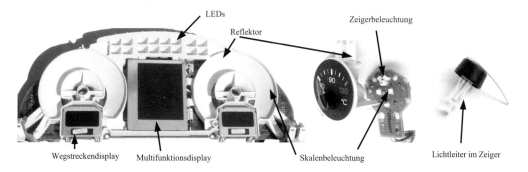

Abbildung 3.29 Lichtleiter für Skalen- und Zeigerbeleuchtung

Rastergraphik

Mit der Verfügbarkeit günstiger Matrixdisplays lassen sich fast alle Funktionen des Kombiinstruments in der so genannten *Multifunktionsanzeige* integrieren. Inzwischen wird hier auch z. B. der Tachozeiger animiert dargestellt, wie in der S-Klasse von Mercedes Benz (Baureihe 221). Inzwischen setzt sich auch in der Mittelklasse das aktive Farb-LCD durch, während bisher dort passive Displays mit relativ geringen Auflösungen dominierten („Mini-Dot"-Displays). Die Vorteile liegen in einer hohen Flexibilität bei der Variantenbildung und in der Möglichkeit, graphische Gestaltungselemente in die Anzeige einfließen zu lassen (z. B. animierte Anzeigen, Designelemente). Neben dem Preis war auch die Akzeptanz von Zeigerdarstellungen auf Displays lange Zeit ein Hindernis, weil sich die Zeiger nicht flüssig bewegten und durch Aliasing-Effekte „verpixelt" aussahen. Bis heute ist noch kein Fahrzeug mit animiertem Drehzahlzeiger auf dem Markt.

In Abbildung 3.30 ist das Kombiinstrument der Mercedes S-Klasse in zwei Betriebsarten abgebildet. Das zentrale Rundinstrument (Tacho) ist ein animierter Zeiger auf einem Aktivmatrix LCD. Die peripheren Rundinstrumente sind konventionell mit Schrittmotoren angesteuert. Eine geeignete Lichtführung (Blackscreen und Lichtleiter) verleiht den mechanischen Zeigern ein flächiges Aussehen, so dass sich animierter und mechanische Zeiger optisch annähern. Im Nachtsicht-Modus wird der Tacho durch die Anzeige der Infrarotkamera ersetzt.

Abbildung 3.30 Nachtsichtmodus und konventionelle Anzeige im Kombiinstrument der Mercedes S-Klasse (Foto: Bosch)

Warnlampen
Warnlampen auf LED- oder Glühlampen-Basis sind weiterhin die ökonomischste Art, Informationen im Kombiinstrument darzustellen. Durch die Möglichkeit, LEDs mit umschaltbarer Farbe darzustellen, wird Information nicht nur über das Symbol sondern auch über die Farbe codiert. Nicht zuletzt wegen der gesetzlichen Rahmenbedingungen (StVZO §§39a, 57), die aus Sicherheitsgründen verbieten, dass bestimmte sicherheitsrelevante Anzeigen, z. B. die Blinkersymbole oder das Fernlichtsymbol (Blendung!) in einer Multifunktionsanzeige dargestellt werden [EU07, UNE], wird diese Anzeigetechnik auch in Zukunft im Fahrzeug erhalten. Warnlampensymbole und -farben sind genormt, da ihre Sicherheitsrelevanz einen sehr hohen Wiedererkennungswert fordert, die ISO 2575 ist ein Katalog mit über 240 verschiedenen Symbolen rund ums Fahrzeug [ISO04 Amendment 2: Road vehicles — Symbols for controls, indicators and telltales].

3.3.2 Displays am Fahrerarbeitsplatz

Infotainmentdisplays im Mittelkonsolenbereich
In der Mittelkonsole versammeln sich die Mensch-Maschine-Schnittstellen verschiedener Instanzen, z. B. der Unterhaltungsmedien, der Kommunikation, der Komfortelektronik und der Navigation. Der Trend geht auch im mittleren Segment zu einer Vereinheitlichung und designerischen Integration aller Funktionen in eine *Head-Unit*. Die Displayfläche wird durch die wachsende Zahl der gleichzeitig anzuzeigenden Elemente größer und das Seitenverhältnis streckt sich in

die Breite, weg vom 4:3 Format in Richtung 16:9 oder breiter. Gleichzeitig wachsen die Anforderungen an einen *zentralen Bedienrechner*, der das Informationsmanagement des Fahrzeugs steuert.

Head-up Display

Ein *Head-up Display* ist eine Projektionsanzeige, die ein Bild auf die Windschutzscheibe projiziert. Dahinter steckt ein kleines LCD-Panel mit einer Optik (Linsen- und Spiegelsystem), die im vorderen Bereich des Armaturenbretts verbaut sind. Nach ihrer Einführung in Fahrzeugen der Premium-Klasse (z. B. BMW 7er), wo sie sich großer Akzeptanz erfreuen, wird erwartet, dass sich Head-up-Displays in Zukunft zu einer wichtigen Säule visueller Information im Fahrzeug entwickeln [BMH06]. Eine Herausforderung stellt das Optik-Design [MB03] da die Frontscheiben aus Design- und Aerodynamikgründen Freiformflächen sind. Die Optik muss die Krümmung dieser Flächen kompensieren. Head-up Displays sind für solche Anwendungen interessant, bei denen der Blick nicht von der Straße abgewendet werden soll, beispielsweise die Projektion der Bilder einer Nachtsichtkamera [ADML05], Abstandshinweise zum vorausfahrenden Fahrzeug oder Abbiegehinweise für die Navigation [Bub07].

Nomadic Devices

Nomadic Devices sind Geräte, die von in der Regel von Drittherstellern im Nachrüstmarkt angeboten werden oder aus dem Home-Entertainment-Bereich kommen. Dazu zählen MP3-Player oder Mobiltelefone aber auch tragbare Navigationsgeräte (*PNA* – Personal Navigation Assistant). Letztere nehmen eine Sonderstellung ein, da sie mehr oder weniger ausschließlich für den Gebrauch im Fahrzeug vorgesehen sind. Bei der Benutzungsschnittstelle, insbesondere bei den Displays gelten daher dieselben Maßstäbe wie für fest eingebaute Geräte (siehe auch Seite 244).

Abbildung 3.31 Personal Navigation Assistant (Navigon 7100/7110) (Foto: NAVIGON)

3.3.3 Weitere Displays

Inzwischen ist eine Reihe weiterer Displays im Fahrzeug verbreitet. Hier einige Beispiele:

- Displays für die *Einparkhilfe*: An den A- und C-Säulen angebrachte Displays, die – meist von einem akustischen Signal unterstützt – über Farbbalken den Abstand zum nächsten Hindernis anzeigen. Abbildung 3.32 links zeigt ein solches Display für die Nachrüstung.

Abbildung 3.32 Sonderdisplays: Links Einparkhilfe (Foto: Bosch), rechts:
Rear-Seat-Entertainment (Foto: Audi)

- *Spiegeldisplay*: der Innenspiegel wird mit einer transparenten EL-Schicht oder einer LC-Zelle versehen. Nachrüstgeräte existieren für Rückfahrkameras oder für die Anzeige von Beförderungsentgelde in Taxis. Elektrooptische Effekte werden auch für die automatische Abblendung des Innenspiegels verwendet. (z. B. Patent:EP1315639)
- *Rear-Seat-Entertainment*: Im Nachrüstmarkt oder im Erstaustattungsmarkt erhältlich. In Abbildung 3.32 rechts ist eine Variante für gehobene Ansprüche abgebildet.

3.4 Zum Weiterlesen

- Eine hervorragende **allgemeine Einführung** in die Displaytechnik gibt **Myers** in seinem englischen Buch „Display Interfaces – Fundamentals and Standards" [Mye02]. **Henning** widmet einen signifikanten Anteil seines „Taschenbuch Multimedia" der Anzeigetechnik [Hen03]. Das leider bereits länger vergriffene Lehrbuch von **Knoll** [Kno86] ist eine didaktisch sehr gut aufbereitete Einführung in die technischen Grundlagen der Displaytechnik, die auch heute noch Gültigkeit hat.

- **Farbe und Sehen**: Die Physiologie des Sehens ist ausführlich bei Schmidt und Thews [STL05] beschrieben. Nahezu alle Bücher über Anzeigetechnik geben zumindest einen kurzen Abriss.

- **Computergraphik**: Die beiden „Klassiker" der Computergraphik sind die Bücher von **Watt** [Wat00] und von **Foley**, **van Dam**, **Feiner** und **Hughes** [FDFH95]. Ein hilfreiches und mit hervorragendem Begleitmaterial versehenes Lehrbuch, das auch in die Werkzeuge und Programmierschnittstellen einführt, ist der „Masterkurs Computergrafik und Bildverarbeitung" von **Nischwitz** und **Haberäcker** [NH04].

- **Technologien**: Einen umfassenden und gut zu lesenden Gesamtüberblick zu LCDs gibt **Lüder** [Lüd01]. Im Beitrag von **Ruckmongathan** und **Madhusudana** im „Handbook of Luminiscence, Display Material, and Devices" findet sich eine knapp gehaltene Übersicht, die vor allem die Chemie der Flüssigkristalle und die Adressierung vertieft beschreibt

[RM03]. In den beiden anderen Bänden dieser Sammlung werden EL, OLEDs, FEDs und Plasmaanzeigen ausführlich beschrieben.

3.5 Literatur zu Anzeigetechnik

[ADML05]   ABENDROTH, Bettina ; DIDIER, Muriel ; MEYER, Oliver ; LANDAU, Kurt: Cockpit der Zukunft – Innovationen plus Ergonomie! In: WINNER, Hermann (Hrsg.) ; LANDAU, Kurt (Hrsg.): *Cockpits für Straßenfahrzeuge der Zukunft.* ergonomia, März 2005 (Darmstädter Kolloquium Mensch und Fahrzeug), S. 1–17

[Bla04]   BLANKENBACH, Karlheinz: Raus aus den Kinderschuhen – Organische Leuchtdioden halten Einzug in den Massenmarkt. In: *Elektronik-Praxis Sonderheft Displays & Optoelektronik* (2004), Nr. 5, S. 27–30

[BMH02]   BURR, A. ; MÜLLER, A. ; HETSCHEL, M.: Nanostrukturen auf Kunststoffoberflächen – Entspiegelung von optischen Elementen. In: *horizonte* 20 (2002), S. 34–36

[BMH06]   BLUME, J. ; MARTIN, T. ; HOHMANN, K.: Head-up Display – Immer im Bilde und dabei die Straße stets im Blick. In: *VDI Berichte Nr. 1944.* Verein Deutscher Ingenieure, 2006, S. 79–94

[Bub07]   BUBB, Heiner: Bewertung von Fahrerassistenzsystemen im Simulator. In: *Beiträge zum 3. TecDay der Firma FTronik, Aschaffenburg,* 2007

[CIE]   CIE: *Web Site der internationalen Beleuchtungskommission.* – http://www.cie.co.at/cie/ (28.7.2007)

[DIN83a]   *DIN 5033, Farbmessung.* Berlin, 1976–1983

[DIN83b]   *DIN 6164, Farbenkarte.* Berlin, 1980–1983

[DIN00]   *DIN EN ISO 9241-3-AMD1 Ergonomie der Mensch-System-Interaktion – Teil 3: Anforderungen an visuelle Anzeigen.* Berlin, Dec. 2000

[Dor04]   DORNSCHEIDT, Frank: Selbstleuchtend – Vakuumfluoreszenz-Displays als Alternative zu LCDs. In: *Elektronik-Praxis Sonderheft Displays & Optoelektronik* (2004), Nr. 5, S. 36–38

[EU07]   EU: *13.30.10 – Kraftfahrzeuge. Entscheidungen der europäischen Kommission.* 1970–2007. – http://europa.eu.int/eur-lex/de/lif/reg/de_register_133010.html (August 2007)

[FDFH95]   FOLEY, James D. ; DAM, Andries van ; FEINER, Steven K. ; HUGHES, John F.: *Computer Graphics: Principles and Practice in C.* 2. Auflage. Amsterdam : Addison-Wesley Longman, 1995

[Hel07]   HELBIG, Hartmut: Mittlerweile Industrietauglich. In: *Elektronik Praxis, Sonderheft Displays & Optoelektronik* (2007), Mai, Nr. 5, S. 34–36

[Hen03]   HENNING, Peter A.: *Taschenbuch Multimedia.* 3. Auflage. Fachbuchverlag Leipzig, 2003

[ISO04]   ISO: *ISO 2575:2004 – Road vehicles – Symbols for controls, indicators and tell-tales, TC22/SC 13 Ergonomics applicable to road vehicles.* 2004. – Amd1:2005, Amd2: 2006

[Kno86]   KNOLL, Peter: *Displays – Einführung in die Technik aktiver und passiver Anzeigen.* Heidelberg : Hüthig Verlag, 1986

[Kno01]   KNOLL, Peter M.: Some Milestones on the Way to a Reconfigurable Automotive Instrument Cluster. In: *XIV Conference on Liquid Crystals.* Zakopane, September 2001

[Kut06]   KUTILA, Matti: *Methods for Machine Vision Based Driver Monitoring Applications.* Tampere, Tampere University, Diss., December 2006

[Lüd01]   LÜDER, Ernst: *Liquid Crystal Displays.* Johne Wiley & Sons, 2001 (Series in Display Technology)

[Low97]   LOWE, Anthony: Matching Display Technology to the application. In: MACDONALD, Lindsay W. (Hrsg.) ; LOWE, Anthony C. (Hrsg.): *Display Systems: Design and Applications.* New York : Wiley, 1997, Kapitel 8, S. 135–156

[MB03]   Mayer, R. ; Blume, J.: *Optik-Design von Head-up Displays für Kraftfahrzeuge*. VDI, 2003 (VDI Berichte 1731)

[Mye02]   Myers, Robert L.: *Display Interfaces – Fundamentals and Standards*. Chichester : John Wiley & Sons, 2002 (Series in Display Technology)

[ND03]   Nguyen, Thien P. ; Destruel, Pierre: Electroluminescent Devices Based on Organic Materials and Conjugated Polymers. In: Nalwa, H.S. (Hrsg.) ; Rower, L.S. (Hrsg.): *Handbook of Luminescence, Display Materials and Devices* Bd. 1: Organic Light-Emitting Diodes. American Scientific Publishers, 2003, Kapitel 1, S. 1–129

[NH04]   Nischwitz, Alfred ; Haberäcker, Peter: *Masterkurs Computergrafik und Bildverarbeitung*. Wiesbaden : Vieweg, 2004

[NW97]   Nelson, T.J. ; Wullert, J.R. II ; Ong, Hiap L. (Hrsg.): *Series on Information Display*. Bd. 3: *Electronic Information Display Technologies*. Singapur : World Scientific, 1997

[PR]   POV-Ray: *Persistance of Vision Raytracer, Homepage*. – http://www.povray.org (28.7.2007)

[PTB03]   PTB: *Arbeitsgruppe 4.12 Photometrie*. 2003. – http://www.ptb.de/de/org/4/41/412/groessen.htm (29.7.2007)

[Röß05]   Rössger, Peter: Die Mensch-Maschine-Schnittstelle von Fahrerinformationssystemen. In: Winner, Hermann (Hrsg.) ; Landau, Kurt (Hrsg.): *Cockpits für Straßenfahrzeuge der Zukunft*. ergonomia, März 2005 (Darmstädter Kolloquium Mensch und Fahrzeug), S. 50–61

[RHS03]   Rack, Philip D. ; Heikenfeld, Jason C. ; Steckl, Andrew J.: Inorganic Electroluminescent Displays. In: Nalwa, H.S. (Hrsg.) ; Rower, L.S. (Hrsg.): *Handbook of Luminescence, Display Materials and Devices* Bd. 3: Display Devices. American Scientific Publishers, 2003, Kapitel 2, S. 35–77

[RM03]   Ruckmongathan, T. N. ; Madhusudana, N. V.: Liquid Crystal Displays. In: Nalwa, H.S. (Hrsg.) ; Rohwer, L.S. (Hrsg.): *Handbook of Luminescence, Display Material, and Devices* Bd. 3: Display Devices. American Scientific Publishers, 2003, S. 211–259

[STL05]   Schmidt, Robert F. (Hrsg.) ; Thews, Gerhard (Hrsg.) ; Lang, Florian (Hrsg.): *Physiologie des Menschen: Mit Pathophysiologie*. 29. Auflage. Berlin : Springer, 2005

[UNE]   UNECE: *1958 Agreement concerning the Adoption of Uniform Technical Prescriptions (Rev.2) United Nations Economic Commission for Europe*. – http://www.unece.org/trans/main/wp29/wp29regs1-20.html (August 2007)

[VDA01]   *VDA280, Farbmessung am Kraftfahrzeug*. Berlin, 1998–2001

[Wak03]   Wakimoto, Takeo: Practical Methods for Organic Electroluminescence. In: Nalwa, H.S. (Hrsg.) ; Rower, L.S. (Hrsg.): *Handbook of Luminescence, Display Materials and Devices* Bd. 1: Organic Light-Emitting Diodes. American Scientific Publishers, 2003, Kapitel 2, S. 131–195

[Wat00]   Watt, Alan: *3D Computer Graphics*. 3. Auflage. PEARSON – Addison Wesley, 2000

[Wen07]   Wende, Matthias: Die Röhre lebt. In: *Elektronik Praxis, Sonderheft Displays & Optoelektronik* (2007), Mai, Nr. 5, S. 46–49

[Win07]   Winter, Matthias: LEDs erobern große Displays. In: *Elektronik Praxis, Sonderheft Displays & Optoelektronik* (2007), Mai, Nr. 5, S. 42–45

[YY+03]   Yi, Whikun ; Yu, SeGi u. a.: Carbon Nanotube-Based Field Emission Displays. In: Nalwa, H.S. (Hrsg.) ; Rower, L.S. (Hrsg.): *Handbook of Luminescence, Display Materials and Devices* Bd. 3: Display Devices. American Scientific Publishers, 2003, Kapitel 1, S. 1–33

4 Haptische Bedienschnittstellen

Jörg Reisinger, Jörg Wild

Die Bedienung des Kraftfahrzeugs hat sich in den vergangenen 20 Jahren enorm gewandelt. Neben den primären und sekundären Fahraufgaben ist eine Vielzahl weiterer Aufgaben (tertiäre Fahraufgaben) hinzugekommen, die vom Fahrer oftmals nur nebenbei erledigt werden. Weiterhin hat die Verkehrsdichte stark zugenommen und die Reisegeschwindigkeit hat sich wesentlich erhöht.

In diesem Umfeld reicht die schlichte Funktionalität bei der Bedienung nicht mehr aus sondern Bedienkonzepte und Mensch-Maschine-Schnittstellen müssen optimal an die menschliche Tätigkeit angepasst sein. Der Wunsch des Bedieners, eine Funktion auszulösen, sollte eine möglichst geringe Ablenkung hervorrufen und zugleich höchste Gewissheit darüber liefern, dass die Maschine diesen Wunsch erfasst hat und ihn ausführen wird. In diesem Zusammenhang spricht man von Bediensicherheit und Bedienklarheit.

Alternative Eingabemöglichkeiten wie Spracheingabe oder Gestensteuerung sind zum Teil in aktuellen Fahrzeugen implementiert. Die Umsetzung ist jedoch exemplarisch für den Stand dieser Techniken. So muss z. B. zur Aktivierung der Sprachsteuerung aktueller Modelle zuerst eine herkömmliche Taste betätigt werden, ehe man mit der Eingabe beginnen kann. Das System ist demzufolge noch nicht in der Lage, Befehle von Gespräch oder Störgeräuschen zu unterscheiden, was zu Fehlbedienungen führen könnte. Solange zudem der eingeschränkte Befehlssatz bei der Spracherkennung viel Zeit zur Einarbeitung benötigt, erschwert dies die Bedienung maßgeblich. Hintergrund ist der hohe Aufwand, den der Benutzer zur Formulierung der korrekten Befehle hat. Durch die individuelle persönliche Erlebens- und Erfahrenswelt bekommt zudem jeder Befehl eine eigene spezifische Sinnhaftigkeit [Wat03], weshalb jeder Benutzer die Befehle intuitiv unterschiedlich formulieren möchte.

Die Sprachsteuerung wird derzeit als alternative Bedienmöglichkeit angeboten, was dem generell positiven Grundsatz der Individualisierbarkeit [VDM04] entspricht, indem es dem Benutzer die freie Wahl der Bedienung lässt. In absehbarer Zeit ist es jedoch unter anderem auch deshalb unwahrscheinlich, dass alternative Eingabesysteme die klassische Bedienung mittels Schaltern, Tasten und Drehstellern verdrängen werden.

Entwicklungen im Kraftfahrzeugbereich gehen vielmehr hin zu zentralen Bedienelementen, wie dem BMW „iDrive", dem Audi „MMI" oder dem Mercedes „COMAND". Hier ist die Vielzahl der Bedienelemente auf eines oder wenige, durch den Einsatz von Menüführungen, reduziert. Neben den zentralen Bedienelementen in Form von Dreh-Drück-Stellern finden hier Drucktasten, Joystick-Funktionen und Touchscreens Verwendung. Abbildung 4.1 zeigt zwei aktuelle zentrale Bediensysteme.

Es kann weiterhin eine Zunahme von Funktionen und damit eine steigende Anzahl von Tastern, Schaltern und Drehstellern im Kfz erwartet werden. Die Übertragung immer komplexer werdender Funktionen auf diese erfordert eine optimale Auslegung ihrer haptischen Merkmale. Nicht nur zur besseren Anmutung, sondern auch zur sicheren Bedienung.

Abbildung 4.1 Moderne zentrale Bedienelemente: links das MMI im Audi A6, rechts das
COMAND-System der Mercedes S-Klasse

4.1   Einführung

4.1.1   Grundlagen zur Haptik

Zum Verständnis der haptischen Wahrnehmung beim Menschen sind die Physiologie und die
Psychologie der Wahrnehmung unabkömmlich aber auch die Kenntnis verschiedener Termino-
logien des Begriffes *Haptik* beugt Missverständnissen und Fehlern vor.

Der Begriff Haptik

Das Wort *Haptik* entstammt dem Altgriechischen „haptein", was für „erfassen, berühren" steht.
Der Begriff „Haptik" steht für die „Lehre vom Tastsinn" und beinhaltet, vergleichbar mit den
Begriffen „Optik" und „Akustik", die wissenschaftliche Auseinandersetzung mit Themen rund
um Berührung, Greifen und Fassen.

Physiologische Grundlagen

Der haptische Wahrnehmungsapparat ist im gesamten menschlichen Körper verteilt und stellt
das größte Wahrnehmungsorgan des Menschen dar.
Aufgrund der vielfältigen haptischen Wahrnehmungsmoden werden die verschiedenen Organe
in drei Gruppen unterteilt: die *Mechanosensoren*, die *Propriozeptoren* und die *Vestibularorgane*.
Zur Gruppe der Mechanosensoren werden alle Organe gezählt, die Oberflächenkontakte wie
Kräfte oder Verformung des Körpers registrieren. Sie liegen in den Hautschichten und liefern
verschiedene Aspekte körperlichen Kontaktes. Man spricht hierbei oftmals von Taktilität und
Oberflächenwahrnehmung.
Eine weitere Gruppe haptischer Wahrnehmungsorgane liefert Informationen zur Tiefensensibi-
lität (Propriozeption), die so genannten Propriozeptoren. Hierzu gehören Informationen über Ge-
lenkstellungen, Muskelkräfte, allgemein gesagt die Stellung des Körpers im Raum und dessen
Gliedmaßen zueinander.
Zur dritten Gruppe, der Kinästhetik, zählen die Vestibular- und Maculaorgane, die auch als
Gleichgewichtsorgane bekannt sind.

Vor allem im angelsächsischen Raum wird die Propriozeption zur *Kinästhetik* hinzugerechnet. Die Kinästhetik („Bewegungswahrnehmung") lässt sich subjektiv jedoch klar von der Propriozeption unterscheiden [Bub01]. Beschleunigungskräfte, die auf den gesamten Körper wirken, lassen sich klar von Skelettkräften, welche durch Belastung einzelner Körperteile entstehen, differenzieren.

Für die Untersuchung der Haptik von Bedienelementen reicht es jedoch aus, sich auf Oberflächen- und Tiefenwahrnehmung zu konzentrieren.

Tiefensensibilität (Propriozeption)

Die Gruppe der Propriozeptoren (Abbildung 4.2) liefert Informationen über Gelenkstellungen, Muskel- und Skelettkräfte. Die besten Kenntnisse existieren für die Muskelrezeptoren.

Die Golgie-Sehnenorgane, die in den Sehnen der Muskeln sitzen und die über deren Dehnung eine Rückmeldung über die Muskelkraft, auch Muskelspannung genannt, geben [DSH04].

Die Muskelspindeln sitzen im Muskel und registrieren die Ausdehnung des Muskels als Maß für die Länge. Im Besonderen verfügen die Muskelspindeln über einen Mechanismus (γ-Motoneuronen), der durch Verlängerung oder Verkürzung der Spindeln deren Auflösung verändern kann. Muskelspindeln haben [ST95, TMV99] sowohl eine statische als auch dynamische Empfindlichkeit.

Weiterhin existieren in der Gelenkhaut Sensoren, die Informationen über die Gelenkstellung liefern. Sie sind jedoch nach Aussage von [ST95] von untergeordneter Wichtigkeit.

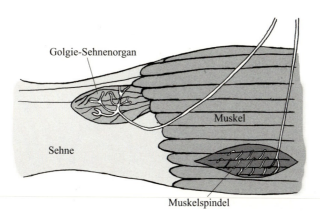

Abbildung 4.2 Propriozeptoren: Das Golgie-Sehnenorgan liefert Information über die Muskelkräfte. Muskelspindeln liefern Informationen über die Ausdehnung des Muskels. Generell bestehen jedoch Wechselwirkungen. Bild nach [DSH04 S. 239]

Für die Haptik der Bedienelemente stellen die Organe der Propriozeption wichtige Informationen über Hübe zur Verfügung.

Oberflächensensibilität (Taktilität)

Die Gruppe der Mechanosensoren stellt die Informationen von Kräften über der Zeit dar. Mit anderen Worten liefern sie reine Berührungsinformationen, sei dies durch passive Berührung, d. h. etwas wird über die Haut bewegt, oder durch aktive Exploration, d. h. der Proband ertastet selbst aktiv. Letzterer Fall ergibt in Zusammenspiel mit der Tiefensensibilität einen erweiterten Eindruck über Körper und Gegenstände.

In der für Bedienelemente vor allem relevanten unbehaarten Haut existieren vier verschiedene Typen von Mechanosensoren. Dies sind die Merkel-, Ruffini-, Meissnerzellen und Pacini-Korpuskel [ST95]. Abbildung 4.3 zeigt die Anordnung der Mechanosensoren in der Haut sowie die einzelnen Zellen.

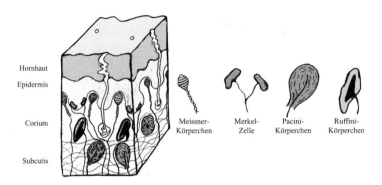

Abbildung 4.3 Anordnung der Mechanosensoren in der unbehaarten Haut und die einzelnen Sensoren (nach [ST95 S. 218])

Merkel- (SA I) und Ruffini-Zellen (SA II) liefern ein der Kraft bzw. der daraus resultierenden Verformung proportionales Pulsfeuer, während die Meissnerzellen (RA) nur auf die Änderung, nicht aber auf eine konstante Kraft reagieren, also differentiales Verhalten zeigen. Die Pacini-Zellen (PC) zeigen darüber hinaus doppelt-differentielles Verhalten, indem sie konstante Kraftänderungen, das entspricht der 1. Ableitung der Kraft nach der Zeit, nicht anzeigen, sondern nur die 2. Ableitung der Kraft nach der Zeit [ST95].

Weitere Sensoren der Haut

Neben den Mechanosensoren, welche die Aspekte der Berührung sensieren, gibt es so genannte Thermosensoren zur Temperaturwahrnehmung und Schmerzsensoren.

Die *Temperaturwahrnehmung* wird über Warm- und Kaltsensoren realisiert. Hierbei spielen Größe der Reizfläche, der Temperatursprung und die Änderungsgeschwindigkeit neben der absoluten Temperatur eine gewichtige Rolle [TMV99]. Ausgehend von einem mittleren Temperaturbereich von 31 bis 36 °C, der eine neutrale Empfindung hervorruft, wird darüber bis ca. 45 °C eine zunehmend intensivere Wärmewahrnehmung hervorgerufen, die darüber in eine schmerzhafte Hitzeempfindung übergeht. Unter dem neutralen Bereich wird es bis 17 °C zunehmend als „kalt" und darunter als Kälteschmerz empfunden. Hohe Temperaturen können zudem einen Kaltreiz auslösen.

Haptisch relevant ist die Temperaturwahrnehmung im Bereich der Oberflächenhaptik, da sie Informationen über Materialeigenschaften beiträgt [DMH06].

Die *Schmerzempfindung* wird über so genannte Nozizeptoren registriert. Sie können durch Einwirkung verschiedener Reize mechanisch, thermisch oder chemisch angeregt werden und haben die Aufgabe, den Organismus vor Schädigung, z. B. durch Fluchtreflexe, zu schützen. Eine

Durchmusterung der Haut zeigt etwa neunmal so viele Schmerzrezeptoren wie Druck- oder Thermorezeptoren.

Verteilung der Sensorpunkte auf der Haut
Die Haut ist für die Wahrnehmung der verschiedenen Reize nicht überall gleich empfindlich. Je nach Hautbereich findet sich eine höhere oder niedrigere Dichte der verschiedenen Rezeptoren. Besonders hohe Dichten findet man im Mund, speziell in der Zunge, in der Hand und in den Geschlechtsorganen.
Abbildung 4.4 zeigt die Verteilung der Mechanosensoren auf der Hand. Die gefärbten Bereiche stehen für die jeweiligen rezeptiven Felder. Merkel-Zellen und Meissner-Körperchen sind oberflächig angeordnet und besitzen kleine rezeptive Felder, während Ruffini- und Pacini-Körperchen tiefer im Gewebe liegen und große rezeptive Felder (die hellen Bereiche) mit Punkten maximaler Empfindlichkeit (kräftige Bereiche) besitzen.
Haptisch zeigt dies Auswirkungen darin, dass bestimmte Handareale (im Selbstversuch einfach nachprüfbar) besondere Empfindlichkeiten aufweisen. Am eindeutigsten ist dies am Beispiel der Pacini-Körperchen zu testen: Im Bereich des Handballen ist man besonders „kitzelig". Auch feine Erhebungen am Stoß zweier Bauteile werden mit dem Handballen geprüft, da hier eine besondere Sensitivität dafür besteht.

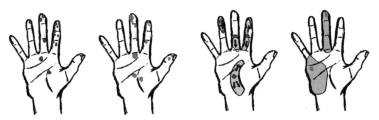

Merkel-Zellen   Meissner-Körperchen   Ruffini-Körperchen   Pacini-Körperchen

Abbildung 4.4 Verteilung der Mechanosensoren auf der Hand nach [DSH04 S. 65]

Psychologische Grundlagen

Die Wahrnehmung des Menschen durchläuft etliche Stufen, die von der Struktur her durchaus mit technischen Systemen verglichen werden kann.
Nach der eigentlichen Sensierung eines physikalischen Reizes mittels Sensororgan wird über die afferenten Nervenbahnen der Impuls zum Zentralen Nervensystem (ZNS) geleitet. Dort findet eine Vorverarbeitung der Information statt. Es werden Daten gewichtet, gefiltert und aufbereitet. Schließlich gelangt die vorbereitete Information in den Bereich der objektiven Wahrnehmung. Dort wird sie zusammen mit Erfahrungen und Prägungen ins subjektive Bewusstsein gebracht, das dem Individuum dann als Sinneswahrnehmung „bewusst" wird [ST95]. Zur Verarbeitung der Informationen siehe Abschnitt 8.2.

Haptische Gliederungen

Die Haptik wird aus verschiedensten Hintergründen heraus auf verschiedene Art und Weisen gegliedert. Diese Vielzahl an Gliederungen birgt jedoch die Gefahr von Missverständnissen bei der Verwendung von Begriffen in unterschiedlichem Umfeld.

Informationspsychologische Sicht

Die *informationspsychologische Definition* von „haptisch" und „taktil" unterscheidet zwischen *haptisch*, als aktive Berührung bzw. aktiver Exploration durch gezielte Körperbewegung, und *taktil*, als passive Berührung bzw. ohne eine aktive Bewegung des Körpers.

Wichtig für den Psychologen ist in diesem Falle, ob der Proband aktiv einen Vorgang steuert oder ob er nur passiv eine Kraftwirkung wahrnimmt. Da Bedienelemente prinzipiell mit dem Hintergedanken der Auslösung einer Funktion betätigt werden, ist diese Terminologie hierfür ungeeignet.

Funktionale Gruppen/ Physiologische Gliederung

Eine Zuordnung bezüglich des *Informationsgehalts funktionaler Gruppen* stellt eine weitere Gliederung dar. In diesem Sinne steht Haptik als Überbegriff der Berührungswahrnehmung und beinhaltet sowohl die Tiefenwahrnehmung, die Oberflächenwahrnehmung und die Kinästhetik.

Auf diese Unterteilung wurde bereits in Abschnitt Physiologische Grundlagen weiter oben näher eingegangen. Für Bedienelemente ist diese Gliederung insbesondere deshalb sinnvoll, da sich die Wahrnehmungsgruppen relativ einfach physikalischen Größen, die direkt beeinflusst werden können, zuordnen lassen, wie z. B. der Tastenhub zur Propriozeption.

Arbeitsgebiete

Speziell für die Bearbeitung des Themas Bedienelemente ist es notwendig, *Arbeitsgebiete* zu unterscheiden, da hier verschiedene wissenschaftliche Disziplinen zum Einsatz kommen.

In diesem Sinne bezeichnet die *Oberflächenhaptik* die Auseinandersetzung mit Oberflächen und deren Materialien. Dieser Bereich ist klar von der so genannten *Bedien- oder Betätigungshaptik* zu unterscheiden, die sich nur wenig mit Materialwissenschaften auseinandersetzt, sondern die Rückwirkung eines Mechanismus (Force-Feedback) auf die menschliche Wahrnehmung beschreibt.

Im Fokus dieses Kapitels steht die Betätigungshaptik.

Technische Aspekte

Für den Entwurf von Bedienelementen lassen sich [RWMB07] notwendige technische Aspekte ableiten. Die wesentliche Rolle spielt die *Rastkurve*. In ihr wird die Rastung in Form eines Kraft-Weg-Verlaufes bei translatorischen Bedienelementen bzw. eines Drehmoment-Drehwinkel-Verlaufes bei rotatorischen Bedienelementen definiert.

Ihr überlagert sich ein „konstanter coulombscher Reibungsanteil". Der als Offset bei Messungen sichtbare Reibkraftanteil hat bei Bedienelementen seine Ursache in der Führung beweglicher Teile.

Eine weitere Einflussgröße ist die „Massenträgheit". Gerade bei durch Hand- oder Fingerzugriff betätigten Bedienelementen wie Hebel oder Drehsteller wirkt sich dieser Kraftanteil relevant auf das Betätigungsgefühl aus.

Zwei weitere Größen sind besonders von Material und fertigungstechnischen Parametern abhängig: die *dynamische Reibung* oder auch „Mikrostruktur" sowie „thermische Eigenschaften". Wall und Harwin [WH99] zeigen anhand verschiedener Arbeiten und eigener Untersuchungen auf, dass Oberflächeneigenschaften mittels aus Fourierreihen erzeugten Vibrationen simuliert werden können. Die Vibrationen entstehen bei realen Systemen durch das *Stick-Slip-Verhalten* der entsprechenden Reibpaarungen. Dabei wirken sich sowohl die Paarung „Haut" – „Oberfläche" als auch die Reibpaarungen mechanischer Führungen aus. Thermische Leitfähigkeit und Wärmekapazität des Werkstoffes vermitteln zudem Informationen über die materielle Beschaffenheit einer Kappe [DMH06].

Die Rastkurve stellt die zentrale Größe dar, da sie primär darüber entscheidet „wie sich die Rastung anfühlt". Die Darstellung bei rotatorischen Bedienelementen als Drehmoment-Drehwinkel-Kennlinie bringt bezüglich intuitiver Lesbarkeit der haptischen Eigenschaften gravierende Mängel mit sich, die in [RWMB05] diskutiert werden. Ein Ansatz für eine intuitiv lesbare Darstellung, die so genannte „Integral- oder Energiekennlinie", wird vorgestellt und in [RWMB06] anhand von Versuchen bestätigt. In [RWMB07] folgen eine Qualifizierung und Quantifizierung haptischer Parameter der Rastkurve für rotatorische Bedienelemente.

Diese Gliederung der Haptik ermöglicht die Diskussion auf Basis technischer Gegebenheiten und kann direkt in das konstruktive Design einfließen.

4.1.2 Betätigungshaptik

Es stellt sich die Frage, an welchen Stellen die oben genannte Betätigungshaptik speziell im Kraftfahrzeug Anwendung findet. Die Steuerung des Fahrzeuges erfolgt typischerweise mit Armen, Händen und Beinen über Betätigung verschiedener Mechanismen.

Man unterscheidet, wie in Abschnitt 8.1 weiter ausgeführt ist, in der Art der Bedienaufgabe zwischen primären, sekundären und tertiären Aufgaben. Zu den primären Aufgaben zählt die Fahrzeugstabilisierung mit Längs- und Querführung des Fahrzeuges, die in der Regel mittels Gaspedal, Bremspedal, Kupplung, Schalthebel und Lenkrad erfüllt wird.

Sekundäre Aufgaben befassen sich mit der Zielführung des Fahrzeuges, also die Navigation und die Überwachung des Straßenverkehrs, während tertiäre Aufgaben sich auf Komfort-Aufgaben wie Klimatisierung, Unterhaltung, Kommunikation, Information u. Ä. konzentrieren. Für diese Aufgabe finden primär Tasten, Schalter und Drehsteller Anwendung [Bub01]. Primäre Bedienelemente arbeiten auf einem vergleichsweise hohen Kraftniveau, was historisch gesehen auf der lange Zeit rein mechanischen Betätigung der zur Fahrzeugführung notwendigen Steller beruht [Bub01].

Im Folgenden konzentrieren sich die Ausführungen auf die Bedienelemente der niedrigen Kraftbereiche der sekundären und der tertiären Bedienaufgaben. Dies sind vor allem Finger-Handbetätigte Bedienelemente. Arm- und Fußbetätigung werden nicht berücksichtigt.

4.2 Analyse existierender Bedienelemente

Bedienelemente, wie Taster und Schalter, existieren seit der Einführung des elektrischen Stromes, waren sie doch lange Zeit die einzige Möglichkeit, elektrische Stromkreise zu öffnen und zu schließen, ehe Relais, Röhren und Transistoren aufkamen. Letztendlich sind sie bis heute die zentralen Mensch-Maschine-Schnittstellen.

Aus dem heutigen Alltag sind Bedienelemente nicht mehr wegzudenken. So hat zunächst die Elektrifizierung einfache Schalter mit sich gebracht. Mit Einführung der Digitaltechnik nahmen vor allem im Kraftfahrzeug die Funktionsvielfalt und die damit verbundene Benutzerschnittstellen stark zu.

Generell haben mechanische Schieber und Drehsteller, wie sie bei Schlössern, Uhren und anderen feinmechanischen Geräten eingesetzt worden sind, als Vorbilder gedient. Als Beispiel können die Tasten der mechanischen Schreibmaschine dienen, die heute durch die elektromechanische Tasten der Computertastatur ersetzt sind.

4.2.1 Bedienelemente im Markt

Ein Blick auf den Markt zeigt eine Vielzahl an Varianten. Im folgenden Abschnitt werden die verschiedenen Prinzipien und Umsetzungen anhand von Beispielen erläutert.

Drucktaster und -schalter

Wir finden heute neben Drucktastern, die nur tastend betätigt werden, zudem Rastschalter, die einrasten und den Kontakt bis zur nochmaligen Betätigung geschlossen halten. Sonderformen können z. B. bei Stromlos-Schaltung des Bedienelementes von selbst wieder in den Ausgangszustand zurückspringen.

Drehsteller

Drehsteller findet man meist in Form von Drehschaltern. Drehtaster werden eher selten angetroffen (Abbildung 4.5).

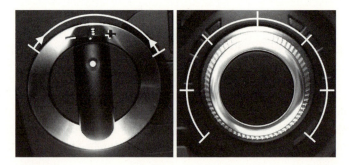

Abbildung 4.5 Im Bild links der Drehtaster im Audi A3 und rechts der Drehschalter im Audi A8 zur Temperatureinstellung

Die Art der Kappen werden in nahezu beliebiger Form, Größe und Material, sowohl rund (Abbildung 4.6) als auch in Form eines Knebelschalters, wie etwa Lichtschalter (Abbildung 4.7), ausgeführt. Der Durchmesser erstreckt sich von 7 mm bis über 50 mm.

Abbildung 4.6 Links: Kegelförmige Kappe aus Kunststoff beim BMW iDrive im 5er; rechts: zylindrischer Grundkörper aus Aluminium beim Audi MMI des A8

Abbildung 4.7 Links ein runder Lichtschalter im Seat Toledo und rechts ein Knebelschalter im Seat Alhambra

Tastwippe und Hebel

Eine Zwischenstufe von Drucktastern und Drehstellern stellen Tastwippen mit zwei Druckpunkten wie in Abbildung 4.8 (links), Tastwippen auf Zug und Druck wie in Abbildung 4.8 (rechts) und Lenkstockhebel (Abbildung 4.9) dar. Diese führen augenscheinlich zwar eine translatorische Bewegung aus, sind jedoch um eine Drehachse gelagert.

Vorteilhaft hierbei ist die einfache aber dennoch präzise Lagerung. Nachteilig wirkt sich dagegen die veränderliche, mit dem Abstand zur Drehachse geringer werdende, Betätigungskraft aus, wie sie bei einer tippenden translatorischen Bewegung mit der Fingerspitze erfolgt.

Lenkstockhebel (Abbildung 4.9) sind diesbezüglich unkritisch, da durch das Lenkrad der gewünschte Betätigungsabstand vorgegeben ist, und die Längenänderung des Hebelarmes geringer ausfällt. Tastwippen hingegen werden in der Regel blind ertastet und bieten als Orientierung lediglich die Fläche des Tasters. Um eine bessere Orientierung zu bieten, werden teilweise haptische Kodierungen z. B. in Form eines Querelementes im gewünschten Betätigungsbereich angebracht (Abbildung 4.10).

Fensterheber-Bedienelemente werden vermehrt als Tastwippen mit Zug-Druck-Funktion realisiert (Abbildung 4.10 rechts). Diese Variante kann bei entsprechender Ausführung die Nachteile der Schaltwippe minimieren, da der Betätigungspunkt die Kante der Kappe darstellt, und diese unweigerlich gegriffen wird. Zudem folgt der Finger bei Zugbetätigung der Kreisbahn auf natürliche Weise besser als einer translatorischen Bewegung. Letztendlich bietet sie noch den

Abbildung 4.8 Links: Fensterheber in Form von Tastwippen mit zwei Druckpunkten wie beim Ford Mondeo (2004). Rechts: Tastwippe mit Zug- und Druckfunktion beim Fensterheber der Mercedes Benz E-Klasse

Abbildung 4.9 Eingebauter Lenkstockhebel für Wischerbetätigung. Der korrekte Betätigungsabstand wird durch das Lenkrad vorgegeben. Durch den langen Hebel erhöht sich zudem der Greifbereich, innerhalb dessen das Drehmoment nur unerheblich schwankt.

 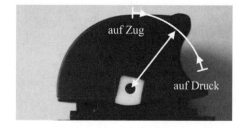

Abbildung 4.10 links: Einseitig ausgeführte Tastwippe mit haptisch kodierter Kappe bei Porsche, rechts: Tastwippe eines Audi-Fensterheber-Bedienelements. Die Bewegung läuft bogenförmig um die Drehachse. Es kann sowohl auf Zug als auch auf Druck sowie ein- und zweistufig getastet werden.

positiven Nebeneffekt als Kindersicherung, sodass das Fenster nur auf Zug geschlossen wird, und damit z. B. spielende Kinder sich nicht selbst durch unbeabsichtigtes Drücken oder darauf kniend im Fenster einklemmen können.

Joystick

Häufig werden Joystickfunktionen mit vier oder acht Betätigungsrichtungen in zentrale Bediensysteme integriert. Die Betätigung erfolgt sowohl über rotatorisch gelagerte Hebel wie auch mittels linear geführter Griffelemente, z. B. beim Renault Laguna (Abbildung 4.11) oder beim BMW iDrive.

Abbildung 4.11 Joystickfunktion beim Renault Laguna

Touchscreen-Display

Eine zunehmend weite Verbreitung finden *Touchscreen*-Displays. Während sie im Erstausstattungsbereich der Automobilhersteller nur sehr zögerlich starten, sind sie im Aftermarket bei Navigationssystemen oder PDAs inzwischen Standard. Auch industrielle Steuerungen, Infoterminals, Kassenanwendungen usw. nutzen vermehrt dieses variable und verschleißarme Eingabemedium.

Der Hauptvorteil gegenüber allen anderen Schnittstellen liegt in den extrem variablen Gestaltungsmöglichkeiten, was Lage, Größe und Informationsdarbietung angeht. So lassen sich Bedienelemente ein- und ausblenden, Anzeige und Bedienelement lassen sich verschmelzen und vermeiden damit sekundäre Inkompatibilität. Ein weiterer Vorteil ist die Unempfindlichkeit gegen Umwelteinflüsse durch das Fehlen mechanischer Verschleißteile. Die steigenden Stückzahlen ermöglichen zudem attraktive Preise.

Die überzeugenden Vorteile lassen Touchscreens beinahe als perfekt erscheinen, hätten sie nicht grundlegende Nachteile, die ausschließlich haptischer Natur sind. So sind Touchscreens generell von einer optischen Orientierung abhängig und damit für blinde Bedienung vollständig ungeeignet. Die variablen Bedienelemente in der Darstellung bieten keinerlei haptische Kodierung, die ein blindes Auffinden ermöglichte. Bei kapazitiven Sensortasten wird deshalb teilweise bei Annäherung ein Vibrieren eingespielt. Neben der technischen Herausforderung ganze Touchscreens damit auszustatten, erzeugen Vibrationen als Feedback jedoch ein äußerst negatives haptisches Empfinden.

Der zweite Nachteil betrifft das haptische Feedback bei Betätigung, es ist in der Regel überhaupt nicht vorhanden. Einen weiteren Punkt stellt die rasche Verschmutzung der Displays durch die Bedienvorgänge dar.

Diese Nachteile werden mit zunehmend blinder Bedienung bzw. unruhiger Umgebung bedeutsamer, da sie erhöhte Konzentration erfordern. Dies ist u. a. auch der Grund, weshalb Touchscreens nur zögerlich bei Automobilherstellern eingesetzt werden.

Zur Verringerung dieser Probleme werden verschiedene Ansätze verfolgt, um Touchscreens ein haptisches Feedback zu geben. Ein Vibrationsfeedback ist einfach zu verwirklichen und wird bei Samsung [Immb] und Pantech [Gol] in Mobiltelefonen eingesetzt. Wegen der bereits oben erwähnten eher negativen haptischen Empfindung ist dies aus haptischer Sicht allerdings fraglich, stellt jedoch zumindest einen ersten Schritt dar. Die Firmen Alpine und Immersion gehen mit ihren Ansätzen andere Wege. Während Immersion durch eine schnelle Seitwärtsbewegung des Touchscreens versucht den gewünschten Effekt zu bewirken [Imma], legt Alpine eine Folie über den Bildschirm und spannt diese bei Betätigung durch Piezoaktoren kurzzeitig an (Abbildung 4.12) [Alp].

Abbildung 4.12 Haptisches Feedback bei Touchscreen-Displays durch das
PulseTouch®-Display am Alpine IVA-D310 (Bild ©Alpine Electronics (Europe) GmbH)

Die haptische Wertsteigerung vor allem beim Alpine PulseTouch® ist merklich und die Bedienung geht wesentlich besser von der Hand als ohne haptisches Feedback. Allerdings reicht sie bei Weitem noch nicht an die haptische Qualität realer Bedienelemente heran.

Die intensive Arbeit am haptischen Feedback von Touchscreens zeigt die Bedeutung der Haptik dafür aber auch die damit verbundenen Probleme. Es existieren gute Ansätze, die einzelnen Probleme des fehlenden haptischen Feedbacks bei Betätigung und der fehlenden haptischen Kodierung zu verringern. Die Vereinigung beider funktionaler Lösungen ist dann ein spannendes Kapitel der Weiterentwicklung.

Gemeinsamkeiten

Letztendlich beschränken sich alle Schalter und Tasten nur auf rotatorische und translatorische Bewegungen, so dass eine Charakterisierung durch Kraft-Weg oder Drehmoment-Drehwinkel messtechnisch sinnvoll möglich ist. Welche Messmethode für die kombinierten Bedienelemente verwendet wird, ist im jeweiligen Anwendungsfall zu entscheiden. So lassen sich Fensterheber-taster bei tangentialer Messung gut mit Messungen von Drucktastern vergleichen, während die Rastungen von Lenkstockhebeln den Rasteigenschaften von Drehschaltern ähnlich sind.

4.2.2 Technische Beschreibung von Bedienelementen

Wie im vorigen Abschnitt erläutert, lassen sich alle Betätigungsarten auf zwei Grundbewegun-gen, die translatorische und die rotatorische, zurückführen. Im Folgenden werden die technischen Grundlagen beider Prinzipien näher erläutert.

Translatorische Bedienelemente, Drucktaster

Der Kraft-Wegverlauf $F(x)$ stellt die zentrale Beschreibung von translatorischen Bedienelemen-ten dar. In ihm spiegeln sich einige wichtige Aspekte des oben Gesagten wider, wie die Rastkurve oder Reibungseigenschaften.

Betätigung
Einzelne Drucktaster oder -schalter werden in der Regel mit dem Zeigfinger betätigt. Je nach Anwendung sind auch Daumenbetätigung sowie andere oder mehrere Finger vorgesehen. Die Betätigung wird nicht durch Fingerzufassungsgriff mittels Kraftschluss sondern durch Kontakt-griff im nächsten Sinne durch einseitigen Formschluss ausgeführt. Daher muss der Taster oder Schalter sich aus dem betätigten Zustand von selbst wieder zurückstellen.

Kennlinie
Ein solcher Verlauf ist in Abbildung 4.13 dargestellt. Hier ist die Kraft F in Newton über dem Weg x in Millimeter aufgetragen.
Es werden jeweils der Hinweg (dunkle Kennlinie) und der Rückweg (gestrichelte Kennlinie) im Diagramm aufgetragen. Die dabei entstehende Hysterese beschreibt die Reibungsverluste bei Betätigung.

Begriffsdefinitionen
Zum Lesen der Kraft-Weg-Diagramme werden zunächst einige Begriffe näher erläutert. Die Be-griffe sind hauptsächlich an der Charakteristik von so genannten Mikroschaltern orientiert, da sie universell auf andere Kennlinientypen übertragen werden können. Abbildung 4.14 zeigt zur besseren Erläuterung einen idealisiert dargestellten Verlauf.

- *Kraftsprung*
  Der Kraftsprung und der Schaltpunkt sind die wichtigsten Elemente des Drucktasters. An ihnen wird die Funktion ausgelöst und dem Benutzer dies haptisch mitgeteilt. Die Ausführungen des Kraftsprunges sind sehr verschieden, und in manchen Fällen wird er komplett vernachlässigt, so dass er mit dem mechanischen Endanschlag zusammenfällt. Eine solche Ausführung wird aber generell als negativ empfunden, vgl. hierzu die Ausführungen zum Touchscreen-Display.

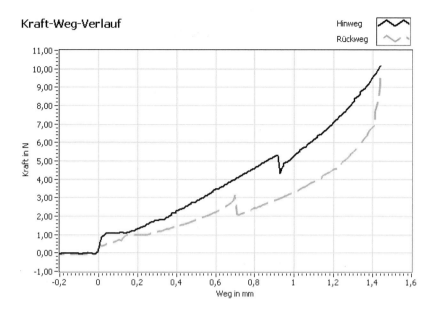

Abbildung 4.13 Kraft-Weg-Verlauf eines Drucktasters: hier ein Mikroschalter

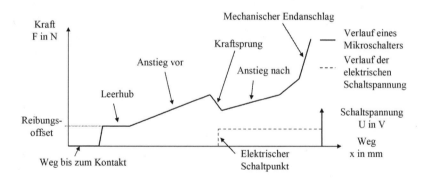

Abbildung 4.14 Schematischer Verlauf eines Kraft-Weg-Verlaufes sowie einer anliegenden Schaltspannung über dem Weg. Nur der Hinweg ist abgebildet.

Der Kraftsprung ist entscheidend für die Empfindung des eigentlichen Schaltens. Relevant sind hierbei neben der Lage des Kraftsprunges, d. h. des oberen Startpunktes, auch der Betrag und die Steigung des eigentlichen Kraftabfalles.

- *Elektrischer Schaltpunkt*
  Der elektrische Schaltpunkt spielt – als das die Funktion auslösendes Element – eine wichtige Rolle und muss, um keine Verwirrung und Fehlbedienung hervorzurufen, dem haptischen Feedback entsprechen.

- *Hub*
  Der Hub oder auch Weg wird zwischen Gesamthub oder Weg bis zum Kraftsprung unterschieden. Der Gesamthub ist hierbei der Weg bis zum mechanischen Endanschlag, d. h. der Punkt, an dem die Kennlinie überproportional ansteigt.

- *Reibungsoffset*
  Der Reibungsoffset beschreibt den Kraftaufwand beim Antasten des Fingers an der Bedienelementkappe. [Bub01] spricht hier von der Empfindlichkeit und der Intensität der Berührung (Steigung). Die Höhe der Kraft ist von der Vorspannung der Kappe abhängig.

- *Leerhub*
  Der Leerhub ist am nahezu achsparallelen Verlauf in der Kennlinie zu erkennen. Es wird ein Weg ohne merklichen Kraftanstieg zurückgelegt. Ursächlich hierfür sind meist Toleranzketten oder die Kopplung mehrerer Mechanismen. Leerhub ist möglichst zu vermeiden.

- *Anstieg vor und nach dem Kraftsprung*
  Die ansteigenden Flanken vor und nach dem Kraftsprung entscheiden in ihrer Form und Steigung über die Empfindung beim Betätigen des Bedienelementes. Sie können linear wie im Beispiel sowie beliebig konvex oder konkav aber vor allem voneinander unabhängig ausgeführt sein.

- *Mechanischer Endanschlag*
  Der mechanische Endanschlag begrenzt beim Drucktaster den Weg. Die Steigung im Kraft-Weg-Diagramm gibt Auskunft über dessen Beschaffenheit und stellt meist den am steilsten ansteigenden und damit härtesten Abschnitt darin dar. Wird er überdrückt, ist dies meist mit mechanischer Zerstörung des Bedienelementes verbunden. Bei mehrstufigen Tastern wird versucht zwischen den Stufen einen weiteren jedoch begrenzten Bereich mit ähnlicher Empfindung zu erzeugen, um ein einfaches Überdrücken der ersten Stufe zu vermeiden.

Aufbau und Funktion
Die Erzeugung der Funktion ist mittels vielfältiger konstruktiver Ausführungen möglich. Während Druckschalter aufwändigere Mechanismen, so genannte „mechanische Flip-Flops" verwenden, reduzieren sich die Bauarten bei Drucktastern auf drei jedoch charakteristisch unterschiedliche Typen. Selbstverständlich existieren auch hier Sondermechanismen, diese haben jedoch wie auch bei den Druckschaltern den großen Nachteil, dass sie ebenso vergleichsweise aufwändig aufgebaut und damit teuer und fehleranfällig sind. Die drei Grundtypen zeichnen sich durch ihren einfachen Aufbau, ihre Robustheit und ihre Wirtschaftlichkeit beim Zusammenbau z. B. durch einfache automatisierte Leiterplattenmontage aus. Sondermechanismen können vielgestaltig aufgebaut sein, weshalb im Weiteren nur auf die drei Grundtypen eingegangen wird.

Grundtypen Drucktaster
Ein einfacher Aufbau erfordert neben wenigen Bauteilen auch eine möglichst automatisierte Fertigung und Montage. Spiralfedern und andere komplexe Bauteile sind daher kaum anzutreffen.

- Die *Federscheibe*
  Der Name „Federscheibe" oder auch „Knackfrosch", steht für das folgende Funktionsprinzip: Eine meist kreisförmig ausgeführte gewölbte Stahlfederscheibe wird mittig mit einer steigenden Kraft beaufschlagt. Die Scheibe schnappt, wie in Abbildung 4.15 links dargestellt, beim Erreichen der Schaltkraft, nach unten durch und schließt den elektrischen Kontakt.

  Dieses Prinzip zeichnet sich durch einen hohen und steilen Kraftsprung aber einem sehr kurzen Hub (0,2–0,5 mm) aus. Typischer Weise werden solche Drucktaster in Folientastaturen eingesetzt und sind nur wenig im Kraftfahrzeugbereich anzutreffen. Meist werden sie einzeln, ohne Kappen oder in Folien laminiert sowie aufgrund der geringen Bauhöhe verbaut. Einzelne gehäuste Elemente sind automatisiert gut montierbar, während Folientastaturen unempfindlich gegenüber Verschmutzung sind.

  Das haptische Feedback ist zwar prägnant aber aufgrund des kurzen Hubes relativ schlecht steuerbar. Vorsicht ist daher besonders bei Folientastaturen geboten, da diese vor allem in der Industrie zur Bedienung mit harten spitzen Gegenständen verleiten, was schnell zur Beschädigung der Folie führt.

- Die *Silikonschaltmatte*
  Silikonschaltmatten, häufig auch „Gummischaltmatten" genannt, arbeiten nach einem ähnlichen Prinzip wie die Federscheibe: Bei Erreichen einer Schaltkraft schnappt der „Silikon-Dom" nach unten durch.

  Gummischaltmatten zeichnen sich durch einen großen Hub (1,2–5 mm), einen hohen, allerdings relativ flachen Kraftsprung aus. Aufgrund ihrer mattenartigen Aufbauweise sind sie unempfindlich gegenüber Verschmutzung. Sie erlauben zudem die Fertigung ganzer Tastenfelder mit nahezu beliebigen Tastenformen und Größen. Typische Anwendungen sind neben dem Automobilbereich auch der Konsumermarkt z. B. bei Fernbedienungen oder Mobiltelefonen. Eine Montage in Bestückungsautomaten ist aufgrund des erschwerten Handlings der Matten nur eingeschränkt möglich.

  Das haptische Feedback fällt aufgrund des flachen Kraftsprunges weicher und weniger prägnant aus. Der lange Weg wirkt sich jedoch positiv auf das gefühlte Schaltverhalten aus.

Abbildung 4.15 links: Funktionsprinzip der Federscheibe, rechts: Funktionsprinzip der Silikonschaltmatte. Beiden gemeinsam ist das Durchschnappen des Mechanismus bei Erreichen einer definierten Schaltkraft. Die Hauptunterscheidungsmerkmale der Charakteristik sind Hub, Kraftsprung und Anstiegsformen.

- *Mikroschalter*
  Der Begriff Mikroschalter ist mehrfach belegt. Als Mikroschalter bezeichnen wir hier die Kombination einer Federscheibe mit einem Silikonstößel. Das Funktionsprinzip ist in Abbildung 4.16 aufgezeigt und kann durchaus als das der Federscheibe bezeichnet werden.

Der Nachteil des sehr kurzen Weges wird mittels eines Silikonstößels beseitigt. So wird der Silikonstößel bei steigender Kraft zusammengedrückt und erzeugt dabei einen zusätzlichen „Hub" (Serienschaltung von Elastizitäten). Ausschlaggebend dafür ist die Shore-Härte des Silikonmaterials. Wird nun die Schaltkraft der Federscheibe erreicht, schnappt diese durch. Der Silikonstößel folgt diesem Ereignis unmittelbar, dehnt sich in kürzester Zeit wieder etwas aus und kann nun vollends bis zur Anschlagskraft weiter zusammengedrückt werden, was einen längeren Anstieg nach dem Schaltpunkt hervorruft.

Die Kraft-Weg-Verläufe der drei Grundtypen sind in Abbildung 4.17 gegenübergestellt. Es sind jeweils der Kraftsprung (punktiert) in Höhe und Steigung sowie der Gesamthub (Strichpunktlinie) dargestellt. Auffällig ist die runde Kurvenform der Silikonschaltmatte Abbildung 4.17 (mitte) sowie der besonders steile und scharfe Kraftsprung des Mikroschalters Abbildung 4.17 (rechts).

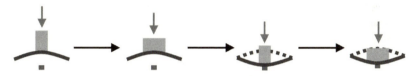

Abbildung 4.16 Schaltprinzip des Mikroschalters. Es baut auf dem der Federscheibe auf und sorgt durch zusätzliche Silikonstößel für einen großen Hub.

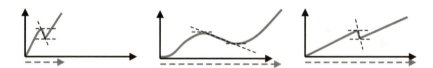

Abbildung 4.17 Eine Nebeneinanderstellung der Kraft-Weg-Verläufe zeigt die haptischen Unterschiede der drei Grundtypen.

Rotatorische Bedienelemente, Drehsteller

Technisch werden Drehsteller mit der Drehmoment-Drehwinkel-Kennlinie charakterisiert. Sie stellt das Synonym zur oben beschriebenen Kraft-Weg-Kennlinie dar und spiegelt ebenso die oben beschriebenen Aspekte Rastkurve und Reibung wider.

Betätigung
Die Betätigung erfolgt meist durch Zwei- oder Dreifinger-Zufassungsgriff. Vgl. hierzu [BIS02]. Je nach Kappenform werden Kraft- sowie Formschluss in verschiedenen Ausführungen unterstützt.

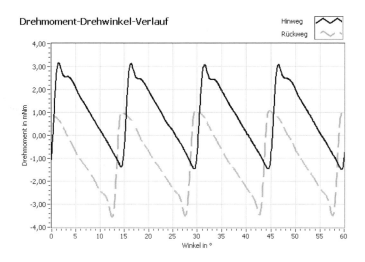

Abbildung 4.18 Drehmoment-Drehwinkel-Verlauf eines Drehstellers

Kennlinie

Abbildung 4.18 zeigt einen typischen Drehmomentverlauf eines Drehstellers.

Das *Drehmoment* ergibt zusammen mit dem *Kappenradius* die zugehörige *Tangentialkraft*, die der Benutzer aufbringt. Dies ist ein Nachteil für die Charakterisierung des rotatorischen Bedienelementes, da sich abhängig vom Kappendurchmesser die Drehmomentbereiche ändern, um gleiche Betätigungskräfte einzustellen. Hierfür wäre es denkbar eine Normierung auf Tangentialkräfte zu verwenden. Dies ist jedoch im Umgang mit Zulieferern kaum praktikabel, da diese dann die Daten der verwendeten Kappen, deren Einbau etc. zusätzlich berücksichtigen müssten. Auch die Ausführung der Kappe in Form (Knebel, Vieleck, Kreis, ...) und Oberfläche (Softlack, Rändelung, ...) beeinflusst das Ziel-Drehmoment.

Begriffsdefinitionen

Zum besseren Verständnis werden anhand von Abbildung 4.19 einige Begriffe erläutert.

- *Detent*

  Ein Detent stellt eine Raste bzw. einen Schaltschritt dar. Die Anzahl Detents gibt Auskunft über die Schritte je Umdrehung und den Winkelbereich, den ein Detent überstreicht. In der Regel werden nur wenige Detents zur Charakterisierung dargestellt.

- *Elektrischer Schaltpunkt*

  Die Lage des elektrischen Schaltpunkts definiert die Auslösung der Funktion und muss daher in unmittelbarem Zusammenhang zum haptischen Feedback stehen. Dies bedeutet, dass je haptischem Detent auch eine elektrische Reaktion erfolgen muss, ansonsten widerspricht das erwartete und erwünschte Resultat dem haptischen Feedback.

- *Ruhelage*

  Die Ruhelage ist die Position eines Drehstellers, an der er einrastet. Je Detent ergibt sich eine Ruhelage (vgl. Abbildung 4.19). Sie befindet sich nicht in der Senke der Kennlinie

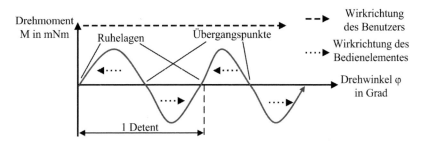

Abbildung 4.19 Systematische Darstellung einer Drehmoment-Drehwinkel-Kennlinie. Es sind zwei Detents mit Ruhelagen und Übergangspunkten abgebildet. Die Lage der Ruhelage bzw. Übergangspunkte lässt sich anhand der Wirkrichtungen von Benutzer und Bedienelement bzw. des Nulldurchgangs des Drehmomentes erklären.

sondern in der Mitte der *steigenden Flanke* (vgl. [RWMB05] und [RWMB06]). Dies wird häufig bei einer ersten Betrachtung der Kennlinie falsch ausgelegt. Hintergrund ist der Übergang vom treibenden zum entgegenwirkenden Drehmoment. Bei einer Drehung im Bereich der Ruhelage wirkt das Drehmoment des Bedienelementes zunächst mit der Drehrichtung des Benutzers, bis die Ruhelage erreicht wird. Dreht der Benutzer darüber hinaus, so wirkt ihm nun das Bedienelement entgegen. Die Drehrichtung ist hierbei gleichgültig, das Bedienelement wirkt immer auf die Ruhelage zentrierend.

- *Übergangspunkt*
  Der Übergangspunkt, auch instabile Ruhelage genannt, ist das Gegenstück zur Ruhelage und befindet sich in der Mitte der *fallenden Flanke*. Hier geht, im Gegensatz zur Ruhelage, das entgegenwirkende in das treibende Drehmoment über. Das Bedienelement wirkt also instabil auf den Übergangspunkt.

- *Reibungsoffset*
  Bedienelemente sind immer reibungsbehaftet. Da die Reibung immer der Drehrichtung entgegen gerichtet ist, bewirkt dies eine Verschiebung der Charakteristik in Abbildung 4.19 bei Rechtsdrehung nach oben und bei einer Linksdrehung nach unten. Daraus ergibt sich das typische Hystereseverhalten wie es in Abbildung 4.18 zu sehen ist. Aus dem Abstand beider Kennlinien lassen sich somit gezielt Aussagen über die Reibung des Bedienelementes machen.

Aufbau und Funktion

Das haptische Feedback von Drehstellern kann auf vielfältige Art und Weise konstruktiv erzeugt werden. Gemeinsam ist dabei – mit Ausnahme aktiver Stellteile – allen, dass eine Feder über einen Gleitstein auf eine Kulisse wirkt. Je nach Aufbau ist entweder die Feder oder die Kulisse bewegt und mit der Drehachse verbunden. Das Gegenstück ist dementsprechend mit dem Gehäuse als Widerlager verbunden. Die Wirkrichtung kann sowohl radial als auch axial sein. Teilweise werden mehrere Federn gegenüberliegend eingesetzt. Dies erhöht zum einen das mögliche Drehmoment und zum anderen verbessert es die Lagereigenschaften und damit die Reibung, da ein Verkippen der Achse durch die Federkraft reduziert wird.

Elektrisch kann zwischen *Encodern* und *Potentiometer* unterschieden werden. Während Potentiometer einen drehwinkelabhängigen Widerstand haben, liefern Encoder ein digitales A-B-Signal und sind im Zeichen der Digitaltechnik sinnvoll einzusetzen.

Abbildung 4.20 zeigt den Aufbau eines gängigen Drehencoders mit einem Federelement mit Gleitstein. Dieses wirkt radial auf die mit der Drehachse verbundene Rastscheibe und erzeugt damit die Drehmoment-Drehwinkel-Charakteristik. Die elektrische Auswertung erfolgt im unteren Gehäuseteil.

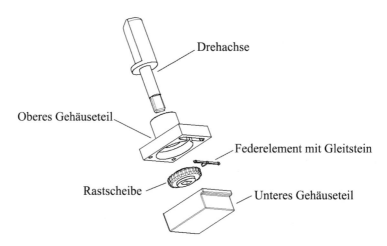

Abbildung 4.20 Explosionszeichnung eines Drehstellers: Die Drehachse ist im oberen Gehäuseteil gelagert und greift in die Rastscheibe ein. Das Federelement drückt den Gleitstein auf die Rastscheibe. Die elektrische Rückmeldung erfolgt im unteren Gehäuseteil.

Technische Parameter

Neben der Frage, wie die einzelnen Parameter hinsichtlich einer guten Haptik einzustellen sind, werden von Seiten der Qualitätssicherung weitere technische Anforderungen gestellt, auf die im Folgenden eingegangen wird.

Abhängigkeit der Parameter vom Einsatzbereich

Je nach Anwendungsbereich eines Bedienelementes werden verschiedene Bereiche für die charakteristischen Größen Kraft-Weg oder Drehmoment-Drehwinkel eingesetzt.

Der Office-Bereich, wie etwa bei PC Tastaturen, arbeitet mit den geringsten Schaltkräften welche sich im Bereich von 0,25–1,5 N bei 1–5 mm Hub befinden. Vgl. hierzu auch [BIS02]. Hier sind geringe Störungen und viele Anschläge pro Minute zu erwarten, was bei höheren Kräften eine schnellere Ermüdung hervorrufen würde.

Im Kfz sind geringere Betätigungszahlen zu erwarten, aufgrund fahrdynamischer Einwirkungen auf den Bediener werden jedoch zur besseren Rückmeldung höhere Kräfte verwendet. Drucktaster bewegen sich um 3–5 N bei 0,4–2 mm Hub, Drehsteller je nach Durchmesser bis 30 mNm und Knebelschalter größer 50 mNm Drehmoment.

Je rauer die Umgebungsbedingungen sind, z. B. bei Baumaschinen, oder je folgenschwerer die zu betätigende Funktion ist, wie etwa beim klassischen „Notaus-Schalter", desto größere Kräfte und Wege werden eingestellt. So werden Drucktaster von Baumaschinen, die auch häufig mit Handschuhen betätigt werden, zwischen 5–10 N Kraft und bis zu 8 mm Hub ausgelegt.

Weitere haptische Einflussgrößen
Die oben genannten Parameterwerte sind nur grobe Bereichsangaben. Großen Einfluss auf das haptische Empfinden hat z. B. noch die *Reibung*. Die Angabe eines absoluten Drehmomentwertes bei fehlender Angabe des Reibwertes ist nicht ausreichend, da Reibung doch oftmals im Bereich von über 25 % Anteil am Nenndrehmoment hat. Die Form der Rastkurven ist hierbei noch gar nicht berücksichtigt. So kann z. B. ein geringer Min-Max-Wert der Charakteristik durch Erhöhung der Reibung auf ein höheres absolutes Drehmomentniveau gehoben werden. Die haptischen Unterschiede zu einem Bedienelement, das bei wesentlich größerem Min-Max-Wert dasselbe absolute Drehmomentniveau erreicht, sind jedoch enorm.
Eng verbunden mit der Reibung ist der Einfluss der geschwindigkeitsabhängigen Dämpfung sowie der *Masse*. Axial- und Radialspiel wirken sich ebenso auf die haptische Anmutung aus.
Für Drehsteller wurde die Parametrisierung der Rastkurve in [RWMB07] untersucht. Der Einfluss von Spiel, Reibung, Dämpfung und Massenträgheit wird wissenschaftlich zurzeit in Studien genauer beleuchtet.

Weitere technische Anforderungen
Im Automobilbereich werden 100.000 bis zu 1 Million Betätigungszyklen gefordert, während dies bei industriellen Anwendungen sowie Bau-, Forst- oder Bergbaumaschinen bis zu 10 Millionen Zyklen sind. Hinzu kommen je nach Anwendungsbereich und -ort Anforderungen hinsichtlich Verunreinigungen und Klimabedingungen wie z. B. Chemikalien, Flüssigkeiten oder Staub. Diese sind in den Normen zu „Schutzarten durch Gehäuse" den so genannten IP-Codes vorgegeben [VDE].

4.2.3 Schaltgeräusch

Häufig stellt sich die Frage, ob Bedienelemente ein Schaltgeräusch haben sollen und wie dieses Geräusch geartet sein soll.
Aus Sicht multimodaler Wahrnehmung sollen Rückmeldungen über möglichst viele Sinneskanäle erfolgen. Das bedeutet zum einen Information auf verschiedene Sinneskanäle aufzuteilen, zum anderen bedeutet dies aber auch, eine einzelne Information über möglichst viele Kanäle zurückzumelden. [LK04] gibt einen Überblick über Untersuchungen zu diesem Thema. Gerade dieser Punkt spricht für eine haptische und zugleich akustische Rückmeldung von Bedienelementen. Über das akustische Design von Bedienelementen sind derzeit keine Veröffentlichungen bekannt, allerdings zeigt [TG07], dass wissenschaftliche Aktivitäten in diesem Bereich stattfinden.
Eine Reduktion des Feedbacks auf ein rein akustisches Signal scheint weniger sinnvoll zu sein, da neben Fahrgeräuschen vor allem bei geöffnetem Fenster oder Verdeck sowie Unterhaltung oder Musik das akustische Feedback sehr schnell untergeht und letztlich nur noch die haptische Mode bleibt.

4.2.4 Funktionsprinzipien von Touchscreen-Displays

Gegenüber den elektromechanischen Drehstellern und Drucktastern, die in vielzähligen konstruktiven Varianten entwickelt wurden, finden sich bei Touchscreen-Displays vier grundsätzliche Funktionsprinzipien der Berührungserkennung. Diese werden im Weiteren näher erläutert.

Resistive Sensorik

Die resistive Sensorik nutzt die Widerstandsänderung leitender Schichten um die Betätigung zu erkennen. Hier existieren verschiedene Techniken von denen zwei im Folgenden vorgestellt werden.

Als Beispiel für einen resistiven Touchscreen sei der *4-wire Touchscreen* genannt. Über dem Display befinden sich zwei transparente Elektroden (z. B. aus einem ITO-beschichteten (Indium-Zinnoxid-Schicht) Träger), die mit Spacern auseinander gehalten und isoliert werden.

Zwischen den Elektroden U_1 und U_2 wird eine Gleichspannung angelegt, die zu einem homogenen elektrischen Feld auf der widerstandsbehafteten ITO-Schicht führt. Berührt man den Bildschirm, berühren sich die beiden Schichten und bilden gemäß Abbildung 4.21 einen Spannungsteiler.

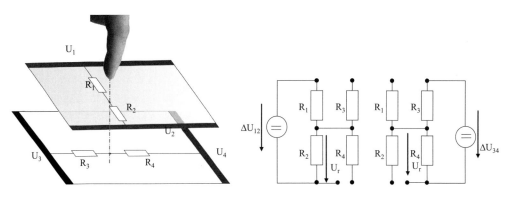

Abbildung 4.21 4-Draht resistiver Touchscreen

Schaltet man nun in schneller Folge zwischen der oberen und unteren Schaltung um, kann man auch schnelle Bewegungen als proportionale Spannungen messen. Die jeweils messende Seite dient also bei entsprechend hochohmiger Messung als flächige Messelektrode. Nachteil des Verfahrens ist, dass Materialinhomogenitäten und Risse das Ergebnis verzerren können und dass es sich um ein mechanisch bewegtes System handelt. Man kann zwar die Genauigkeit noch erhöhen (insbesondere bei großen Bildschirmen), indem man die Folien zweiteilt (8-wire), kommt aber am Grundproblem nicht vorbei.

Beim *5-wire resistive Touchscreen* wird zumindest die Ungenauigkeit durch Materialinhomogenitäten sowie der Einfluss von Leckströmen auf der Messelektrode dadurch verringert, dass nur die rückwärtige Elektrode (aus Glas) widerstandsbeschichtet ist, während die Frontfolie ideal leitet.

Abbildung 4.22 5-Draht resistiver Touchscreen

Im ersten Schritt werden die Anschlüsse *A* und *B* verbunden und an die Eingangsspannung gelegt, während *C* und *D* verbunden und an Masse gelegt werden (Abbildung 4.22). An der Frontfolie lässt sich dann das Teilerverhältnis in vertikaler Richtung ableiten. Im zweiten Schritt werden die Anschlüsse *A* und *C* verbunden und an die Eingangsspannung gelegt, während *C* und *B* verbunden und an Masse gelegt werden. Die Frontfolie misst in diesem Fall das horizontale Teilerverhältnis. Dennoch bleibt das System mechanisch bewegt und abhängig von der Material-homogenität, die sich durch Brüche oder Stauchungen etc. ändern kann.

Kapazitive Sensorik

Kapazitive Touchscreens kommen ohne bewegte Teile aus und sind deshalb deutlich robuster. Man unterscheidet Oberflächensensoren und projizierte Sensoren. Bei den *Oberflächensensoren* werden an die vier Ecken des leitfähigen Bildschirms elektrische Wechselspannungen angelegt, die sich zu einem charakteristischen Feld überlagern. Berührt man mit dem Finger die Glasober-fläche, so bildet sich eine Kapazität zwischen Finger und rückwärtiger Elektrode aus, die einen kleinen Verschiebungsstrom ableitet. Den Ausgleichsstrom kann man an den Ecken messen und auf die Position des Fingers beziehen. Eine Alternative ist der projizierte kapazitive Touchscreen, bei dem eine Matrix von feinen Drähte oder ITO-Leiterbahnen aufgebaut wird (Abbildung 4.23). Auch hier wird berührungslos und ohne bewegte Teile gemessen. Die kapazitiven Ableitströme werden an den entsprechenden Zeilen und Spalten ermittelt. Beide Verfahren sind robust, da man mit unbeschichteten, aber dünnen Glasoberflächen arbeiten kann. Sensoren mit Matrix arbeiten sogar noch mit Handschuhen und in begrenztem Maß bei Belägen z. B. durch Staub, Schnee und Eis.

Oberflächenwellensensoren

Touchscreens mit passivem *Oberflächenwellensensor* (*Acoustic Pulse Recognition* – APR) be-ruhen auf der Tatsache, dass jede Berührung eine Körperschallwelle auf der Scheibe auslöst (Abbildung 4.24). Die Wellenfront trifft bei an unterschiedlichen Stellen platzierten Mikropho-nen phasenverschoben ein. Durch Lösung der inversen Wellengleichung oder durch Vergleich

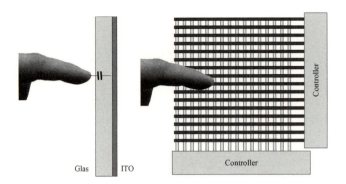

Abbildung 4.23 Kapazitiver Touchscreen (links: projiziert, rechts: surface)

mit einem hinterlegten Profil kann der Auslösepunkt lokalisiert werden. Voraussetzung ist allerdings, dass Fremdschall durch geeignete Signalverarbeitung kompensiert bzw. nicht im Profil identifizierbar ist.

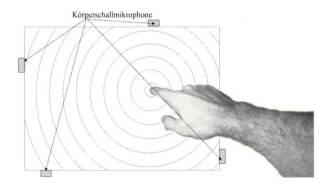

Abbildung 4.24 Touchscreen mit Oberflächenwellenprinzip (APR)

APR Sensoren eignen sich insbesondere für die Bedienung mit harten Gegenständen, Stiften o. Ä. in unwirtlichen Umgebungen und sind sicher vor Vandalismus.

Anstelle des passiven Sensors können auch Piezo-Elemente an den Ecken der Scheibe angebracht werden. Von diesen werden im Burst-Betrieb akustische Wellen (im fernen Ultraschallbereich) ins Glas eingespeist. Geeignete Reflektoren führen die Wellen, die schließlich von den Empfängern wieder gemessen werden. Berührung dämpft die Wellen lokal, sodass sich das Echo geringfügig ändert. Aktive Oberflächenwellensensoren (SAW – Surface Acoustic Wave oder Piezo-Touchscreen) sind für Glasstärken von einigen Millimetern ausgelegt und extrem zerstörungssicher.

Infrarot-Sensoren (IR)

IR Sensoren beruhen auf einer Zeile von IR-LEDs und gegenüberliegenden Fototransistoren jeweils für die *x*- und die *y*-Richtung. Die LEDs werden im Multiplexbetrieb angesteuert. Dämpft ein Finger oder Stift den Strahl, so empfangen die gegenüberliegenden Fototransistoren kein Licht mehr, und das Gerät detektiert, von welcher LED der unterbrochene Strahl kam. So lassen sich genaue und robuste Positionsmessungen realisieren, die allerdings empfindlich gegenüber Staub oder sonstigen Belägen sind.

4.3 Haptisches Design

Haptisches Design befasst sich primär mit den oben erläuterten technischen Größen und den Auswirkungen von Veränderungen auf das menschliche Empfinden.
Das Ziel ist es, Bedienelemente haptisch möglichst „positiv" auszulegen. Dies bedeutet zum einen eine klare und eindeutige Rückmeldung und zum anderen eine positive Wertanmutung zu erzeugen.
Letzteres ist ein wichtiges durchaus kaufentscheidendes Kriterium, denn der Qualitätseindruck beim Kauf wird schließlich, wenn auch meist unbewusst, durch das Vorhandensein oder Fehlen von Mängeln bestimmt. Überdies soll die Bedienung eine geringst mögliche Ablenkung und Konzentration für den Bediener bedeuten, um ein möglichst entspanntes Umfeld, gerade im Kraftfahrzeug, zu schaffen.
Generell müssen Bedienelemente „einfach funktionieren" und „Spaß machen"! Dass dies nicht einfach ist, zeigen die technischen und ökonomischen Anforderungen sowie die in den Abschnitten 4.1.1 und 4.2.1 beschriebene Vielschichtigkeit der haptischen Einflussgrößen.

4.3.1 Haptische Grundlagenuntersuchungen

Die Untersuchung haptischer Problemstellungen muss aufgrund der Kopplung objektiv messbarer Größen mit subjektiver menschlicher Wahrnehmung auf Basis von Probandenstichproben erfolgen, sei dies zum Zweck der Überprüfung von Entwicklungsstadien neuer Produkte oder zur Erforschung wissenschaftlicher Grundlagen.
Hierzu werden Tests an realen Bedienelementen (Abbildung 4.25) aber auch an haptischen Simulatoren für Bedienelemente (Abbildung 4.26) durchgeführt. Letztere haben den Vorteil, dass sämtliche Parameter individuell reproduzierbar eingestellt werden können. Weiterhin befindet sich das simulierte Bedienelement immer an derselben Stelle. Dagegen unterliegt die Herstellung von Varianten realer Bedienelemente großen Fertigungstoleranzen sowie starker Wechselwirkungen innerhalb der einzelnen Baugruppen. Ein Umgreifen lässt sich hier kaum vermeiden. Im Gegensatz zu akustischen und optischen Simulatoren ist die Haptik immer rückwirkungsbehaftet und benötigt daher einen Simulator für höchste Kräfte und genaueste räumliche Auflösung bei zugleich geringster Masse und kleinstem Volumen. Kommerziell sind derartige haptische Simulatoren noch nicht ausgereift erhältlich, werden aber von verschiedenen Forschungsgruppen für ihre Untersuchungen entwickelt (Bsp. Abbildung 4.25).

Abbildung 4.25 Haptische Untersuchungen an realen Bedienelementen. Bild links: MMI-Labor der Audi AG (Foto: Audi AG), Bild rechts: Usability Labor bei Mercedes (Foto: Produktkommunikation Mercedes Car Group)

Abbildung 4.26 Haptische Untersuchungen mittels Haptik-Simulatoren am Automotive Competence Center (ACC) der Hochschule Heilbronn. Sitzbox mit integrierten Simulatoren (Foto: ACC Hochschule Heilbronn)

4.3.2 Stand der Forschung

Haptisches Design beruht nach wie vor hauptsächlich auf Erfahrungswerten. Wissenschaftlich fundierte Veröffentlichungen gibt es nur sehr wenige. Im Folgenden wird kurz auf aktuelle Ergebnisse der Forschung eingegangen.

Rotatorische Bedienelemente

Eine haptische Interpretation der *Drehmoment-Drehwinkel-Kennlinie* verursacht in der Regel größere Schwierigkeiten und kann nur mit viel Erfahrung korrekt durchgeführt werden (vgl. hierzu Abbildung 4.27 links). Dies beginnt mit der Definition der Ruhelage, die nach Lektüre von Abschnitt 4.2.2 jedoch gefunden werden sollte. Zu nennen wären noch Phänomene wie die starke haptische Ähnlichkeit von sinus- und einer dreieckförmigen Kennlinien, obwohl diese grafisch als deutlich unterschiedlich empfunden werden. Dazu zählt auch die haptische Unterscheidung zwischen einem Sägezahn mit steil ansteigender Flanke und einem Sägezahn mit flach ansteigender Flanke, die gerne als links- oder rechtsdrehende Eigenschaften interpretiert werden. Abhilfe zu diesen Interpretationsproblemen schafft die so genannte *Integralkennlinie* (siehe Abbildung 4.27 rechts). Sie wird aus dem Integral der Drehmoment-Drehwinkel-Kennlinie über dem Drehwinkel ermittelt und resultiert aus der gespürten haptischen Abbildung der Rastung. Näheres dazu findet man bei [RWMB05] und [RWMB06].

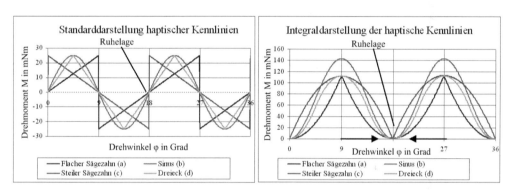

Abbildung 4.27 Links: Drehmomentdarstellung der haptischen Charakteristika. Es handelt sich hierbei um idealisierte Kennlinientypen zur Feststellung haptischer Parameter. Rechts: Integraldarstellung der haptischen Charakteristika. Die Charakteristik der Ruhelage zwischen den Pfeilspitzen ist sehr schön zu erkennen. Der flache Sägezahn hat eine weite, weiche Ruhelage, während der steile Sägezahn eine harte, eng geführte Ruhelage besitzt. Die Übergänge (Maxima) zeigen einen besonders runden, weichen Übergang beim steilen Sägezahn (c), während der flache Sägezahn (a) zunehmend steiler ansteigt und sprungartig abfällt.

Neben der intuitiven Lesbarkeit ergeben sich daraus weitere wichtige Erkenntnisse: Ecken oder Kanten der Drehmomentkennlinie werden, aufgrund des integralen Charakters, „verschliffen", d. h. diese haben keinen starken Einfluss auf die Rastung eines Bedienelementes.
Darüber hinaus lässt sich aufgrund dieses Effektes die Anzahl der beschreibenden Parameter verringern. Auf Basis dessen kommt [RWMB07] anhand von Versuchen auf die grundlegende Zielrichtung für das Rastungsdesign von Drehstellern, das grundsätzlich positiv empfunden wird. Dies hat die Gestalt einer sägezahnförmigen Drehmoment-Drehwinkel-Kennlinie, die eine steile ansteigende Flanke und eine flach abfallende Flanke besitzt, ähnlich der Kennline „Steiler Sägezahn" in Abbildung 4.27 (rechts (c)).

Translatorische Bedienelemente

Bei translatorischen Bedienelementen ist die Interpretation nicht ganz so einfach. Die wissenschaftliche Klärung einer empfindungsgemäßen Beschreibung steht noch aus. Hier gibt es im
Vergleich zu den rotatorischen Bedienelementen eine größere Anzahl von Parametern zu identifizieren, was einen deutlich größeren Aufwand erfordert.
Daher beschränkt sich das Design auf die Variation der drei Grundtypen aus Abschnitt 4.2.2 und
daraus abgeleiteter mehrstufiger Taster.

4.4 Ausblick

Das Thema „Haptik von Bedienelementen" steckt wissenschaftlich noch in den Kinderschuhen
und es besteht noch enormer Klärungsbedarf. Neben der Untersuchung der haptischen Wahrnehmung von Bedienelementen kommen vermehrt Forderungen nach variablen aktiven Bedienelementen zur Entwicklung und Unterstützung neuartiger Bedienkonzepte. Diese reichen
von variablen Schrittweiten über einstellbare Winkelbereiche mit softwareseitig einstellbaren
Anschlägen bis hin zu haptischer Kodierung. Drive-by-Wire erfordert aktive Stellteile zur opti-
mierten haptischen Abbildung der realen Fahrbedingungen und zur Unterstützung des Fahrers
durch Fahrerassistenzsysteme wie Spurführungsassistent, Tempomat oder Vigilanzwarnsysteme
(Sekundenschlaf-Warnung).
Allen haptischen Systemen, seien es einfache passive Bedienelemente oder aktive Stellteile, obliegt die grundsätzliche Frage der betätigungshaptischen Wahrnehmung. Es bestehen hier noch
keine Standards, was eine umfassende haptische Spezifizierung von Bedienelementen angeht.
Die Vorteile von Standards sind aus vielen Bereichen bekannt, und es ist selbstredend, dass einheitliche Anforderungen und Begrifflichkeiten, gerade zwischen verschiedenen Herstellern und
Zulieferern, allen einen großen Nutzen bringt. Ziel muss es sein, einen einheitlichen Standard zu
setzen, innerhalb dessen jeder seinen Markenplatz einnehmen kann.

4.5 Zum Weiterlesen

Neben Literatur haben sich in den letzten Jahren Konferenzen und Societies etabliert, die im
Folgenden aufgeführt sind.

- **Normen**
  Eine erste Normierung bezüglich der Vermessung von Drucktasten findet sich bei [DIN92].
  Ansonsten befasste sich [WCP04] mit dem Thema Messung von Drucktasten.

- **Betätigungshaptik**
  Untersuchungen zur Betätigungshaptik werden z. B. bei [Bub01], [YTB+03], [YTB+05],
  [RWMB05], [ABS06], [RWMB06] und [RWMB07] vorgestellt. [Dör03] arbeitet an einem
  variabel haptisch kodierbaren Bedienelement und liefert eine gute Zusammenfassung über
  Grundlagenuntersuchungen über die haptische Wahrnehmung der Hand wie z. B. auch

[WH67], [PTD91], [TDBS95] und [Hay04]. [MOW⁺04] stellt ein haptisch kodierbares Bedienelement vor.

- **Ergonomie**
  Ergonomische Hintergründe zu Stellteilen findet man bei [BIS02] und [SBJR02].

- **Physiologie und Psychologie**
  Informationen zur menschlichen Physiologie findet man bei [ST95], [DSH04] sowie [TMV99]. Speziell mit der Psychologie der Wahrnehmung setzt sich [Gol02] auseinander. Zum Thema Multimodalität und Crossmodalität findet man bei [LK04] eine gute Übersicht. [BGVC88] hat grundlegende Arbeiten zum Thema Sinneseindrücke der Mechanosensoren geleistet.

- **Arbeitsgruppen und Societies**
  Im europäischen Raum hat sich die Haptics L, zu finden unter http://www.roblesdelatorre.com/gabriel/hapticsl/, gebildet, während aus dem IEEE zum einen ein elektronisches Journal (http://www.haptics-e.org) sowie das *Haptics Technical Committee* (http://www.worldhaptics.org) herausgebildet wurde. Gemeinsam ist allen, dass sie sich mit der gesamten Bandbreite haptischen Feedbacks befassen. Die Betätigungshaptik stellt nur einen sehr kleinen Anteil dar, profitiert jedoch u. a. von den breiten Grundlagenuntersuchungen.

- **Konferenzen**
  Als Konferenzen im haptischen Bereich seien vor allem die Europäische *EuroHaptics* (http://www.eurohaptics.org) und das amerikanische *Haptic Symposium* (http://www.hapticssymposium.org) genannt. Diese finden alle zwei Jahre gemeinsam in Form der *WorldHapticsConference* (http://www.worldhaptics.org) statt.

  Im deutschsprachigen Raum befassen sich unter anderen die *Gesellschaft für Arbeitswissenschaften* GfA (http://www.gfa-online.de) sowie der VDI (http://www.vdi.de) mit dem Thema Haptik.

- **Technische Hintergründe**
  Zu mechanischen Problemen und Konstruktionen findet man nähere Informationen bei [Rot00] und [Kra89]. Ein hervorragender Überblick über Touchscreens findet sich im Web unter http://www.elotouch.com/products/.

4.6 Literatur zur Haptik

[ABS06] ANGUELOV, N. ; BLOSSEY, S. ; SCHMAUDER, M.: Steigerung der Wertanmutung von Bedienteilen im Kfz- Innenraum durch psychohaptische Kenngrößen. In: *Innovationen für Arbeit und Organisation 52. Kongress der Gesellschaft für Arbeitswissenschaft, Fraunhofer – IAO, Stuttgart, 20. – 22. März 2006*, GfA Press, 2006, S. 87–90

[Alp] ALPINE: *Alpine PulseTouch®Display*. – PulseTouch® http://www.alpine.de/typo3/index.php?id=PulseTouch%99%20Display&L=1; (Aug 2007)

[BGVC88] BOLANOWSKI, S. Jr. ; GESCHEIDER, G. ; VERILLO, R. ; CHECKOSKY, C.: Four channels mediate the mechanical aspects of touch. In: *Journal of the Acoustical Society of America (JASA), American Institute of Physics (AIP)*, 84 (1988), November, Nr. 5

[BIS02]   BULLINGER, Hans-Jörg ; ILG, Rolf ; SCHMAUDER, Martin: *Ergonomie. Produkt- und Arbeitsplatz-gestaltung.* Teubner, 2002. – ISBN 3519063662

[Bub01]   BUBB, H.: Haptik im Kraftfahrzeug. In: JÜRGENSOHN, Thomas (Hrsg.) ; TIMPE, Klaus-Peter (Hrsg.): *Kraftfahrzeugführung.* Springer, Berlin, 2001. – ISBN 3540420126, Kapitel 10, S. 155–175

[DIN92]   DIN: *DIN EN 196000 Fachgrundspezifikation Elektromechanischer Schalter.* 1992

[DMH06]   DEML, B. ; MIHALYI, A. ; HANNIG, G.: Development and Experimental Evaluation of a Thermal Display. In: *Proceedings of EuroHaptics 2006, Paris, France, 3–6. July*, 2006, S. 257–262

[Dör03]   DÖRRER, C.: *Entwurf eines elektromechanischen Systems für flexibel konfigurierbare Eingabe-felder mit haptischer Rückmeldung.*, TU Darmstadt, Diss., 2003

[DSH04]   DEETJEN, Peter ; SPECKMANN, Erwin-Josef ; HESCHELER, Jürgen: *Physiologie.* 4. Auflage. Urban & Fischer Bei Elsevier, 2004. – ISBN 3437413171

[Gol]   GOLEM: *Pantech-Handy mit Hauptdisplay und OLED-Touchscreen.* – http://www.golem.de/0705/52179.html (Aug 2007)

[Gol02]   GOLDSTEIN, E. B.: *Wahrnehmungspsychologie.* Spektrum Akademischer Verlag, 2002. – ISBN 3827410835

[Hay04]   HAYWARD, V.: Display of Haptic Shape at Different Scales. In: *Proceedings of EuroHaptics 2004, Munich Germany, June 5–7*, 2004, S. 20–27

[Imma]   Immersion Touch Sense ®System http://www.immersion.com/industrial/touchscreen/ (Aug 2007)

[Immb]   IMMERSION: *Samsung-Handy: fühlbares Feedback von einem Touchscreen VibeTonz-Technik verleiht den Berühr-Displays mechanische Eigenschaften.* – http://www.immersion.com/mobility/solutions/ http://www.golem.de/0701/50033.html (Aug 2007)

[Kra89]   KRAUSE, W.: *Konstruktionselemente der Feinmechanik.* 2. Auflage. Hanser Verlag, 1989. – ISBN 3446153322

[LK04]   LEDERMAN, S. ; KLATZKY, R.: Multisensory Texture Perception. In: CALVERT, Gemma (Hrsg.) ; SPENCE, Charles (Hrsg.) ; STEIN, Barry E. (Hrsg.): *The Handbook of Multisensory Processes.* Bradford Book, 2004. – ISBN 0262033216, Kapitel 7, S. 107–122

[MOW+04]   MICHELITSCH, G. ; OSEN, M. ; WILLIAMS, J. ; JIMENEZ, B. ; RAPP, S.: Haptic Chameleon. In: *Proceedings of the 4th International Conference EuroHaptics 2004*, TU-München Lehrstuhl für Steuerungs- und Regelungstechnik, 2004. – ISBN 3980961400, S. 340–343

[PTD91]   PANG, X. D. ; TAN, H. Z. ; DURLACH, N. I.: Manual discrimination of force using active finger motion. In: *Perception & Psychophysics* 49 (1991), S. 531–540

[Rot00]   ROTH, Karlheinz: *Roth, Karlheinz, Bd.1 : Konstruktionslehre.* 3. Auflage. Springer, Berlin, 2000. – ISBN 3540671420

[RWMB05]   REISINGER, J. ; WILD, J. ; MAUTER, G. ; BUBB, H.: Mechatronik tools in haptic research for automotive applications. In: *Proceedings of the 6th International Workshop on Research and Education in Mechatronics REM 2005., 30.6.-1.7.2005*, 2005. – ISBN 2–9516453–6–8, S. 293–298

[RWMB06]   REISINGER, J. ; WILD, J. ; MAUTER, G. ; BUBB, H.: Haptical feeling of rotary switches. In: *Proceedings of the Eurohaptics International Conference 3.-6.July 2006, Paris, France*, 2006, S. 49–55

[RWMB07]   REISINGER, J. ; WILD, J. ; MAUTER, G. ; BUBB, H.: Haptische Optimierung der Mensch-Maschine-Schnittstelle Bedienelement. In: *Kompetenzentwicklung in realen und virtuellen Arbeitssyste-men 53. Kongress der Gesellschaft für Arbeitswissenschaften, Otto-von-Guericke-Universität, Frauenhofer – IFF Magdeburg, 28.2.–2.3.2007*, GfA Press, March 2007, S. 361–364

[SBJR02] SCHMIDTKE, Heinz ; BULLINGER, Hans J. ; JÜRGENS, Hans W. ; ROHMERT, Walter: *Handbuch der Ergonomie: Band 1 bis 5 einschliesslich aller Ergänzungslieferungen.* Bundesamt für Wehrtechnik und Beschaffung, 2002. – ISBN 3927038709

[ST95] SCHMIDT, Robert F. ; THEWS, Gerhard.: *Physiologie des Menschen (Springer-Lehrbuch).* 26. Auflage. Springer-Verlag GmbH, 1995. – ISBN 3540580344

[TDBS95] TAN, Hong Z. ; DURLACH, Nathaniel I. ; BEAUREGARD, G. L. ; SRINIVASAN, Mandayam A.: Manual discrimination of compliance using active pinch grasp: The roles of force and work cues. In: *Perception & Psychophysics* 57 (1995), Nr. 4, S. 495–510

[TG07] TREIBER, A.S. ; GRUHLER, G.: Vorstellung eines mobilen Prüfstandes zur Messung der Akustik von Bedienelementen. In: *Fortschritte der Akustik – DAGA 07, 19.–22. März 2007 Stuttgart,* 2007

[TMV99] THEWS, Gerhard ; MUTSCHLER, Ernst ; VAUPEL, Peter: *Anatomie, Physiologie, Pathophysiologie des Menschen.* 5. Auflage. Wissenschaftliche Verlagsges., 1999. – ISBN 3804716164

[VDE] VDE: *VDE-Norm: VDE 0470, Teil 1 2000-09 DIN EN 60529*

[VDM04] VDMA: *Leitfaden Software-Ergonomie – Gestaltung von Bedienoberflächen.* VDMA Landesverband Bayern, Fachverband Softwareergonomie, 2004

[Wat03] WATZLAWICK, P.: *Wie wirklich ist die Wirklichkeit? Wahn, Täuschung, Verstehen.* Piper, München, 2003

[WCP04] WEIR, D. ; COLGATE, J. ; PESHKIN, M.: The Haptic Profile: Capturing the Feel of Switches. In: *International Symposium on Haptic Interfaces for Virtual Environment and Teleoperator Systems (HAPTICS 2004)*, IEEE Press, 2004. – ISBN 0769521126

[WH67] WOODRUFF, B. ; HELSON, H.: Torque Sensitivity as a Function of Knob Radius and Load. In: *American Journal of Psychology* 80 (1967), S. 558–571

[WH99] WALL, S.A. ; HARWIN, W.S.: Modelling Of Surface Identifying Characteristics Using Fourier Series. In: *Proc. ASME Dynamic Systems and Control Division (Symposium on Haptic Interfaces for Virtual Environments and Teleoperators)* Bd. 67, 1999, S. 65–71

[YTB+03] YANG, S. ; TAN, H. ; BUTTOLO, P. ; JOHNSON, M. ; PIZLO, Z.: Thresholds for dynamic changes in a rotary switch. In: *Proceedings of EuroHaptics 2003, July 6–9,* 2003, S. 343–350

[YTB+05] YANG, S. ; TAN, H. ; BUTTOLO, P. ; JOHNSON, M. ; PIZLO, Z.: Detection of torque vibrations transmitted through a passively-held rotary switch. In: *Proceedings of EuroHaptics 2004, Munich, Germany, June 5–7, 2004.,* 2005, S. 217–222,

5 Netzwerke im Fahrzeug

Lothar Krank, Ansgar Meroth, Andreas Streit, Boris Tolg

Nachdem in den vorangegangenen Kapiteln die Schnittstellen zwischen den Infotainmentsystemen und den Benutzern beschrieben wurden, werden in den beiden folgenden Kapiteln die Grundlagen der Kommunikation zunächst zwischen den Systemkomponenten eines in sich abgeschlossenen Infotainmentsystems und dann zwischen dem Infotainmentsystem und der Außenwelt vorgestellt. Auch hier soll lediglich ein Überblick gegeben werden, der den Leser dazu befähigt, in der weiterführenden Literatur in die Tiefe einzusteigen.

Aufgabe der *Rechnernetze im Fahrzeug* ist es, Daten von Sensoren, Steuergeräten und Aktoren zu transportieren und zusammenzuführen. Dabei kommunizieren in einem modernen Fahrzeug bis zu 80 einzelne Steuergeräte direkt oder indirekt über Gateways miteinander und mit der Fahrzeugumwelt. Historisch wuchs der Einsatz von Rechnernetzen im Fahrzeug durch die Notwendigkeit, Kabel zu sparen, wachsen doch die Kabelbäume in Premiumfahrzeugen auf eine Gesamtlänge von vielen Kilometern an und tragen damit zu einem erheblichen Teil zum Fahrzeuggewicht bei.

Durch Netzwerke stehen Informationen im Fahrzeug überall (ubiquitär) zur Verfügung. Dadurch können sie mehrfach genutzt werden, was unter anderem Sensoren einspart und zentrale Diagnose-, Download- und Kontrollmöglichkeiten bietet. Zudem erwachsen aus dem Zusammenspiel der Steuergeräte verteilte Anwendungen, die durch die einzelnen Geräte selbst nicht darstellbar sind. Insbesondere Fahrerassistenzsysteme profitieren von diesen Möglichkeiten. In der Systemtechnik spricht man in diesem Zusammenhang von *Emergenz* bzw. emergenten Funk-

Abbildung 5.1 Vernetzte Steuergeräte (Bild: Produktkommunikation Mercedes Car Group)

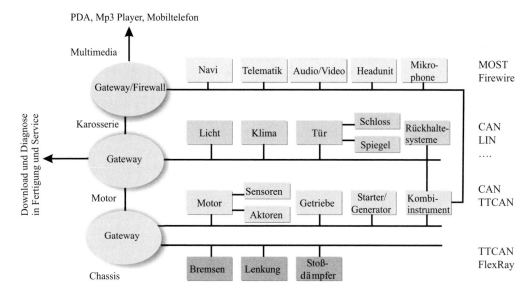

Abbildung 5.2 Fahrzeugdomänen und Netzwerke

tionen, wenn diese erst durch das Zusammenspiel einzelner Systembestandteile existieren, nicht aber durch die Summe aller Systembestandteile selbst.

Mit der ubiquitären Verfügbarkeit von Informationen löst sich Funktionalität von einem konkreten Steuergerät und einem konkreten Einbauort. Beispielsweise können die Bordspannungsüberwachung und Laderegelung in einem Fahrzeug von einem Karosseriesteuergerät oder einem Gateway mitbedient werden oder aber vom Kombiinstrument. *Logische Systemarchitekturen* und *physikalische Systemarchitekturen* trennen sich. In der Folge kann die *Modularisierung* gesteigert werden mit dem Ziel, funktionale Komponenten über unterschiedliche Fahrzeugarchitekturen hinweg wiederzuverwenden.

Obwohl es in Zukunft eher zu einer rückläufigen Anzahl von Steuergeräten kommen wird, wird das Datenaufkommen steigen und damit die Erfordernis zunehmend komplexer Protokolle, weil Funktionen über Steuergerätegrenzen hinweg partitioniert und verteilte Anwendungen realisiert werden. Damit entscheidet nicht mehr das einzelne Steuergerät über die Qualität des Systems, sondern die Interaktion innerhalb und zwischen den Teilsystemen, die zunehmend schwerer vorhersagbar ist. Nicht nur die Funktionalität des Netzwerks ist emergent, auch seine Fehleranfälligkeit ist es. Fazit: Mit zunehmender Vernetzung steigt auch der Anspruch an die *Integrationsfähigkeit* der Entwicklung in der Automobiltechnik.

Infotainment- und Fahrerassistenzsysteme integrieren Daten aus allen Domänen des Fahrzeugs (Abbildung 5.2), und speziell neben den Daten aus Unterhaltungsquellen auch Daten aus Motor- und Antriebsstrang, Karosserieelektronik, Fahrwerk/Chassis und externen Quellen.

Insbesondere die externen Quellen, z. B. über Kommunikationsverbindungen (Kapitel 6), Download- und Diagnoseschnittstellen und mobile Geräte (*nomadic devices*) eröffnen völlig neue Möglichkeiten der Information und Assistenz, der Bereitstellung von Diensten, Inhalten und Software und der Abrechnung. Sie stellen aber auch ein erhebliches Sicherheitsrisiko dar, das

Missbrauchsszenarien, begonnen von unzulässigem Eingriff in das Fahrzeugmanagement, über das Ausspähen geschützter Inhalte bis zu Diebstahl und Sabotage möglich macht.

Die Anforderungen an Netzwerke[1] aus den verschiedenen Fahrzeugdomänen unterscheiden sich massiv hinsichtlich Datenraten, Sicherheit, Echtzeitfähigkeit und Reaktionsfähigkeit, wie Tabelle 5.1 zeigt. Aber auch der physikalische Einsatzort spielt eine Rolle bei der Auswahl eines Bussystems, weil er beispielsweise über Temperaturanforderungen, Beschleunigungsanforderungen (Vibrationen) und Anforderungen an die Verträglichkeit gegenüber elektromagnetischen Einstrahlungen (EMV) und Versorgungsspannungsschwankungen entscheidet.

Tabelle 5.1 Domänenanforderungen an Bussysteme

Domäne	Applikations-beispiel	Sicherheits-anforderung	Reaktions-zeit	Echtzeit-fähigkeit	Daten-aufkommen
Multimedia	Infotainment, Audio/Video, Internet	meist gering	mittel	gering	sehr hoch
Karosserie	Licht, Klima	mittel	mittel	gering	mittel
Rückhalte-system	Gurt, Airbag	hoch	sehr schnell	hoch	gering
Antriebs-strang	Starter, Motor, Getriebe	hoch	schnell	sehr hoch	hoch
Fahr-dynamik	ESP, Lenkhilfe	sehr hoch	sehr schnell	sehr hoch	hoch

Hieraus ergibt sich, dass Netzwerke im Fahrzeug *heterogene* Netzwerke sind, in denen unterschiedliche Topologien, Übertragungsmedien und Protokolle notwendig sind. Die Kommunikation zwischen ihnen erfolgt über ein zentrales oder mehrere dezentrale Gateways, die die Umsetzung der elektrischen Schnittstellen und der Kommunikationsprotokolle und den Zugriffsschutz (Firewall) bewerkstelligen.

Gängige Auswahlkriterien für Bussysteme sind die **Bandbreite** (Netto-Datenrate), die **Störsicherheit**, das **Zeitverhalten** (siehe Abschnitt 5.3.4), ihre **Skalierbarkeit** (Anzahl der Teilnehmer), ihr **Fehlerverhalten** (z. B. gezieltes Abschalten im Fehlerfall, der fault-silent-mode oder ihre Toleranz gegenüber Fehlern im Netz) und nicht zuletzt die **Kosten** (pro Teilnehmer, pro Transceiver, pro Leitung) und ihre **Marktdurchdringung**. Oft spielen jedoch auch politische Entscheidungen und Investitionsstrategien eine Rolle bei der endgültigen Entscheidung für oder gegen ein Bussystem.

Im folgenden Kapitel werden zunächst die Grundlagen für die Datenkommunikation gelegt und die TCP/IP Protokollfamilie vorgestellt. Danach werden als Beispiel für im Fahrzeug-Infotainment eingesetzte Netzwerksysteme und Protokolle CAN, MOST und IEEE1394 (Firewire) kurz beschrieben. Alle Beschreibungen sind bewusst kompakt gehalten, da ein breites Literaturspektrum zu diesem Thema existiert (siehe Abschnitt 5.13).

---

[1] Der Begriff wird synonym zum Begriff *Bussystem* eingesetzt, der sich – obwohl nicht ganz zutreffend – in der öffentlichen Wahrnehmung durchgesetzt hat.

5.1 Schichtenmodell der Kommunikationstechnik

Kommunikation findet statt, wenn Daten[2] von mindestens einer Quelle (*Sender*) an mindestens eine Senke (*Empfänger*) über einen *Nachrichtenkanal* übertragen werden und diese Daten für Sender und Empfänger dieselbe Bedeutung (*Semantik*) besitzen. Dazu müssen *a priori* Informationen über die Art der Kommunikation, speziell

- die Codierung der Daten durch Signale,
- die physikalischen Parameter der Signale und des Nachrichtenkanals und
- das verwendete *Protokoll*

ausgetauscht werden. Protokolle sind dabei Vereinbarungen über den Ablauf der Kommunikation und die dabei ausgetauschten Daten. Sie können sich auf physikalische Abläufe (z. B. Herstellen einer physikalischen Verbindung), Abläufe zur Kommunikationssteuerung (z. B. Verbindungsaufbau, Routing von Datenpaketen, Diagnose) und auf die Übertragung der Nutzdaten selbst beziehen. Damit Kommunikationsteilnehmer unterschiedlicher Hersteller dieselben Protokolle nutzen können, sind diese in der Regel standardisiert. Den meisten Kommunikationsstandards liegt das so genannte OSI[3] Schichtenmodell zugrunde. Es untergliedert die Verfahren zur Datenübertragung in sieben Schichten mit jeweils speziellen Aufgaben. Diesem Ansatz liegt die Idee zugrunde, dass SW-Anwendungen nicht direkt mit ihrer Gegenstelle kommunizieren (horizontale Kommunikation), sondern über einen *Dienstzugangspunkt* mit einem *Dienst*, der die Nachricht weiter gibt (vertikale Kommunikation), wie Abbildung 5.3 zeigt.

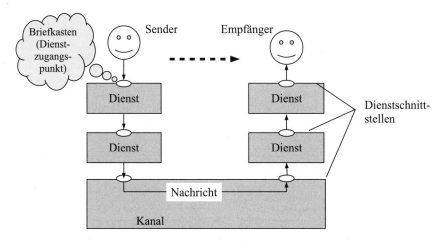

Abbildung 5.3 Vertikale und horizontale Kommunikation

Für die Kommunikationssteuerung hat dies beträchtliche Konsequenzen. Die Schichten, die als eigenständige Instanzen existieren können, benötigen für die (virtuelle) horizontale Kommunikation untereinander Protokolle aber auch die Nutzung der nächsttieferliegenden Schicht für die

---

[2] Informationen werden daraus durch Interpretation durch den Empfänger.
[3] Open Systems Interconnection Reference Model.

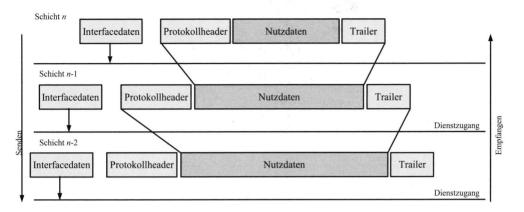

Abbildung 5.4 Protokollstack

vertikale Kommunikation erfolgt nach einem Protokoll. Die dafür benötigten Protokolldaten (für die horizontale) bzw. Interfacedaten (für die vertikale Kommunikation) werden vor (Header) oder hinter (Trailer) die eigentlichen Nutzdaten (engl. *Payload*) angehängt. Damit erhöht sich die Größe des Datenpakets von Schicht zu Schicht, wobei Protokolldaten und Nutzdaten der nächsthöheren Schicht als Nutzdaten der nächsttieferen Schicht interpretiert werden (Abbildung 5.4). Man spricht hier von einem *Protokollstapel* (engl. *protocol stack*). Bei der Betrachtung der Datenrate auf einem Bussystem ist sorgfältig zwischen der *Brutto-Datenrate* und der *Netto-Datenrate* zu unterscheiden, die sich je nach *Protokolleffizienz* deutlich davon unterscheiden kann.

Da das OSI-Modell weltweit anerkannt ist und in der Vergangenheit als Ordnungsrahmen in den wesentlichen Kommunikationsstandards Einzug gehalten hat, kann man es auch als Super-Standard für Kommunikationssysteme bezeichnen[4]. Die Standardisierung vieler Kommunikationsarten auf Basis dieses weltweit einheitlichen Modells hat einige Vorteile:

- Die Entwicklungsingenieure verwenden weltweit die gleiche technische „Sprache"
- Die Übertragungsprotokolle werden herstellerunabhängig implementiert, so dass Geräte verschiedener Hersteller problemlos miteinander kommunizieren können[5].

In Tabelle 5.2 sind die Schichten des OSI-Modells im Überblick dargestellt, in den folgenden Abschnitten werden dann Aspekte aus den Schichten 1-4 vorgestellt.

Primär unterscheiden sich die in diesem Kapitel beschriebenen drahtgebundenen Netzwerke und die im nächsten Kapitel beschriebenen drahtlosen Netzwerke zunächst in den beiden untersten Schichten, so dass darauf besonderes Gewicht in diesem und im folgenden Kapitel gelegt wird. Darüber liegen unterschiedliche Protokolle. Es existiert hier ein starker Trend zur Vereinheitlichung der oberen Schichten. Viele Multimedianetzwerke benutzen in den obersten Schichten TCP/IP. Auch im Fahrzeug hat dieses Protokoll Einzug gefunden und existiert neben einer Reihe anderer Transportprotokolle, insbesondere für Steuerung, Diagnose und Multimedia.

---

[4] Spezifiziert im Standard ISO 7498.
[5] Die Automobilindustrie ist, wenn auch noch entfernt, auf dem Weg dorthin, siehe Abschnitt 7.2.

Tabelle 5.2 Schichten des OSI-Modells

Schicht	Titel	Funktionen	Standard (ISO-OSI)	Beispiel Protokoll
1	Physical (Bitübertragung)	Elektrische Konnektivität, Kabel oder Antenne	ISO 10022	RS232, 10Base-T, WLAN
2	Data Link (Sicherung)	Sicherung der Übertragung (Fehlerbehandlung), Netzwerkzugriff)	ISO 8886	Ethernet, LLC (IEEE 802.2)
3	Network (Vermittlung)	Schalten von Verbindungen, Weiterleiten von Datenpaketen; Aufbau und Aktualisierung von Routing-Informationen; Flusskontrolle	ISO 8348	IP
4	Transport (Transport)	Übertragung der Nutzdaten; Segmentierung und Multiplexen von Datenpaketen; Kontrolle der Integrität der Daten mit Prüfsummen; Fehlerbehebungsmechanismen; Hierher zählen auch alle Protokolle, die Datenströme lenken („routen") um z. B. Verstopfungen zu vermeiden oder um redundante Wege aufzusetzen.	ISO 8073	TCP, UDP
5	Session (Sitzung)	Stellt die Unversehrtheit der Verbindung zwischen zwei Netzteilnehmern sicher; Steuerung logischer Verbindungen; Synchronisation des Datenaustausches	ISO 8326	ISO 8327 ISO 9548
6	Presentation (Darstellung)	Systemunabhängige Bereitstellung/Darstellung der Daten ermöglicht den Austausch von Daten zwischen unterschiedlichen Systemen; Datenkompression und Verschlüsselung	ISO 8823	ASN.1 (ISO 8824)
7	Application Layer (Anwendung)	Austausch der Nutzdaten spezieller Anwendungen (z. B. E-Mail-Client und -Server)	ISO 8649	HTTP, FTP, NFS, Telnet

5.2   Schicht 1: Physikalische Bitübertragung

5.2.1   Leitungen

Elektrische Leitungen übertragen Energie über die sie umgebenden elektrischen und magnetischen Felder. Die Übertragung basiert auf dem Prinzip, dass ein sich änderndes elektrisches Feld ein Magnetfeld in seiner Umgebung erzeugt, das wiederum ein elektrisches Feld erzeugt usw. Folge ist, dass sich eine elektromagnetische Wellenfront ausbreitet, analog zu einer akustischen Wellenfront in einem Medium.

Da die Ausbreitungsgeschwindigkeit c endlich ist, benötigt das Signal eine gewisse Zeit, bis es vom Sender zum Empfänger gelangt. c hängt dabei vom umgebenden Medium ab, im Vakuum ist sie die Lichtgeschwindigkeit[6] $c = c_0$, bei realen Leitungen wird sie hauptsächlich vom verwendeten Isolierstoff bestimmt und liegt etwa bei $c = 0{,}6c_0$. Damit stellt eine Leitung ein Speicherglied für Energie und für Information dar. Bei einer 5.000 km langen Leitung mit $c = 2 \cdot 10^8\,\mathrm{m/s}$ beträgt die Laufzeit beispielsweise 25 ms, was bedeutet, dass bei einer Datenübertragungsrate von einem Mbit/s bereits 25.000 Bit in der Leitung gespeichert sind. Bei einer vergleichbaren 10 m langen Leitung beträgt die Laufzeit 50 ns. Die absolute Länge einer Leitung spielt weniger eine Rolle als das Verhältnis zwischen Länge und Datenrate, mit anderen Worten, auch eine kurze Leitung ist für die Übertragung lang, wenn nur die Datenrate hoch genug ist.

Durch Leitungsverluste und Polarisationseffekte im Isolierstoff wird jedoch auch Energie dissipiert, so dass eine reale Leitung in erster Näherung ein Tiefpassfilter aus einem Serienwiderstand und einer Parallelkapazität darstellt[7] (siehe Abschnitt 2.2.4). Wie in Abbildung 5.5 zu sehen ist, wird dadurch das Signal verschliffen, so dass bei großen Leitungslängen eine Signalregenerierung notwendig ist.

Neben der Speicherung und Dämpfung hat eine Leitung jedoch auch die Eigenschaft, Energie abzustrahlen und Energie aus der Umgebung der Leitung zu absorbieren. Dies führt zum *Nebensprechen*, engl. *crosstalk*, wenn mehrere Leitungen parallel nebeneinander geführt werden, oder zur Einstreuung von Störimpulsen, wenn Leitungen direkt neben Verbrauchern geführt werden, die von hohen dynamischen Strömen durchflossen werden (im Fahrzeug z. B. Starter, elektrische Antriebe, Generator). Andererseits können Leitungen mit hohen Datenraten wie Antennen wirken, die andere Verbraucher direkt beeinflussen. Dies zu verhindern ist Aufgabe der *elektromagnetischen Verträglichkeit*, *EMV*. Aus Platzgründen sei hier auf die Literatur verwiesen, einen knappen Überblick gibt [Grä07], ein Standardwerk stellt [SK07] dar. Im Fahrzeug spielt die EMV speziell im Umfeld der Datenübertragung eine eminent wichtige Rolle. Neben dem Verdrillen und Schirmen von Leitungen und der Schirmung von Gehäusen gehen EMV-Anforderungen direkt in die Spezifikation der Bussysteme ein. Oftmals widersprechen sie dabei den Anforderungen an Datenraten oder schlichtweg an Einbauort und Entwärmung, denn ein elektromagnetisch dichtes Gehäuse ist oft auch ein schlechter Leiter für die Abwärme der Elektronik, weil die für den Kühlluftstrom notwendigen Öffnungen nicht groß genug oder nicht vorhanden sind. Hier müssen dann besondere Maßnahmen, z. B. Einsatz von Aluminium als Gehäusematerial ergriffen werden.

Auf einen speziellen Punkt sei hier jedoch besonders eingegangen: Das Zusammenspiel zwischen elektrischen und magnetischen Feldern um die Leitung legt ein konstantes, materialabhängiges Verhältnis zwischen Spannung und Strom an jedem Punkt der Leitung fest. Dieses Verhältnis heißt *Wellenwiderstand* Z_L. Er ist unabhängig von jeder Beschaltung an den Leitungsenden, da eine auf der Leitung entlangwandernde Wellenfront diese Enden nicht „sieht". Es ist nun interessant zu überlegen, wie sich eine hinlaufende Welle der Amplitude U_{2h} bzw. I_{2h} verhält, die das Leitungsende erreicht und dort auf einen Verbraucherwiderstand Z_V trifft. Ist die Leitung am Ende mit der Impedanz $Z_V = Z_L$ belastet (abgeschlossen), dann entspricht das Span-

---

[6] Etwa $3 \cdot 10^8\,\mathrm{m/s}$.

[7] Dies gilt für Leitungen, bei denen die Laufzeit kurz gegenüber der Anstiegszeit der Signale ist, andernfalls bildet die Leitung eine grenzwertig infinitesimale Kette von Tiefpässen.

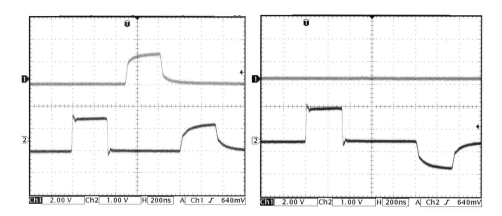

Abbildung 5.5 Impuls von 320 ns Dauer an einer 100 m langen Koaxialleitung (50 Ω);
links: offenes Ende (jeweils oberes Signal), rechts: Kurzschluss am Ende

nungs/Stromverhältnis am Ende genau dem auf der Leitung. Die Folge: Die gesamte Energie
kann absorbiert werden. Man spricht dann von „Anpassung".

Ist die Leitung dagegen kurzgeschlossen, wird eine Spannung 0 erzwungen. Dies führt zu einem Ausgleichsvorgang zwischen der von Null verschiedenen Spannung auf der Leitung und
der Spannung 0 am Leitungsende, der sich als rücklaufende Welle der Amplitude U_{2r} bzw. I_{2r}
zum Leitungsanfang hin fortsetzt. Bei am Ende offenen Leitungen wird dagegen ein Strom 0
erzwungen und auch dies führt zu einer rücklaufenden Welle. Zwischen diesen Extremen wird es
zu einer Teilabsorption der Welle durch den Verbraucher und einer Teilreflexion in der Leitung
kommen.

Das Verhältnis von hinlaufender zu rücklaufender Welle wird über den Reflexionsfaktor r mit

$$U_{2r} = r \cdot U_{2h} \tag{5.1}$$

$$I_{2r} = -r \cdot I_{2h} \tag{5.2}$$

angegeben, der sich wie folgt berechnet:

$$r = \frac{Z_V - Z_L}{Z_V + Z_L} \tag{5.3}$$

Abbildung 5.5 zeigt die Messung eines Impulses von 320 ns Dauer bei abgeschlossenem Leitungsanfang auf einem 100 m langen Koaxialkabel mit einem Wellenwiderstand von 50 Ω. Die
obere Kurve in den Abbildungen zeigt den Impuls am Leitungsende, der offensichtlich 500 ns
verzögert eintrifft. Gut zu sehen ist die Abflachung des Impulses durch die Tiefpasseigenschaft
der Leitung. Nach weiteren 500 ns erreicht der reflektierte Impuls wieder den Leitungsanfang
(untere Kurve). Im Fall der offenen Leitung (linke Abbildung) wird er offensichtlich positiv reflektiert, im Fall der kurzgeschlossenen Leitung negativ (man sieht in der Oszilloskopmessung
natürlich kein Spannungssignal am Leitungsende). Die weitere Verflachung zeigt den erneuten
Durchlauf durch das Tiefpasssystem. Ist auch der Leitungsanfang nicht richtig abgeschlossen,
wandert der Impuls zwischen den Leitungsenden hin und her, wobei er sich immer mehr ver-
schleift und schließlich verschwindet.

Es ist jedoch leicht einzusehen, dass reflektierte Bits auf einer Leitung zumindest in einer frühen Phase wie „echte" Bits aussehen und deshalb Übertragungsfehler auftreten können. Daher ist ein korrekter Leitungsabschluss auch bei kurzen Leitungen extrem wichtig. In der Regel sind die Abschlusswiderstände rein ohmsch, bestehen bisweilen aber auch aus einem R-C-Glied.

5.2.2 Transceiver

Der Begriff *Transceiver* ist ein Kunstwort, zusammengesetzt aus dem Englischen *Transmitter* (Sender) und *Receiver* (Empfänger). Seine Aufgabe ist auf der Senderseite die Signalformung bzw. Signalverstärkung und auf der Empfängerseite die Messung und damit Erkennung des Signals. Dabei spielen folgende Überlegungen eine Rolle:

- *Übertragungsart*: Die Übertragungsart entscheidet, wie zwei Busteilnehmer kommunizieren können. Ist einer der Busteilnehmer nur Sender, der andere nur Empfänger, spricht man vom *Simplex*- oder Richtungs-Betrieb. Kann die Kommunikation in beide Richtungen verlaufen, spricht man von *Duplex*-Betrieb, wobei zwischen *Vollduplex* und *Halbduplex* unterschieden wird. Abbildung 5.6 verdeutlicht den Zusammenhang anhand eines vereinfachten *Sequenzdiagramms* (siehe auch Abbildung 7.10). Beim Vollduplexbetrieb ist gleichzeitiges Senden und Empfangen möglich, in der Regel durch zwei Signalleitungen (Tx für Senden, Rx für Empfangen). Beim Halbduplexbetrieb kann nur entweder gesendet oder empfangen werden, ein Verfahren, das sich aus Kostengründen im Kfz durchgesetzt hat.

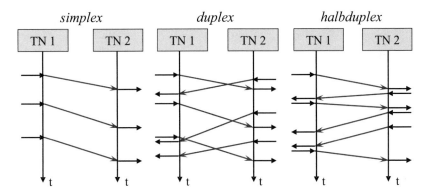

Abbildung 5.6 Übertragungsarten Simplex, Vollduplex und Halbduplex

- *Verbindungsart Point-to-Point* oder *Multipoint*: Bis auf wenige Ausnahmen lassen Bussysteme im Automobil einen *Mehrfachzugriff* auf das Übertragungsmedium zu, das heißt, die Kommunikation findet nicht nur zwischen einem Sender und einem Empfänger (Point-to-Point), sondern zwischen mehreren Sendern und mehreren Empfängern (*Knoten*) statt. Elektrisch bedeutet dies, dass die Transceiver sicherstellen müssen, dass gleichzeitige Sendeversuche zweier Busteilnehmer keine elektrische Beschädigung (Kurzschluss) zur Folge haben. Hierbei hat sich eine Beschaltung durchgesetzt (Abbildung 5.7), die je nach Betrachtungsweise *wired-AND* oder *wired-OR* genannt wird: Über einen Pullup-Widerstand wird der Bus kontinuierlich auf dem High-Pegel gehalten. Jeder Teilnehmer ist mit dem offenen Kollektor seines Augangstransistors an den Bus angeschlossen (*Open-Collector*). Sendet irgendein Teilnehmer ein Low-Signal (0 V), so liegt der Buspegel insgesamt auf Low. Deshalb wird der Low-Pegel als *dominant* bezeichnet, der High-Pegel als *rezessiv*. Daher die Bezeichnung wired-AND, da eine 1 nur anliegen kann, wenn alle Teilnehmer eine 1 senden. Da die logische 0 am Kollektor anliegt, wenn an der Basis des Transistors eine 1 anliegt, wird die Schaltung manchmal auch wired-OR genannt (negative Logik).

Zur Zuordnung von Pegeln zu Binärzahlen siehe Abschnitt 5.2.5.

Jeder Knoten kann bei dieser Schaltung über seine Empfängerseite den Buspegel mitlesen und bei einer Abweichung zwischen einem eigenen gesendeten High-Pegel und einem gemessenen Low-Pegel feststellen, dass ein anderer Busteilnehmer ebenfalls einen Zugriffsversuch unternimmt. Eine Konsequenz dieser Kollisionsmöglichkeit ist die Forderung nach einer *Zugriffssteuerung*, die im Abschnitt 5.3.2 beschrieben ist.

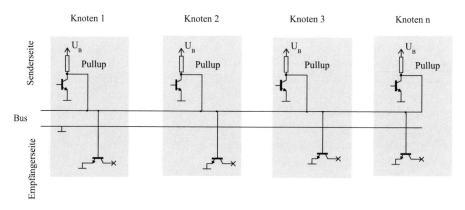

Abbildung 5.7 Wired-AND-Schaltung

- *Leitungsart Eindrahtleitung* oder *Zweidrahtleitung*: Je nach Zuverlässigkeitsanforderung werden die Signalleitungen als Ein- oder Zweidrahtleitungen ausgeführt (Abbildung 5.8). Die Eindrahtleitung (*unsymmetrische Schnittstelle*) ist die kostengünstigere Variante. Der Signalpegel wird gegen die allgemeine Fahrzeugmasse angelegt. Dies macht die Eindrahtleitung anfällig gegenüber Störungen durch Einstreuung[8] oder durch Masseanhebung. Sie wird daher nur in Bussystemen mit niedrigen Datenraten (z. B. LIN oder K-Line) eingesetzt. Bei der Zweidrahtleitung wird auf zwei Adern ein jeweils invertiertes Signal übertragen. Ein Differenzverstärker ermittelt aus der Differenz zwischen den Spannungspegeln den Signalpegel unabhängig vom Potenzial gegenüber der Fahrzeugmasse, weswegen man von einer *differentiellen Übertragung* spricht (Beispiel: CAN, RS485). Durch Verdrillen der Leitungen wird diese an sich bereits robuste Verkabelung noch besser gegen Einstreuungen geschützt, weil sich diese in den kleinen Schleifen, die die Verdrillungen bilden, gegenseitig aufheben.

---

[8] Hin- und Rückleiter bilden eine Schleife mit sehr großer Schleifenfläche.

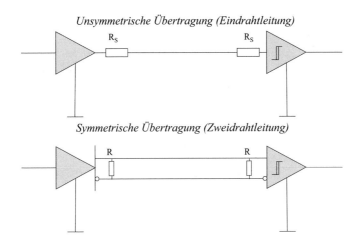

Unsymmetrische Übertragung (Eindrahtleitung)

Symmetrische Übertragung (Zweidrahtleitung)

Abbildung 5.8 Eindraht- oder Zweidrahtleitungen

Übertragungssicherheit

Der Transceiver ist letztlich für die sichere und fehlerarme Übertragung des Signals verantwortlich.

Auf der **Senderseite** geschieht dies durch eine übertragungsmediengerechte *Pulsformung*. Nicht immer ist ein steilflankiger Rechteckimpuls eine vorteilhafte Lösung, denn durch die Tiefpasseigenschaft der Leitung wird er verschmiert und läuft nach. Wird nun eine Impulsfolge übertragen, überlagern sich die Nachläufer der Rechteckimpulse und können zu *Intersymbolinterferenz* führen, d. h. zur gegenseitigen Beeinflussung bis zur Unkenntlichmachung der Impulse [Rop06]. Eine wirksame Möglichkeit dies zu verhindern, ist, die Impulse so zu formen, dass ihr Spektrum keine signifikanten Frequenzanteile jenseits der durch die Bandbreite des Kanals gegebenen Grenzfrequenzen (*Nyquist-Kriterium*) enthält. Hierfür werden in der Regel so genannte *Kosinus-Roll-Off*-Impulse verwendet, die von einem gleichnamigen Filter aus den ursprünglichen Rechteckimpulsen erzeugt werden.

Auf der **Empfängerseite** besteht die Schwierigkeit darin, zu einem gegebenen Messzeitpunkt zu entscheiden, ob ein High-Pegel oder ein Low-Pegel anliegt. Ein von Rauschen überlagertes oder mit Jitter (siehe weiter unten im Abschnitt 5.3.4) behaftetes Digitalsignal erschwert zum einen die Wahl des Messzeitpunktes aber auch die Entscheidung selbst. Die Wahrscheinlichkeit, dass eine '1' erkannt wurde, wenn eine '0' gesendet wurde, und umgekehrt, lässt sich aus der Normalverteilung berechnen und heißt *Restfehlerwahrscheinlichkeit*. Mit einer einfachen optischen Prüfung mit dem Oszilloskop kann man den Mechanismus erkennen.

In Abbildung 5.9 ist ein so genanntes *Augendiagramm* zu sehen, das aus mehreren aufeinanderfolgenden Impulsen besteht. Es kann mit einem Oszilloskop erzeugt werden, indem man mit dem Bittakt triggert und die Einzelbits darstellt, die zusammen wie ein Auge aussehen. Rauschen und Intersymbolinterferenzen schließen die Augenöffnung vertikal, Jitter schließt sie horizontal [Wat01]. Der ideale Messzeitpunkt ist der, an dem das Auge seine maximale Öffnung erreicht hat; je kleiner die Augenöffnung, desto höher die Bitfehlerwahrscheinlichkeit. Die Oszilloskopaufnahme zeigt ein verrauschtes Rechtecksignal von 2 Mbit/s über eine 100 m lange Leitung.

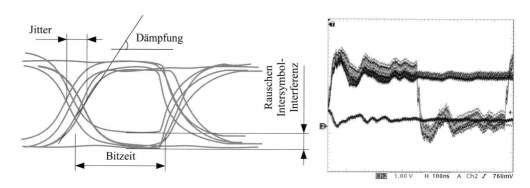

Abbildung 5.9 Augendiagramm (idealisiert) und gemessen

5.2.3 Optische Übertragungstechnik

Optische Übertragungssysteme setzen sich inzwischen auch im Konsumentenmarkt immer mehr durch und haben auch im Automobil – im Multimedianetz – ihren Platz gefunden. Ihre Vorteile gegenüber den elektrischen Leitungen sind:

- Hohe Bandbreite,
- Geringe Dämpfung, damit große Kabellängen ohne Zwischenverstärkung möglich,
- Geringer Materialbedarf, damit geringeres Gewicht,
- Robustheit gegen Einstrahlung,
- Keine elektromagnetische Abstrahlung, wirkt damit nicht störend auf andere Systeme und ist abhörsicher,
- Potenzialtrennung,
- Rohstoff einfach zu beschaffen (Glas oder Kunststoff).

Neben den Glasfasern aus Quarzsand SiO_2 existieren auch Kunststofffasern (POF, Polymer optical fiber) und Fasern mit Quarzglaskern und Kunststoffmantel (PCF Polymer cladding fiber).
Das Prinzip der optischen Übertragungstechnik beruht auf der Umwandlung des elektrischen Signals in ein optisches Signal, das über einen *Lichtwellenleiter* (LWL) zum Empfangsort übertragen wird. Dabei wird das Signal verändert und muss deshalb durch einen Zwischenverstärker (Repeater) regeneriert werden. Die Umwandlung in ein optisches Signal erfolgt durch Halbleiter-Lumineszenz-Dioden (LEDs) oder Halbleiter-Laserdioden. Da die Intensität des ausgesandten Lichts vom Diodenstrom abhängt, lässt sich das Signal leicht modulieren. Der Lichtleiter besteht aus einem Kern (*Core*) aus Glas oder Kunststoff (Durchmesser etwa $50..100\,\mu m$), der von einem Mantel (*Cladding*) aus einem Material mit geringerem Brechungsindex umgeben ist. Zum mechanischen Schutz befindet sich darüber eine Außenhülle, entweder als Kunststoffbeschichtung oder komplexer mit Polsterschicht, Zugentlastung und umgebendem Kabelmantel.
Tritt ein Lichtstrahl über die Stirnfläche des Lichtleiters in diesen ein, wird ein Teil davon reflektiert, ein Teil wird zum Lot auf die Stirnfläche hin gebrochen. Da die Laufzeiten der elektromagnetischen Welle in unterschiedlichen Medien (siehe oben) unterschiedlich ist, sagt man auch, die Medien seien unterschiedlich optisch dicht. Die Einfallswinkel sind dabei umgekehrt proportional zu den Brechungsindizes der Materialien diesseits und jenseits der Grenzfläche.

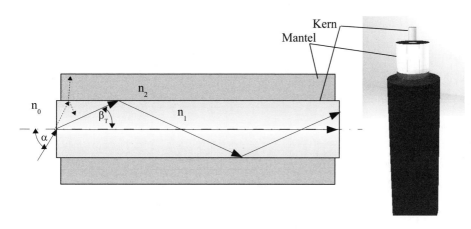

Abbildung 5.10 Prinzip der optischen Faser

Was zwischen Umgebung und Glasfaserkern gilt, gilt selbstverständlich auch zwischen den unterschiedlich dichten Medien des Kerns und des Mantels, denen die Brechungsindizes n_1 und n_2 zugeordnet sind. Ab einem bestimmten Grenzwinkel tritt jedoch ein weiteres Phänomen auf: Der Lichtstrahl wird nur noch reflektiert und tritt nicht mehr durch die Grenzfläche hindurch. Dieses Verhalten heißt Totalreflexion. Die Totalreflexion ist dafür verantwortlich, dass sich das Lichtsignal schließlich nur noch mit den geringen Absorptions- und Polarisationsverlusten des Mediums entlang der Glasfaser ausbreitet.

Aus Abbildung 5.10 lässt sich anschaulich erklären, dass ein Lichtstrahl unter dem Grenzwinkel der Totalreflexion einen größeren Weg zurücklegt als ein Lichtstrahl, der axial zur Faser verläuft, oder irgendein Lichtstrahl dazwischen. Mit dem längeren Weg benötigt er auch längere Zeit. Dieser Effekt bewirkt, dass Teile (Moden) desselben Strahls zu unterschiedlichen Zeiten am Ende des Lichtleiters ankommen und resultiert in einer Verbreiterung des Lichtimpulses. Er wird *Modendispersion* genannt. Hierdurch wird die Impulsfolgefrequenz begrenzt und damit die Übertragungsbandbreite des optischen Kanals eingeschränkt.

Es existieren zwei Verfahren, die die Modendispersion kompensieren. Bei der *Gradientenfaser* wird der Brechungsindex parabolisch in Abhängigkeit zum Radius variiert. Damit ist die Ausbreitungsgeschwindigkeit der Lichtstrahlen im Kern umso größer, je weiter sie von der Faserachse entfernt sind [Sta89]. Dies bewirkt, dass sich die Moden wellenförmig im Kern ausbreiten und nahezu alle gleichzeitig am Ende ankommen. Ein weiteres Verfahren ist die gezielte Unterdrückung von Moden mit Ausnahme der axialen Mode. Dies wird durch sehr kleine Kerndurchmesser erreicht, was allerdings Probleme bei der Handhabung und der Einkopplung mit sich zieht. Fasern dieses Typs heißen *Monomodenfaser*. Neben der Modendispersion existiert auch eine Materialdispersion, die ihre Ursache in der Abhängigkeit des Brechungsindex von der Wellenlänge hat. Im Fahrzeug kommen nur Kunststofffasern zum Einsatz; aus Kostengründen und weil Glasfasern die im Bauraum erforderlichen Biegeradien nicht realisieren.

Neben der Dispersion begrenzt auch die Dämpfung u. a. durch Streuverluste an Materialinhomogenitäten und durch Polarisationsverluste die mögliche Bandbreite. Übergangselemente, d. h. Stecker und Kupplungen, an denen Grenzflächen aufeinander stoßen, und Vergussmassen der optischen Transceiver spielen bei der Dämpfung eine herausragende Rolle, zumal sie durch eindringende Verunreinigungen, alterungsbedingt oder durch thermische Belastung eintrüben können. Dispersion und Dämpfung müssen durch steilere Signalflanken und höhere Signalleistungen kompensiert werden, was mit thermischen und EMV-technischen Herausforderungen einhergeht.

5.2.4   Netzwerktopologien

Ein Netzwerk mit mehreren Knoten kann nach dem Aufbauprinzip klassifiziert werden. Man spricht von *Topologien*. In lokalen Netzwerken (*LAN* = Local Area Network) haben sich die folgenden Topologien durchgesetzt.

- *Bus*: Der Bus, (auch Linie oder Line-Bus) ist die häufigste Topologie, im Fahrzeug vertreten z. B. durch CAN und LIN, die auf dem Point-to-Multipoint-Zugriff beruhen (Abbildung 5.11). Alle Knoten senden und empfangen über dasselbe Medium, so dass eine Zugriffssteuerung notwendig wird. Bei Wegfall eines Knotens steht der Bus in der Regel den anderen Knoten weiterhin zur Verfügung, bei einem Leitungsbruch teilt sich der Bus in zwei Teilbusse auf.

- *Ring*: Der Ring besteht aus einer geschlossenen Folge von Point-to-Point-Verbindungen. In aller Regel reichen die Knoten ihre Daten synchron im Ring herum, eine Nachricht an den Vorgänger eines Knotens muss fast den gesamten Ring passieren, bevor sie an den gewünschten Empfänger durchgestellt wird. Da das Signal in jedem Knoten regeneriert wird, sind Ringtopologien robust, allerdings führt ein Leitungsbruch zum Totalausfall des Systems. Die Ring-Topologie wird im MOST-Netzwerk verwendet (Abbildung 5.12).

- *Stern*: Bei der Sterntopologie, wie sie in modernen Büro-LANs verwendet wird, kommunizieren alle Teilnehmer über eine Point-to-Point-Verbindung mit einem Sternpunkt. Ein passiver Stern verteilt dabei nur das gegebenenfalls verstärkte Signal (*Repeater*), somit ist diese Topologie logisch mit dem Bus vergleichbar. Beim aktiven Stern übernimmt der Sternpunkt eine Masterrolle oder selektiert zumindest die Datenströme nach Adressaten. Im Fahrzeug kann der FlexRay-Bus als Stern betrieben werden (Abbildung 5.12).

- *Hierarchische Topologien*: Hierarchische Topologien sind solche, in denen einzelne Netzknoten den Ausgangspunkt für Subnetze darstellen (z. B. als Gateway). Man kann diese Strukturen als *Baum-Topologie* darstellen. Ihr Vorteil liegt darin, dass untergeordnete Netzwerke lokal autonom arbeiten können und im übergeordneten Netzwerk „nur" die Systemsteuerung erfolgt. Dieses Prinzip aus der Automatisierungstechnik findet im Fahrzeug im Bereich lokaler Subnetze (LIN) und in den Diagnoseschnittstellen Anwendung.

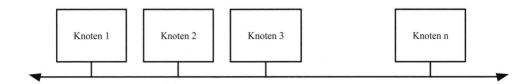

Abbildung 5.11 Bus-Topologie

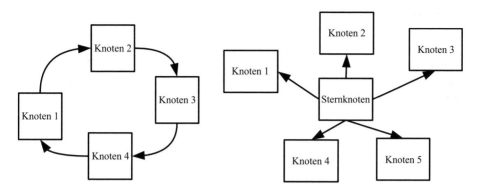

Abbildung 5.12 Ring (links) und Stern (rechts)

5.2.5 Synchronisation, Leitungscodierung und Modulation

Die *Leitungscodierung* hat die Aufgabe, die physikalische Signaldarstellung auf dem Übertragungsmedium festzulegen. Den binären Bitsequenzen werden Pegelfolgen, z. B. Spannungen, Ströme oder Lichtintensitäten, zugeordnet. Dafür sind verschiedene Anforderungen relevant:

- *Synchronisation und Taktrückgewinnung*: Der Empfang der Signale ist ein periodischer Messvorgang, der zu einem festgelegten Zeitpunkt startet und mit einer festgelegten Periodendauer (Schrittweite) abläuft. Sender und Empfänger müssen dabei synchronisiert werden, d. h. den Wechsel zum jeweils nächsten übertragenen Zeichen nahezu gleichzeitig durchführen. Dies gelingt, indem entweder über ein zusätzliches Medium (zusätzliche Leitung) ein Taktsignal übertragen wird (wie beim I^2S- oder I^2C-Bus) oder indem die Leitungscodierung so geschickt gewählt wird, dass der Takt im Signal vorhanden ist und aus diesem zurückgewonnen werden kann. Lediglich bei *asynchronen* Übertragungsverfahren, wie sie z. B. in der RS232 Schnittstelle oder im LIN-Bus verwendet werden, arbeiten Sender und Empfänger mit freischwingenden Oszillatoren. Hier müssen zusätzliche Maßnahmen getroffen werden, damit die Taktabweichungen nicht über Bitgrenzen hinauslaufen und damit eine Fehlmessung eintritt.

- *Gleichspannungsfreiheit*: Wenn das Datenübertragungssystem integrierendes Verhalten (Tiefpass) aufweist, muss der Gleichspannungsanteil des Signals im Mittel 0 sein, da sich sonst das System „auflädt".

- *Unterscheidung zwischen „Signal 0" und „kein Signal"*: Die Frage ist zu klären, wie festgestellt werden kann, ob gerade eine Folge von Nullen übertragen wird oder einfach gar nichts.

Repräsentation von Binärzahlen durch Signale

Im einfachsten Fall wird eine logische 1 durch einen Spannungspegel V_1 (High) dargestellt, eine logische 0 durch einen Spannungspegel V_2, der im Spezialfall Low oder 0 V (unipolares Signal) oder $-V_1$ (bipolares Signal) ist. Dieses Format wird NRZ (Non Return to Zero) genannt, weil die

Signalamplitude im Pegel des letzten Bits verharrt. Längere Eins- oder Nullfolgen werden damit als Gleichspannung dargestellt. Weitere Formate umgehen das Problem teilweise:

- *NRZ-M* und *NRZ-S*: Hierbei wird nicht der Signalpegel, sondern die Pegeländerung zur Darstellung der Zeichen genutzt. Beim NRZ-M(ark) bedeutet eine Pegeländerung eine logische 1, keine Pegeländerung eine logische 0. Beim NRZ-S(pace) ist dies genau umgekehrt. Mark steht für die 1, Space für die 0. In Unterscheidung dazu wird das „normale" NRZ-Format auch als NRZ-L(evel) bezeichnet.

- *RZ*: Beim Return to Zero Format kehrt der Signalpegel in der Mitte der Taktperiode zu Null zurück (bei der logischen 1). Zur Darstellung des Zeichens wird also ein Rechteckimpuls benutzt, dessen Breite gleich der halben Taktperiodendauer gewählt wird.

- *Bi-Phase* oder *Manchester*: Bezeichnungen für dasselbe Format. Nullen und Einsen werden durch zwei verschiedene Impulse dargestellt. Eine 1 wird durch einen 1-0-Sprung in der Mitte des Taktintervalls dargestellt, eine 0 durch einen 0-1-Sprung. Eine andere Interpretation ist, dass die 1 durch einen Rechteckimpuls in der ersten Hälfte des Taktintervalls dargestellt wird, während die 0 durch einen Rechteckimpuls in der zweiten Hälfte des Taktintervalls dargestellt wird. Damit ist sichergestellt, dass mindestens einmal pro Takt ein Pegelwechsel auftritt. Bei der Variante *Bi-Phase-M*(ark)-Format ist sichergestellt, dass zu jedem Taktbeginn ein Pegelwechsel auftritt. Eine 1 wird durch einen weiteren Pegelwechsel in der Mitte des Taktintervalls dargestellt, eine 0 durch Ausbleiben des Pegelwechsels. Dieses Format wird z. B. beim Ethernet oder beim MOST-Bus eingesetzt und erlaubt eine einfache Taktrückgewinnung auch bei langen 0- oder 1-Folgen. Invertierung der Ursprungsfolge führt zum *Bi-Phase-S*pace-Format. Eine Alternative ist das *Differential Manchester Format*: Hier findet der Pegelwechsel immer in der Mitte des Signalintervalls statt, zusätzlich stellt ein Wechsel zu Beginn des Signalintervalls eine 0 dar. Kein Wechsel zu Beginn des Signalintervalls zeigt die 1. Eine genaue Beschreibung findet sich z. B. in [Ger96].

- Da mit jedem Übertragungsschritt genau ein Bit (also **zwei** Zustände) übertragen werden kann, heißen die oben genannten Formate auch *binäre Formate*. Unter vielen weiteren Formaten sei noch das *AMI*-Format (Alternate Mark Inversion) erwähnt, ein *Pseudoternärformat*. Ternär heißt, dass das Signal drei Pegel annehmen kann. Da aber die Pegel $+1$ und -1 jeweils für eine 1 stehen, ist das Format eben doch nicht wirklich ternär. Jede 1 wird durch eine invertierte Polarität des 1-Pegels dargestellt, die 0 durch einen 0-Pegel. Dadurch ist für einen Pegelwechsel auch bei langen Einsfolgen gesorgt. Dies hat auch zur Folge, dass das Signal gleichspannungsfrei ist (Anwendung: ISDN Basisanschluss). Auch längere Nullfolgen werden in Varianten des AMI-Formats berücksichtigt. Dazu zählen u. a. HDB-n Codes und der BnZS-Code. Das Grundprinzip besteht darin, dass längere Nullfolgen durch eine ternäre Zeichenfolge ersetzt werden, die das Prinzip des AMI-Formats gezielt verletzt.

Selbstverständlich kann man auch noch mehr Signalpegel zur Übertragung verwenden, z. B. vier Pegel (Beispiel: -2 V, -1 V, 1 V, 2 V), also ein *quaternäres Format*. Da damit $log_2 4 = 2$ Bit (also vier Zustände) übertragen werden können, verdoppelt sich die „gefühlte" Datenrate und wir unterscheiden nunmehr zwischen der *Schrittgeschwindigkeit* v_s (Einheit: *Baud*, d. h. Signalwechsel- bzw. Mess-Schritte pro Sekunde) und der *Datenrate* in *Bit/s*. In realen Verfahren werden meistens vier, acht oder sechzehn Amplitudenstufen gewählt, entsprechend zwei, drei oder vier Bit, die gleichzeitig übertragen werden (siehe Abschnitt 6.4.3).

Nyquist hatte herausgefunden, dass die maximale Kanalkapazität des Übertragungsmediums c_c in Bit/s

$$c_c = 2 \cdot B \tag{5.4}$$

sein kann, wobei B die Bandbreite des Kanals in Hz ist [OL04]. Dies kann man sich damit veranschaulichen, dass pro Halbwelle einer Sinusschwingung ein Bit übertragen werden kann. Kommen jetzt noch N unterschiedliche Amplitudenstufen hinzu, so wächst die Kanalkapazität nach den oben angestellten Überlegungen auf

$$c_c = 2 \cdot B \cdot log_2(N) \tag{5.5}$$

Leider werden mit einer wachsenden Zahl von Pegelstufen auch die Einflüsse eines immer gleichbleibenden Rauschpegels höher, so dass nach **Claude Shannon** die maximale Kanalkapazität des Übertragungsmediums c_c auf

$$c_c = B \cdot log_2(1 + \text{SNR}) \tag{5.6}$$

begrenzt bleibt, worin SNR der Signal-Rauschabstand, also das Amplitudenverhältnis zwischen mittlerer Signalleistung und mittlerer Rauschleistung, ist.

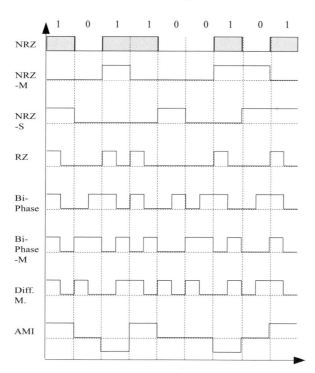

Abbildung 5.13 Leitungscodierung

An dieser Stelle sei angemerkt, dass die Leitungscodierung nur einen Teil der Signaldarstellung auf dem Medium ausmacht. Genauso interessant ist die Frage, wie der Spannungspegel auf dem

Medium selbst dargestellt wird (*Modulation*). Die direkte Abbildung des Signalpegels auf den Spannungspegel auf der Leitung wird als *Basisbandmodulation* bezeichnet. Diese findet ihre Grenze spätestens dann, wenn keine Leitung mehr zur Verfügung steht sondern über eine Luftschnittstelle übertragen werden muss. Hier wird in der Regel ein hochfrequentes Trägersignal mit dem Nutzsignal moduliert. Im einfachsten Fall schwankt die Amplitude des Trägersignals mit dem Signalpegel des Nutzsignals (*Amplitudenmodulation* oder *Amplitude shift keying ASK*), indem das Trägersignal mit dem Nutzsignal multipliziert wird. Alternativ können die unterschiedlichen Signalpegel als unterschiedliche Frequenzen dargestellt werden (*Frequenzmodulation* oder *Frequency shift keying*, *FSK*) oder aber die Phasenlage oder mehrere dieser Kenngrößen des Trägersignals werden in Abhängigkeit vom Nutzsignal beeinflusst. Die in drahtlosen Kommunikationssystemen verwendeten Verfahren werden im Kapitel 6.4 ausführlich beschrieben.

5.3 Schicht 2: Sicherungsschicht

Bitübertragungsschicht und Sicherungsschicht bilden zusammen die Grundlage für die Datenübertragung selbst bei der einfachsten Point-to-Point Kommunikation. Wenn man über Netzwerktechnologien redet, werden diese beiden Schichten meist in einem Atemzug genannt. Das bekannteste Beispiel ist die IEEE 802 Familie, die u. a. für übliche WLANs und Ethernet die beiden unteren Schichten spezifiziert [IEE04]. Im Fahrzeug ist der Basis-Standard von CAN (ISO 11898 bzw. Bosch Spezifikation [Bos01] ebenfalls auf diese beiden Schichten beschränkt. Auf diesen Protokollen sitzen dann Vermittlungs- und/oder Transportprotokolle auf (z. B. TCP/IP oder CAN-TP). Da die drei Hauptaufgaben der Sicherungsschicht: Rahmenbildung, Fehlerbehandlung und Medienzugriff weitgehend autonom gehandhabt werden können, unterteilt man die Sicherungsschicht gerne in die drei Subschichten:

- Framing Sublayer für die Rahmenbildung (Abschnitt 5.3.1)
- Media Access Control (MAC) Sublayer für die Zugriffssteuerung auf den Physical Layer (Abschnitt 5.3.2)
- Logical Link Control (LLC) für die Kommunikationssteuerung und gegebenenfalls die Fehlerbehandlung (Abschnitte 5.3.3, 5.3.4 und 5.3.5)

5.3.1 Rahmenbildung

Aufgabe der *Rahmenbildung* ist es, zum einen dem Empfänger mitzuteilen, wo eine Nachrichteneinheit beginnt und wo sie endet, zum anderen, um Protokollinformation an ein Nutzdatenpaket zu hängen. Rahmen werden in der Regel an den Anfang eines Datenpakets gehängt (*Header*), in diesem Fall ist die Paketlänge fix oder im Header angegeben. In einigen Protokollen werden auch am Ende angehängte Rahmenbestandteile (*Trailer*) verwendet, um z. B. Prüfsummen zu transportieren, die während der Datenübertragung gebildet wurden. Grundsätzlich unterscheidet man

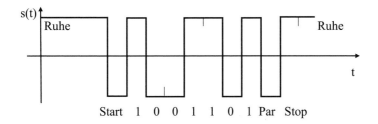

Abbildung 5.14 Zeichensynchronisation bei der UART-Übertragung

- *Zeichenbasierte Übertragung* (asynchrone Übertragung, UART[9]): Hier wird vom Sender jeweils nur ein Byte übertragen, der Beginn der Übertragung wird in NRZ-Codierung durch ein Startbit eingeleitet (Abbildung 5.14), das den Buspegel vom Ruhezustand (High) in den aktiven Zustand (Low) holt und damit den Beginn der Übertragung kennzeichnet. Damit der Bus nach Ende der Übertragung wieder im High-Zustand ist, werden ein oder zwei Stoppbits (High) angehängt. Diese Art der Rahmenbildung wird in der Regel bereits durch die Hardware erledigt und ist sehr einfach zu bewerkstelligen aber nicht sehr effizient, da 3 der 10–11 übertragenen Bit (33–37 %) alleine dafür benötigt werden. Sie wird für Bussysteme mit geringen Datenraten eingesetzt, die nötige Hardware ist in allen gängigen Mikrocontrollern bereits vorhanden. Da der Bittaktoszillator des Empfängers (siehe oben) nach jedem Byte neu synchronisiert werden kann (Zeichensynchronisation), muss kein Takt übertragen werden und die Oszillatoren können mit relativer grober Toleranz von ca. 5 % aufgebaut werden, z. B. als RC-Oszillator.

- *Bitstrombasierte Übertragung*: Bei diesem Übertragungsverfahren wird ohne weitere Zeichensynchronisation ein Datenpaket, bestehend aus Rahmen und Nutzdaten, übertragen. Die Bitsynchronisation erfolgt in der Regel durch ein geeignetes Formatierungsverfahren und eine Taktrückgewinnung, wie sie z. B. in [OL04] beschrieben ist. Wird dennoch eine NRZ-Codierung verwendet (z. B. bei CAN), muss sichergestellt werden, dass regelmäßige Pegelwechsel vorliegen, auch wenn lange 0 oder 1-Folgen gesendet werden.

Bei CAN geschieht dies mit Hilfe des *Bit-Stuffing*-Verfahrens. Sobald der Sender mehr als fünf aufeinander folgende Bit gleichen Wertes senden soll, schiebt er ein Bit des komplementären Wertes in den Bitstrom ein [Bos01]. Der Empfänger kann ebenso, wenn er fünf aufeinanderfolgende Bit desselben Wertes empfangen hat, das Folgebit verwerfen, wenn es den komplementären Wert hat, oder einen Empfangsfehler melden, wenn es denselben Wert hat. Bei der bitstrombasierten Übertragung werden Datenpakete von 8 (CAN) bis 1.500 Byte (Ethernet) ohne weiteren Overhead außer dem Protokolloverhead übertragen.

Interessant für dieses Übertragungsverfahren ist die Frage, wie der Anfang eines neuen Rahmens erkannt wird. In vielen Protokollen ist dies so gelöst, dass als erstes Zeichen ein Sonderzeichen gesendet wird, das sonst nirgendwo in der Botschaft vorkommen darf. Dies läuft der Forderung zuwider, den gesamten darstellbaren Coderaum für Nutzdaten zur Verfügung zu haben (Codetransparenz). Gelöst wird das Dilemma beispielsweise durch

---

[9] Universal Asynchronous Receiver Transmitter.

Bytestuffing oder Zeichenstopfen. Kommt das Rahmenanfangszeichen im Code vor, muss es durch ein *Escape*-Zeichen eingeleitet werden, das zu diesem Zweck in die Nutzdaten eingebracht wird. Das Escape-Zeichen selbst muss natürlich ebenfalls mit einem Escape-Zeichen eingeleitet werden, wenn es als gültiges Nutzdatenzeichen vorkommt. Alternativ können als Rahmenbegrenzer in einem bitstrombasierten System auch Zeichen gesendet werden, die z. B. die Bit-Stuffing-Regel verletzen und deshalb in den Nutzdaten nicht vorkommen können.

5.3.2 Medienzugriff – MAC

Die Kommunikation zwischen mehreren Teilnehmern über ein Medium führt zwangsweise zu *Kollisionen*, wenn die Teilnehmer untereinander keine Information über den Sendewunsch eines anderen Teilnehmers haben als die, die ihnen auf dem Bus zur Verfügung steht. Eine Kollision wird erkannt, wenn ein Busteilnehmer ein anderes Signal auf dem Bus misst, als er soeben gesendet hatte, sofern das Bit rezessiv war und ein anderer Teilnehmer gleichzeitig ein dominantes Bit sendet. In diesem Fall müssen alle Teilnehmer ihren Rahmen verwerfen und neu beginnen. Netzwerkprotokolle können Kollisionen per se vermeiden oder aber eine geeignete Strategie für die Reaktion auf Kollisionen mitbringen.

Strategien zur Kollisionsvermeidung

Bei kollisionsvermeidenden Protokollen kann es aufgrund der Sendesteuerung keine Kollisionen geben:

- *Master-Slave-Protokolle*: Beispielsweise beim LIN-Bus existiert nur ein Busteilnehmer (*Master*), der die Datenübertragung beginnen kann. Er fragt alle anderen Busteilnehmer (*Slaves*) regelmäßig nach einem vorgegebenen Plan auf Sendewünsche hin ab. Die Slaves senden nur nach Freigabe durch den Master, auch wenn sie Botschaften an andere Slaves zu verschicken haben.

- *Token-Passing-Prinzip*: Dieses in Kfz-Netzwerken nicht verwendete Verfahren basiert auf einer speziellen Botschaft (Token), die dem Busteilnehmer eine Sendeberechtigung einräumt, der im Besitz des Tokens ist. Hat er seine Sendung beendet, gibt er das Token an einen anderen Busteilnehmer weiter, so dass es reihum weitergereicht wird.

- *TDMA, Time Division Multiple Access*: Das TDMA-Verfahren (siehe auch Kapitel 6) basiert auf einer exakten Zeitsteuerung. In einem periodischen Zeitfenster, das durch eine Synchronisationsbotschaft gestartet wird, werden *Zeitschlitze* exklusiv für einen Busteilnehmer (statisch) reserviert. Hat er keinen Sendewunsch, so bleibt der Zeitschlitz für diesen Kommunikationszyklus leer. Dieses Verfahren wird im Mobilfunkstandard GSM, im MOST-Protokoll und bei FlexRay eingesetzt und eignet sich immer dann, wenn *isochrone Messwerte*[10] mit geringem *Jitter* übertragen werden müssen. Da in einem Kfz-Bussystem

---

[10] Isochron heißt, dass die Signale periodisch mit exakt gleichbleibender Periodendauer übertragen werden.

wie FlexRay auch Bedarf für asynchrone Botschaften besteht, nutzt FlexRay eine Mischform, in der nur ein Teil der gesamten Übertragungszeit für TDMA-Botschaften reserviert ist.

Strategien zur Kollisionskontrolle

Alle anderen Protokolle akzeptieren die Tatsache, dass Kollisionen prinzipiell möglich sind, und reagieren mit entsprechenden Strategien, um nach einer erkannten Kollision eine neue, geordnete Sendereihenfolge aufzubauen:

- *ALOHA-Verfahren*: Bei diesem, auf Hawaii entwickelten, Verfahren, sendet jeder Knoten, sobald ein Sendewunsch vorliegt. Eine Kollision führt zu einem gestörten Rahmen, der vom Empfänger detektiert und entsprechend quittiert wird. Wurde eine Kollision erkannt, unternehmen alle Busteilnehmer einen erneuten Sendeversuch nach einer bestimmten Zeit, die durch einen Zufallsgenerator ermittelt wird, um zu verhindern, dass der erneute Sendeversuch wiederum zu Kollisionen führt.

- *CSMA/CD-Verfahren*: Das ALOHA Verfahren ist nicht sehr effizient, daher wird es z. B. im *Ethernet*-LAN durch eine Busüberwachung ergänzt (CSMA steht für Carrier Sense Multiple Access), die verhindert, dass ein Sendeversuch unternommen wird, wenn bereits ein anderer Teilnehmer sendet. Dennoch kann es, bedingt durch Signallaufzeiten auf der Leitung, zu Kollisionen kommen, die der Sender selbst detektiert (CD steht für Collision Detection) und dann ebenfalls nach einer Zufallszeit mit einem erneuten Sendeversuch reagiert. Steigt die Zahl der Botschaften auf dem Medium, so verlängern die Teilnehmer den Rahmen für die Zufallszeit exponentiell (Exponential Backoff), so dass theoretisch nach einer beliebig langen Zeit jede Botschaft übertragen wird.

- *Binärer Countdown* oder *CSMA/CA-Verfahren*: Zuverlässigkeitsanforderungen im Kfz erlauben nicht, beliebig lange auf bestimmte Botschaften warten zu müssen. Daher wird in einem erweiterten Verfahren, das z. B. beim *CAN*-Bus zur Anwendung kommt, dafür gesorgt, dass in den Botschaftenheadern eine Priorität codiert ist. Im Fall einer Kollision hat der Teilnehmer mit der höheren Priorität das Recht, weiter zu senden, der Teilnehmer mit der niedrigeren Priorität unternimmt einen neuen Sendeversuch. Das Verfahren, das in Abschnitt 5.9.2 beschrieben wird, vermeidet also Kollisionen und heißt daher CSMA/CA für Collision avoidance.

5.3.3 Kommunikationssteuerung

Eine weitere Aufgabe der Sicherungsschicht ist die Kommunikationssteuerung. Prinzipiell unterscheidet man zwischen

- *verbindungsorientierten Protokollen*, d. h. Protokollen, in denen ein Medium exklusiv für die Dauer der Kommunikation für die Partner reserviert ist[11] (geschaltete Verbindung,

---

[11] Damit ist die Verbindung kontextbehaftet und das Protokoll muss für die Bereitstellung des Kontextes sorgen, d. h. für den Verbindungsauf- und abbau.

engl. *circuit switching*), das „alte" Einwahlverfahren beim Telefon arbeitet nach dem Prinzip, und

- *verbindungslosen Protokollen* oder *datagrammorientierten Protokollen*, engl. *packet switching*, d. h. Protokollen, in denen jeder Kommunikationsvorgang kontextfrei und isoliert vonstatten geht und somit bei jedem Kommunikationsvorgang durch das Protokoll mitgeteilt wird, zwischen welchen Partnern kommuniziert werden soll.

In jedem Fall erfordert die Kommunikation zwischen potenziell mehreren unterschiedlichen Partnern die Information, an wen eine Botschaft gerichtet ist (also eine *Adresse*) und gegebenenfalls eine Information über den Absender, zumindest wenn eine Antwort erwartet wird. In Fahrzeugnetzwerken unterscheidet man:

- *Instanzen- oder geräteorientierte Adressierung*: Hier wird der Empfänger selbst adressiert, der ein Steuergerät oder eine Applikation in der Software eines Steuergeräts sein kann. Der Empfänger wertet exklusiv die Botschaft aus, während die anderen Busteilnehmer den Rest des Datenpakets verwerfen (Beispiel: Ethernet).

- *Botschaftenorientierte Adressierung*: Hier wird nicht ein Empfänger, sondern die Botschaft selbst gekennzeichnet. Alle Empfänger, im Fahrzeug also Steuergeräte, die sich für die Botschaft interessieren, können sie auswerten. Dieses Verfahren wird insbesondere in Protokollen angewendet, in denen Informationen an mehrere Teilnehmer versendet werden müssen, z. B. im CAN (*Multicasting*). Die Adressen und die Priorität der Botschaften werden während der Systementwicklung festgelegt und in einer Tabelle festgehalten, in der zudem alle möglichen Empfänger vermerkt sind. Ändert man die Adresse oder das Format einer Botschaft, so müssen die Entwickler aller betroffenen Steuergeräte benachrichtigt werden. Der Integrationsaufwand für botschaftenorientierte Netzwerke ist dementsprechend hoch. Manche Systeme (z. B. LIN) haben konfigurierbare Schnittstellen, mit denen man die Adressen der Botschaften nachträglich ändern kann.

5.3.4 Zeitverhalten

Ein wichtiges Kriterium bei der Auswahl eines Bussystems ist das *Zeitverhalten*. Es wird maßgeblich von der Frage bestimmt, ob eine Nachricht mit einem *determinierten Zeitverhalten* gesendet wird, d. h. ob zu jedem Zeitpunkt klar ist, wann die Nachricht gesendet wurde und wie aktuell sie zu diesem Zeitpunkt war. Deterministische Netzwerke legen dies fest, bei nichtdeterministischen Netzwerken kann z. B. die Übermittlung wegen eines Prioritätskonflikts verzögert worden sein. Weiterhin sind zwei Größen für das Zeitverhalten entscheidend:

- Die *Latenzzeit*: Diese beschreibt die Zeit zwischen einem Ereignis (also dem Sendevorgang) und dem Eintreten der Reaktion (dem Empfangsvorgang). Sie setzt sich zusammen aus der Zeit für die Sendevorbereitung, der Wartezeit bis zur Freigabe des Mediums, der eigentlichen Übertragungszeit, die sich aus der Paketgröße mal der Übertragungsgeschwindigkeit (in Bit/s) ergibt, der Ausbreitungsgeschwindigkeit, die nur für sehr lange Leitungen oder Satellitenstrecken relevant ist, sowie der Zeit, die der Empfänger benötigt, die Botschaft zu dekodieren.

Wird eine Antwort erwartet, so ist in der Regel die *Roundtrip-Zeit* interessanter, die etwa doppelt so lang wie die Latenzzeit ist, plus der Zeit, die der Empfänger benötigt um auf die Botschaft zu reagieren.

- Der *Jitter* ist ein Maß für die Abweichung der tatsächlichen Periodendauer von der vorgeschriebenen Periodendauer bei isochronen Botschaften. Er spielt eine Rolle, wenn Messwerte mit sehr zuverlässiger Wiederholrate übertragen werden müssen. Für Multimediadaten, die ebenfalls einen niedrigen Jitter benötigen, behilft man sich auf der Empfängerseite mit einem Puffer, der die empfangenen Datenpakete zwischenspeichert und mit geringem Jitter an die verarbeitende Instanz weiter gibt.

5.3.5 Fehlerbehandlung

Als letzte Aufgabe der Sicherungsschicht sei hier die Fehlerbehandlung [KPS03] beschrieben. Werden Daten über einen Nachrichtenkanal versendet oder auch nur von einem Speichermedium gelesen[12], besteht das Risiko von *Übertragungsfehlern*. Je nach Störung wird zwischen Einzelbitfehlern, Bündelfehlern (ganze Worte werden falsch übertragen) oder Synchronisationsfehlern (die gesamte Botschaft wird falsch gelesen) unterschieden. Nach der Fehlerlokalisation unterscheidet man *Nutzdatenfehler*, die die eigentliche Botschaft betreffen, und *Protokollfehler*, die die Protokollinformation betreffen und damit zu einer Fehlinterpretation der Botschaft führen können. Die Sicherungsschicht ist die erste Schicht, die mit Übertragungsfehlern konfrontiert wird. Ihre Aufgabe teilt sich in zwei Teile:

- *Fehlererkennung* (error detection) und
- *Fehlerbehandlung* (error correction)

Fehlererkennung

Die Fehlererkennung beruht auf dem Prinzip der Redundanz. Die grundsätzliche Idee ist es, den Informationsgehalt eines einzelnen Zeichens oder einer Zeichengruppe innerhalb einer Botschaft gezielt zu verringern, indem der Botschaft zusätzliche Zeichen hinzugefügt werden, die keine neue Information enthalten. Man spricht dann von *Redundanz*.

Dahinter steht die Kommunikationstheorie[13] bzw. die Codierungstheorie. Ein einfaches und bekanntes Beispiel für eine Redundanzerhöhung ist die Einführung eines *Paritätsbits*: Alle Einsen in einem Codewort werden gezählt. Wenn die Anzahl ungerade ist, wird eine Eins an das Codewort angehängt, andernfalls eine Null (oder umgekehrt). Damit ist sichergestellt, dass jedes Codewort eine gerade (im umgekehrten Fall: ungerade) Zahl von Einsen enthält. Abweichungen von dieser Regel werden als Fehler erkannt. Damit erhöht sich die Zahl der Stellen um ein Bit, was einer Verdoppelung der möglichen Codewörter gleichkommt. Da aber die Information dieselbe geblieben ist, ist die Information pro Bit gesunken und die Hälfte aller möglichen Codewörter ungültig. Dieses Verfahren wird bei einfachen Kommunikationssystemen angewandt,

---

[12] Auch ein Speichermedium ist im weitesten Sinne ein Nachrichtenkanal mit hoher Latenzzeit.

[13] Dieses mathematische Großbauwerk geht auf die Arbeit von **Claude Shannon** zurück, die dieser 1948 veröffentlicht hat.

ist aber nicht sehr effizient. Ein zweiter Fehler im Codewort hebt die Fehlererkennung vollständig wieder auf.

Andere Verfahren bilden mehrstellige Prüfsummen aus größeren Nachrichtenblöcken oder gar der gesamten Botschaft mit dem Ziel, auch einen zweiten oder mehr Fehler erkennen zu können. Die Prüfsumme muss im Empfänger nachgebildet und mit der übermittelten verglichen werden. Die am häufigsten eingesetzte, weil einfach durch Hardware abbildbare und sehr effiziente Form der Prüfsummenbildung ist der *CRC*-Code[14] (Polynomial Code, zyklischer Code):

Wie im Abschnitt 2.3.1, Gleichung 2.29 gezeigt, kann man eine mehrstellige Zahl in jedem beliebigen Zahlensystem als Polynom auffassen, und so wird auch die zu sendende Botschaft als Folge von Koeffizienten eines Polynoms interpretiert und durch ein festes, vorher vereinbartes *Generatorpolynom* modulo 2 geteilt. Modulo 2 bedeutet im Dualzahlensystem, dass kein Übertrag aus den notwendigen Divisions- und Subtraktionsschritten notwendig ist. Eine modulo 2 Division besteht deshalb nur aus Schiebeoperationen und Additionen, die sehr einfach in Hardware aufzubauen und deshalb sehr schnell ist. Die Prüfsumme ergibt sich nun als der ganze Rest der Division. Bei der Fehlererkennung kann die Empfängerseite nun einfach die Operation nachvollziehen, sofern das Generatorpolynom bekannt ist.

Eine tiefer gehende Beschreibung kann z. B. bei [KPS03], [Rop06] oder [SO98] nachgelesen werden. Dort sind auch die meistverwendeten Generatorpolynome beschrieben.

Für Übertragungsnetze, die nicht mit festen Codewortlängen arbeiten, existieren *Faltungscodierer*, die aus einem theoretisch unendlich langen Bitstrom einen neuen, längeren Bitstrom mit demselben Informationsgehalt aber einem geringerem mittleren Informationsgehalt (pro Bit) erzeugen. Auch sie sind in den oben genannten Quellen beschrieben.

Fehlerbehandlung

Zwei grundsätzlich mögliche Maßnahmen zur Fehlerkorrektur sind zu unterscheiden:

- (Vorwärts-)*Fehlerkorrektur*, auch FEC (Forward Error Correction): Der Empfänger erkennt aufgrund der Redundanz Fehler im Code und kann die Originalnachricht rekonstruieren, weil die fehlerhafte Nachricht (z. B. bei genau einem Fehler) eindeutig auf die Originalnachricht zurückzuführen ist. Zu diesem Zweck ist eine höhere Redundanz auch bei guten Übertragungsbedingungen notwendig, allerdings benötigt man keinen Rückkanal und die Korrektur ist schneller, weil sie im Empfänger stattfindet. Allerdings besteht die Gefahr, dass beim Auftreten von mehr als der zugelassenen Zahl von Fehlern die Korrektur auf eine falsche aber gültige Botschaft führt. FEC wird z. B. bei CDs eingesetzt um Kratzer zu kompensieren.

- *Fehlerkontrolle* durch fehlererkennende Codes, auch *ARQ* (Automatic Repeat Request): Der Empfänger erkennt Fehler und meldet diese an den Sender zurück, damit die Sendung wiederholt werden kann. Dies ist allerdings nur bei einem vorhandenen Rückkanal möglich, bei einer CD oder einem Satellitenempfänger wäre dies sinnlos weil unmöglich.

---

[14] Von Cyclic Redundancy Check Code.

Beim ARQ lassen sich verschiedene Strategien unterscheiden. Ein einfaches Stop-and-Wait-Protokoll basiert darauf, dass der Sender auf jede Nachricht hin eine Quittierung des korrekten Empfangs oder gegebenenfalls eine Fehlermitteilung durch den Empfänger erwartet (Handshake). Kommt nach einer gewissen Zeit keine Quittungsbotschaft (*Acknowledgement*) oder trifft eine Fehlerbotschaft ein, wird die Sendung der Nachricht wiederholt (*Timeout*). Dies führt zu einer sehr ineffizienten Übertragung, da in der Zeit, in der der Empfänger die Nachricht verarbeitet, gleich mehrere neue Nachrichten gesendet werden könnten. Außerdem können auch die Quittungs- bzw. Fehlerbotschaften verloren gehen, so dass der Sender nicht weiß, welche Nachricht er bei Bedarf zu wiederholen hat. Zwei Mechanismen helfen hier insbesondere weiter:

1. Die Nachrichten werden mit einer laufenden *Sequenznummer* ausgestattet. Um das notwendige Datenfeld zu begrenzen, toleriert man, dass sich die Nummer gelegentlich, z. B. nach 256 Nachrichten, wiederholt. Quittungs- oder Fehlerbotschaften beziehen sich immer auf diese Nummer.

2. Eine festgelegte Anzahl von Nachrichten wird im Sender und im Empfänger zwischengespeichert und zunächst *en bloc* versendet. Der Empfänger fordert nun gezielt fehlerhafte Nachrichten nach (*Selective Repeat*) oder er meldet die erste fehlerhafte Nachricht zurück und erwartet den neuerlichen Empfang aller seit dieser Nachricht versendeten Daten (*Go-back-N*). Auch hier wird mit Timeout gearbeitet. Der Empfänger setzt nun aufgrund der Sequenznummer alle Nachrichten reihenfolgerichtig zusammen. Sobald sich Sender und Empfänger darüber einig sind, dass eine Nachricht wohlbehalten empfangen wurde, wird sie aus dem Zwischenspeicher beider Kommunikationsteilnehmer gelöscht. Dieses Verfahren ist unter dem Namen *Sliding-Window* bekannt.

Je nach Anforderungen an die Übertragungsgeschwindigkeit und die Restfehlerwahrscheinlichkeit (zwei Forderungen, die sich widersprechen) unterscheiden sich die Strategien zur Fehlerkontrolle bei den einzelnen Netzwerken. Ein weiter gehender Überblick über mögliche Mechanismen ist z. B. bei [Tan03] zu erhalten.

5.4 Schicht 3: Vermittlungsschicht

Die Vermittlungsschicht hat die Aufgabe, Botschaften über Netzgrenzen hinaus zwischen zwei Endsystemen zu vermitteln (Abbildung 5.15). Voraussetzung dafür ist, dass die Endsysteme in Netzwerken kommunizieren, die direkt oder indirekt über *Gateways* bzw. *Router* gekoppelt sind. Dabei spielt es keine Rolle, ob diese Netzwerke dieselben Protokolle verwenden oder gar dieselbe Bitübertragungstechnik. In den Nutzdaten des lokalen Sicherungsschicht-Protokolls ist lediglich ein weiteres Protokoll eingepackt, in dem hauptsächlich mitgeteilt wird, dass die Daten für ein Endsystem mit einer netzunabhängigen, eindeutigen Adresse bestimmt sind. Man unterscheidet bei der Vermittlung zwischen *geschalteter Vermittlung*, bei der, analog zum Telefon, ein exklusiver Verbindungskontext hergestellt wird, und der *Speichervermittlung* (Packet-Switching oder Datagram-Switching), bei der jede einzelne Botschaft neu vermittelt und zu diesem Zweck zwischengespeichert (store-and-forward) wird.

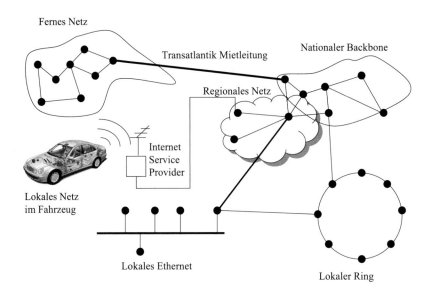

Abbildung 5.15 Aufgaben der Vermittlungsschicht

Das wichtigste Protokoll der Sicherungsssschicht ist das *Internet*[15] *Protocol* (IP). Das Internet-Protokoll ist speichervermittelt, d. h. jedes Datenpaket sucht sich im Netz unabhängig seinen Weg.
Dafür sind zwei Mechanismen notwendig:

- Zum Zweck der *Vermittlung* wird ein Datenpaket, das für einen Empfänger außerhalb des eigenen Netzes bestimmt ist, lokal an einen im Netz bekannten Router geschickt. Dieser ermittelt anhand einer Routing-Tabelle, in welches der weiteren Netze, an denen er angeschlossen ist (bzw. an welchen Router dort), das Datenpaket mit neuer Schicht-2-Adresse versandt werden soll. Die Routingtabelle ist das Ergebnis einer Routensuche, die *Wegewahl* genannt wird.

- Die Wegewahl erfolgt mittels Algorithmen, die denen der Navigation sehr ähnlich sind. Die beste Route wird nach einer Metrik ermittelt, in die z. B. Kosten, Bandbreite, Latenzzeit einfließen können („Kürzeste Route", „Schnellste Route"). Dafür gibt es wiederum verschiedene Ansätze: Beim *zentralen* Ansatz kennt ein zentraler Netzmanager das gesamte Netz und ermittelt auf Anfrage die kürzeste Route. Beim *dezentralen* Ansatz kennen die einzelnen Router das Netz, soweit es für die Erledigung ihrer Routing-Funktion notwendig ist. Über Routing-Protokolle werden diese Informationen jeweils ausgetauscht oder aktualisiert. Der dezentrale Ansatz kann statisch sein, d. h. alle Router haben eine feste Routingtabelle gespeichert, oder dynamisch, d. h. die Routingtabelle entwickelt sich nach Anforderungen und Restriktionen ständig neu.

---

[15] „Inter" steht für „zwischen", also ein Netz, zwischen den Netzen.

Statisches Routing ist im lokalen Fahrzeugnetz in der Regel ausreichend, da die Steuergeräte sich zur Laufzeit nicht ändern. Den Extremfall in die andere Richtung markiert ebenfalls das Fahrzeug. Bei der Fahrzeug-Fahrzeug-Kommunikation entstehen *ad-hoc* immer neue Konstellationen und Endsysteme verändern ihre geographische Lage. Zum Beispiel kann es interessant sein, einem folgenden Fahrzeug, das sich außerhalb des Sendebereichs befindet, Information über den Straßenzustand zu übermitteln. Hierbei könnten unmittelbar folgende Fahrzeuge, die ihrerseits Kontakt haben, als Router dienen. Auch dafür existieren Algorithmen [IET03].

5.5 Schicht 4: Transportschicht

Die Transportschicht hat die Aufgabe, das *Transportsystem* der unteren Schichten (1-4) im OSI-Schichtenmodell vom *Anwendungssystem* der oberen Schichten (5-7) zu trennen, so dass dieses unabhängig von der verwendeten Netzwerktechnologie arbeiten kann. Vereinfacht kann man formulieren, dass die Schichten 1-3 des OSI-Modells **Geräte** miteinander verbinden, während die Transportschicht **Anwendungen** miteinander verbindet. Daraus resultiert, dass in der Transportschicht Aufgaben anfallen, die denen der Sicherungsschicht und der Vermittlungsschicht ähnlich sind, nur dass diese von definierten darunterliegenden Netzwerken ausgehen dürfen, während die Transportschicht ein völlig undefiniertes Netzwerk vor sich hat. Dies gilt insbesondere für

- **Fragmentierung**: Datenpakete durchlaufen unterschiedliche Netze, deren Datenpaketgröße unterschiedlich sein kann. Das Anwendungssystem interessiert sich in der Regel nicht für Botschaftengrößen. Wenn Botschaften zu groß für das Netzwerk sind, müssen sie vom Transportsystem zerkleinert (fragmentiert) und beim Empfänger wieder reihenfolgerichtig zusammengesetzt werden. *Fragmentierung* wird im Internet in der Vermittlungsschicht abgehandelt (siehe Abschnitt 5.7), in anderen Netzwerken z. B. in CAN-basierten Diagnosenetzwerken auf der Transportschicht.

- **Fehlerkorrektur**: Bei der Vermittlung können Datenpakete verloren gehen, in falscher Reihenfolge beim Empfänger eintreffen oder erst nach sehr langer Zeit. Die Transportschicht stellt hier Korrekturmechanismen zur Verbesserung der *Zuverlässigkeit*, z. B. ARQ, zur Verfügung.

- **Zeitverhalten** und **Flusskontrolle**: Verschiedene Anwendungsfälle erfordern die Einhaltung garantierter Latenzzeiten, einer garantierten Bandbreite und/oder eines garantierten Jitters, siehe Tabelle 5.3. Wenn die Schichten 1-3 dies nicht leisten können, können in der Transportschicht Maßnahmen ergriffen werden. In der Regel ist dies mit der Pufferung der Nachrichten und einer gesteuerten Weitergabe an das Anwendungssystem verbunden.

- **Verbindungsaufbau**: Bei verbindungslosen Netzwerken im Transportsystem kann die Transportschicht der Anwendung eine *virtuelle Verbindung* zur Verfügung stellen, indem sie einen Verbindungskontext aufbaut. Der Applikation wird damit eine reservierte Verbindung vorgegaukelt. Ein typischer Fall für TCP ist das Laden einer Webseite: In der Regel besteht diese aus dutzenden von Links für Textfragmente, Bilder, Rahmen und mehr. Beim Aufruf einer Webseite öffnet TCP eine Session, in der der Browser beliebig vom Server nachladen kann. Ein anderes Beispiel sind Protokolle wie SSH oder FTP, bei denen auf dem Client-Rechner ebenfalls Sessions aufgebaut werden, bei denen einmal pro Session eine Einwahl vorgenommen wird.

- **Anwendungsadressierung**: Laufen mehrere Anwendungen in einem System (z. B. E-Mail und HTML-Clients), die über einen Kanal nach außen kommunizieren wollen, sorgt die Transportschicht dafür, dass eintreffende Nachrichten korrekt an die Anwendungen weitergegeben werden (siehe weiter unten).

5.6 Quality of Service (Dienstgüte)

Das sehr weite Gebiet der *Dienstgüte* sei hier nur am Rande erwähnt. Dienstgüte bezieht sich auf die Einhaltung erwarteter Übertragungsparameter wie Bandbreite, Latenzzeit, Jitter, Verfügbarkeit oder Fehlerraten. An dieser Stelle seien lediglich einige Anforderungen für typische Anwendungsklassen nach [Tan03] genannt.

Tabelle 5.3 Anforderungen typischer Anwendungen an die Dienstgüte

Anwendung	Zuverlässigkeit	Übertragungs-verzögerung	Jitter	Bandbreite
E-Mail	Hoch	Niedrig	Niedrig	Niedrig
Dateiübertragung	Hoch	Niedrig	Niedrig	Mittel
Webzugriff	Hoch	Mittel	Niedrig	Mittel
Telnet	Hoch	Mittel	Mittel	Niedrig
Audio on Demand	Niedrig	Niedrig	Hoch	Mittel
Video on Demand	Niedrig	Niedrig	Hoch	Hoch
Telefonie	Niedrig	Hoch	Hoch	Niedrig
Videokonferenz	Niedrig	Hoch	Hoch	Hoch

Im weiter unten (Abschnitt 6.6.4) beschriebenen UMTS-Mobilfunkstandard werden vier Dienstgüteklassen unterschieden [Krö04]:

- **Conversational**: Anwendungen sind Sprachkommunikation, Spiele, Videotelefonie etc., wo es auf geringen Jitter (< 400 ms) und konstante Datenraten ankommt, weil Pufferung wegen der Echtzeitanforderung nur eingeschränkt möglich ist.

- **Streaming**: Beispielsweise im Multimedia-Streaming oder Video on demand ist wegen der bestehenden Möglichkeit der Pfufferung lediglich eine stabile, zeitlich konstante Datenrate gefordert.

- **Interactive**: Bei interaktiven Anwendungen wie Surfen im Internet sind eine konstante Datenrate und kurze Latenzzeiten gefordert.

- **Background**: E-Mail- oder Datei-Download oder SMS erfordern eine zuverlässige, fehlerfreie Datenübertragung, aber kein zwingendes Zeitverhalten.

5.7 TCP/IP Stack

Unter TCP/IP versteht man eine enorme Sammlung von ca. 500 verschiedenen Protokollen, die die mittleren und oberen Ebenen des OSI-Schichtenmodells bevölkern. Vor allem das Transmission Control Protocol (TCP, Schicht 4) und das Internet Protocol (IP, Schicht 3) haben im Sturm die digitale Welt erobert und verbinden heute jeden PC, jeden Server, jeden Geldautomaten, jedes Mobiltelefon, jeden Automaten, in Zukunft fast jedes Fahrzeug. Weitere Protokolle ermöglichen die einheitliche Übertragung von Nutzdaten für bestimmte Zwecke (etwa HTTP für die Übertragung von HTML-Texten und Bildern, FTP für Dateiübertragung, POP3 und IMAP für die Übertragung von E-Mails, TLS/SSL für Verschlüsselungsanwendungen und viele andere mehr).

Es zeichnet sich ein sehr eindeutiger Trend ab, feste und mobile TCP/P basierte Multimedia- und Datendienste zu entwickeln. Damit werden die den Dienst implementierenden Applikationen unabhängig von der darunter liegenden physikalischen Ausprägung des Netzes.

Wir werden im weiteren Verlauf dieses Kapitels nur einige wenige Protokolle streifen können, die eine gewisse Rolle bei Multimedia-Anwendungen im Fahrzeug spielen. Der interessierte Leser sei auf die weiterführende Literatur [Orl04] verwiesen.

5.7.1 IPv4

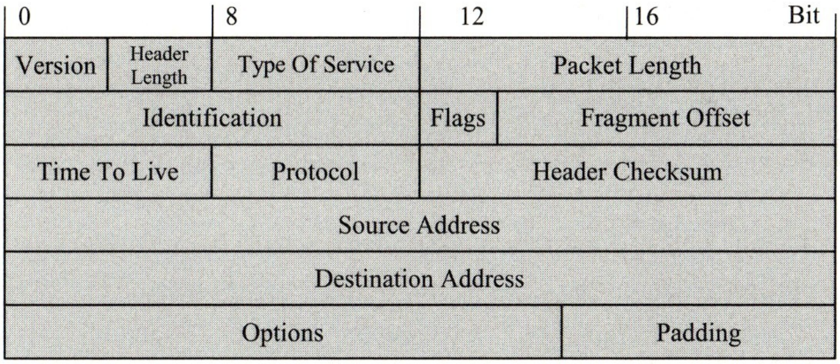

Abbildung 5.16 Struktur des Kopfes eines IP-Datenpaketes

Das Internet Protokoll, Version 4 (IPv4), befindet sich auf der Schicht 3 des OSI-Referenzmodells (Network Layer). Es ist für Adressierung und Routing sowie für die Fragmentierung von Datenpaketen (IP Packets) verantwortlich. Um diese Aufgaben zu erfüllen, werden verschieden Informationen im Kopf (Header) eines jeden IP-Paketes übertragen.

- **Version**: Version des Internet-Protokolls (gebräuchlich sind IPv4 oder IPv6).
- **Header Length**: Länge des Paketkopfes in Vielfachen von 32 Bit. Die Länge des Headers kann variieren, weil das Feld Options eine variable Anzahl von Optionen beherbergen kann.

- **Type Of Service**: Mit diesen 8 Bit wird die Dienstqualität der Übertragung des Daten-paketes definiert: Hier gibt es Einstellungen für die maximale Verzögerung, die ein Paket erfahren darf, für die Übermittlungsgeschwindigkeit und für die Zuverlässigkeit der Über-tragung. Die Unterscheidung dieser Qualitäten ist wichtig, wenn beispielsweise Videodaten übertragen werden sollen: Diese Daten brauchen eine gewisse Mindestbandbreite und mi-nimale Verzögerung, damit die übertragene Videosequenz glatt dargestellt werden kann.

- **Packet Length**: Größe des angehängten Datenpaketes.

- **Identification**: IP-Datenpakete dürfen bis zu 64 kB groß sein. Da die im OSI-Stack unter-halb von IP liegenden Protokolle aber unter Umständen nur kleinere Pakete verschicken können, kann IP den Inhalt der Datenpakete in mehrere Fragmente unterteilen, die jeweils einen kopierten IP-Header bekommen. In diesem Feld des Headers kann der Sender für die Fragmente eines Datenpaketes eine eindeutige Identifikationsnummer vergeben.

- **Flags**: In diesen Bits kann kodiert werden, ob der Dateninhalt fragmentiert werden soll oder nicht. Falls nicht, wird das Datenpaket verworfen, wenn die Network-Schicht keine Pakete ausreichender Größe zulässt.

- **Fragment Offset**: In diesem Feld wird der Offset angegeben, an den das Fragment in das ursprüngliche Datenpaket gehört.

- **Time To Live**: Um zu vermeiden, dass Datenpakete im Kreis geschickt werden, wird bei jedem Weiterleiten des Paketes dieser Wert heruntergezählt. Wird Null erreicht, so wird davon ausgegangen, dass das Paket sich verirrt hat, und es wird verworfen.

- **Protocol**: Dieser Wert gibt das über IP liegende Protokoll an, beispielsweise TCP oder UDP.

- **Header Checksum**: Um die Unversehrtheit der Daten des Headers überprüfen zu können, wird eine Prüfsumme über seinen Inhalt berechnet und mit ihm übertragen. Der emp-fangende Netzknoten kann diese Prüfsumme mit der des bei ihm eingetroffenen Headers vergleichen.

- **Source Address und Destination Address**: IP-Adresse des Senders bzw. Empfängers. Bei IPv4 werden 32 Bit lange Adressen verwendet, bei IPv6 sind sie 128 Bit lang.

- **Options**: Dieses Feld kann weitere Optionen für die Übertragung der Datenpakete enthal-ten.

- **Padding**: Nicht immer reichen die Optionen aus, um ganzzahlige Vielfache von 32 Bit zu füllen. Da die Header-Länge aber in solchen angegeben wird, gibt es manchmal eine Reihe von irrelevanten Stopfbits, die das letzte 32-Bit-Wort des Headers auffüllen.

5.7.2 IPv6

IPv6 ist für die meisten Protokolle höherer Schichten der IP Protokoll-Suite gleich anzusprechen wie IPv4.

Adressverwaltung

Unter IPv4 werden Adressen in vier Bytes codiert (z. B. 192.168.0.1), womit bis zu 2^{32} (ca. 4 Milliarden) eindeutige Endgeräte adressiert werden können. Unter IPv6 beträgt die Adresslänge 128 Bit und es können 2^{128} (also $3{,}4 \cdot 10^{38}$) Geräte adressiert werden. Das reicht locker für alle PCs, Mobiltelefone, Fahrzeuggateways usw. aus: Bei einer Weltbevölkerung von derzeit 6,6 Milliarden Menschen könnten für jeden Einwohner der Erde im Durchschnitt $5{,}5 \cdot 10^{28}$ Adressen vergeben werden. Das ist wirklich reichlich. Das ist sogar so reichlich, dass man jedem Atom im menschlichen Körper etwa 10 Adressen geben könnte.

IPv6-Adressen werden in acht Gruppen zu je vier Hexadezimalzahlen kodiert (z. B. 200e:0ef4: 2203:2aff:ed99:500c:d8d8:0000). Sie kommen in drei Kategorien vor: Unicast (Verbindungen von Punkt zu Punkt), Multicast (Verbindung eines Senders von IP-Paketen mit mehreren Empfängern im gleichen Link, in der gleichen Site oder global) und Anycast (Verbindung eines Senders von IP-Paketen mit einem von mehreren möglichen Empfängern). IPv4 kennt nur die Punkt-zu-Punkt-Verbindung oder den Broadcast mit der dafür reservierten Adresse 255.255.255.255.

Zur Übertragung von Massendaten kann unter IPv6 das so genannte Jumbogram mit etwa 1 GB eingesetzt werden. Unter IPv4 sind Pakete auf 64 kB beschränkt. In IPv4 Netzen, über die IPv6 Datagramme unterwegs sind, werden die IPv6-Pakete gegebenenfalls segmentiert und in IPv4 Paketen verpackt (Tunneling), es existieren aber auch noch weitere Verfahren, die sicherstellen, dass die Netze bis zur völligen Migration zu IPv6 kompatibel sind.

Mobiles Internet

Mobiler Internetzugang kann nur dann sinnvoll realisiert werden, wenn die Endgeräte die Möglichkeit haben, in Echtzeit ihre Verbindung von einem Netzeinwahlpunkt zu einem anderen zu wechseln. Dies schließt auch den Wechsel der unteren beiden OSI-Schichten ein, also beispielsweise den Wechsel von einer GPRS-basierten IP-Verbindung zu einer WLAN- oder WiMAX-basierten (siehe Kapitel 6). Nur so kann eine Datenverbindung aufrecht erhalten werden, während sich der Empfänger (etwa im Automobil) sehr schnell bewegt. Um dies zu ermöglichen, mussten Verfahren entwickelt werden, die es einem bewegten Empfänger gestatten, seine IP-Adresse beim Netzwechsel mitzunehmen. Das Netz muss die Bewegungen des Empfängers feststellen können und ihm immer den passenden Router anbieten können.

IPv6 befriedigt diese Anforderungen durch intelligente IP-Adressverwaltung: Ein sich bewegender Netzknoten (Mobile Node) hat eine statische Heimat-IP-Adresse (Home Address) aber auch dynamische Adressen für unterwegs (Care-Of-Address). Ist der Netzknoten unterwegs, so wählt er sich an einem fremden Gastrouter ein und bezieht die Care-of-Address aus dem Subnetz des Gastrouters. Diese teilt er seinem Heimatrouter mit, der nun alle IP-Pakete, die für den mobilen Knoten bestimmt sind, an den Gastrouter weiterleitet. Der wiederum vermittelt sie dem mobilen Knoten (Abbildung 5.17).

Um den Verkehr zu optimieren, können die Pakete auch direkt zwischen dem mobilen Netzknoten und seinem Gegenüber vermittelt werden, ohne über den Heimatrouter zu laufen. Dazu wird dem Router des Senders die geänderte dynamische Care-Of-Adresse mitgeteilt (Abbildung 5.18).

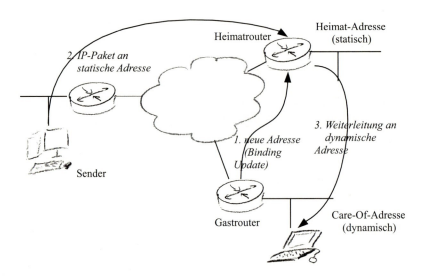

Abbildung 5.17 Mobile Weiterleitung von IP-Paketen

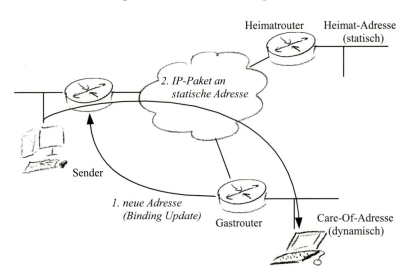

Abbildung 5.18 Dynamisches Routing

5.7.3   TCP und UDP

TCP (*Transmission Control Protocol*) und *UDP* (*User Datagram Protocol*) sind alternativ einsetzbare Protokolle auf der Transportschicht des OSI-Stacks.

Während UDP (Schicht 3) mit seiner netzübergreifenden Adressierung Rechner miteinander verbindet, sind TCP und UDP (Schicht 4) für die Verbindung von Anwendungen (z. B. Mail-Clients, Chat-Clients, Telemetrieprogramme, Web-Server, Web-Browser) zuständig. Eine Programmierschnittstelle, meist „sockets" genannt, macht das Transportsystem den Applikationsentwicklern auf Schicht 4 zugänglich.

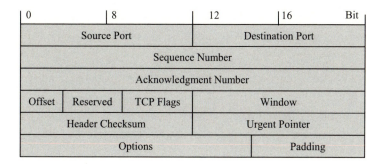

Abbildung 5.19 Kopfstruktur eines TCP-Paketes

TCP bietet als *verbindungsorientiertes Transportprotokoll* Funktionen zum Auf- und Abbau von Punkt-zu-Punkt-Verbindungen, Flusskontrolle, Reihenfolgesicherung, Zeitüberwachung und Prüfsummenbildung. Ein TCP-Paket besteht aus dem mindestens 20 Byte langen Header und einem maximal 64 kB langen Datensegment. Ähnlich wie beim IP-Protokoll enthält der Header bei TCP Angaben über Sender und Empfänger aber nicht die IP-Adresse der beteiligten Netzknoten sondern den Port, an dem ein bestimmter Dienst auf Daten wartet (**Source Port**, **Destination Port**). TCP verbindet keine Geräte, sondern Anwendungen (auf Geräten). Die Portnummern für bestimmte Dienste sind weitgehend standardisiert (Bsp. IMAP=143, HTTP=80, FTP=20). Daneben gibt es Informationen, die zur Flusskontrolle herangezogen werden, etwa eine **Sequenz-Nummer** und eine **Acknowledgement-Nummer**, die es dem Empfänger erlaubt, den Erhalt von TCP-Paketen zu quittieren. Natürlich darf die obligatorische **Prüfsumme** des Headers nicht fehlen.

Offset gibt die Länge des TCP-Headers in Vielfachen von 32 Bit an, die TCP Flags legen fest, ob ein Paket quittiert werden soll oder ob es besonders dringend (urgent) ist. Window ist die maximale Anzahl von Bytes, die der Sender des TCP-Pakets empfangen kann. Der Urgent Pointer gibt die Lage besonders dringend zu verarbeitender Daten im Datenpaket des Headers an.

Beim Aufbau einer TCP-Verbindung synchronisieren sich Sender und Empfänger im Hinblick auf Sequenz-Nummer und Acknowledgement-Nummer. Damit hat der Sender die Möglichkeit zu überprüfen, ob die gesendeten Pakete innerhalb einer bestimmten Zeit beim Empfänger eingetroffen sind. Gegebenenfalls muss er sie wiederholen.

Die Verbindungsorientierung von TCP hat den Vorteil, dass die Datenpakete sehr zuverlässig übertragen werden. Dies hat andererseits den Nachteil, dass das Zeitverhalten nicht eindeutig festgelegt werden kann, und zeitkritische Dienste wie die Übertragung von Video- oder Audiodaten bereiten Probleme.

Daher verwenden diese Dienste meist das *verbindungslose* UDP als Transportprotokoll. Verbindungslos bedeutet, dass unter UDP die Datenpakete einfach so schnell wie möglich verschickt werden und der Empfänger den Empfang nicht quittiert. Da das darunter liegende IP-Protokoll ebenfalls verbindungslos ist, muss UDP nur noch die Aufgabe erfüllen, die sendenden bzw. empfangenden Dienste am richtigen Port anzusprechen, und der UDP-Header ist entsprechend ein-

0	8	12	16	Bit
Source Port		Destination Port		
Length		Header Checksum		

Abbildung 5.20 Kopfstruktur eines UDP-Paketes

fach: Er enthält nur Sender- und Empfänger-Port, eine Längenangabe und natürlich die Prüfsumme.

5.8   Höhere Protokollschichten

Die Aufgabe der höheren Protokollschichten besteht darin, auf Applikationsebene eindeutigen und konsistenten Zugriff auf die im System verteilten Ressourcen sicherzustellen. Dazu gehören Protokolle zur Steuerung von Anwendungen genauso wie Vereinbarungen über Wertebereiche, Skalierungen und Bedeutungen von Signalen. Speziell im Infotainmentbereich ist die Steuerung der Applikationsebene mit einigen spannenden Fragestellungen verknüpft:

- Ein Multimediasystem gewährleistet nicht automatisch die Verfügbarkeit aller Ressourcen. So kann ein mobiles Gerät vorhanden sein oder auch nicht, wenn es aber das Telefon ist, kann unter Umständen eine ganze Funktionenklasse wegfallen. Ressourcen können zudem auch *während* des Betriebs dem verteilten System beitreten (Einlegen einer CD, Einfahren in ein neues Empfangsgebiet) oder das System verlassen.

- Multimediasysteme bestehen aus komplexen Zustandsautomaten, die durch nicht deterministische Ereignisse getriggert werden können. So kann nicht vorhergesagt werden, wann eine Verkehrsdurchsage oder ein Telefonanruf eintrifft aber die gesamte Audiokette wird dadurch beeinflusst und die Bedienkontexte im Kombiinstrument, im Sprachbediensystem und in der Headunit ändern sich. Ob dezentral oder zentral gesteuert, die Zustände aller angeschlossenen Subsysteme müssen konsistent gehalten werden.

- Durch die Komplexität der Anwendungsszenarien sind auch die über das Netzwerk ausgetauschten Protokollsequenzen komplex und es fällt immer schwerer, sie im Vorfeld unter realistischen Lastbedingungen zu testen. Aus diesem Grund verschieben sich Integrationstests in der Entwicklung in späte Phasen. Automatische Tests müssen eine Vielzahl von unterschiedlichen Reaktionsmöglichkeiten in Betracht ziehen, die unter Umständen dasselbe bewirken. Oder sie müssen darauf Rücksicht nehmen, dass dasselbe Ereignis in unterschiedlichen Kontexten unterschiedliche Reaktionen hervorruft.

- Eine szenarienbasierte Spezifikation der Anwendungsprotokolle ist aufgrund der schieren Menge der möglichen Nutzungskontexte kaum noch möglich.

- Komplexe Szenarien sind die Quelle ganz eigener Fehler wie z. B. Überlauffehlern in Ressourcen, die zum Ausfall oder zu Fehlreaktionen führen können. [MH07]

- Multimediasysteme sind das Tor des Fahrzeugs zur Außenwelt. Der Wunsch Einzelner, durch dieses Tor Zugriff auf sensible Daten, auf unverschlüsselte urheberrechtlich geschützte Inhalte und schließlich auf die Parametrierung des Gesamtfahrzeugs zu erhalten erfordert erheblichen Aufwand bei der Sicherung, Authentifizierung (wer klopft an?) und Autorisierung (Darf er/sie das?).

Mit diesen Herausforderungen wächst auch der Nutzen von standardisierten Spezifikations-, Entwicklungs- , Integrations- und Testprozessen [SZ06]. Einige Ansätze dazu werden in Kapitel 7 näher beschrieben.

5.9 Fahrzeuginterne Netzwerke

Wie bereits zu Beginn des Kapitels diskutiert, erfordern unterschiedliche Domänenaufgaben unterschiedliche Netzwerklösungen im Fahrzeug. Die Infotainment- oder Multimediadomäne ist in vielfältiger Weise an die anderen Fahrzeugbussysteme gekoppelt, weshalb hier ein kurzer Abriss über ihr Funktionsprinzip gegeben werden soll.
Die Verbindung zwischen dem Infotainmentsystem und den fahrzeuginternen Netzen kann etwa wie folgt umrissen werden:

- **Fahrerassistenz-** und **Fahrerinformationssysteme** benötigen die größte Menge an Daten über den Fahrzeugzustand oder greifen gar in diesen ein. Beispiele: Der Abstandsregeltempomat wird im Head-up Display angezeigt, der Wegstreckenzähler wird zur Verbesserung der Positionierung eingesetzt (Dead Reckoning, siehe Seite 244).

- **Diagnose** und **Softwaredownload** über ein zentrales Gateway koppeln die Bussysteme an die Multimediadomäne.

- Das zentrale **Energiemanagement** steuert die Multimediadomäne mit.

- Die Steuerung von Infotainmentfunktionen kann vom Fahrzeugzustand abhängig sein (z. B. GALA, siehe Abschnitt 2.5.6).

- Manche Multimediakomponenten kommunizieren über CAN (z. B. die Lenkradfernbedienung mit der Headunit).

Die *Society of Automotive Engineers* (*SAE*) hat Fahrzeug-Netzwerke hinsichtlich ihrer Übertragungsgeschwindigkeit in Klassen eingeteilt, die einen groben Anhaltspunkt über die Anwendungen geben [ZS07] (Tabelle 5.4)

5.9.1 LIN

Das *Local Interconnect Network* (*LIN*) wird als Subbus bezeichnet, weil es für minimale Kosten, minimalen Ressourcenverbrauch und folglich auf nur geringe Datenraten spezifiziert ist. Das Spezifikationsdokument [LIN07] und [GW05] beschreiben das System ausführlich.
LIN basiert auf dem asynchronen UART, der in jedem gängigen Mikrocontroller integriert ist. Im Gegensatz zu einer vollduplexfähigen RS232 Schnittstelle ist er jedoch an die Spannungspegel im Fahrzeug angepasst und als Halbduplexsystem in Wired-AND-Technik mit einer unsymmetrischen Eindrahtschnittstelle ausgelegt (siehe Abschnitt 5.2.2). Da LIN auch von Kleinstrechnern (intelligente Lampen, Schalter oder Stellmotoren) gegebenenfalls ohne eigenen Quarzoszillator

Tabelle 5.4 SAE-Klassifikation für Netzwerke im Auto

Class	Bitrate	Beispiel	Anwendung
Diagnose	< 10 kbit/s	ISO 9141-K-Line	Werkstatttester, Abgastester (OBD)
A	< 25 kbit/s	LIN, SAE J1587/1707	Karosserie
B	25...125 kbit/s	Low Speed CAN	
C	125...1000 kbit/s	High Speed CAN	Antriebsstrang, Fahrwerk, Diagnose, Download
C+	> 1 Mbit/s	FlexRay, TTP	X-By-Wire
Multimedia	> 10 Mbit/s	MOST	Infotainmentsysteme

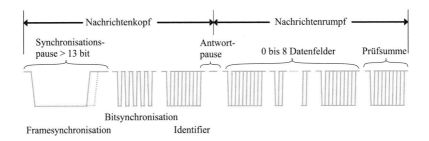

Abbildung 5.21 LIN Frame

laufen soll, liegt die spezifizierte Grenze der Datenrate bei 20 kbit/s. Der LIN-Transceiver enthält je nach Ausführung die Pegelanpassung, Powermanagement-Komponenten (Wake-up), Überwachungsschaltungen (Watchdog) und die Energieversorgung des Mikrocontrollers. Auf diese Weise lassen sich sehr kompakte Schaltungen realisieren.

LIN ist botschaftenadressiert, d. h. Nachrichten werden nicht zwischen Instanzen verschickt sondern die Adresse bezieht sich auf die Bedeutung der Nachricht, so dass diese bei Bedarf von verschiedenen Busteilnehmern gelesen werden kann. In der Kommunikationstechnik wird dies als *Producer-Consumer-Modell* bezeichnet, im Gegensatz zum Client-Server-Modell des MOST-Netzwerks.

Um Kollisionen zu vermeiden, verwendet LIN ein Master-Slave-Protokoll: Jede Kommunikation auf dem Bus wird von einem Masterknoten angestoßen. Dieser sendet, nach einer festen Ablauftabelle (*Schedule*) einen Nachrichtenkopf, der von einem **Synchronisationsfeld** angeführt wird (Übergang von einem rezessiven auf ein dominantes Bit), während dessen die angeschlossenen Slaves den Empfang vorbereiten können. Anschließend wird eine hexadezimale 55_{hex}, also eine binäre 01010101, gesendet, damit sich die Slaves auf die Taktrate synchronisieren können. Die Bytesynchronisation wird dabei von den UART-eigenen Start- und Stoppbits durchgeführt. Danach wird ein 6 Bit **Identifier** mit 2 Bit Prüfsumme verschickt, so dass insgesamt 64 Nachrichten adressiert werden können. Nun werden folgende Fälle unterschieden:

- Die Botschaft soll vom Master an einen oder mehrere Slaves geschickt werden: In diesem Fall setzt der Master die Übertragung mit dem Datenfeld fort, das aus acht Bytes bestehen darf. Die Slaves, die sich für die Botschaft interessieren, lesen mit.

- Die Botschaft soll von einem Slave versendet werden. In diesem Fall stellt der Master die Übertragung nach dem Versenden des Identifiers samt Prüfsumme ein und der Slave setzt sie mit dem Datenfeld fort. Aus Kapazitätsgründen sind auch so genannte *eventgetriggerte Frames* erlaubt, d. h. mehrere Slaves könnten eine Antwort senden, wenn die entsprechenden Sendegründe vorliegen. In diesem Fall gibt es eine Kollision, die vom Master erkannt und durch Einzelabfrage behoben wird, wofür jeweils ein weiteres Standard-Frame zur Verfügung gestellt werden muss.

Die Botschaften mit den Identifiern 60_{hex} und 61_{hex} sind für Konfigurations- und Diagnosebotschaften reserviert. Hier sorgt ein überlagertes Transportprotokoll für die Segmentierung der Nachrichten, die in der Regel größer als 8 Byte sind. Die LIN-Spezifikation legt nicht nur die Protokolle und den physical Layer fest sondern auch die Softwareschnittstellen des Protokollstacks (API) und vor allem ein Entwicklungskonzept. Dieses erleichtert die Integration von LIN-Komponenten erheblich. So muss mit jeder LIN-Komponente eine standardisierte Beschreibung ihrer Signale und Botschaften mitgeliefert werden (Node capability file NCF). Die Beschreibungen aller Komponenten im System ergibt das so genannte LIN-Description-File (LDF), aus dem die Botschaftenidentifier ermittelt werden können. Das LIN-Diagnoseprotokoll fordert, dass die Identifier dynamisch durch Konfiguration in den Knoten verändert werden können. Auf diese Weise lassen sich die für das Preissegment notwendigen hohen Stückzahlen realisieren bei erleichterter Integration in das Gesamtsystem. Dennoch ist LIN natürlich kein Plug&Play-Netzwerk, denn die funktionale Vielfalt ist auf der Transportebene bewusst nicht standardisiert. Die Thematik wird im Abschnitt 5.9.4 noch einmal aufgegriffen.

5.9.2 CAN

CAN (Controller Area Network), ist der Klassiker unter den Kfz-Netzwerken und hat sich aufgrund seiner Einfachheit, seiner angemessen hohen Datenraten (bis 1 Mbit/s bei bis 40 m Länge) und seiner Robustheit nicht nur im Fahrzeug zum Standard etabliert sondern speziell auch in der Automatisierungstechnik[16]. Ursprünglich von Bosch spezifiziert [Bos01] ist er nun als ISO 11898 (Teil 1-4) international genormt [ISO99]. Teil 1 gibt die ursprüngliche Spezifikation wieder, Teil 2 und Teil 3 legen den physical Layer für High Speed bzw. Low Speed CAN fest und Teil 4 ist die Erweiterung auf zeitgesteuerte synchrone Kommunikation (*Time Triggered CAN*) Einen Überblick über weitere Normen im Umfeld von CAN geben [EHS+02] und [ZS07].
CAN wird in der Regel als symmetrische Zweidrahtleitung in Wired-AND-Technik ausgelegt, ist aber auch als Eindrahtleitung spezifiziert. Die Datenübertragung ist bitstromorientiert und nutzt Bit-Stuffing, um lange 0- und 1-Folgen zu verhindern (vgl. Seite 165).
CAN nutzt die CSMA/CA Technik zur Kollisionsvermeidung. Solange ein Teilnehmer sendet, verhalten sich die anderen Teilnehmer ruhig. Zunächst sendet CAN nach einem Startbit (dominant) einen 11 Bit Nachrichtenidentifier (CAN2.0A), ist also botschaftenorientiert. In der

---

[16] Die Norm CiA – CAN in Automation spezifiziert ihn bis 5.000 m Leitungslänge bei 10 kbit/s (nach CiA DS-102) [EHS+02].

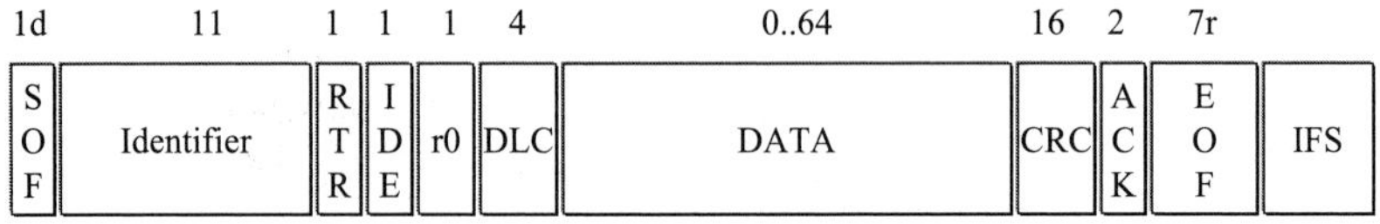

1d	11	1	1	1	4	0..64	16	2	7r	
S O F	Identifier	R T R	I D E	r0	DLC	DATA	CRC	A C K	E O F	IFS

Abbildung 5.22 CAN Frame mit 11 Bit Identifier (CAN 2.0A) [Bos01]

CAN2.0 B Spezifikation ist der Identifier 29 Bit lang. Jeder Identifier ist zwingend an eine Botschaft eines Teilnehmers gebunden. Da alle Teilnehmer am Bus „mithören", unternimmt keiner einen Sendeversuch, solange ein anderer sendet. Unternehmen zwei Teilnehmer *gleichzeitig* einen Sendeversuch, wird derjenige Teilnehmer das Problem als erstes spätestens dann bemerken, wenn er ein rezessives Bit gesendet hat (logisch 1), auf dem Bus aber ein dominantes Bit anliegt (logisch 0). Er muss dann sofort die Sendung unterbrechen. Konsequenterweise setzt sich die Botschaft mit der niedrigeren Adresse ungestört durch. Da die Botschaften relativ kurz sind, ist die Chance hoch, nach kurzer Zeit Übertragungskapazität zu bekommen.

CAN nutzt einen Protokollrahmen mit bis zu 64 Bit Nutzdaten und einem Header von 19 Bit Länge bei der CAN2.0A-Spezifikation bzw. 37 Bit bei CAN2.0B und einen Trailer von 25 Bit Länge. Dazu kommen mindestens 3 Bit Wartezeit, nach der ein Knoten nach einer erfolgten Sendung selbst einen Sendeversuch unternehmen darf (*Interframe Space*, IFS), und insgesamt bis zu 15 Stuffbits. Zwischen Header und Trailer ist Platz für maximal 8 Datenbyte. Im ungünstigsten Fall liegt die Protkolleffizienz bei knapp 50 %. Bei 500 kbit/s Bitrate beträgt die Übertragungsdauer (Latenzzeit) 225 μs beim kurzen und 260 μs beim langen Header, was einer Nutzdatenrate von 34 kByte/s bzw. 30 kByte/s entspricht [ZS07]. Der Header besteht neben dem Message Identifier noch aus:

- **SOF**: Start of Frame: Dominantes Bit, das den Beginn einer Nachricht signalisiert, wenn der Bus vorher mindestens 11 Bit auf rezessivem Pegel gelegen hat (siehe unten Acknowledge Delimiter, EOF und IFS)

- **RTR**: Remote Transmission Request: Ein CAN-Teilnehmer, der eine bestimmte Botschaft erwartet, sendet ein Frame mit der Botschaftskennung, mit rezessivem (1) RTR-Bit und ohne Datenfeld. Der Teilnehmer, der diese Botschaft normalerweise generiert, erkennt das Remote Frame und sendet darauf die Botschaft. Auf diese Weise lässt sich ein einfaches Client-Server-Modell etablieren.

- **IDE**: Identifier Extension: Ist es rezessiv, zeigt es an, dass der Identifier auf 29 Bit erweitert ist.

- **r0**: Reserviert (wird dominant gesetzt).

- **DLC**: Data Length Code: zeigt die Länge des folgenden Datenfelds an.

- **DATA**: Nutzdaten: können 0 bis 8 Byte umfassen.

- **CRC**: CRC-Prüfsumme (siehe Seite 170).

- **ACK**: Acknowledge: Besteht aus dem vom Sender rezessiv gesendeten Acknowledge Slot und einem festgelegten rezessiven Begrenzungsbit (Acknowledge Delimiter). Ein Busteilnehmer, der die Nachricht konsistent mit der Prüfsumme empfangen hat, setzt den Acknowledge-Slot auf dominanten Pegel.

- **EOF**: End of Frame: Die Übertragung wird mit 7 rezessiven Bit abgeschlossen.

CAN spezifiziert darüber hinaus ein Fehlerbehandlungsverfahren, das die Möglichkeit vorsieht, dass sich ein Knoten selbst vom Bus abschaltet, wenn er die Ursache von gehäuften Fehlern ist. Hierzu sendet ein Knoten, der einen Fehler detektiert, eine Nachricht mit sechs dominanten Bit, die damit die Bit-Stuffing Regel (siehe Seite 165) verletzen und von jedem anderen Knoten erkannt wird. Ein Knoten, der erkennt, dass während einer von ihm initiierten Übertragung ein Fehler aufgetreten ist, erhöht einen Fehlerzähler (Sendefehlerzähler). Ein Knoten, der erkennt, dass er eine fehlerhafte Botschaft empfangen hat, erhöht einen anderen Fehlerzähler (Empfangs-fehlerzähler). Knoten, die als erste einen Fehler entdecken, bekommen mehr „Fehlerpunkte", weil die Gefahr besteht, dass die Entdeckung selbst ein Fehler war. Korrekt gesendete bzw. empfangene Nachrichten erniedrigen den Zähler wieder.

Ein Knoten, dessen Fehlerzähler > 127 ist darf keine dominanten Fehlerbotschaften mehr versenden sondern nur noch mit sechs rezessiven Bit den Fehler anzeigen, stört aber damit nicht den Netzwerkverkehr. Bei einem Zählerstand von 255 verliert er die Berechtigung, am Verkehr teilzunehmen. So werden Knoten abgeschaltet, die zu häufig Fehler im Bus generieren oder fehlerhaft detektieren.

Das CAN-Protokoll entspricht der Sicherungsschicht (Schicht 2) im OSI-Schichtenmodell. Darüber sind diverse Transportschichten definiert, die beispielsweise ein verbindungsorientiertes Diagnoseprotokoll (Keyword Protocol 2000 nach ISO 15765-3) implementieren, ein Netzwerkmanagement oder einen Fragmentierungsmechanismus für große Datenmengen. Eine ausführliche Beschreibung findet sich bei [EHS+02] und bei [ZS07].

5.9.3 Zeitgesteuerte Bussysteme

Obwohl CAN mit einer verhältnismäßig kurzen Latenzzeit aufwartet, genügt das Protokoll nicht den Anforderungen eines Echtzeitsystems, denn ein Datenpaket wird erst dann gesendet, wenn es nicht mit höherprioren Botschaften konkurriert. Sicherheitskritische Systeme erfordern jedoch häufig Nachrichten nicht nur mit einer festgelegten Latenzzeit, sondern auch zyklische Nachrichten mit festgelegtem Jitter. Abhilfe schaffen Bussysteme, die eine festgelegte Zykluszeit mitbringen und in dieser Zeitschlitze exklusiv für einzelne Botschaften reservieren, was nur auf Kosten von Flexibilität und Kapazität möglich ist. Nach einer ursprünglichen Erweiterung der CAN-Spezifikation (*TTCAN*) und Experimenten mit Bussystemen aus der Avionik (TTP/C und Byteflight) einigte sich ein Konsortium der wichtigsten Automobilhersteller und -zulieferer auf die Entwicklung eines eigenen zeitgesteuerten Standards *FlexRay* ([Fle06]). FlexRay erlaubt Bus- und Sterntopologien mit aktivem Stern. Jeder FlexRay-Knoten besitzt zwei Kanäle, die entweder redundant für sicherheitsrelevante Botschaften oder parallel für unkritische Botschaften verwendet werden können. Die maximale Bitrate ist zurzeit 10 Mbit/s also zehnmal höher als bei CAN.

Um den Echtzeit- und Flexibilitätsanforderungen gleichermaßen gerecht zu werden, wird in FlexRay ein fester Kommunikationszyklus mit z. B. 400 Hz eingehalten. Innerhalb des Kommunikationszyklus werden drei Zeitbereiche festgelegt:

- Das *statische Segment*, in dem Sendeberechtigungen a priori im TDMA-Verfahren zu Zeitschlitzen (siehe Seiten 166 und 223) zugeordnet sind. Hier werden die beiden physikalischen Kanäle jeweils redundant verwendet.

- Das *dynamische Segment*, in dem Knoten in Konkurrenz Botschaften variabler Länge über beide Kanäle getrennt versenden können. Auch hier werden Zeitschlitze verwendet, allerdings ohne feste Zuweisung. Teilnehmer mit hoher Priorität starten in einem früheren Zeitschlitz und können das Versenden von niederprioren Nachrichten verhindern.
- *Das Symbol-Window*, das für Systemkommunikation verwendet wird.

Bei bis zu 2.047 Zeitschlitze in einem Kommunikationszyklus erfordern eine sorgfältige Synchronisation der Busteilnehmer, da es – im Gegensatz z. B. zu MOST – keinen Timing-Master gibt, der den Takt bestimmt.

FlexRay ist vor allem anderen auf Kommunikationssicherheit ausgelegt. Dies fängt auf der physikalischen Ebene damit an, dass der Bus mit achtfach Oversampling gelesen wird, d. h. jedes Bit wird achtmal abgetastet um zufällige Spannungsspitzen (Glitches) als solche zu erkennen. Das ständige Abgleichen der Zyklus- und Zeitschlitzzähler, das Konsistenzabweichungen aufdecken kann, und zwei CRC-Prüfsummen, ein optionaler Buswächter auf Hardware-Basis sowie ein genau spezifiziertes Fehlerverhalten machen FlexRay extrem zuverlässig.

5.9.4 Integration ins Fahrzeug

Gateways

Während im Internet alle teilnehmenden Geräte auf der Vermittlungsschicht das IP-Protokoll verwenden, findet man im Fahrzeug eine Reihe von Protokollen vor, die meist überhaupt nicht zur Vermittlung spezifiziert sind und sich auch grundsätzlich in ihrem Aufbau unterscheiden. Generell ist ein *Gateway* ein Protokollumsetzer, der sämtliche Protokollinformationen verändern kann. Gateways werden in IP-basierten Netzen, z. B. zwischen dem offenen Internet und internen geschützten Netzen verwendet. Im Fahrzeug ist die Hauptaufgabe von Gateways die Übersetzung der mit den Botschaften vermittelten Informationen in das Format und die Denkweise unterschiedlicher Protokolle, z. B. zwischen zwei (botschaftenorientierten) CAN-Bussen, CAN und LIN, CAN und MOST®oder auch zwischen externen Geräten bzw. dem Internet und dem Infotainmentsystem. Dies kann statisch geschehen, was eine ressourcenschonende Optimierung der erforderlichen Performance des Gateways ermöglicht, aber jede Flexibilität ausschließt, oder mit Hilfe eines Interpreters, der eine Tabelle von Umsetzungsregeln enthält, die bei einer Erweiterung des Systems gegebenenfalls angepasst werden kann [Leo05]. Spezielle Anforderungen an Gateways im Fahrzeug sind:

- Hohe Performance, z. B. beim Softwaredownload über eine zentrale Schnittstelle in verschiedene Netzwerke.
- Abbildung und Einhalten des Zeitverhaltens der einzelnen Netzwerke (Jitter, Datenraten, Isochronität).
- Gute Testbarkeit und reproduzierbares Verhalten.
- Erfüllen zusätzlicher Aufgaben, z. B. Schutz vor unerwünschten Nachrichten (*Firewall*-Funktionalität) oder Netzwerküberwachungsfunktionen.

Integrationsaufgaben

Alle vorgestellten fahrzeuginternen Bussysteme sind weit von der Welt des Plug&Play der Büro-
und Heimnetzwerke entfernt. Mit ein Grund dafür ist, dass das Fahrzeug mit unzähligen Sensoren, Aktoren und Steuergeräten eine weitaus komplexere Umgebung darstellt als das heimische
Netzwerk, bei dem in der Regel relativ klare Aufgaben (Drucker, externe Datenträger, cursorba-
sierte Eingabegeräte, Telefon, Bildquelle ...) zu erfüllen sind. Zudem dominiert in der Automo-
bilwelt kein einzelner Softwarehersteller die Protokolle in dem Maße, in dem das im PC-Bereich
der Fall ist. Die Folge ist ein hohes Maß an Integrationsaufgaben, von denen nur einige wenige
hier genannt werden sollen:

- Planung und Vergabe der Message Identifier
- Planung und Vergabe von Signalspezifikationen bis hin zu Wertebereichen, Offsets usw.
- Planung des Zeitverhaltens, timeouts, Taktraten jedes einzelnen Knotens
- Planung von Prioritäten und Zuordnung von Zeitschlitzen bei zeitgetriggerten Systemen
- Planung des Aufstart- und Shutdown-Verhaltens und des Energiemanagements
- Planung und Ausführen von Testszenarien bei den Integrationstests

Obwohl inzwischen zahlreiche Tools für diese Aufgaben existieren (z. B. [Vec07], [SMS07],
[K2L07]), gibt es bedingt durch die Komplexität des Systems keine durchgängige Werkzeug-
kette, die alle Integrationsaufgaben lösen könnte. Hier könnte in Zukunft die Vereinheitlichung
einer Middleware Linderung schaffen, wie sie z. B. im Autosar-Konsortium erarbeitet wird (siehe
Kapitel 7.2).

5.10 MOST® – Media Oriented Systems Transport

MOST-Netzwerke[17] gelten zurzeit als die beliebtesten Multimedianetzwerke im europäischen
Mittelklasse- und Premium-Kfz-Segment. Das System besitzt einige Merkmale, an denen man
beispielhaft den Aufbau eines vernetzten Multimediasystems studieren kann. MOST wurde primär für die Übertragung isochroner Audiodatenströme entwickelt, kann jedoch durch zahlreiche
Features auch für beliebige andere Netzwerkaufgaben eingesetzt werden [MOS06]. MOST wurde vom *MOST-Konsortium*, einem Zusammenschluss führender Automobilhersteller und Zulieferer aus dem Multimedia-Segment spezifiziert. Die Hard- und Software wird von SMSC (früher
Oasis Silicon Systems [SMS07]) vertrieben.

5.10.1 Netzwerkkonzept

MOST ist ein optischer Ring, d. h. jede Botschaft wird von Teilnehmer zu Teilnehmer weitergereicht, bis sie alle spezifizierten Empfänger erreicht.

---

[17] MOST® ist ein eingetragenes Wahrenzeichen der MOST Cooperation.

MOST implementiert nahezu alle Schichte des OSI-Schichtenmodells, wobei auch auf offene
Standards (TCP/IP) zurückgegriffen werden kann.

MOST ist ein synchroner Ring, d. h. alle Daten werden fest getaktet übertragen (TDMA-Verfahren). Den Takt bestimmt ein Knoten im Netz, der *Timing Master*. Basistakt sind dabei die
bekannten Taktraten 44,1 kHz (CD) oder 48 kHz (DVD-Audio), so dass für die Übertragung von
Audiodaten keine Puffer notwendig sind. Um die anderen Busteilnehmer phasenrichtig zu synchronisieren, wird das Signal zur Taktrückgewinnung Bi-Phase-Mark (siehe Seite 162) codiert.

MOST ist in den Varianten *MOST25* und *MOST50* spezifiziert. Der mit der Framerate
von 44,1 kHz gesendete MOST-Rahmen (*MOST-Frame*) enthält in der MOST25-Spezifikation
64 Byte. Damit ist die Datenübertragungsrate 22,5 Mbit/s. Durch die Synchronität ist nur ein
sehr geringer Overhead von 3 Byte notwendig. Zwei Byte davon sind für die Übertragung von
Steuerbotschaften (*Control Telegram*) an die angeschlossenen Ringteilnehmer reserviert (siehe
Abbildung 5.23). Durch die Verwendung von zwei Byte pro Monokanal sind damit insgesamt
30 Monokanäle oder 15 Stereokanäle auf dem Ring verfügbar. Ein *Kanal* ist entsprechend der
Zeitmultiplexing-Philosophie ein Zeitschlitz, in dem die acht Bit eines Bytes übertragen werden.
Kanalbündelung für breitbandige Datenströme ist möglich. Die MOST50-Spezifikation erweitert bei einem Basistakt von 48 kHz den Rahmen auf 128 Byte, so dass die doppelte Bandbreite
gegenüber MOST25 zur Verfügung steht. Da der Netzwerkoverhead auf 11 Byte gestiegen ist,
wovon vier für Kommandodaten zur Verfügung stehen, können in einem Frame 117 Byte weitere Nutzdaten, also 29 Stereokanäle übertragen werden. Je 16 Frames bilden einen Block.

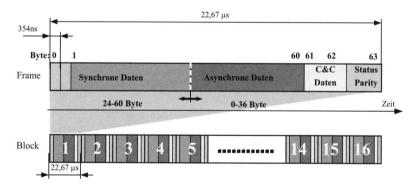

Abbildung 5.23 MOST Frame in MOST25

Anstelle der Synchrondaten können die Zeitschlitze auch für die Übertragung von willkürlichen
Daten reserviert werden. Man spricht dann von asynchronen Kanälen (z. B. für TCP/IP Pakete).
Für den asynchronen Datenbereich existieren verschiedene Protokolle, z. B. MOST-High oder
MAMAC (MOST Asynchronous Media Access Control), das eine MAC-Subschicht für einen
IP-Stack darstellt.

Jeder Knoten, den das MOST-Frame durchläuft, inkrementiert einen Adresszähler. Insgesamt
können 64 Knoten am Ring teilnehmen. Jeder Knoten verzögert das MOST-Frame durch das
Auslesen und Weitergeben um 2 Rahmentakte. Diese Verzögerung muss bei der Synchronisierung verschiedener Quellen ausgeglichen werden und kann deshalb von jedem Knoten erfragt
werden.

Die *Fehlerbehandlung* ist in unterschiedliche Ebenen eingeteilt und erfolgt in der untersten Ebene durch ein ARQ-Verfahren mit *low-level-retries*, also dem automatischen Auslösen einer Botschaftenwiederholung, falls nach einer systemeinheitlich eingestellten Zeit keine Empfangsbestätigung eintrifft.

Die *MOST-Hardware* besteht aus einem *Fiber Optic Transmitter* (FOT), auf dem Sender- und Empfängerdiode integriert sind und dem *MOST-Transceiver*, der die Aufgaben der Sicherungsschicht wahrnimmt und über ein serielles Protokoll vom zentralen Mikroprozessor gesteuert wird. Damit ein verspätet gestarteter oder „hängender" Knoten nicht den gesamten Ring blockiert, existiert ein Bypass-Mode in den der spannungsversorgte MOST-Transceiver versetzt werden kann, wenn der angeschlossene Prozessor noch nicht kommunikationsbereit ist oder ausfällt. Im letzteren Fall sollte ein im zugehörigen Steuergerät implementiertes Sicherungskonzept zu diesem Zeitpunkt natürlich noch funktionieren (Watchdog). Die sich in diesem Fall ändernde Zahl der Knoten im Ring wird vom Netzwerkmanagement (siehe unten) behandelt.

Die Software des *MOST-Protokollstack* wird *NetServices* genannt. Sie übernimmt die Steuerung der Hardware und bietet dem Anwendungsprogrammierer verschiedene Programmierschnittstellen (APIs) bis hinauf zur Anwendungsschicht an. Wegen der möglichen hohen Belastung des Hauptrechners hat man begonnen, die unteren Schichten der NetServices auf einen getrennten Controller auszulagern, der zusammen mit dem Transceiver auf einem IC mit dem Namen INIC [SMS07, Thi04] integriert ist.

Neben den vom Hersteller implementierten NetServices existiert Middleware, die auf die unteren Schichten der NetServices aufbaut und die oberen Schichten durch ein flexibleres, multiprotokollfähiges Konzept ersetzt [Leo05].

5.10.2 Protokollstruktur

Ein MOST-System kennt drei Protokollklassen: synchrone Daten, asynchrone Daten und Steuerbotschaften. Letztere sind wiederum in zwei Subklassen („Normale" Nachrichten und „Systemnachrichten") unterteilt.

Die *Systemnachrichten* werden in den unteren Schichten der Netzwerkverwaltung generiert und werden in der Regel vom Applikationsentwickler nicht wahrgenommen. Sie dienen dem Informationsaustausch der MOST-Transceiver und der NetServices untereinander. In der Folge werden wir uns ausschließlich mit den „normalen" Nachrichten beschäftigen.

Steuerbotschaften

Aus den je zwei Bytes eines MOST-Frames im MOST25 werden innerhalb eines Blocks 32 Bytes zu einer Steuerbotschaft zusammengefasst. In MOST50 ist die Größe der Steuerbotschaften variabel. Steuerbotschaften dienen dazu, die angeschlossenen logischen Geräte (Radio, CD-Spieler usw.) abzufragen und zu steuern. Dazu später mehr.

Aus dieser Struktur ergibt sich eine maximale Rate von 2.756 Steuerbotschaften pro Sekunde[18]. Wird die Steuerung der Geräte zu komplex (z. B. zwischen Navigation und Headunit), kann auf den Asynchronkanal ausgewichen werden.

---

[18] Netto 2.670, da die anderen Botschaften zur globalen Verteilung des Status der Synchronkanäle reserviert sind.

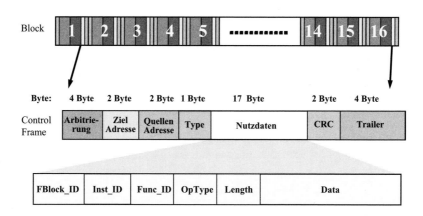

Abbildung 5.24 Steuerbotschaften

Ein MOST-Netzwerk kennt grundsätzlich zwei *Entitäten* (eindeutig identifizierbare Objekte), zwischen denen Steuerbotschaften ausgetauscht werden: Das physikalische Gerät (*MOST-Device*) und das logische Gerät (*Controller*[19] auf der einen, und *Function Blocks*, abgekürzt *FBlocks* auf der anderen Seite[20]).

Die logische Kommunikation wird im Sinne eines Client-Server-Modells abgewickelt, d. h. ein Controller stößt im FBlock Funktionalität an, fragt dort Zustände ab, setzt sie oder veranlasst einen FBlock, spontane Zustandsänderungen (Ereignisse, Events) mitzuteilen. *Broadcast-* oder *Groupcast*-Messages, also die Adressierung einer Nachricht an alle oder an eine bestimmte Gruppe der angeschlossenen FBlocks sind möglich.

Ein Device beherbergt mindestens einen FBlock und zusätzlich den so genannten NetBlock, der die Fähigkeiten des Device beschreibt. Auf physikalische Geräte kann nicht direkt zugegriffen werden sondern nur über den NetBlock, der z. B. auch das Powermanagement (siehe unten) steuert. Die Implementierung eines FBlocks heißt *Instanz* des FBlocks. Da auf einem oder mehreren Devices mehrere Instanzen des selben FBlocks existieren können, sind diese eindeutig von eins aufwärts nummeriert (Instance ID). Steuerbotschaften werden zunächst als Botschaften zwischen Devices versendet, ihr Nutzdatenfeld enthält jedoch eine Adressierung auf Instanzebene. Ein Arbitrierungsfeld im Header stellt schließlich sicher, dass mit Steuerdaten belegte Rahmen nicht überschrieben werden, solange sie vom Empfänger nicht gelesen wurden (Abbildung 5.24).

Jede Instanz eines FBlocks besitzt bestimmte Merkmale (*Attribute*, engl. properties) und Fähigkeiten (*Methoden*, engl. Methods), diese werden gemeinsam über eine Funktion (function ID) angesprochen. Für jede Funktion stehen bestimmte Operatoren (OPTypes) zur Verfügung sowie die Liste der Funktionsparameter, deren Länge mit angegeben werden muss. Typische OpTypes sind: **Set** (Setzen eines Attributs), **Get** (Abfrage eines Attributes), **SetGet** (Setzen eines Attributs und Bestätigen des neuen Werts), **Start** (Starten einer Methode), **StartResult** (Starten einer Methode und Abfrage des Erledigungsstatus). Methoden haben eine zeitliche Dimension, d. h. die Antwort auf Methodenaufrufe erfolgt mit zeitlicher Verzögerung.

---

[19] Vergleichbar mit Clients in einem *Client-Server-Modell*.
[20] Dto. vergleichbar mit einem Server.

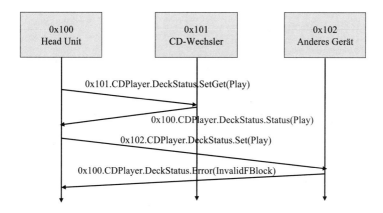

Abbildung 5.25 Beispiel für eine Ablaufsteuerung in MOST

Der Zugriff auf eine Funktion im MOST-Netzwerk erfolgt im Sinne eines Client-Server-Modells mit der Adressfolge:

DeviceID.FBlockID.InstanceID.FunctionID.Operator

mit angehängter Parameterliste. Ein Beispiel:

0x102.AudioAmplifier.0x01.Volume.Set (Daten)

adressiert die Lautstärkeverstellung des ersten Verstärkers im Device mit der Nummer 0x102 mit dem Ziel, eine neue Ziellautstärke einzustellen.

Ein FBlock antwortet grundsätzlich mit derselben Protokollfolge, mit zwei Unterschieden: Das Ziel- und Quelladresse des physikalischen Geräts sind vertauscht und anstelle des aufrufenden OpTypes tritt der OpType **Status** oder im Fehlerfall der OpType **Error**. Methoden können zusätzlich den Erledigungsstatus **Processing**, falls die Methode nicht innerhalb einer einstellbaren Zeit beendet ist.

Aus dieser Struktur ergibt sich jedoch das Problem, dass in einem Device, in dem mehrere Controller (Clients) auf einen FBlock zugreifen, nicht mehr einfach zu entscheiden ist, welchem Controller eine eintreffende Antwort zuzuordnen ist. Hierzu kann man optional eine Botschaftsnummer vergeben, die vom FBlock unverändert mit der Antwort zurückgesendet wird.

Um den Zustand eines logischen Gerätes aktuell zu kennen, müsste ein Controller regelmäßig in kurzen Abständen eine Abfrage der Attribute durchführen. Dieses Verfahren wird *Polling* genannt. Da dies zu einem hohen Verbrauch von Übertragungskapazität führt, sieht MOST ein *Notification*-Konzept vor. Hierbei meldet sich der Controller bei einem FBlock einmalig an und abonniert die Attribute, über deren Änderung er künftig informiert werden will. Man nennt dieses Konzept *Publisher-Subscriber* Pattern. Von da an schickt der FBlock spontan immer dann eine Statusnachricht an das Device des Abonnenten, wenn sich das entsprechende Attribut geändert hat. Auch hier besteht das Problem der korrekten Verteilung der Information, wenn mehrere Controller in einem Device zusammengefasst sind.

Grundsätzlich lassen sich auch FBlocks und deren Controller in einem Gerät realisieren, die Kontrollbotschaften werden dann nicht über die physikalische Schnittstelle transportiert, sondern direkt als Softwarebotschaften weitergegeben. Auch hier bietet sich eine Middleware an, die gleichzeitig die Aufgabe eines Gateway übernehmen kann, wenn anstelle der MOST-Instanzen intelligente Protokollumsetzer auf die Botschaften zugreifen ([Leo05], [K2L07]).

Synchrone Daten

Für den Austausch synchroner Daten kennt MOST zwei Geräteklassen: Die *Quelle* (Source) und die *Senke* (Sink). Die Quelle ist ein FBlock, der synchrone Daten im MOST-Frame mit dem Frametakt zur Verfügung stellt, die die Senke abholen kann. Dazu wird die Quelle (z. B. ein CD-Spieler) von ihrem Controller angewiesen, freie Synchronkanäle (Zeitschlitze) im Frame zu reservieren (*Allocate*). Die Quelle ermittelt die nächsten freien Kanäle und meldet diese zusammen mit der Wortbreite (z. B. 4 Byte für 16 Bit Stereo) und ihrer Taktverzögerung gegenüber dem Mastertakt an den Controller zurück. Außerdem wird der Status der Belegung regelmäßig an alle Geräte mittels einer Systembotschaft verteilt.

Die Senke wird nun angewiesen, die Daten in den entsprechenden Synchronkanälen abzurufen (*Connect*). Hier ist man natürlich nicht auf eine Senke beschränkt sondern es können beliebig viele Senken auf die Information zugreifen.

FBlocks können gleichzeitig Quelle und Senke sein, z. B. das Mikrophonarray, das Audiodaten an die anderen Ringteilnehmer übermittelt und gleichzeitig zu Geräuschkompensation die Audiodaten der Lautsprecherkanäle abfragt.

Stehen keine Synchronkanäle zur Verfügung, weil sie bereits von anderen Quellen reserviert sind, wird eine Fehlermeldung generiert. Um eine möglichst effiziente Strategie für das Aufschalten und den Abwurf von Quellen zu ermöglichen, wird im System in der Regel ein so genannter *Connection Master* implementiert. Dieser wacht als einzelne Instanz über die Integrität der Kanalzuweisungen und sorgt auch dafür, dass keine Konkurrenzsituationen auftreten können, die zu einer Fehlzuweisung führen könnten. Anforderungen (z. B. der Headunit, das Radio mit dem Verstärker zu verbinden) gehen als Quellen-Senkenpaare an den Connection Master und werden dann im Hintergrund mit den beteiligten Partnern ausgehandelt.

Asynchrone Daten

In Multimediasystemen steigt der Bedarf nach einer breitbandigen Übermittlung von nicht isochronen Daten. Anwendungen hierfür sind die Übermittlung von komprimierten Audio/Video-Inhalten, der Softwaredownload innerhalb des Systems über ein zentrales Gateway, komplexe Steuerungsaufgaben, der Internetzugriff oder der Zugriff auf Kartendaten eines separaten Navigationsgeräts oder einer offboard-Navigation. Hierfür lässt sich bei MOST25 ein Teil der Nutzdatenkapazität des MOST-Frames beim Systemstart reservieren (bis zu 36 Bytes in Blöcken von 4 Bytes). Bei MOST50 kann der Timing Master als zentrale Instanz, die die Synchronität überwacht, die Grenze zwischen den synchronen und den asynchronen Daten auch zur Laufzeit verschieben. Da ein asynchrones Datenpaket bis zu 48 Bytes groß sein darf, kann es von den NetServices auf mehrere Frames verteilt werden (Segmentierung).

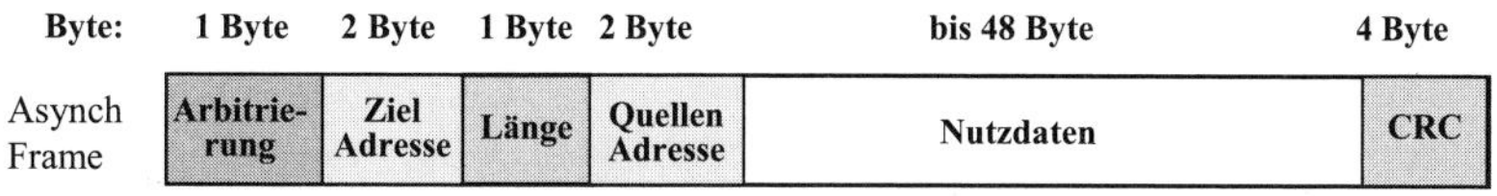

Byte:	1 Byte	2 Byte	1 Byte	2 Byte	bis 48 Byte	4 Byte
Asynch Frame	Arbitrierung	Ziel Adresse	Länge	Quellen Adresse	Nutzdaten	CRC

Abbildung 5.26 Rahmenstruktur für die asynchronen Daten

Der Protokolloverhead (Abbildung 5.26) für asynchrone Daten ist minimal und stellt außer den Adressen der Kommunikationspartner, dem Arbitrierungsfeld und einer Prüfsumme keine weiteren Protokollmechanismen zur Verfügung. Dies muss durch eine darüberliegende Protokollschicht gelöst werden, z. B. durch *MOST High* oder *MAMAC*. MOST High implementiert einen Steuerbotschaftenservice mit Fragmentierung für Steuerbotschaften mit sehr großen Datenfeldern, MAMAC simuliert ein MAC-Protokoll aus der Ethernetfamilie für die Verwendung mit TCP/IP. Beide Protokolle können simultan verwendet werden.

5.10.3 Power- und Netzwerk-Management

In MOST wachen neben dem Timing- und dem Connectionmaster auch ein *Powermaster* und ein *Networkmaster* über die Integrität des Netzwerks. Der Powermaster tritt beim Aufstarten (*Power-up*) und beim Abschalten (*Shutdown*) des Netzwerks auf den Plan. Grundsätzlich kann jedes Gerät den MOST-Ring dadurch wecken, dass es ein moduliertes Lichtsignal an seinen Nachbarn sendet. Der Powermaster hat die Zuständigkeit, den Geräten diese Fähigkeit zu zusprechen oder zu entziehen. Ein typisches Szenario ist das Einschalten auf CAN-Aktivität, auf das Öffnen der Türen oder auf das Stecken des Zündschlüssels (Klemme 15). Auch das Drücken des Ein-/Aus-Tasters bei ausgeschaltetem Motor ist ein Weckgrund.

Die zweite Aufgabe des Powermasters ist der Netzwerk-Shutdown. Tritt eine Situation ein, in der der Shutdown durchgeführt werden soll (z. B. Schlüssel wird abgezogen), wird der Powermaster darüber informiert und versendet eine Anfrage an alle angeschlossenen Geräte. Diese müssen innerhalb einer systemweit eingestellten Frist Einspruch erheben, ansonsten wird eine Shutdownbotschaft versendet, auf die alle Geräte mit sofortigem Abschalten reagieren müssen. Ein typisches Einspruchsszenario ist das Musikhören bei stehendem Fahrzeug. Die Headunit als angeschlossenes Gerät reagiert auf die Shutdownanfrage wegen des abgestellten Motors mit einem Einspruch, der erst dann zurückgenommen wird, wenn der Aus-Taster gedrückt ist oder ein Sleep-Timer abgelaufen ist (Nachlaufzeit).

Da Multimediageräte in der Regel einen hohen Leistungsbedarf haben und zudem auch bei stillstehendem Motor betrieben werden können, muss das Power-Management Teil des gesamten Energiemanagements des Fahrzeugs sein, insbesondere um völlige Batterieentladung im Stand zu vermeiden. Manche Hersteller verwenden zum Aufstarten der MOST-Geräte mitunter eine zusätzliche elektrische Wake-up Leitung, die eine MOST-externe Steuerung ermöglicht.

Der *Networkmaster* schließlich stellt die Integrität der angeschlossenen FBlocks sicher. Beim Systemstart oder bei Änderungen im System, die sich z. B. durch das verspätete Aufstarten oder den Ausfall eines Netzwerkteilnehmers ergeben, fragt er im System alle physikalischen Geräte (Devices) über deren Netblock nach den von ihnen zur Verfügung gestellten Diensten (FBlocks) ab. Jedes Gerät sendet eine Liste seiner FBlocks, Nachmeldungen sind möglich. Der Networkmaster generiert daraus eine zentrale *Registry*, also ein systemweites Verzeichnis der FBlocks und gleicht bei Bedarf, also bei doppelt vorkommenden FBlocks, die Instanzadressen ab. Auf dieses Verzeichnis kann von den Controllern während der Laufzeit zugegriffen werden, so dass diese die physikalischen Adressen der FBlocks nicht verwalten müssen. Das Verzeichnis kann von Controllern mit hohem Nachrichtenaufkommen auch repliziert werden.

Damit alle angeschlossenen Teilnehmer den Netzzustand und insbesondere die Gültigkeit der zentralen Registry kennen, versendet der Networkmaster Informationen, sobald sich z. B. die Zahl der verfügbaren FBlocks ändert.

Ausblick

Wegen des hohen Integrationsaufwands und wegen der trotz vorgeschlagener Gerätespezifikationen eher proprietär gehaltenen Protkolle (zumindest auf Parameterebene) ist MOST kein offenes System im Sinne eines *Plug & Play*-Gedankens. Zudem schauen die Inhalteanbieter, speziell im Bereich Digital Audio und Video sehr kritisch auf die Möglichkeit, digitale Quellen vom physical layer direkt abzuzapfen und missbräuchlich zu verwenden, und schreiben daher aufwändige Verschlüsselungsmaßnahmen vor. Wegen seiner inzwischen erreichten Robustheit auf der physikalischen Ebene, der inzwischen erreichten Verfügbarkeit eines durchgängigen Entwicklungskonzeptes, nicht zuletzt aber auch wegen der immensen Investitionen, die die Automobilhersteller und Zulieferer in seine bisherige Entwicklung gesteckt haben, wird MOST aber noch eine ganze Weile den Markt dominieren. Entwicklungen in Richtung einer höheren Bandbreite (MOST Double Density, INIC150 [Thi04]) sind bereits im Gang.

5.11   IEEE 1394 FireWire

Die Entwicklung des als Firewire bekannt gewordenen Protokolls begann 1986 durch Apple Computer. 1995 wurde Firewire als IEEE 1394 Standard veröffentlicht [IEE95]. 2000 folgte die erste Erweiterung 1394a (Firewire 400)[IEE00], die einige Probleme des 1995 erschienenen Standards behebt und Erweiterungen für eine Geschwindigkeitserhöhung definiert. 2002 folgte dann die zweite Erweiterung 1394b (Firewire 800)[IEE02]. Der vorliegende Text orientiert sich im Wesentlichen an den Standards [IEE95] und [IEE00] sowie an dem Werk von **Anderson** [And06].

Der Firewire Bus basiert auf Punkt-zu-Punkt-Verbindungen. Geräte können über mehrere Ports verfügen, sodass der Bus fortgeführt werden kann und bis zu 63 Geräte gleichzeitig an einem Bus zusammenarbeiten können. Die Knotenadresse 63 wird für Broadcast-Nachrichten auf dem jeweiligen Bus verwendet. Weiterhin werden bis zu 1024 Busse unterstützt, sodass maximal 64.512 Geräte durch Firewire verbunden werden können.

Um die einzelnen Geräte an dem Bus zu adressieren, werden 64 Bit Adressen verwendet (siehe Abbildung 5.27), die sich in die Bereiche Busnummer, Gerätenummer und Geräteadresse aufteilen. Zusätzlich zu den 1024 adressierbaren Bussen und den 64 adressierbaren Geräten pro Bus stehen für jedes Gerät 48 Bit für die Adressierung des Speichers bereit. Der adressierbare Speicher pro Gerät ist damit auf 256 Terabyte (TB) begrenzt. Um ein Gerät in der Bustopologie eindeutig identifizieren zu können, wird lediglich die so genannte ID, bestehend aus Bus-

und Gerätenummer, benötigt. Nur wenn an einer bestimmten Adresse im Speicher eines Geräts gelesen oder geschrieben werden soll, muss die volle Adresse verwendet werden.

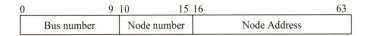

0	9	10	15	16	63
Bus number		Node number		Node Address	

Abbildung 5.27 Darstellung des IEEE 1394 Adressierungsschemas

Da das serielle Firewire ursprünglich sowohl als Ersatz für das parallele *Small Computer System Interface* (SCSI) als auch für die Übertragung von Multimediadaten entwickelt wurde, unterstützt das Protokoll asynchrone und isochrone Nachrichten. Asynchrone Nachrichten werden primär für das Versenden großer Datenmengen verwendet, bei denen es auf den korrekten Empfang des gesendeten Inhalts, aber weniger auf eine konstante Übertragung ankommt. Isochrone Nachrichten werden für Multimediadaten, wie Audio oder Video, verwendet. Diese Daten sind nur für eine begrenzte Zeit aktuell und müssen deshalb eine konstante Übertragungsrate besitzen. Eine Überprüfung der Korrektheit der gesendeten Daten macht hier wenig Sinn, da für ein mehrfaches Übertragen der Daten keine Zeit bleibt und fehlerhafte Daten nur einen begrenzten Einfluss auf die Darstellung beim Empfänger besitzen. Isochrone Daten werden bei Firewire über so genannte Kanäle versendet, die von jedem beliebigen Gerät empfangen werden können. Isochrone Nachrichten sind folglich automatisch Multicast-Nachrichten.

Abbildung 5.28 zeigt die Aufteilung des IEEE 1394 Protokolls auf die verschiedenen Schichten.

- Die Bus-Management-Schicht beinhaltet die automatische Buskonfiguration, die durch jedes Firewire-Gerät implementiert sein muss, sowie eine Reihe optionaler Funktionen, die für die Konfiguration des Busses oder die Stromversorgung des Geräts zuständig sind.

  Für das Busmanagement wurden drei Komponenten definiert, die optional in einem Gerät implementiert werden können. Die volle Funktionalität des Busmanagements steht jedoch auch dann zur Verfügung, wenn die drei Komponenten in drei unterschiedlichen Geräten auf dem gleichen Bus implementiert sind.

  Die Kommunikation über den Firewire Bus ist in so genannte Zyklen der Länge $125\,\mu s$ unterteilt. Zu Beginn eines Zyklus wird ein Paket gesendet, um alle Geräte zu synchronisieren. Der *Cycle Master* ist für das korrekte Versenden der Synchronisierungspakete an die Broadcast-Adresse des Busses verantwortlich (Knoten 63).

  Der *Isochronous Resource Manager* ist für die Vergabe von Kanälen verantwortlich, die bei IEEE 1394 für das Versenden isochroner Nachrichten verwendet werden.

  Durch den *Bus Manager* können Informationen über die Bustopologie und -geschwindigkeit bereitgestellt werden. Weiterhin ist er für die Kontrolle der gleichmäßigen Stromversorgung derjenigen Geräte zuständig, die auf die Stromversorgung durch den Bus angewiesen sind.

  Da die IEEE 1394 Spezifikation die Existenz der jeweiligen Bus-Management-Komponenten nicht explizit fordert, hängt es von den Geräten ab, die derzeit an den Bus angeschlossen sind, ob die Funktionen zur Verfügung stehen, oder nicht. Die Funktionalität des Busmanagements kann folglich eingeschränkt bis gar nicht verfügbar sein.

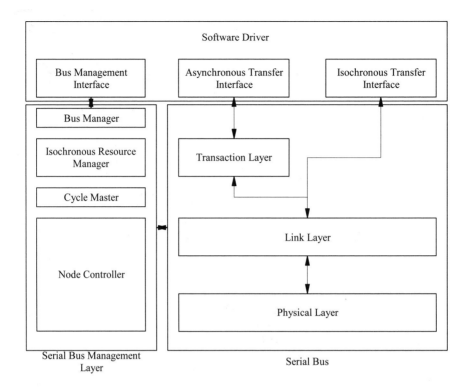

Abbildung 5.28 Darstellung der IEEE 1394 Protokollschichten

- Die Transaktionsschicht ist ausschließlich für die Verarbeitung asynchroner Nachrichten verantwortlich. Dazu stehen drei grundsätzliche Transaktionstypen zur Verfügung: `Read`, `Write` und `Lock`. Letzteres erlaubt dabei sowohl das Lesen, als auch das Schreiben von Daten bei dem Kommunikationspartner. Das IEEE 1394 Protokoll sieht vor, dass der Empfang einer asynchronen Nachricht durch eine so genannte *Acknowledgement*-Nachricht bestätigt werden muss. Die Transaktionsschicht versendet diese Bestätigungsnachricht nach erfolgreichem Empfang einer Nachricht automatisch, so dass sich darüber liegende Schichten nicht mehr darum kümmern müssen.

- Die Sicherungsschicht stellt die Verbindung zwischen der Transaktionsschicht bzw. dem isochronen Softwaretreiber und der physikalischen Schicht dar. In beiden Fällen wandelt die Sicherungsschicht Anfragen in Pakete um, die über den Bus versendet werden können. Da beim Versenden isochroner Nachrichten keine Bestätigung gesendet werden muss, müssen isochrone Nachrichten nicht durch die Transaktionsschicht verarbeitet werden.

- Die physikalische Schicht stellt die eigentliche Verbindung zu dem seriellen Bus dar. Eine der Hauptaufgaben dieser Schicht ist die Teilnahme bei der automatischen Konfigurierung des Busses, sowie bei der Arbitrierung. Jedes Mal, wenn ein Gerät eine Nachricht über den Bus versenden will, muss dieser zunächst arbitriert, das heißt für das Gerät gewonnen werden. Dies gilt sowohl für isochrone als auch für asynchrone Nachrichten.

Beim Versenden von Informationen über den IEEE 1394 Bus muss, wie bereits erwähnt, zwischen isochronen und asynchronen Nachrichten unterschieden werden. Das Protokoll sieht dabei vor, dass pro $125\,\mu s$ Zyklus maximal 80 %der zur Verfügung stehenden Bandbreite für isochrone Kanäle verwendet werden darf. Die verbleibende Bandbreite kann für asynchrone Pakete verwendet werden. Abbildung 5.29 verdeutlicht dies.

Das Protokoll garantiert für asynchrone Nachrichten einen fairen Zugriff auf den Bus, indem ein so genanntes *Fairness Intervall* verwendet wird, das unabhängig von den Zyklen ist. Innerhalb eines Fairness Intervalls kann jedes Gerät, das auf den Bus zugreifen möchte, exakt ein Mal den Bus für sich arbitrieren. Weiterhin ist durch das Protokoll, abhängig von der Busgeschwindigkeit, die maximale Größe eines asynchronen Pakets begrenzt.

Für das Versenden isochroner Nachrichten, muss zunächst bei dem Isochronous Resource Manager ein Kanal reserviert werden. Auch für isochrone Pakete wurde die maximale Größe, abhängig von der Busgeschwindigkeit, durch das Protokoll begrenzt. Ein einmal reservierter Kanal garantiert dem Gerät ein festes Intervall innerhalb jedes Zyklusses. Nach dem Empfang des Synchronisierungspakets zu Beginn eines Zyklusses kann ein Gerät, das einen Kanal reserviert hat, mit der Arbitrierung des Busses beginnen.

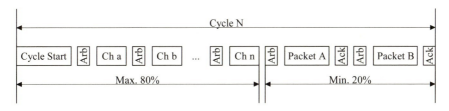

Abbildung 5.29 Aufteilung des IEEE 1394 Nachrichtenzyklus

Um die Funktionsweise des Protokolls weiter zu verdeutlichen, werden im Folgenden Beispiele für asynchrone und isochrone Transaktionen vorgestellt.

- **Isochrone Transaktionen:** Das Versenden einer isochronen Nachricht wird innerhalb des Firewire Protokolls in zwei Abschnitte eingeteilt. Zunächst einmal wird ein Austausch von Nachrichten immer durch ein Gerät begonnen, das für die Dauer dieser Kommunikation *Requester* genannt wird. Das antwortende Gerät wird *Responder* genannt. Zunächst wird durch den Requester eine *Transaction-Request*-Nachricht verschickt. Das Empfangen dieser Nachricht durch das Zielgerät wird als *Transaction Indication* bezeichnet. Abbildung 5.30 verdeutlicht diesen Nachrichtenablauf.

  Isochrone Pakete werden an der Transaktionsschicht vorbei direkt an die Sicherungsschicht gesendet. Damit wird das automatische Versenden von Bestätigungsnachrichten, das durch die Transaktionsschicht durchgeführt wird, umgangen. Aufgund der Kurzlebigkeit der in den isochronen Paketen enthaltenen Daten ist eine solche zusätzliche Sicherung jedoch unnötig.

  Abbildung 5.31 zeigt den Aufbau einer isochronen Nachricht nach dem IEEE 1394 Protokoll. Die Bedeutung der Felder wird im Folgenden beschrieben:

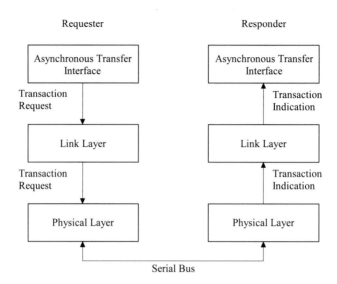

Abbildung 5.30 Beispiel einer isochronen Firewire Kommunikation

- Kanalnummer: Die Kanalnummer gibt die Nummer des durch den Isochronous Resource Manager zugewiesenen Kanals an. Da mehrere Geräte auf diesen Kanal hören können, sind isochrone Nachrichten automatisch Multicasts.

- Transaktionstyp: Der Transaktionstyp kennzeichnet die Nachricht als isochron.

- CRC: Der *Cyclic Redundancy Check* (CRC) Code hängt zur Validierung des gesendeten Inhalts an jeder gesendeten asynchronen Nachricht.

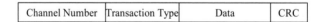

| Channel Number | Transaction Type | Data | CRC |

Abbildung 5.31 Nachrichtenaufbau einer isochronen Nachricht

- **Asynchrone Transaktionen:** Eine asynchrone Transaktion teilt sich in vier Abschnitte ein, die mit dem Durchlaufen aller Protokollschichten innerhalb eines Geräts identisch sind. Zunächst sendet der *Requester* eine Transaction Request Nachricht an den Responder. Dabei durchläuft sie alle Protokollschichten des sendenden Geräts. Wird die Nachricht vom Responder empfangen, so wird dieser Teil der Kommunikation als Transaction Indication bezeichnet, da sie den Responder über einen eintreffenden Kommunikationswunsch informiert. Als Antwort wird durch den Responder eine *Transaction-Response*-Nachricht gesendet, die nach dem Empfang beim Requester als *Transaction Confirmation* bezeichnet wird. Abbildung 5.32 zeigt die eben beschriebenen Pfade durch die Protokollschichten des Requesters und des Responders. Nach dem Empfang jeder Nachricht, sowohl im Responder als auch im Requester, wird durch die jeweilige Transaktionsschicht eine Bestätigungsnachricht an die Transaktionsschicht des Kommunikationspartners gesendet. Aus Gründen

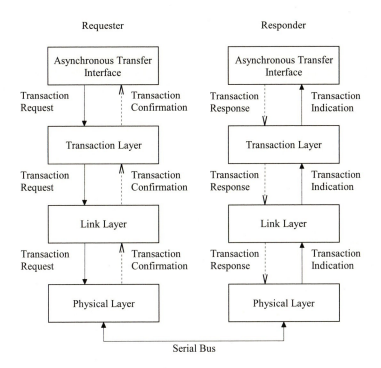

Abbildung 5.32 Beispiel einer asychronen Firewire Kommunikation

der Übersichtlichkeit wurden diese zusätzlichen Nachrichten in Abbildung 5.32 jedoch nicht dargestellt.

Der Aufbau der gesendeten Nachrichten hängt von dem gewählten Transaktionstyp ab. Zu den bereits von den isochronen Nachrichten bekannten Feldern kommen die folgenden hinzu:

- Ziel- oder Ursprungsadresse: Die Ziel- oder Ursprungsadresse besteht aus der vollen 64-Bit-Adresse, um sowohl den Bus, das Zielgerät als auch die genaue Position innerhalb des Geräts zu beschreiben.

- Ziel- oder UrsprungsID: Die Ziel- oder UrsprungsID bestimmt lediglich den Bus und das Zielgerät durch die ersten 16 Bit der möglichen Geräteadressen eindeutig.

- Transaktionstyp: Der Transaktionstyp bestimmt die Art der Nachricht, die versendet werden soll. Abbildung 5.33 zeigt den Aufbau asychroner Nachrichten für die verschiedenen Transaktionstypen, Abbildung 5.34 zeigt den Aufbau der dazugehörenden Antwortnachrichten.

- Transaktionslabel: Das Transaktionslabel bezeichnet eine eindeutige Kennung der laufenden Kommunikation. Da es sich um asynchrone Nachrichten handelt, können

Destination Address
Source ID
Transaction Type
Transaction Label
CRC
Read
Write Data
Transaction Label
CRC
Write
Ext. Transaction Type
Argument Data
CRC
Lock

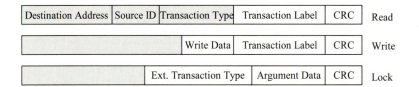

Abbildung 5.33 Nachrichtenaufbau einer asychronen Request-Nachricht abhängig vom Transaktionstyp

Destination ID
Transaction Label
Resp Code
Read Data
CRC
Read
Destination ID
Source ID
Transaction Type
Transaction Label
Resp Code
CRC
Write
Destination Address
Ext. Transaction Type
Old Data
CRC
Lock

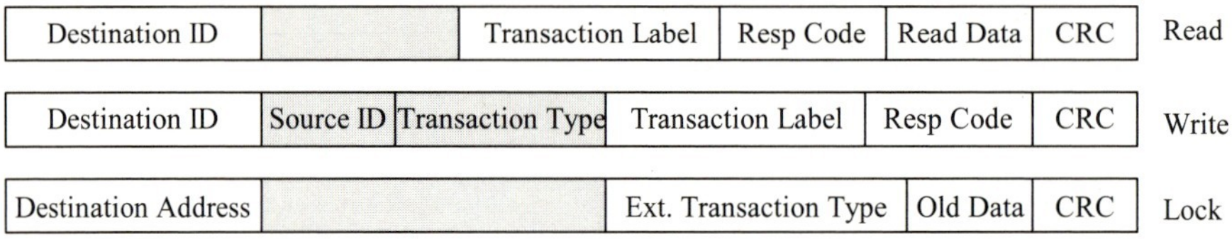

Abbildung 5.34 Nachrichtenaufbau einer asychronen Response-Nachricht abhängig vom Transaktionstyp

mehrere unbeantwortete Kommunikationsanfragen mit dem gleichen Zielgerät bestehen. Das Transaktionslabel ermöglicht eine eindeutige Zuordnung einer Antwort zu einer Anfrage.

- Antwortcode: Der Antwortcode wird als Teil einer Antwortnachricht gesendet, um über den Grad der Fertigstellung zu berichten.

5.12 Speicherung von Daten im Kfz

Die *physische Speicherung* von Daten folgt denselben Mechanismen wie die Datenübertragung, nur dass die Zeitenspanne zwischen der Codierung und dem Lesen größer ist, das Lesen mehrfach erfolgen kann und kein Rückkanal zur Verfügung steht. Im Kfz kommen drei Speichermechanismen zur Anwendung: *CD* bzw. *DVD*, *Flashspeicher* und magnetische *Festplatte*. Die ersten werden im Folgenden kurz beschrieben.

Flash-Speicher (Abbildung 5.35) sind Halbleiterspeicher, deren Zelle aus einem MOSFET besteht, der ein zusätzliches, durch Oxid isoliertes Gate besitzt. Zwischen Drain und Source bildet sich bei Anlegen einer Spannung größer als die Schwellenspannung beim in der Abbildung gezeigten selbstleitenden Typ ein Ladungsträgerkanal aus. Das Anlegen einer negativen Spannung an das Gate erhöht die Schwellenspannung des Feldeffekttransistors, weil der Kanal durch das elektrische Feld an Ladungsträgern verarmt, und erzeugt damit eine „0“. Durch Anlegen einer deutlich höheren Spannung tunneln Elektronen in das interne Gate und bleiben dort über sehr lange Zeit stabil, da ihnen die nötige Energie fehlt, die Potenzialbarriere des Isolators zu überwinden. Nach Wegnehmen der externen Gatespannung verbleibt damit die Information „0“ in der Zelle (Inverter). Durch eine hohe Spannung in entgegengesetzter Richtung kann die Zelle wieder auf „1“ gesetzt werden (Löschen).

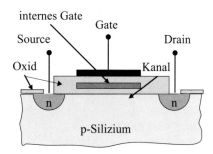

Abbildung 5.35 Schema einer Flash-Zelle (1 Bit)

5.12.1 Flash-Speicher

Die Zellen im Flash-Speicher werden in einer Matrix (ähnlich der TFT-Matrix in Abschnitt 3.2.4) organisiert sind über Zeilen- und Spaltenleitungen byteweise oder wortweise adressierbar. Löschen ist allerdings im Gegensatz zum EEPROM nicht zellenweise, sondern nur blockweise (einige kByte) möglich. Flash-Speicher ICs haben die gesamte Logik zum Lesen und Löschen und die Spannungserzeugung integriert und kommunizieren in der Regel über ein serielles Protokoll mit dem Steuerrechner.

5.12.2 Optische Medien

Die **CD** [Ste99][Hen03] trat ihren Siegeszug 1982 als gemeinsame Entwicklung von Sony und Philips an, nachdem Vorgänger optischer Medien seit 1973 wenig Erfolg hatten. Die öffentliche Spezifikation ist in verschiedenen Lastenheften abgelegt, die nach ihrer Umschlagfarbe (z. B. Red Book für die Ursprungsspezifikation der Audio-CD, Yellow Book für die CD-ROM, Orange Book für die CD-RW) bezeichnet werden.

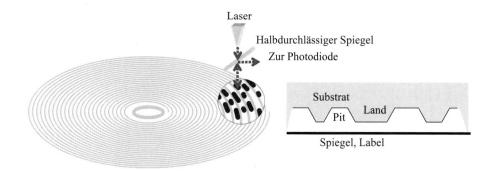

Abbildung 5.36 Schematischer Aufbau einer CD

Eine CD besteht aus einer Polycarbonatscheibe (Substrat) von 120 mm Durchmesser und 1,2 mm Dicke mit einer reflektierenden Beschichtung von ca. $0,15\,\mu m$, die von einer Schutzschicht bedeckt ist. Die Datenspeicherung erfolgt auf einer Spiralspur von $1,6\,\mu m$ Breite in Form von Vertiefungen (Pits) und Erhöhungen (Lands), die einen Laserstrahl ($\lambda = 780$ nm) reflektieren. Durch Interferenz werden die Phasenverschiebungen zwischen Originalstrahl und reflektiertem Strahl in ein Helligkeitssignal umgesetzt, das von einer Photodiode über einen halbdurchlässigen Spiegel detektiert wird.

Die Codierung erfolgt in einem NRZ-M-Format, das in Abschnitt 5.2.5 beschrieben ist, d. h. ein Wechsel von Pit zu Land oder umgekehrt codiert eine „1", kein Wechsel eine „0". Um ein einwandfreies Auslesen zu gewährleisten, müssen mindestens zwei Lands und zwei Pits in Folge auftreten, d. h. zwischen zwei Einsen müssen mindestens zwei Nullen stehen. Nach maximal 10 Nullen wird ein Stuff-Bit eingefügt (siehe Abschnitt 5.3.1). Dies führt zu der so genannten Eight-To-Forteen-Modulation (EFM), d. h. 8 Bit Worte werden mit 14 Bit dargestellt, so dass nach mit 14 Bit 267 mögliche Werte codiert werden können, von denen 256 genutzt werden.

Durch die spiralförmige Anordnung der Daten ist es im Gegensatz zu Zugriffen auf eine Festplatte wesentlich einfacher, einen gleichmäßigen Datenstrom abzuspielen, gemäß der ursprünglichen Verwendung als „Schallplatte". Bei einem Spurabstand von $1,6\,\mu m$ und einer Spurbreite von $0,6\,\mu m$ erreicht die CD eine Speicherdichte von 1 Mbit/mm^2 oder 16.000 Tracks/inch. Durch das berührungslose Abspielen tritt praktisch kein Verschleiß auf.

Bei der beschreibbaren *CD-ROM* (CD-R = CD recordable) wird eine Farbstoffschicht über der reflektierenden Aluminiumschicht aufgebracht, die durch punktuelles Erhitzen verdampft und so ein Pit erzeugt. Bei einer CD-RW wird das Reflexionsverhalten der Speicherschicht durch den Verlauf der Abkühlung nach punktuellem Erhitzen gesteuert. Wird der Brennlaser schnell abgeschaltet, erstarrt das Material amorph, ansonsten kristallin. Davon abhängig bilden sich unterschiedliche optische Eigenschaften, die wie Pits und Lands wirken. Durch Wiederaufschmelzen lassen sich CD-RWs etwa 100-mal beschreiben.

Die Daten auf einer CD sind in so genannten Frames organisiert. Ein Frame umfasst 24 Bytes Nutzdaten (z. B. 24 Datenbytes oder 6 Stereo-Abtastpaare zu je 16 Bit). Je 98 Frames werden zu einem Sektor zusammengefasst. Neben den zugehörigen EFM-Kodewörtern enthält ein Frame noch Informationen zur Fehlerkorrektur und Synchronisation.

Tabelle 5.5 Inhalt eines Frames

Anzahl	Inhalt	Größe in Bit
24	Nutzdaten	336
8	Fehlerkorrektur	112
1	Control & Display	14
1	Synchronisation	24
34	Koppelworte à 3 Bit	102
Insgesamt		588

Die Datenrate der CD ergibt sich aus: 98 Frames/Sektor · 75 Sektoren/s · 588 Bit/Frame = 4.321.800 Bit/s. Für die Nutzdatenrate ergeben sich: 24 Byte/Frame · 98 Frames/Sektor · 75 Sektoren/s = 1.411.200 Bit/s, bei 16 Bit/Sample, d. h. 32 Bit/Stereosample, sind das 44.100 Samples/s, also die bekannten 44,1 kHz Abtastrate, die zu einer Grenzfrequenz von 22,05 kHz des analogen Audiosignals führt.

Ein für CDs typischer Fehlerfall ist der *Bündelfehler* oder *Burst*. Er tritt bei Kratzern ein, die tangential zur CD-Spur liegen und zerstört ganze Wortfolgen. Verschiedene Fehlerkorrekturverfahren versuchen, dem entgegen zu wirken, z. B. Paritätsbits, CRC-Prüfsummen, Interleaving, das ist eine gegenseitige Verschränkung aufeinander folgender Datenbytes, um Bündelfehler in unschädliche Häppchen zu zerteilen. Diese und weitere Maßnahmen bei der Codierung sorgen dafür, dass Fehler bis zu einer Länge von 3.500 Bit (entsprechend einem Kratzer von 2,4 mm Länge) korrigiert und Fehler bis zu 12.000 Bit kompensiert werden können.

Die „Control&Display" Daten (1 Byte Nutzdaten, die Bits werden mit P,Q,R,S,T,U,V und W bezeichnet) werden pro Sektor zusammengezogen. Insgesamt stehen damit neben den Audiodaten noch 32 MB für Informationen zur Verfügung. Jedes Bit (d. h. alle 8 Frames ein Byte) repräsentiert einen Subchannel (Kanal). Im P-Kanal wird abgelegt, ob es sich um eine Audio- oder Daten-CD handelt, der Q-Kanal dient im Vorspann (Lead-In) als Inhaltsverzeichnis, im Rest der CD-DA wird darin die relative Zeit innerhalb eines Tracks und die absolute Zeit auf der CD-DA abgelegt. Die anderen Kanäle können für Grafik, Liedtexte usw. verwendet werden. Auch der Kopierschutz wird über diese Subchannels realisiert, in der Regel durch gezieltes Verletzen der Codierung. Da viele CD-Spieler dies ignorieren, kann man eine solche kopiergeschützte CD abspielen, von einem Computer wird sie jedoch wegen vermeintlicher Fehler verweigert.

Weitere Begriffe dienen dazu, die CD zu strukturieren:

Ein Track ist die Menge aller Daten, die ein Musikstück definieren. Bis zu 99 Tracks werden im Q-Kanal codiert. Bei der CD-ROM bzw CD-R und anderen Nachfolgern der ursprünglichen Audio-CD spielen die Sektoren die Rolle der kleinsten wahlfrei adressierbaren Einheit. Sie enthalten in den $98 \cdot 24 = 2.352$ Nutzbytes neben den Nutzdaten noch einen 12 Byte Header, 4 Synchronisationsbytes und 276 Byte einer zusätzlichen Fehlerkorrektur, die die Fehlerrate auf 10^{-12} herabsetzt.

Die Zugriffszeit auf die Daten einer CD ist definiert durch die:

- Synchronisationszeit, in der die Taktfrequenz der Treiberkarte mit dem CD-Takt synchronisiert wird (> 1 ms),

- Rotationsverzögerung (Latenzzeit). Bei 40-facher Umdrehungszahl gegenüber der CD-DA, d. h. 9.000 min^{-1} beträgt diese etwa 6,3 ms und

- Seek-Zeit, also die Zeit, die der Laser die spiralförmige Spur findet und sich darauf justiert (ca 100 ms). Dies ist der Preis, der für den „Missbrauch" der ursprünglich als Datenstrom-Speichermedium entwickelten CD zum Massenspeicher bezahlt werden muss. Mit Hilfe von Zwischenpufferung im Arbeitsspeicher kann man diese Positionierzeit im Mittel reduzieren.

Physikalisch unterscheiden sich die modernere optische Medien von der CD durch die Verwendung von deutlich kurzwelligerem Licht. Stand der Technik ist 650 und 635 nm (rot) für die Standard-DVD und 405 nm (blau) für die *HD-DVD* und die *Blu-ray*™-Disk (Blu wird hier ohne e geschrieben). Dadurch sind kleinere Strukturen möglich. Bei der Standard-DVD und haben die Tracks nur noch einen Abstand von 0,74 μm, die Pit/Land-Längen sind mit 0,4μm ebenfalls halb so groß. Durch die Verwendung von mehreren Schichten, die durch Fokussieren des Lesestrahls erreicht werden, und gegebenfalls durch eine doppelseitige Beschichtung kann die Kapazität auf bis zu 15 GByte gesteigert werden. Bei HD-DVD und Blu-ray™ sogar auf 30 GByte. Die logische Speicherung der Daten folgt bei der DVD und ihren Nachfolgern einer Vielzahl möglicher Spezifikationen, die den Rahmen dieses Buchs bei weitem sprengen würden. Eine kompakte Einführung dazu findet sich z. B. bei [Ste99].

5.12.3 Anwendungen

Trotz vieler Weiterentwicklungen und trotz bereits verfasster Nachrufe hat die Audio-CD bis heute erfolgreich ihren Platz verteidigt. Im Fahrzeug hat sie die Musikkassette fast völlig verdrängt. Als Datenträger für **Musiksignale** wurde sie bis heute weder von der DVD noch von der DVD-ähnlichen Super Audio CD (SACD) nennenswert herausgefordert. Mit dem Aufkommen von komprimiertem Material wurden auch die automobilen CD-Abspielgeräte modifiziert und spielen heute weitenteils auch MP3 und andere Audioformate von Daten-CDs ab. Sie nutzen dazu teilweise magnetische Festplatten zur Zwischenspeicherung.

Die enorme Datenmenge und hohe Kompressionsraten erlauben das Speichern von unzähligen Musikstücken. Bei einer Datenrate von 128 kbit/s wird etwa 1 MByte/min benötigt. Auf einer 150 GByte Festplatte können also 150.000 min Musik, bei 3 bis 5 min pro Stück, also zwischen 30.000 und 50.000 Titel gespeichert werden. Daher werden Meta-Informationen, wie Titel, Interpret, Album, Spielzeit, Stil, Genre immer wichtiger. Hier eignen sich *Playlists*, die Such- und Ordnungskriterien bereitstellen und mit auf der Platte gespeichert werden.

Als Speichermedium für **Kartenmaterial** im Navigationssystem hat sich – aufgrund der Datenmengen – die DVD inzwischen durchgesetzt. Teilweise werden auf den CDs oder DVDs für Navigationssysteme auch Software-Updates geliefert. Manche Hersteller liefern ihr komplettes Kartenmaterial auf einer DVD an alle Kunden aus und schalten über Lizenzierungsmodelle nur den Teil frei, für den der Kunde zu zahlen bereit ist.

Das Einbringen und Speichern von **zusätzlichen Daten**, z. B. Adressbüchern oder Terminen, erfolgt in der Regel entweder über USB oder die Daten verbleiben auf dem mobilen Gerät, das das Infotainmentsystem im Fahrzeug über eine drahtlose Verbindung nur noch als Ausgabemedium nutzt (siehe auch Abschnitt 6.9).

5.13 Zum Weiterlesen

Erwartungsgemäß existiert eine Vielzahl von Literatur zur Signalübertragung und zur Vernetzung speziell im Umfeld des Internet. Aus dem riesigen Fundus, in dem viel Information redundant angeboten wird, seien hier nur ein paar wenige Bücher herausgepickt, die didaktisch gut aufbereitet und angenehm zu lesen sind und dem Leser einen tieferen Einstieg in die Materie ermöglichen.

- Der „Klassiker" der Rechnernetze ist das gleichnamige Buch von **Tanenbaum** [Tan03], inzwischen in der vierten Auflage erschienen. Er bietet einen breiten Einstieg in die Prinzipien der Vernetzung und spezialisiert sich dann speziell auf Kommunikationsnetze und das Internet und seiner Protokolle. Ein leichter Einstieg, wenn auch nicht mehr ganz aktuell ist das Buch von **Kauffels**, der eine Reihe von Büchern zum Thema lokale Netze veröffentlicht hat, z. B. [Kau96].

- Für Informationen zum **physical Layer** eignen sich die Lehrbücher von **Roppel** [Rop06] und von **Werner** [Wer06b], beide gehen didaktisch hervorragend aufbereitet in eine Tiefe, die das vorliegende Buch schon aus Platzgründen nicht bieten kann. Werner bietet darüberhinaus für Studierende eine Reihe von Übungsaufgaben mit Musterlösungen an. Ein Klassiker der Signalübertragungstechnik ist das bereits im Kapitel 2 beschriebene Buch von **Ohm** und **Lüke** [OL04]. Auch das sehr verständliche und praxisorientierte Buch von **Karrenberg** [Kar05] kann hier empfohlen werden sowie das Lehrbuch von **Gerdsen** [Ger96].

- Das große Gebiet der **Codierungstheorie** wird beispielsweise von **Klimant et al.** [KPS03], **Johannesson** [Joh92] oder **Schneider-Obermann** [SO98] beschrieben.

- **TCP/IP** Grundlagen findet man im gleichnamigen Buch von **Lienemann** [Lie00] oder bei Orlamünder [Orl04]. Eine ausführliche Beschreibung aus dem Blickpunkt der Multimediatechnik findet sich bei **Steinmetz** [Ste99]. Hier wird auch dem Begriff **Dienstgüte** besondere Aufmerksamkeit gewidmet.

- Einen sehr breiten aber dennoch tiefgehenden Überblick über **Bussysteme im Kraftfahrzeug** geben **Zimmermann** und **Schmidgall** im ersten auf dem Markt erschienenen Überblickswerk [ZS07] zu diesem Thema. Zu einzelnen Bussystemen existieren die in der Regel gut ausgearbeiteten und öffentlich verfügbaren Standards, z. B. LIN [LIN07], CAN [Bos01], MOST [MOS06] und FlexRay [Fle06]. Daneben werden in verschiedenen Werken speziell einzelne Bussysteme beschrieben, für **CAN** z. B. im Standardwerk von **Etschberger et al.** [EHS$^+$02] oder bei Engels [Eng02]. **Grzemba** und **von der Wense** erklären schließlich in ihrem Buch [GW05] den **LIN**-Standard.

- Die Firewire-Systemarchitektur wird sehr gut in dem Buch von **Anderson** [And06] zusammengefasst. Das Buch basiert auf den Standards IEEE 1394 [IEE95] und IEEE 1394A [IEE00] und vermittelt didaktisch gut aufbereitet die Besonderheiten des Protokolls.

5.14 Literatur zu Netzwerken im Fahrzeug

[And06]   ANDERSON, Don: *FireWire System Architecture*. 2. Auflage. Addison Wesley, 2006

[Bos01]   BOSCH: *CAN   Spezifikation   Version   2.0* Version: 2001.
          http://www.semiconductors.bosch.de/pdf/can2spec.pdf, Abruf: 22.7.07.   Specification Do-
          cument, Robert Bosch GmbH

[EHS+02] ETSCHBERGER, Konrad ; HOFMANN, Roman ; SCHLEGEL, Christial ; STOLBERG, Joachim ; WEIHER,
          Stefan ; ETSCHBERGER, Konrad (Hrsg.): *Controller Area Network*. 3. Auflage. München, Wien :
          Carl Hanser Verlag, 2002

[Eng02]   ENGELS, Horst: *CAN-BUS*. 2. überarb. Aufl. Franzis Verlag, 2002

[Fle06]   FLEXRAY: *FlexRay Specifications (requirements, physical layer, protocol) Version 2.1*.
          http://www.flexray.com (16.7.2007), 2006

[Ger96]   GERDSEN, Peter: *Digitale Nachrichtenübertragung*. 2. Auflage. Teubner, 1996

[Grä07]   GRÄBNER, Frank: *Elektromagnetische Verträglichkeit für Elektrotechniker, Elektroniker und In-
          formationstechniker*. Logos-Verlag, 2007

[GW05]   GRZEMBA, Andreas ; WENSE, Hans-Christian von d.: *LIN-Bus – Systeme, Protokolle, Tests von
          LIN-Systemen, Tools, Hardware, Applikationen*. Franzis, 2005

[Hen03]   HENNING, Peter A.: *Taschenbuch Multimedia*. 3. Auflage. Fachbuchverlag Leipzig, 2003

[IEE95]   IEEE: *IEEE 1394 Standard for a High Performance Serial Bus – Firewire*. Standard, 1995

[IEE00]   IEEE: *IEEE 1394A Standard for a High Performance Serial Bus – Amendment 1*. Standard,
          2000

[IEE02]   IEEE: *1394B Standard for a High Performance Serial Bus – Amendment 2*. Standard, 2002

[IEE04]   IEEE: *IEEE 802 Standard for Local and Metropolitan Area Networks*.   Standard.
          http://standards.ieee.org/getieee802/download/802-2001.pdf (16.7.2007).   Version: Dec 2001-
          2004

[IET03]   IETF: *RFC 3561 Ad hoc On-Demand Distance Vector (AODV) Routing*.
          http://www.ietf.org/rfc/rfc3561.txt (17.7.07), 2003

[ISO99]   *ISO 11898 Part 1-4 Road vehicles – Controller Area network (CAN)*. Genf, 1999

[Joh92]   JOHANNESSON, Rolf: *Informationstheorie. Grundlage der (Tele-)Kommunikation*. Addison Wes-
          ley, 1992

[K2L07]   K2L: *Homepage der K2L GmbH*. 2007. – http://www.k2l.de/ (16.8.2007)

[Kar05]   KARRENBERG, Ulrich: *Signale, Prozesse, Systeme. Eine multimediale und interaktive Einführung
          in die Signalverarbeitung*. 4. Auflage. Springer, 2005. – Mit Software zur Signalverarbeitung

[Kau96]   KAUFFELS, Franz-Joachim: *Einführung in die Datenkommunikation – Grundlagen-Systeme-
          Dienste*. 5. üb. u. akt. Aufl. DATACOM-Buchverlag, 1996

[KPS03]   KLIMANT, Herbert ; PIOTRASCHKE, Rudi ; SCHÖNFELD, Dagmar: *Informations- und Kodierungs-
          theorie*. 2. Auflage. Stuttgart : Teubner, 2003

[Krö04]   KRÖDEL, Michael: *Funk-Generationen. UMTS in Theorie und Praxis*. In: *ct* 10 (2004), März, S.
          158 ff.

[Leo05]   LEONHARD, Joachim: *Efficient CPU-Usage through pre-emptive Scheduling Strategies in com-
          bination with Multi-Bus-Gateway-Applications*. Vortrag beim Vector Embedded Symposium
          2005, 2005. – Firma K2L, Pforzheim

[Lie00]   LIENEMANN, Gerhard: *TCP/IP-Grundlagen – Protokolle und Routing*. 2. akt. u. erw. Aufl. Han-
          nover : Heise, 2000

[LIN07]   LIN: *LIN Specification 2.1*. http://www.lin-subbus.org (16.7.2007), 2007

[MH07]   MEROTH, Ansgar ; HERZBERG, Dominikus: *An Open Approach to Protocol Analysis and Simulation for Automotive Applications*. In: *Embedded World Conference*. Nürnberg, Februar 2007

[MOS06]   MOST: *MOST Specification V2.5*. http://www.mostcooperation.com (16.8.2007), Oct 2006

[OL04]   OHM, Jens-Rainer ; LÜKE, Hans D.: *Signalübertragung*. 9. Auflage. Berlin, Heidelberg, New York : Springer, 2004

[Orl04]   ORLAMÜNDER, Harald: *Paketbasierte Kommunikationsprotokolle*. Hüthig Telekommunikation, 2004

[Rop06]   ROPPEL, Carsten: *Grundlagen der digitalen Kommunikationstechnik*. Carl Hanser Verlag, 2006

[SK07]   SCHWAB, Adolf J. ; KÜRNER, Wolfgang: *Elektromagnetische Verträglichkeit*. 5. neubearb. Aufl. Berlin : Springer, 2007

[SMS07]   SMSC: *GSM Website*. 2007. – http://www.smsc.com (28.7.2007)

[SO98]   SCHNEIDER-OBERMANN, Herbert: *Kanalcodierung. Theorie und Praxis fehlerkorrigierender Codes*. Vieweg Verlagsgesellschaft, 1998

[Sta89]   STANSKI, Bernhard: *Kommunikationstechnik: Grundlagen der Informationsübertragung*. Würzburg : Vogel Verlag, 1989

[Ste99]   STEINMETZ, Ralf: *Multimedia-Technologie: Grundlagen, Komponenten und Systeme*. 2. Auflage. Berlin : Springer, 1999

[SZ06]   SCHÄUFFELE, Jörg ; ZURAWKA, Thomas: *Automotive Software Engineering*. 2. Auflage. Wiesbaden : Vieweg, 2006

[Tan03]   TANENBAUM, Andrew S.: *Computernetzwerke*. 4. überarb. Aufl. Pearson Studium, 2003

[Thi04]   THIEL, Christian: Weiterentwicklung der Vernetzung auf Basis von MOST. In: MÜLLER-BAGEHL, Christian (Hrsg.) ; ENDT, Peter (Hrsg.): *Infotainment/Telematik im Fahrzeug – Trends für die Serienentwicklung*. Renningen : expert Verlag, 2004, S. 75–83

[Vec07]   VECTOR: *Homepage der Vector Informatik GmbH*. 2007. – http://www.vector-informatik.com/ (16.8.2007)

[Wat01]   WATKINSON, John: *The Art of Digital Audio*. 3. Auflage. Oxford : Focal Press/Butterworth-Heinemann, 2001

[Wer06]   WERNER, Martin: *Nachrichtentechnik. Eine Einführung für alle Studiengänge*. 5., völl. üb. u. erw. Aufl. Wiesbaden : Vieweg, 2006

[ZS07]   ZIMMERMANN, Werner ; SCHMIDGALL, Ralf: *Bussysteme in der Fahrzeugtechnik – Protokolle und Standards*. 2. Auflage. Wiesbaden : Vieweg, 2007

6 Konnektivität

Lothar Krank, Andreas Streit

Neben die Kapitel über die sehr fahrzeug-spezifischen Technikthemen wollen wir ein weiteres stellen, das die „Verbundenheit" eines Fahrzeugs zu seiner Umwelt zum Thema hat. Umwelt steht hier für alle und alles, mit denen Fahrzeuge, ihre Lenker und ihre Insassen Kontakt aufnehmen können und müssen. Lange Jahrzehnte beschränkte sich dieser Kontakt auf Formen der audio-visuellen Wahrnehmung wie das Hupen, das Blinken, das Aufleuchten der Bremslichter oder die Aufnahme von Informationen über Verkehrsschilder. Es kam die Übertragung von Information und Unterhaltung hinzu in Form eines Autoradios, das sich immer mehr zum zentralen Teil der Informationsbereitstellung im Fahrzeug entwickelte (z. B. Verkehrsfunk). Heute finden wir im Fahrzeug den Zugang zum Internet, das private Mobiltelefon, die Navigation und – je nach beruflichem Bedarf – diverse andere Geräte mit Kommunikationsmöglichkeit wie z. B. Tracking-Geräte zur Verfolgung des Fahrzeugs (bei Speditionen).

Die Vernetzung mit anderen Stellen ist vielfältig geworden. Immer noch ist der Informationsfluss ins Fahrzeug größer als der nach außen. Immer noch ist die Kommunikation mit anderen Fahrzeugen weitgehend auf die oben beschriebenen Funktionen – Hupen, Blinken, Bremslicht – beschränkt. Aber auch hier stehen die Zeichen in Richtung Veränderung. Die automatische Kommunikation zwischen Fahrzeugen wird kommen – früher oder später.

Welche Techniken der Kommunikation heute und morgen Anwendung finden und finden werden, ist Thema der folgenden Paragraphen. Aufgrund der Natur der Sache – ein Fahrzeug macht ja nur Sinn, wenn es sich „frei" bewegen kann – werden die Funktechniken in den verschiedenen Bereichen den Schwerpunkt bilden. Draht-gebundene Kommunikation spielt praktisch nur eine Rolle im Fahrzeug selbst.

Neben der Technik sollen auch die Anwender und die Anwendungen, die sich der Kommunikation bedienen, eine Rolle in diesem Kapitel spielen.

6.1 Motivation

Kommunikation in und ums Fahrzeug ist nicht Selbstzweck. Dazu ist ihre Realisierung in einem Markt, der bei der Umsetzung von Funktionen mit jedem Eurocent rechnet, zu teuer. Bleibt die Frage: Wer will warum mit wem welche Kommunikation? Die Frage würde noch besser lauten: Wer will warum mit wem wann welche Information austauschen? Denn der Wunsch nach Informationsaustausch treibt das Vorangehen auf diesem Gebiet, die Frage der Kommunikationstechnik stellt sich dabei erst in zweiter Linie.

Die „Mitspieler" rund ums Fahrzeug sind vielfältig. Da ist zunächst der Fahrer, der aber nicht zwangsläufig der Halter ist, und andere Fahrzeuginsassen. Es folgt der Fahrzeughersteller, der Versicherer, die Bank (Finanzierung), der Flottenbetreiber (Spedition, Taxiunternehmen, Leasingfirma), die Service-Zentren und nicht zuletzt der Staat. Der möchte z. B. wissen, welche

mautpflichtige Strecke ein entsprechendes Fahrzeug genutzt hat und in Zukunft – so wird jeden-
falls in den USA die nächste Abgasvorschrift OBD3 diskutiert [Rok06] – die Funktionstüchtig-
keit der abgasrelevanten Systeme im Fahrzeug individuell und online überwachen.

Bei soviel Interesse liegt schon jetzt der Verdacht nahe, dass zum guten Schluss bei der Findung
der Anforderungen an Kommunikation das größte gemeinsame Vielfache als Resultat auf dem
Tisch liegen wird – möglichst viel Information, möglichst schnell und möglichst zu jeder Zeit.
Dass darin eine gewisse Herausforderung bei der Realisierung steckt, ist später noch ein Thema.
Bei der Finanzierung der Anforderungen spielt dann eher der kleinste gemeinsame Nenner eine
Rolle: wenn es geht, noch günstiger.

Die Frage lautet also: Wie gewährleistet Kommunikation aus dem bzw. ins Fahrzeug, dass diese
mit möglichst großer Bandbreite, überall auf der Welt, jederzeit bei niedrigsten Kosten möglich
ist? Wahrlich eine Herausforderung.

6.2   Kommunikationsbereiche

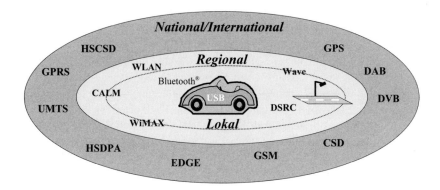

Abbildung 6.1 Strukturierung in Kommunikationsbereiche

Bevor wir in die Techniken der Kommunikation einsteigen, sollten wir diese noch ein wenig
weiter strukturieren. Wir werden eine Vielzahl von Techniken beschreiben, die in bestimmten
Bereichen – und damit sind hier wirklich geographische Ausdehnungen gemeint – ihre Anwendung finden. Wir wollen diese Kommunikationsbereiche hier kurz erläutern und damit schon
einen Ausblick auf die daraufhin beschriebenen Techniken bieten.

Betrachten wir zunächst das Fahrzeug selbst, den Innenraum und die unmittelbare Umgebung
(wenige Meter). Hier findet die Übertragung nach dem Bluetooth® Standard seine Anwendung. Die Möglichkeiten dabei sind vielfältig, wie Abschnitt 6.9.1 aufzeigen wird. Bluetooth
ist auch innerhalb des Fahrzeugs die Kommunikation der Wahl für die sehr flexible Anbindung
von Kundenendgeräten an eine im Fahrzeug verbaute Einheit. Außerdem möchten wir auch die
USB-Schnittstelle und deren Möglichkeiten z. B. bei der Verbindung zu Massenspeichern (z. B.
USB-Sticks mit MP3-Files) erwähnen.

An dieser Schnittstelle zwischen dem Fahrzeug und seinem Fahrer prallen – aus Sicht der Technologie-Entwicklung – zwei Welten aufeinander: Das Fahrzeug hat heute eine mittlere Lebensdauer von etwa 14 Jahren [VDA05], die typischen Innovationszyklen der Unterhaltungselektronik liegen aber bei unter einem Jahr (so kommen beispielsweise bei durchschnittlich innovativen Herstellern von Mobiltelefonen mehrere neue Gerätegenerationen pro Jahr auf den Markt)! Natürlich möchte der Fahrer sein Fahrzeug möglichst lange nutzen, sich andererseits aber nicht versagen lassen, nach 2 bis 3 Jahren ein neues Mobiltelefon zu verwenden. Die einzig sinnvolle Strategie, aus diesem Dilemma auszubrechen, ist die sorgfältige Auswahl zukunftsträchtiger Schnittstellenstandards und deren konsequente Einhaltung sowohl beim Fahrzeuggerät als auch bei der Unterhaltungselektronik des Endkunden.

Der nächste Bereich, den wir um das Fahrzeug identifizieren können, ist der von wenigen Metern über einige hundert Meter bis hin zu wenigen Kilometern. Hier finden Techniken wie das WLAN (IEEE 802.11x) Anwendung, die uns aus der IT-Infrastruktur bekannt sind. Wir werden DSRC und dessen Ablegern (WAVE) begegnen, die eine Kommunikation zwischen dem Fahrzeug und so genannter „straßenseitiger" Infrastruktur realisieren lassen. Wir finden diese Anwendungen im Bereich der Maut, sie ist aber auch jederzeit in anderen Bereichen denkbar, die eine Kommunikation mit örtlicher Infrastruktur benötigen. WiMAX – in seiner „Mobile"-Variante, die das Wechseln der Funkzelle bei bestehender Verbindung erlaubt – bietet mit seiner größeren Reichweite (mehrere Kilometer) neue Perspektiven z. B. im städtischen Umfeld. Hier befinden wir uns dann schon im regionalen Bereich.

Bei allen bisher genannten Techniken muss man davon ausgehen, dass diese nicht flächendeckend oder gar weltweit zur Verfügung stehen. Nur Netze, die eine Vielzahl von Anwendern abdecken, haben das Marktpotenzial, die Investition in eine flächendeckende Infrastruktur zu rechtfertigen. Will man Anforderungen nach Flächendeckung erfüllen, muss man sich vorhandener bzw. neu entstehender Mobilfunknetze bedienen. Aber auch hier machen verschiedene Zugangstechniken das Leben nicht so einfach wie gewünscht. Den besten Erfolg versprechen Bemühungen, unterschiedlichste Übertragungstechniken in ein einheitliches System mit einheitlichen Schnittstellen für Anwendungen einzubinden (siehe die Abschnitte über IPv6 5.7.2 und CALM 6.10.1).

Abbildung 6.1 zeigt die grundsätzlich getroffene Einteilung in die verschiedenen Bereiche und die Zuordnung der verschiedenen Techniken.

6.3 Allgemeine Grundlagen

Speziell in der Telekommunikation werden viele offene (allgemein zugängliche) Standards umgesetzt. Dadurch können Hersteller von Netzinfrastruktur und von Endgeräten ihre Produkte unabhängig voneinander entwickeln und dabei sicher sein, dass diese miteinander kommunizieren können.

Tabelle 6.1 Übersicht der technischen Eckwerte der in diesem Kapitel beschriebenen
Funktechniken

Ver-fahren	Bandbreite	Max. Reichweite	Frequenzbereiche	Einsatzgebiete	Kapi-tel
GSM/ GPRS/ CSD	9,6 – 14,4 kbit/s	35 km (theor. Wert)	900 MHz, 1.800 MHz, 1.900 MHz (USA)	Mobilfunk, mobile Datenkommuni-kation	6.6.3
UMTS	Max. 2 Mbit/s	10 km	2.000 MHz	Mobile Breitband-Datenkommuni-kation	6.6.4
WiMAX	10 Mbit/s (mehr bei kürzeren Entfernungen)	10 km	2 – 6 GHz, 10 – 66 GHz	Mobiler Internetzugang, Richtfunkverbin-dungen	6.6.5
DVB-T	5 – 32 Mbit/s	100 km (abhängig von Sende-leistung)	0,3 – 3 GHz (UHF), 30 – 300 MHz (VHF), senderabhängig	Digitales Fernsehen	6.7.1
DAB	1,2 Mbit/s	100 km (abhängig von Sende-leistung)	174 – 230 MHz, 223 – 230 MHz, 1.452 – 1.492 MHz senderabhängig	Digitaler Rundfunk	6.7.2
WLAN	11 – 300 Mbit/s	300 m	2,4 GHz, 5 – 5,9 GHz	Kabelloser Internetzugang	6.8.1
DSRC	500 kbit/s	20 m	5,8 GHz	Mauterhebung	6.8.2
Blue-tooth	2,1 Mbit/s	100 m	2,4 GHz	Ankopplung von Endgeräten im Nahbereich	6.9.1
Wireless USB	480 Mbit/s	10 m	3,1 – 10,6 GHz	Ankopplung von Endgeräten im Nahbereich	6.9.2
RFID		10 m	125 – 150 kHz, 13,56 MHz, 868 – 928 MHz	Mauterhebung, Iden-tifizierung	6.9.3

Nun könnte man entgegenhalten, dass proprietäre Lösungen das Unternehmen begünstigen, das
diese Lösungen als erstes entwickelt und vertreibt. Die Erfahrung zeigt aber, dass der Markt
standardisierte Lösungen fordert: Netzbetreiber wollen ihre Infrastruktur mit mehr als einem
Hersteller aufbauen, da der Konkurrenzdruck die Preise im Zaum hält, und Endkunden wollen
sich nicht auf einen Hersteller ihrer Kommunikationsgeräte festlegen. Sie brauchen Geräte, die
sie ohne Probleme in die entsprechenden Netze einfügen können. Es ist sogar so, dass offene
Standards die Verbreitung neuer Technologien erheblich begünstigen: So wurde beispielsweise
der europäische Mobilfunk (GSM) durch ein Konsortium aus den führenden Industrieunterneh-
men eingeführt und eroberte im Siegeszug ganz Europa. In Amerika und Asien konnten sich die
entsprechenden Mobilfunkstandards auf die gleiche Weise durchsetzen. Mächtige Hersteller von
Telekommunikations-Infrastruktur unterstützen sogar massiv die Arbeit in den standardisieren-

den Gremien durch Sponsoring und die Entsendung von qualifizierten Mitarbeitern, um auf diese Weise die neu entstehenden Standards in ihrem Sinne beeinflussen zu können.

Tabelle 6.1 gibt einen Überblick über die Eckdaten (Bandbreiten, Reichweiten) und typischen Einsatzgebiete der in diesem Kapitel besprochenen Kommunikationstechnologien.

Abbildung 6.2 stellt die Funktechnologien in Bezug auf Bandbreite und Reichweite schematisch gegenüber. Der Trend geht ganz klar zu immer höheren Bandbreiten bei immer größerer Mobilität (= Erreichbarkeit über größere Entfernungen und bei immer größeren Geschwindigkeiten). Dies wird durch immer ausgefeiltere Modulationstechniken (OFDM, UWB siehe Abschnitt 6.4.4 bzw. 6.4.5) erreicht.

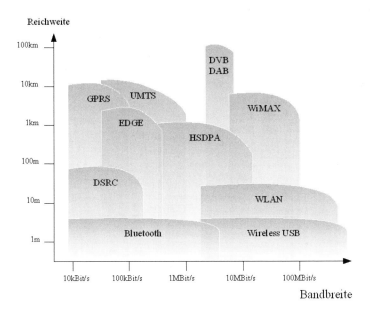

Abbildung 6.2 Gegenüberstellung Bandbreite vs. Reichweite (schematisch)

DVB und DAB bieten relativ hohe Bandbreiten bei großer Mobilität an, allerdings als Broadcast, nicht als Punkt-zu-Punkt-Verbindung.

Die WLAN-Familie nach aktueller Standardisierung liefert sehr hohe Übertragungsraten bei kleinen Geschwindigkeiten (< 1 km/h). Der zukünftige Standard 802.11p (WAVE) definiert WLAN/DSRC für bewegte Empfänger (bis zu 200 km/h und Entfernungen bis zu 1 km).

6.4 Modulationsverfahren

Die Anforderungen an die Signalqualität von Mobilfunkübertragungen sind geprägt von den Schwierigkeiten, die ein sich bewegender Empfänger in einem durch Reflexionen, Abschirmungen, Dispersion und Streuungen geprägten Funkfeld vorfindet. Deshalb muss die digitale Signalübertragung sehr robust sein gegenüber diesen Störgrößen.

6.4.1 Grundlagen

Reflexionen: Ein schmalbandiges Signal, das auf einer festen Frequenz ausgesendet wird, wird an Gebäuden und anderen Hindernissen reflektiert und erreicht den Empfänger auf mehreren unterschiedlich langen Wegen. Die Amplitude des Signals am Empfänger addiert sich aus den Amplituden der Signale aller Wege. An Orten, an denen Amplitudenberge eines Weges mit Amplitudentälern eines anderen Weges zusammentreffen, kommt es zu teilweiser oder völliger Auslöschung des Signals. Dies nennt man zeitselektiven Schwund.
Dieser kann natürlich auch bei **Abschirmungen**, an denen der Empfänger vorbeifährt, auftreten. Abhilfe schafft die Übertragung der Inhalte verteilt auf viele benachbarte Frequenzen innerhalb des zur Verfügung stehenden Frequenzbandes. Der zeitselektive Schwund tritt dann nur bei einzelnen Frequenzen des Spektrums auf (frequenzselektiver Schwund: Zu verschiedenen Zeitpunkten werden unterschiedliche Teilfrequenzen unterschiedlich stark geschwächt oder ausgelöscht).
Dispersion: Elektromagnetische Wellen breiten sich im Vakuum mit Lichtgeschwindigkeit aus. In anderen Medien (Luft, Wolken, Wald usw.) ist die tatsächliche Geschwindigkeit etwas geringer und hängt von der Frequenz des Signals ab. Durch diese Dispersion haben die Teilfrequenzen eines Signals unterschiedliche Laufzeiten vom Sender zum Empfänger, was den Empfang, etwa bei schlechtem Wetter, erschwert (in feuchter Luft ist die Dispersion viel größer als in trockener Luft).
Zur Übertragung werden die Nutzdaten in ein *Sendesymbol* eingepackt. Dies ist im einfachsten Fall identisch mit einem zu übertragenden Bitzustand, kann die Nutzinformation aber auch sehr komplex verpacken (z. B. unter Einbeziehung von Fehlerkorrekturinformationen). Lange Sendesymbole werden leichter mit den Problemen der Dispersion fertig (je länger z. B. ein Bit 1 als Symbol übertragen wird, desto geringer fallen Laufzeitunterschiede benachbarter Teilfrequenzen ins Gewicht). Kurze Sendesymbole dagegen erlauben die Übertragung größerer Bandbreiten.
Um Bandbreiten zu erhöhen, kann man die Unterfrequenzen dichter packen. Wenn deren Abstand aber zu gering ist, können sie beim Empfänger nicht mehr sauber voneinander getrennt werden und es kommt zum *Übersprechen* (Cross Talk) zwischen benachbarten Teilfrequenzen.
Bewegung: Durch den Doppler-Effekt verschiebt sich das Frequenzspektrum, das ein sich bewegender Empfänger sieht, gegenüber dem des Senders. Die Verschiebung ist proportional zur Frequenz des Senders, so dass sich die Teilfrequenzen eines Bandes unterschiedlich stark verschieben.
Im Folgenden werden wenige Modulationsverfahren exemplarisch dargestellt. Da wir das Thema hier nicht sehr ausführlich besprechen können, sei der interessierte Leser auf die Hintergrundliteratur, z. B. [Wer06b], verwiesen. Zunächst betrachten wir die digitalen Modulationsverfahren *Phase Shift Keying* (*PSK*) und *Quadrature Amplitude Modulation* (*QAM*), die geeignet sind, digitale Nutzdaten (vulgo Bits) in ein analoges Übertragungssignal zu verpacken. Dann stellen wir *Orthogonal Frequency Division Multiplexing* (*OFDM*) als ein Verfahren vor, das dieses analoge Signal sehr effizient in ein geeignetes Frequenzspektrum einbringt.

6.4.2 Phase Shift Keying – PSK

PSK beschreibt, wie digitale Zustände in ein analoges Signal kodiert werden. Die einfachste Ausprägung ist BPSK (Binary PSK): Die Zustände 0 und 1 eines Bits werden in eine Amplitude

–1 bzw. +1 umgesetzt. Ändert sich der Zustand des zu übertragenden Bits, so ändert sich auch die *Phase* des resultierenden analogen Signals (daher die Bezeichnung Phase Shift Keying).

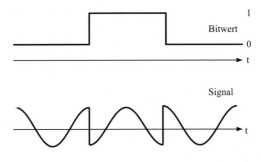

Abbildung 6.3 Bitwert und Signal bei BPSK

QPSK (Quadrature Phase Shift Keying) kann zwei Bits kodieren: Die Informationen, ob diese Bits gesetzt sind oder nicht, werden in zwei um 90° phasenversetzten Amplituden mit den Werten (+1 bzw. –1) kodiert.

6.4.3 Quadrature Amplitude Modulation – QAM

Ähnlich wie QPSK moduliert QAM die Amplituden von zwei digitalen Signalen gleichzeitig. Dies ist möglich, indem beide Signale in Wellen abgebildet werden, deren Phase um konstant 90° gegeneinander verdreht ist (wie bei Sinus und Cosinus). Durch die Phasenverdrehung kann ein Empfänger beide Signale wieder voneinander trennen. Je nachdem, wie viele Bits der digitalen Signale übertragen werden können, spricht man von 4-QAM, 16-QAM oder 256-QAM. QAM-Verfahren, die eine Anzahl von 2^n Bits gleichzeitig übertragen, werden bevorzugt eingesetzt. Das liegt einfach daran, dass in diesen Fällen die maximale Amplitude in beiden Phasen gleich groß gewählt werden kann. Je mehr Bits gleichzeitig übermittelt werden können, desto höher ist die übertragbare Datenrate, desto geringer ist aber auch der Unterschied in den Amplituden, mit denen benachbarte Zahlen codiert werden. Dies macht eine fehlerfreie Dekodierung der Signale schwieriger.

6.4.4 Orthogonal Frequency Division Multiplexing – OFDM

OFDM ist ein Verfahren, digitale Nutzdaten in einem analogen HF-Sendesignal verpackt zu übertragen. OFDM wurde entwickelt, um die Schwierigkeiten bei der Übertragung in mobile Empfänger zu lösen. OFDM wird bei WLAN, DSCR, WiMAX und DVB eingesetzt und hilft, die Bandbreite der Übertragungskanäle zu erhöhen, gleichzeitig aber Sendeleistungen und Stromverbrauch beim mobilen Empfänger zu reduzieren.

OFDM basiert auf einem Multiträgersystem: Der Bitstrom des Digitalsignals wird auf viele Unterkanäle aufgeteilt. Jeder Unterkanal trägt die gleiche Anzahl von Bits und wird unabhängig von den anderen Unterkanälen in einen komplexen Sendeimpuls umgewandelt. Die Sendeimpulse der Unterkanäle werden einzeln mit Trägerfrequenzen moduliert, die voneinander jeweils den gleichen Frequenzabstand haben. Die so modulierten Unterkanäle werden wieder zusammengeführt und auf eine HF-Trägerfrequenz moduliert.

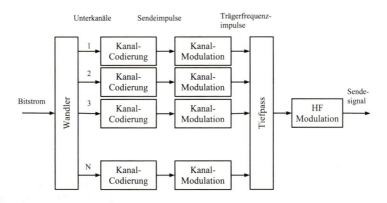

Abbildung 6.4 Kanalverarbeitung bei OFDM

Der Abstand der Unterfrequenzen ist so gestaltet, dass das Maximum einer Unterfrequenz mit den Minima aller anderen Unterfrequenzen zusammenfällt. Dadurch wird verhindert, dass im Frequenzspektrum benachbarte Unterträger sich beeinflussen.

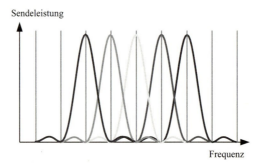

Abbildung 6.5 Frequenzspektrum bei OFDM

Die *Sendesymbole*, die in OFDM-Realisierungen Verwendung finden, sind in der Regel komplexe Gebilde aus vielen Bitinformationen, angereichert um Synchronisations- und Fehlerkorrekturinformationen. Das Frequenzband enthält viele tausend Unterfrequenzen (z. B. DVB-T: bis zu 8.192), wodurch ein sehr hoher Datendurchsatz garantiert ist, auch wenn die einzelnen Symbole relativ lang sind. Um die Übertragungssicherheit weiter zu erhöhen, wird zwischen zwei aufeinander folgende Symbole einer Unterfrequenz noch ein *Guard Intervall* eingefügt, das redundante Daten enthält. Dies macht es dem Empfänger einfacher, mit Laufzeitunterschieden der Unterfrequenzen zurecht zu kommen.

6.4.5 Ultra WideBand – UWB

UWB verteilt die zu übertragenden Daten ähnlich wie OFDM auf diskrete Kanäle aber auf wesentlich mehr. Diese liegen im Frequenzbereich zwischen 3,1 und 10,6 GHz. Um dieses extrem breite Frequenzspektrum von den nationalen Regulierungsbehörden auf der ganzen Welt genehmigt zu bekommen (die Frequenzen könnten mit Radar- oder Satelliten-Anwendungen interferieren), wurden sehr strikte Begrenzungen der Sendeleistung hingenommen, die die Reichweite von UWB-Verbindungen auf maximal 10 m beschränken.

6.4.6 Scrambling

Die bisher vorgestellten Modulationsverfahren arbeiten am besten, wenn sich die digitalen Signalzustände häufig verändern, es also sehr rasche Wechsel von Zuständen 0 nach 1 und umgekehrt gibt, da dann die Synchronisation beim Empfänger einfacher wird. Sollen nun aber sehr monotone Bitströme übertragen werden, wie sie beispielsweise aus einem zu übertragenden monochromen Bildhintergrund stammen, kann der Empfänger die homogene Folge von gleichen Zuständen nicht mehr auflösen.

Um dieses Problem zu entschärfen, bedient man sich unterschiedlicher Scrambling-Verfahren: Darunter versteht man die eindeutig nachvollziehbare aber auf Pseudozufallszahlen beruhende Vertauschung von Bits innerhalb eines Datenpakets. Der Empfänger muss natürlich die gleiche Pseudozufallszahlenfolge kennen und für das De-Scrambling benutzen.

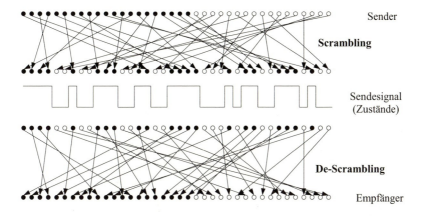

Abbildung 6.6 Vertauschung digitaler Zustände (Scrambling)

Scrambling eignet sich auch für besonders zu schützende Inhalte: Wenn der Scrambling-Algorithmus nicht öffentlich bekannt ist, braucht der Empfänger einen speziellen Decoder (etwa zum Empfangen von Bezahlfernsehen).

6.5 Kompression und Verschlüsselung

6.5.1 Datenkompression

Mit der Verbreitung von digitalen Medien zur Aufzeichnung und Übertragung von Videoströmen wurden in den 1980er Jahren Verfahren notwendig, um diese digitalisierten Datenströme effizient zu komprimieren. Die *Moving Pictures Expert Group (MPEG)* entwickelte eine Reihe von standardisierten Verfahren dazu.

Der Standard MPEG-1 wird z. B. für Video-CDs verwendet und liefert akzeptable Videoqualitäten bei einer typischen Fernseh-Auflösung, die mit 1.5 Mbit/s übertragen werden kann. Der auf MPEG-1 basierende Audio Layer 3 hat sich als MP3 in MP3-Playern, Mobiltelefonen und Fahrzeuggeräten durchgesetzt (s. auch Abschnitt 2.3.9).

MPEG-2 erreicht eine höhere Datenkompression und hält Mechanismen für die Übertragung und Speicherung von Videodaten aber auch zur Einbindung von Texten und Programminformationen bereit. Es gibt zwei Kodierungsformate: Eines für unzuverlässige Medien, das bei der Übertragung von Fernsehdaten via Satellit oder terrestrische Sender eingesetzt wird, gut mit Unterbrechungen und fehlenden Daten zurechtkommt, und außerdem sehr gute Echtzeiteigenschaften besitzt. Ein weiteres Format existiert für verlässliche Medien, das die sehr gute Zuverlässigkeit auf Kosten des Timings liefert, und das zum Speichern von Videodaten auf DVDs benutzt wird. Dabei können Nebeninformationen oder weitere Audiospuren integriert werden.

MPEG-4 basiert auf den Vorgängern MPEG-1 und MPEG-2 und wird aktuell weiterentwickelt, um Audio- und Videodaten für verschiedenste Dienste zur Verfügung zu stellen (Video- und Audioübertragung und -speicherung aber auch die Darstellung von Web-Inhalten). Für die Benutzung von MPEG-4 Algorithmen sind Lizenzgebühren fällig.

6.5.2 Verschlüsselungstechnologien

Die Verschlüsselung von Datenpaketen, um sie vor unerlaubtem Abhören oder Veränderung zu schützen, ist ein ständiger Wettlauf zwischen Standardisierungsgremien und Herstellern von Geräten auf der einen Seite und Hackern und Kriminellen auf der anderen Seite, die diese Algorithmen wieder zu knacken versuchen. Ein ultimativ sicheres Verfahren kann es nicht geben; Sicher werden Übertragungstechnologien nur dadurch, dass der Aufwand für die unautorisierte Entschlüsselung in keinem Verhältnis zum Gewinn steht. Immer stärkere Computer machen es aber immer einfacher, auch aufwendige Verschlüsselungsalgorithmen zu knacken.

Wir werden hier kurz auf die Verschlüsselungstechnologien eingehen, die im Umfeld der Multimediaanwendungen in Fahrzeug Verwendung finden [Sau06]:

- *WEP* (*Wired Equivalent Privacy*) wird für die Verschlüsselung von WLAN-Verbindungen eingesetzt. Die relativ kleine Schlüssellänge macht es aber nicht wirklich sicher. Unter WEP werden die zu übertragenden Nutzdaten mit 64 bzw. 128 Bit langen Schlüsseln verschlüsselt.

- *WPA* und WPA2 (Wi-Fi Protected Access) ersetzten mittlerweile WEP. Unter WPA werden die Daten mit dem RC4-Algorithmus verschlüsselt. Als Verbesserung gegenüber WEP bietet WPA das Temporal Key Integrity Protocol (TKIP) an, das die benutzten Schlüssel periodisch ändert, um unautorisierte Entschlüsselung zu erschweren sowie eine spezielle Prüfsumme (MIC: Message Integrity Code), um die Unversehrtheit übertragener Nachrichten sicherzustellen. Mit WPA2 wurde der dann freigegebene Wi-Fi-Standard 802.11i implementiert und der sicherere Verschlüsselungsalgorithmus AES (siehe unten) angeboten.

- *RC4*: Dieser Verschlüsselungsalgorithmus wurde 1987 entwickelt und stand unter strenger Geheimhaltung, bevor er 1994 an die Öffentlichkeit geriet. Mit dem 40 bis 256 Bit langen Schlüssel wird ein Array von allen 256 möglichen Bytes (Werte 0 bis 2^8) initialisiert. Aus diesem Array erzeugt man eine Folge von Pseudozufalls-Bytes, mit denen der zu verschlüsselnde Datenstrom exklusiv ver-odert (XOR) wird. Im Empfänger muss der gleiche Schlüssel bekannt sein, und mit der gleichen Pseudozufallszahlenfolge wird der Inhalt der Nachrichten per XOR entschlüsselt.

- *AES*: Auch AES (*Advanced Encryption Standard*) verwendet symmetrische Schlüssel bei Sender und Empfänger. Die mögliche Schlüssellänge beträgt 128, 192 oder 256 Bit. Aus dem Schlüssel wird eine nichtlineare, 16 Byte große Tabelle generiert, nach der die Bytes des Klartextes in 16-Byte-Blöcken übersetzt werden. Nach jedem Block wird die Tabelle umorganisiert und das Resultat mit einem 128 Bit langen Unterschlüssel, der aus dem eigentlichen Schlüssel generiert wird, XOR-verknüpft. AES wurde 2002 freigegeben und gilt heute als sicher für Funktechnologien wie WLAN oder WiMAX.

6.6 Mobilfunknetze – Kommunikation weltweit

Denkt man an eine Kommunikation über größere Distanzen hinweg und vor allem an eine flächendeckende Versorgung, kommt man an den existierenden oder in Aufbau befindlichen Mobilfunknetzen nicht vorbei. Um Missverständnissen vorzubeugen: Auch in diesen Netzen werden die meisten der zu überbrückenden Kilometer leitungsgebunden überwunden. Aber diese Netze bieten die Infrastruktur, auf deren Basis weltweit beliebige, mobile Teilnehmer erreichbar sind. Diese Mobilfunknetze sind uns allen geläufig. Schließlich haben vermutlich die meisten von uns ihr Mobiltelefon in der Tasche. Die Technik böte viel Raum für detaillierte Beschreibungen. Wir wollen uns hier jedoch auf einige essentielle Beschreibungen konzentrieren, die vor allen Dingen unter dem Gesichtspunkt ausgewählt wurden, wie wichtig sie gerade im Umfeld des Automobils sind. Deshalb wird in den folgenden Beschreibungen zwar auf den grundsätzlichen Aufbau und die Funktionsweise der Mobilfunknetze eingegangen, es wird jedoch mehr Wert auf die Luftschnittstelle gelegt. Diese Schnittstelle ist von einem Fahrzeug aus „sichtbar" und sie setzt die Voraussetzungen, auf denen mobile Anwendungen im Fahrzeug aufbauen können.

6.6.1 Grundsätzlicher Aufbau von Mobilfunknetzen

An den Anfang wollen wir einen kurzen Überblick über den Aufbau und die Funktionsweise von Mobilfunknetzen stellen. Dies betrifft natürlich den Transport von Information aber auch die Lokalisierung von Teilnehmern und den Umgang mit deren Bewegung im Netz.

Der Zugang – Überdeckung durch Funkzellen

Wie schon der Name „*Mobilfunknetz*" nahe legt, erfolgt der Zugang von mobilen Objekten zum Netz über *Funk*. Dazu ist das zu überdeckende Gebiet mit aneinander angrenzenden *Funkzellen* überzogen. In jeder Funkzelle stehen *Trägerfrequenzen* zur Verfügung, auf denen eine gewisse Anzahl von Funkzugängen realisiert werden kann. Bereitgestellt werden diese Funkzugänge über so genannte *Basisstationen*. Die Anzahl der Funkzugänge bestimmt die mögliche Anzahl parallel bestehender Verbindungen in einer Funkzelle. Funkzellen können je nach generierter Last in einem Gebiet unterschiedlich groß sein. In Innenstädten mit hoher Nutzerdichte und damit hohem Aufkommen an Telekommunikationsverkehr decken die Funkzellen kleinere Gebiete ab als in ländlichen Zonen mit geringerem Verkehrsaufkommen. Die Größe einer Funkzelle ist also nicht von der Reichweite ihrer Sende- und Empfangseinrichtungen bestimmt sondern von der Anzahl der parallel benötigten Funkkanäle, um ein Gebiet mit ausreichenden Kommunikationsmöglichkeiten zu versorgen.

Kontrollstationen verwalten die Sende- und Empfangsressourcen der Basisstationen. Hier werden die Kanäle für die Signalisierung und den Nutzverkehr verwaltet. Auf letzteren laufen Daten des Anwenders (Sprache, Daten), erstere dienen der Verwaltung der Netzressourcen und dem Austausch von „Verwaltungsinformationen" zwischen den Stationen, die an einem Austausch von Nutzinformation beteiligt sind. Zudem werden in den Kontrollstationen Verkehre getrennt, die im weiteren eine unterschiedliche Behandlung erfahren müssen. In heutigen Netzen gilt das für Sprach- und Datenverkehr, die mit anderen netztechnischen Mitteln zum Ziel geführt werden. Die Netze der Zukunft werden hier bei den Transportstrukturen keinen Unterschied mehr machen, wohl aber bei der Dienste-spezifischen Behandlung der unterschiedlichen Verkehre. So kann Datenverkehr durchaus eine zeitliche Verzögerung erfahren, die bei Sprachverkehr zu unangenehmen Erscheinungen wie z. B. langen Sprechpausen führen können.

Informationstransport

Bisher wurde lediglich behandelt, wie die Nutzinformation ins Mobilfunknetz gelangt oder von diesem an den Nutzer übertragen wird. Im Netz, welches die Mobilfunkzugänge untereinander verbindet, sorgen Vermittlungsknoten dafür, dass die Information an den richtigen Adressaten gelangt. Die Techniken in diesen *Vermittlungsnetzen* (häufig auch „Core Networks" genannt) sind allerdings auch dem Wandel unterworfen. Augenblicklich werden Informationskanäle leitungsvermittelt. Zu Beginn der Kommunikation erfolgt ein Verbindungsaufbau zwischen dem rufenden und dem gerufenen Nutzer, die Ressourcen zur Informationsübertragung stehen dann einer Verbindung während ihres Bestehens uneingeschränkt zur Verfügung. Am Ende der Kommunikation erfolgt der Verbindungsabbau mit der Freigabe der Ressourcen im Netz für neue Verbindungen. Wird im Netz mit anderen Standards gearbeitet als auf dem Mobilfunkanschluss, muss eine *Transcodierung* erfolgen. So wird z. B. in heutigen Realisierungen von GSM-Netzen im Vermittlungsnetz gemäß digitalem Standard mit 64 kbit/s pro Kanal gearbeitet, auf dem Funkzugang aber mit 9,6 bis 14,4 kbit/s. Am Übergang erfolgt eine Transkodierung, eine Umsetzung zwischen den verschiedenen Geschwindigkeiten. Daten werden in anderen Netzen übertragen. Die Trennung findet noch im Zugangsnetz statt (siehe oben).

Auch in diesen Vermittlungsnetzen ist eine Evolution im Gange, weg von den leitungsvermittelten (*ISDN*) hin zu den paketvermittelten Systemen (IP-Netze). Dabei werden die Informationen in Datenpakete verpackt, mit einer Adresse versehen und über ein Netz versendet, das die Pakete aufgrund der mitgegebenen Zieladresse in der verschiedenen Knoten (Router) zum Ziel „routen" kann. Verwendet werden dazu auf dem Internet Protokoll basierende Netze (IP-Netz). Der interessante Ansatz dabei ist, dass die IP-Technik durchgängig vom Endgerät des „Senders" über den Funkzugang durch das „vermittelnde" Netz bis hin zum „Empfänger" der Information verwendet wird und sowohl Sprach- als auch Datendienste über dieselbe Infrastruktur unterstützt. Dies ist auch in der Evolution der Weitverkehrsnetze berücksichtigt.

Wer und wo bin ich? (HLR/VLR)

Damit der Netzbetreiber die oben genannten Grunddienste des Informationstransports erbringen kann, muss er Daten über den Nutzer besitzen. Diese Daten über einen Nutzer sind im so genannten *Home Location Register* (*HLR*) gespeichert (z. B. Teilnehmernummer, mögliche Dienste, Berechtigungen). Damit weiß der Netzbetreiber zwar über den Teilnehmer Bescheid, nicht aber, wo sich dieser befindet. Diese Informationen werden im so genannten *Visitor Location Register* (*VLR*) geführt und an das HLR übermittelt. Sobald ein Mobilfunkendgerät angeschaltet wird, meldet es sich im für seine Basisstation zuständigen Vermittlungsknoten an. Dieser meldet die Lokalisierungsdaten an das im zugeordnete VLR, welches die Daten über den Aufenthaltsort an das für diesen Teilnehmer zuständige HLR meldet. Soll nun eine Verbindung zu einem Mobilfunkteilnehmer aufgebaut werden, kann die Information über seinen Aufenthaltsort im Netz vom HLR über das VLR und die Vermittlungsstelle bis hin zur Basisstation, in deren Einzugsbereich sich der Nutzer befindet, nachvollzogen werden. Zudem wird natürlich geprüft, ob der Nutzer autorisiert ist, das Mobilnetz zu nutzen. Dies wird an entsprechenden Instanzen im Netz abgeprüft. An dieser Stelle soll auch noch erwähnt werden, dass eine Trennung zwischen dem Nutzer an sich und dem von im genutzten Endgerät besteht. Die Nutzerdaten sind auf der *SIM-Karte* gespeichert. Einlegen einer solchen in ein Endgerät weist dieses Endgerät erst dem Nutzer und seiner Rufnummer, der *International Mobile Subscriber Identity* (*IMSI*), zu. Endgeräte wiederum sind über eine eigene weltweit eindeutige *International Mobile Equipment Identity* (*IMEI*) Nummer zu identifizieren.

Bewegung im Netz

Aufgrund der Informationen in den drei vorangegangenen Abschnitten ist nun vorstellbar, welche Komplexität die Bewegung eines Teilnehmers in einem solchen Mobilfunknetz verursacht. Besteht eine Verbindung und wechselt der Teilnehmer eine Funkzelle (*Handover*), muss sichergestellt werden, dass in der neuen Funkzelle die benötigte Übertragungskapazität bereitgestellt wird. Weiter sind Nutz- und Verwaltungsinformationen über andere Wege zu leiten. Wechselt der Teilnehmer auch noch die Zuständigkeitsbereiche der Vermittlungsknoten, werden die Vorgänge noch komplexer.
Auch wenn keine Verbindung besteht, das Mobilfunkgerät aber eingeschaltet ist, fällt administrativer Verkehr an, da sich das Mobilfunkgerät durch den Einzugsbereich verschiedener Basisstationen, Kontrollstationen, Vermittlungsknoten und VLRs bewegen kann. Man denke nur an eine Fahrt mit einem Fahrzeug über mehrerer hundert Kilometer. Die „Kunst" liegt also nicht so

sehr in der Beherrschung der Übertragungstechnik als in der Beherrschung der Prozesse, bewegte Objekte unterbrechungsfrei mit einer Mobilfunkverbindung zu versorgen – und das noch über Grenzen verschiedener Mobilfunkbetreiber hinweg.

Dieses so genannte *Roaming* ist weniger ein technisches als ein vertragliches Problem. Wichtig sind die Roaming-Abkommen zwischen den verschiedenen Netzbetreibern. Soll also eine Anwendung im Fahrzeug z. B. europaweit angeboten werden, so muss der gewählte Netzbetreiber Roaming-Abkommen mit entsprechenden anderen Netzbetreibern besitzen. Es sei denn, er verfügte über die entsprechenden eigenen Infrastrukturen. Im Prinzip sind diese Roaming- Abkommen vorhanden. Allerdings müssen hier heute noch die Kosten im Auge behalten werden.

Zusammenfassung des Aufbaus eines Mobilfunknetzes

Nach der Bereitstellung der Information über die wichtigsten Bestandteile und Vorgehensweisen in einem Mobilfunknetz, soll die folgende Abbildung dies nochmals zusammenfassend veranschaulichen:

Abbildung 6.7 fasst die oben angeführten Bestandteile des Netzes zusammen. Da die Funktionen in den unterschiedlichen Netzen wie GSM, CDMAone, UMTS oder CDMA 2000 unterschiedlich benannt werden, es aber nicht sinnvoll erscheint, neue, nicht bekannte Benennungen zu erfinden, ist der Aufbau am Beispiel des GSM-Netzes dargestellt. Das *Base Station Subsystem* (*BSS*) beinhaltet die *Base Transceiver Station* (*BTS*) in den jeweiligen Zellen, die vom *Base Station Controller* (*BSC*) gesteuert und verwaltet wird. Der BSC ist mit den dem *Network and Switching Subsystem* (*NSS*) verbunden. An der Grenze zwischen diesen Systemen ist eine Transcodierung notwendig. Im Falle eines GSM-Netzes bedeutet dies z. B. die Umcodierung von Sprache, die im BSS mit 13 kbit/s, im NSS aber mit 64 kbit/s übertragen wird. Der BSC übernimmt auch

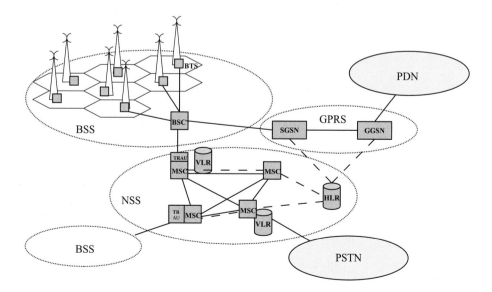

Abbildung 6.7 Aufbau eines Mobilfunknetzes am Beispiel eines GSM-Netzes

die Trennung zwischen Sprache und Daten. Die Daten werden in das Paketnetz weitergeleitet. Dort werden sie vom *Service GPRS Support Node* (*SGSN*) aufgenommen, der den nutzerseitigen Abschluss des Datennetzes bildet. Den Zugang zu den öffentlichen Paketnetzen realisiert der *Gateway GPRS Support Node*(GGSN). In den Evolutionsstufen hin zu den Netzen der 3. Mobilfunkgeneration (z. B. UMTS) ist es erklärtes Ziel, die Sprach- und Datenübermittlung, die jetzt in verschiedenen Netzen durchgeführt wird, in ein gemeinsames Netz zu überführen.

An dieser Stelle sei auch noch auf die zahlreich vorhandene Fachliteratur verwiesen, die die verschiedenen Mobilfunksysteme tiefer gehend beschreibt. Im Folgenden soll der Schwerpunkt auf die Luftschnittstelle sowie die Bereitstellung verschiedenster Verfahren zur Übertragung von Information an dieser Schnittstelle gelegt werden.

6.6.2 Eingesetzte Technik an der Luftschnittstelle

Die Luftschnittstelle bildet für einen Anwender den „sichtbaren" Teil des Mobilfunknetzes. Sie ist mit unterschiedlichsten Techniken realisiert. Die folgenden Ausführungen fokussieren sich deshalb auf die Techniken, die es ermöglichen, mehrere digitale Kanäle über einen Funkkanal zu übertragen. Diese Techniken sind im Fahrzeug anzuwenden, sobald auf die Mobilfunknetze zugegriffen werden soll. Dabei sind im Prinzip zwei Verfahren zu unterscheiden. Als Basis dient zunächst der reine *Frequenzmultiplex FDMA* (Frequency Division Multiple Access), der es erlaubt, in einer Funkzelle mehrerer Trägerfrequenzen parallel bereitzustellen. Da die Nutzung einer Trägerfrequenz pro aktivem Teilnehmer ein höchst ineffizientes System darstellen würde, das bei den heutigen Nutzerzahlen im Mobilfunk nicht annähernd praktikabel wäre, sind weitere Verfahren anzuwenden, die die Übertragung von Informationen mehrerer Nutzer gleichzeitig über eine Trägerfrequenz erlauben. Es sind dies die Techniken *TDMA* (*Time Division Multiple Access*) und *CDMA* (*Code Division Multiple Access*).

Frequency Division Multiple Access – FDMA

Beim FDMA-Verfahren wird jedem Nutzer eine eigene Trägerfrequenz zugeordnet. Aufgrund seiner Ineffizienz wird dieses Verfahren jedoch nur verwendet, um in einer Funkzelle die Kapazität zu erhöhen. Da auf jeder Trägerfrequenz nochmals das TDMA-Verfahren (z. B. in GSM-Netzen) oder das CDMA-Verfahren angewendet wird, ermöglicht das Hinzufügen einer weiteren Trägerfrequenz die Addition weiterer Nutzer in Abhängigkeit von der verwendeten Multiplextechnik auf diesem Träger.

Time Division Multiple Access – TDMA

Die TDMA-Technik dient dazu, mehreren Nutzern jeweils einen Kanal auf einer gemeinsamen Trägerfrequenz zuzuweisen. Dabei wird die Übertragungskapazität auf dem Träger zunächst in TDMA-Rahmen strukturiert, die sich periodisch wiederholen. Ein TDMA-Rahmen ist wiederum in eine Anzahl von Zeitschlitzen unterteilt, die dann jeweils einem Nutzer für die Zeit der bestehenden Verbindung zugeordnet werden. Während einer Verbindung belegt ein Nutzer immer den gleichen Zeitschlitz in aufeinander folgenden TDMA-Rahmen (siehe auch Seite 5.3.2).

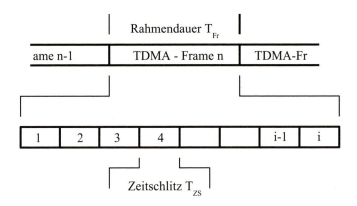

Abbildung 6.8 TDMA-Rahmen und die Einteilung in Zeitschlitze

Da es sich bei dieser Technik um ein Zugriffsverfahren auf ein gemeinsames Medium handelt, sind Funktionen definiert, die die Synchronisation (d. h. das „Auffinden" des zugeteilten Zeitschlitzes im TDMA-Rahmen) sowie den Ausgleich von Laufzeitunterschieden durch unterschiedliche Entfernungen von der die Rahmen generierenden Quelle gewährleisten. Die Ausgestaltung dieser Technik wird am Beispiel des GSM-Systems im entsprechenden Kapitel näher betrachtet.

Code Division Multiple Access – CDMA

Auch bei der CDMA-Technik handelt es sich um ein Verfahren, mit dem Daten unterschiedlicher Nutzer in einem gemeinsamen Frequenzbereich übertragen werden können. Jeder Nutzer erhält einen Code, den so genannten Spreizcode. Dieser stellt im mathematischen Sinne einen Vektor dar. Die Anzahl der Elemente dieses Vektors kann je nach System unterschiedlich sein. Die verschiedenen, in einem Frequenzbereich verwendeten Spreizcodes (Vektoren) sind *orthogonal* zueinander, d. h. das Skalarprodukt zweier Spreizcodes wird zu 0[1].

Im Sender wird jedes Datenbit mit dem Spreizcode multipliziert. Dadurch erhöht sich die benötigte Datenrate um den Faktor der Länge des Spreizcodes. Die übertragenen Dateneinheiten werden dann nicht mehr Bits sondern Chips genannt. Die Übertragungsrate wird nicht mehr in Bit/s sondern in Chip/s[2] (*Chip Rate*) angegeben. Auf dem Übertragungsmedium addieren sich die Signale der verschiedenen Sender. Im Empfänger wird das Signal mit dem im Empfänger bekannten Spreizcode korreliert. Ein Korrelationskoeffizient von 1 bedeutet ein Datenbit 1, ein Korrelationskoeffizient von −1 ein Datenbit 0. Alle anderen Werte werden als nicht zum Ursprungssignal gehörig identifiziert. Die Signale der anderen Nutzer bilden für den eigentlichen Empfänger ein Rauschen.

---

[1] Dies kommt aus der Vektorrechnung, bei der die skalare Multiplikation zweier aufeinander senkrecht stehender, also orthogonaler Vektoren ebenso 0 ergibt.

[2] Engl. cps: chips per second.

Wideband Code Division Multiple Access – WCDMA

Bei Wideband CDMA (WCDMA) handelt es sich um ein CDMA-Verfahren, das im Umfeld der dritten Generation von Mobilfunknetzen (UMTS = Universal Mobile Telecommunication System) verwendet wird. Der Begriff Wideband wurde eingeführt, um den Unterschied zu den aus Amerika stammenden Implementierungen eines Mobilfunknetzes mit einer auf CDMA basierenden Luftschnittstelle (CDMAone) zu dokumentieren. In dieser Implementierung wird mit Bandbreiten von 1,25 MHz je Träger gearbeitet, während bei WCDMA 5 MHz je Träger bereitstehen.

Frequency Division Duplex – FDD

Beim Frequency Division Duplex werden die Richtungen vom Mobilfunkendgerät zur Basisstation (Aufwärtsrichtung/Uplink) und von der Basisstation zum Mobilfunkendgerät (Abwärtsrichtung/Downlink) über zwei getrennte Frequenzen abgewickelt. Der Frequenzabstand zwischen den beiden genutzten Frequenzen in Ab- und Aufwärtsrichtung ist fest und wird als Duplexabstand bezeichnet.

Time Division Duplex – TDD

Beim Time Division Duplex werden Up- und Downlink über dieselbe Frequenz aber in unterschiedlichen Zeitlagen übertragen. Die beteiligten Stationen wechseln sich periodisch im Senden und Empfangen ab. Dabei können die Richtungen asymmetrisch gestaltet werden. TDD ist deshalb für Dienste wie den Zugriff auf das Internet interessant, da die Downlink-Kapazität größer als die Uplink Kapazität gestaltet werden kann.

6.6.3 Mobilfunknetze der 2. Generation

Die Mobilfunknetze der heutigen Generation – auch häufig referenziert als Netze der zweiten Generation – sind digitale Systeme. Die Übertragung der Nutzinformation aber auch der für die Prozesse im System benötigten Steuerungsinformation geschieht in digitalen Kanälen. Diese Mobilfunknetze basieren auf einem Netz von aneinander grenzenden Funkzellen, die die notwendige Kapazität zur Übertragung von Sprache und Daten aus dieser Funkzelle zur Verfügung stellen. Die Trägerfrequenzen für die Übertragung der Signale liegen im Bereich 900 MHz, 1.800 MHz und 1.900 MHz. Weltweit sind vier verschiedene Systeme im Einsatz:

- das GSM-System,
- das CDMAone-System,
- das japanische PDC-System,
- das nordamerikanische Mobilfunksystem D-AMPS (Digital Advanced Mobile Phone System)

Das japanische PDC-System kam über eine regionale Bedeutung nicht hinaus und wird nicht mehr weiterentwickelt. Es soll durch UMTS ersetzt werden. Deshalb wird es im Folgenden nicht mehr behandelt.

GSM – Global System for Mobile Communication

Da der prinzipielle Aufbau eines Mobilfunknetzes mit seinen Herausforderungen oben schon beschrieben wurde, soll sich dieses Kapitel speziell auf die Ausprägungen im GSM-System und hier wiederum auf die Teile, die Fahrzeuge als Nutzer dieses Netzes betreffen, beschränken. Dies betrifft also vor allem die Funkschnittstelle zwischen Fahrzeug und Basisstation [GSM].

Tabelle 6.2 GSM-Charakteristika Luftschnittstelle

Basisdienste:	Telefonie, Short Message Service, Datendienste	
Bitrate:	13,6 kbit/s für Sprache 9,6 kbit/s, bis 14,4 kbit/s für Datendienste	
	Uplink	Downlink
Frequenzband GSM 900:	890–915 MHz	935–960 MHz
Frequenzband GSM 1800:	1.710–1.785 MHz	1.805–1.880 MHz
Frequenzband GSM 1900:	1.850–1.910 MHz	1.930–1.990 MHz
Bandbreite pro Träger:	200 kHz	
Multiplexen an Luftschnittstelle:	TDMA	
Nutzkanäle je Träger:	8	

Luftschnittstelle im GSM-System

Die Funkschnittstelle ist eine digitale Schnittstelle und verwendet das TDMA-Zugriffsverfahren zur Bereitstellung mehrerer Kanäle über eine Trägerfrequenz. Wie oben schon angedeutet, soll dieses TDMA-Verfahren im GSM-System hier kurz beschrieben werden.

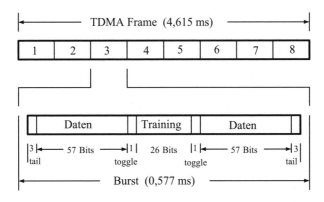

Abbildung 6.9 TDMA an der Luftschnittstelle des GSM-Systems

Die Übertragungskapazität auf einem Träger wird in so genannte *TDMA Frames* strukturiert, die selbst wieder in acht Bursts unterteilt werden. Einem Nutzer wird jeweils einer dieser Bursts pro TDMA Frame zugeteilt. Hat der Nutzer im aktuellen TDMA Frame seine Daten im zugeteilten Burst gesendet, muss er bis zum nächsten TDMA Frame und den ihm beim Verbindungsaufbau zugeteilten Burst warten.

Ein *Burst* wiederum ist in unterschiedliche Bereiche aufgeteilt. Er besteht aus einem Start-/Stopp Bitmuster — dem *Tail* –, anhand dessen das Endgerät des Nutzers erkennt, dass ein Burst beginnt bzw. endet. Über das hier beschriebene TDMA-System greifen mehrere Nutzer auf ein gemeinsames Medium – die Luftschnittstelle zur Basisstation – zu. Aufgrund unterschiedlicher Entfernungen ergeben sich auch unterschiedliche Laufzeiten für das TDMA-Signal. Deshalb ist zwischen den einzelnen Bursts eine *Guard Time* eingefügt. Dies ist notwendig, da sich die Nutzer auch während einer Verbindung bewegen und sich damit die Laufzeiten des Signals verändern. Die Guard Time hilft, eine Überlappung von Bursts zu verhindern.

Zentral im Burst wird die *Training Sequence* übertragen. Sie besteht immer aus der gleichen Bitfolge. Diese erlaubt es dem Empfänger, Störungen, die durch Reflexion, Absorption oder Mehrwegeausbreitung entstanden sind, zu erkennen und das Ursprungssignal zu rekonstruieren. Die *Toggle* Bits erlauben das Umschalten eines Bursts zur Übertragung von Signalisierinformation.

Sprachübermittlung

Die Übermittlung von Sprache stellt die Hauptanwendung im GSM-Netz dar. Sie erfolgt über leitungsvermittelte Kanäle. Diese weisen auf der Luftschnittstelle eine Kapazität von13 kbit/s auf, im Festnetzanteil eine Kapazität von 64 kbit/s. Zwischen beiden ist eine Transkodierung notwendig, die oben schon erwähnt wurde.

Datenübermittlung

- *Short Message Service – SMS*

  Die Entwicklung des Short Message Service (SMS) ist eine Erfolgsgeschichte des Mobilfunks. Seit dem Start im Jahre 1998 hat sich die Anzahl der versendeten SMS in Deutschland [Bun06] auf gut 22 Milliarden im Jahr 2005 erhöht. Neben der bekannten Anwendung zur Übermittlung von Textnachrichten zwischen Mobilfunkendgeräten kommt nun auch die Übertragung von SMS im Festnetz und besonders auch in Geschäftsanwendungen zum Tragen. So bedienen sich z. B. Logistikanwendungen der SMS zur Übertragung von Information. Aber auch die in Deutschland implementierte Mautanwendung für Lastkraftwagen über 12t bedient sich der SMS zur Übermittlung der Abrechnungsinformationen an die Zentrale. Weitere Anwendungen in Kraftfahrzeugen sind (z. B. für die Diagnose im Pannenfall) realisiert oder denkbar.

  Eine Short Message besteht aus einem Header zur Übertragung von SMS-spezifischer Information wie Absender, Empfänger, verwendete Codierung der Zeichen, Zeitstempel, Informationen über verbundene SMS, etc. Dem Header folgt der so genannte Body mit bis zu 1.120 Bit. Dies entspricht einer Zahl von maximal 160 Zeichen bei einer 7-Bit-Codierung je Zeichen (lateinische und griechische Buchstaben). Eine 8-Bit Codierung wird bei binären Inhalten verwendet, z. B. Klingeltönen. SMS können auch miteinander zu „concatenated SMS" verbunden werden. Dies ermöglicht die Übertragung von längeren Nachrichten oder auch von Klingeltönen etc. So genannte *MMS* (*Multimedia Messaging Service*) erlauben auch die Übertragung von Musik und Bildern.

  Übertragen werden die SMS in den Signalisierungskanälen des Mobilnetzes, in denen auch die Kontroll- und Steuerungsinformationen übertragen werden. Somit ist SMS-Emfang auch parallel zur Nutzung des eigentlichen Nutzkanals (z. B. für Telefonie) möglich.

- *Circuit Switch Data – CSD*

  Beim CSD-Verfahren handelt es sich um die Realisierung von Datenübertragung auf einem Kanal über die Luftschnittstelle im GSM-Netz. Zunächst wurden als Datenrate 9,6 $^{kbit}/_s$ angeboten. Diese wurde später unter Verzicht auf Fehlerkorrekturverfahren auf 14,4 $^{kbit}/_s$ erhöht. Der zur Datenübertragung bereitstehende Kanal wird vom Nutzer beim Verbindungsaufbau alloziert und steht während der Dauer der Verbindung ausschließlich diesem Nutzer zur Verfügung. Dies bedeutet zwar eine garantierte Übertragungskapazität aber auch die Kosten eines stehenden Kanals. Der Begriff CSD spielt heute bei Mobilfunkanbietern kaum noch eine Rolle. Wenn eine leitungsvermittelte Übertragung von Daten angeboten wird, geschieht das meist über HSCSD.

- *High Speed Circuit Switched Data – HSCSD*

  High Speed CSD erhöht, wie der Name schon impliziert, die mögliche Bitrate für leitungsvermittelte Datenübertragung. Es handelt sich um CSD mit der Möglichkeit, mehrere Kanäle zu bündeln. Theoretisch sind dies bis zu 8 Kanäle, was eine maximal mögliche Übertragungsrate von 115,5 $^{kbit}/_s$ ergibt. Führt man sich nochmals die Beschreibung des TDMA-Verfahrens mit der Bereitstellung von acht Kanälen pro Trägerfrequenz vor Augen, wird deutlich, dass eine solche Allozierung von acht Kanälen bereits einen kompletten Träger für andere Nutzer blockiert. Solche Verfahren haben also einen schwerwiegenden Einfluss auf die Verkehrskapazität einer Funkzelle. Deshalb wird diese theoretische Übertragungskapazität auch bei den Mobilfunkanbietern auch nicht angeboten. Üblich sind dort bis zu vier Kanäle pro Nutzer. Eine hohe Nachfrage nach solchen Datenverbindungen in einer Zelle muss jedoch schnell zur Ablehnung weiterer HSCSD-Verbindungswünsche führen, um die Kapazität für andere Nutzer nicht zu stark zu reduzieren.

- *General Packet Radio Service – GPRS*:

  CSD und HSCSD belegen die für die Datenübertragung benötigten Kanäle ausschließlich für einen Nutzer während der kompletten Dauer der Verbindung. Dies macht Sinn, wenn eine größere Datenmenge kontinuierlich übertragen werden soll, eventuell sogar bidirektional. Dies ist aber häufig nicht der Fall. Betrachten wir das Verhalten von Nutzern im Internet, wird dort häufig mit relativ wenig Uplink-Datenmenge (z. B. Anfrage eines Nutzers nach einer Internetseite) eine relativ große Downlink-Datenmenge angefordert (Antwort eines Servers auf die Anfrage). Danach kommt es zunächst zu einer „Verarbeitung" durch den Nutzer. Während dieser Zeit fließen keine Daten. Es macht also Sinn, übertragungstechnische Ressourcen zwischen verschiedenen Nutzern zu teilen. Zunächst findet die Bereitstellung einer von vielen Nutzern zugreifbaren Übertragungskapazität statt. Dies geschieht wie bei HSCSD durch die Bündelung von Übertragungskanälen auf der Luftschnittstelle. Diese Bündelung ist häufig dynamisch realisiert, d. h. sie kann den augenblicklichen Anforderungen im Netz angepasst werden. Bei niedrigem Sprachverkehrsaufkommen in einer Zelle werden mehr Kanäle zur Übertragung von Datenverkehr herangezogen als bei hohem Sprachverkehrsaufkommen. Es wird im letzteren Fall aber garantiert, dass zumindest ein Kanal für die Datenübertragung zur Verfügung steht.

  Die Information auf den gebündelten Kanälen wird paketorientiert übertragen. Verwendet wird das IP Protokoll. Der Anwender belegt die Kapazität nur dann, wenn er sendet. Freie Kapazitäten können von anderen Nutzern belegt werden. Die reale Ausgestaltung der

Möglichkeiten eines Nutzers hängt vom verwendeten Endgerät ab. Dies wird im Abschnitt „Endgeräte" näher beleuchtet.

Der auf den gebündelten Kanälen transportierte, paketierte Datenverkehr wird in der Kontrollstation ausgekoppelt und an den Datennetzanteil des Mobilfunknetzes übergeben. Dieser besteht aus zwei Hauptfunktionalitäten. Im Serving GPRS Support Node (SGSN) wird der paketorientiert Datendienst in Richtung Nutzer bzw. Funkzugangsnetz bereitgestellt. Ein SGSN bedient einen gewissen geographischen Bereich mit den darin befindlichen Nutzern. Der Gateway GPRS Support Node (GGSN) stellt die Verbindung zu öffentlichen Paketnetzen – meist IP basiert – her. Er übernimmt somit die Verbindung zu anderen Netzen.

Endgeräte

Nachdem der Netzaufbau sowie die Luftschnittstelle und die an dieser Schnittstelle angebotenen Verfahren (CSD, HSCSD, GPRS) und Dienste (Sprache und Daten) beschrieben wurden, soll jetzt noch auf den Teil eingegangen werden, der den Nutzern erst den Zugang zu der oben beschriebenen Welt ermöglicht: das Mobilfunk-*Endgerät*.

Betrachten wir ein GSM-Endgerät, so ergeben sich eine Reihe von Anforderungen. Neben den bekannten Anforderungen wie geringe Größe, geringes Gewicht und niedriger Preis, kommen Anforderungen die sich aus den oben beschriebenen technischen Gegebenheiten und Diensten ergeben. So beherrschen die heutigen Endgeräte zumindest die Frequenzbänder von GSM-900 und GSM-1800, viele bieten auch das in Nordamerika verwendete Frequenzband GSM-1900. Noch interessanter ist es aber, die Fähigkeiten der Endgeräte hinsichtlich der Unterstützung von Diensten zu betrachten.

Betrachtet man die Fähigkeit von Mobilfunkgeräten, Sprach- und Datendienste zu unterstützen, stellt sich natürlich sofort die Frage, ob diese Dienste parallel angeboten werden können. Für den SMS-Empfang wurde dies oben schon bestätigt. Da SMS in den Signalisierungskanälen übertragen werden, interferieren diese Informationen im Nutzkanal nicht. Anders ist dies bei den Datendiensten, die auf der Belegung von Nutzkanälen aufbauen. Hier unterscheidet man drei Klassen (Capability Classes) von Endgeräten:

- *Class A*

  Endgeräte dieser Klasse sind in der Lage, parallel sowohl Sprach- also auch Datenverbindungen zu unterstützen und auszuführen.

- *Class B*

  Endgeräte der Klasse B sind in der Lage, parallel sowohl Sprach- als auch Datenverbindungen zu unterstützen. Sie können jedoch nicht parallel ausgeführt werden. Sollte z. B. während einer bestehenden GPRS-Kommunikation ein Anruf oder eine SMS initiiert werden, wird die GPRS-Anwendung ausgesetzt aber gehalten. Nach Abschluss des Anrufs bzw. der SMS-Übertragung wird die Kommunikation über GPRS wieder aufgenommen.

- *Class C*

  Die Umschaltung zwischen Anruf/SMS und GPRS muss manuell erfolgen. Beide Dienste können nicht gleichzeitig ausgeführt werden.

Gerade für die Anwendung in Fahrzeugen ist diese Klassifizierung interessant. Heute werden vorwiegend Class B und Class C Endgeräte angeboten. Neben diesen Klassen, die die parallele Ausführung von Diensten beschreiben, sind noch die Klassen wichtig, die die Aufschluss darüber geben, welche Art von Kanalbündelung von einem Endgerät für den GPRS-Dienst unterstützt wird (Multislot Classes). Diese Klassen beschreiben, wie viele Zeitschlite (Slots) in Downlink- und Uplink-Richtung konfiguriert werden können und wie viele insgesamt (Summe Up- und Downlink) bedient werden können.

Nach diesen grundlegenden Betrachtungen soll hier noch kurz auf die Aspekte im Fahrzeug eingegangen werden. Werden Mobilfunkanwendungen im Fahrzeug angeboten, muss dies nicht unbedingt über das Mobiltelefon geschehen. Viele Anwendungen verwenden spezielle Endgeräte, die den Mobilfunkzugang realisieren.

Betrachtet man die Bestandteile eines Mobiltelefons, fallen sofort Gehäuse, Tastatur, Display und Akku ins Auge. Das eigentliche Mobilfunkmodul, das die Luftschnittstelle realisiert und alle oben genannten Dienste ermöglicht, ist ein auf das Volumen bezogen recht kleiner Teil. Diese Module werden auch für die Realisierung von eigenständigen Mobilendgeräten im Fahrzeug herangezogen.

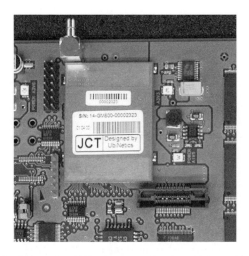

Abbildung 6.10 Aufgelötetes Mobilfunkmodem in einer Telematik-Fahrzeugeinheit
(Foto: mm-lab GmbH)

In den Anfängen der Telematik wurden Mobilfunkmodule, die den tatsächlichen Anforderungen an die Fahrzeugwelt (insbesondere an die dort geforderten Umgebungsbedingungen und Temperaturbereiche) nur annähernd genügen konnten, in Fahrzeugeinheiten verbaut. Mittlerweile werden die Module aber so spezifiziert, dass sie auch im Automobil relativ problemlos integriert werden können (wenngleich die Erfüllung des im automotiven Bereich geforderten Temperaturbereiches von –40°C bis +85°C immer noch offen ist). Aufgrund der komplexen physikalischen Vorgänge in der RF-Sendeeinheit eines Mobilfunkmoduls und der möglichen Einwirkung auf den Rest der Baugruppe, ist die Integration der Schaltungen eines Mobilfunkmoduls auf das Main Board kein leichtes Unterfangen und würde sich erst bei sehr hohen Stückzahlen (> 1 Million) lohnen. Daher werden in der Regel fertige Module aufgelötet. Besonders weise Modulhersteller achten darauf, ihre Modulserien Pin-kompatibel zu entwickeln, damit sie immer gleich auf die Main Boards integriert werden können.

CDMAone

Bei CDMAone handelt es sich um den Markennamen des Mobilfunknetzes der 2. Generation, das nach GSM weltweit die größte Anzahl von Nutzer bedient. Die Abläufe im Netz sind vergleichbar mit denen von GSM. Der größte Unterschied besteht in der Realisierung der Luftschnittstelle. Wie der Name schon sagt, wird bei CDMAone die Code Division Multiple Access (CDMA) Technik zur Separierung unterschiedlicher Nutzer auf einer Trägerfrequenz verwendet. Sie ist in Abschnitt 6.6.2 kurz in allgemeiner Form beschrieben. [CDG07]

Tabelle 6.3 CDMAone-Charakteristika Luftschnittstelle

Basisdienste:	Telefonie, Short Message Service (SMS), Datendienste	
Bitrate:	Übertragungsraten bis 14,4 kbit/s	
	Uplink	Downlink
Frequenzband CDMAone:	824–849 MHz	869–893 MHz
Frequenzband CDMAone:	1.850–1.910 MHz	1.930–1.990 MHz
Bandbreite pro Träger:	1,25 MHz	
Multiplexen an Luftschnittstelle:	CDMA	
Chip Rate:	1,2288 Mcps	

D-AMPS

D-AMPS ist die Weiterentwicklung des Advanced Mobile Phone System (AMPS), einem analogen Mobilfunksystem. Es bildet quasi die digitale Erweiterung von AMPS. Es wird hauptsächlich in Amerika (USA und Kanada) genutzt. Dazu werden in den analogen Übertragungskanälen von AMPS Zeitrahmen mit je 3 Zeitschlitzen eingefügt. Damit handelt es sich bei D-AMPS praktisch auch um ein Mobilfunknetz, das auf der TDMA-Technik beruht. Für Up- und Downlink wird jeweils ein AMPS-Kanalpaar verwendet. D-AMPS wird durch GSM/GPRS bzw. UMTS abgelöst und spielt praktisch keine Rolle mehr.

6.6.4 Mobilfunknetze der 3. Generation

Der Ruf nach immer mehr Bandbreite ist unüberhörbar. Aber auch der Wunsch der Netzbetreiber nach einheitlichen Strukturen für Sprach- und Datenübertragung stellt hohe Anforderungen. Schon Ende der 80er Jahre des letzten Jahrhunderts begannen die ersten Überlegungen zur Definition einer dritten Generation von Mobilfunknetzen. Zu diesem Zeitpunkt war die zweite Generation in Deutschland noch nicht eingeführt.

Aus dem hehren Ansatz einer weltweit einheitlichen dritten Generation wurde eine Familie von Systemen. Dies ist – zugegeben eine subjektive Interpretation – die euphemistische Beschreibung der Tatsache, dass kein einheitliches System definiert werden konnte. Es soll an dieser Stelle nicht weiter in dieses Thema eingestiegen werden. Es wird dazu auf [BGT04] verwiesen, in dem die Entwicklung ausführlich beschrieben ist.

An dieser Stelle muss uns der Fakt genügen, dass es verschiedene Systeme geben wird – zwei Vertreter sind UMTS und CDMA2000 – und dass die Übergangsszenarien vielfältig sind. Im Folgenden wird nun auf UMTS eingegangen. Vorher werden kurz zwei Techniken beschrieben, die häufig auch mit dem Begriff 2,5. Generation bezeichnet werden.

Enhanced Data Rates for GSM Evolution – EDGE

EDGE wird häufig als ein Schritt hin zu den Netzen der 3. Generation bezeichnet. Durch EDGE wird es möglich, im GSM-Netz die Übertragungsrate je Zeitschlitz im GSM-TDMA-Frame auf bis zu 60 $^{kbit}/s$ zu erhöhen. Dies geschieht durch die Anwendung des 8-PSK-Codierungsverfahrens und die Wahl des entsprechenden Coding-Schemes (Modulation and Coding Scheme 9 – MCS9). Es ist möglich, diese Art der Übertragung je Nutzer individuell zu gestalten. Das heißt, lediglich Nutzer mit EDGE-fähigen Endgeräten erhalten die Möglichkeit der neuen Übertragung. Andere Nutzer können weiterhin unabhängig davon andere Zeitschlitze nutzen. Es kann also eine Mischung der verschiedenen Nutzer auf einem Träger erreicht werden. Die BTS muss natürlich das EDGE-Verfahren unterstützen und der Nutzer individuell über dessen Nutzung entscheiden können.

High Speed Downlink Packet Access – HSDPA

HSDPA baut auf dem Verfahren der Codebündelung im Downlink (Verwendung mehrerer Spreizcodes zur Bereitstellung eines Übertragungskanals) sowie einem neuen Modulationsverfahren (16-QAM) an der Luftschnittstelle auf. Mit den 16 Symbolen bei 16-QAM können in einem Symbol vier Bits übertragen werden. Die Kombination dieser Verfahren und Techniken erlaubt Datenraten bis 3,6 Mbit/s. Es werden noch höhere Raten ins Auge gefasst. Dabei muss allerdings gesagt werden, dass die zu erzielenden Übertragungsraten stark variieren können, da sie von den augenblicklichen Funkbedingungen abhängen. Von den Datenrate wird HSDPA oft mit DSL im Festnetz verglichen. Im Uplink bleiben die Übertragungsraten auf 64 bis 128 kbit/s beschränkt. Hier soll HSUPA (High Speed Uplink Packet Access) Abhilfe schaffen. Dabei werden Datenraten von 500 kbit/s aufwärts angedacht.

Universal Mobile Telecommunication System – UMTS

In Europa verkörpert *UMTS* das Mobilfunksystem der dritten Generation. Die Frequenzen wurde in einigen Ländern teuer versteigert, was ein Hinweis dafür ist, wie begehrt diese Frequenzen waren, aber auch, wie hoch der Druck war, in diesem „Spiel" in Richtung 3. Generation mit zu spielen. Denn neben der höheren Bitrate bedeutet UMTS auch mehr Kapazität für mehr Nutzer.

Viele Überlegungen, nicht nur technischer Art, sind in die Evolution vom GSM-Netz hin zu einem UMTS-Netz investiert worden. Natürlich soll UMTS GSM-Mobiltelefone unterstützen, um die Investitionen zu sichern. Das gleiche gilt auch für die Investitionen in GSM-Infrastruktur (BTS, BSC). Ziel ist es zudem, die „Core"-Netze für Sprache und Daten zusammenwachsen zu lassen. Die verschiedenen Evolutionsszenarien sind sehr vielfältig. Auch die von den Standardisierungsgremien immer wieder verabschiedeten neuen Releases würden den Rahmen dieses Buches bei weitem sprengen. Der interessierte Leser muss hier auf eigens zu dem Thema UMTS verfasste Literatur verwiesen werden [BGT04].

Bei aller Aktivität im Bereich der 3. Generation Mobilfunk ist es leider nicht gelungen, einen weltweit einheitlichen Standard zu etablieren. So ist UMTS nur ein Teil der in der ITU definierten Familie von Mobilfunknetzen der 3. Generation.

Tabelle 6.4 UMTS-Charakteristika Luftschnittstelle

Basisdienste:	Telefonie, Short Message Service (SMS), Multimedia Message Service (MMS), hochbitratige Datendienste	
Bitrate:	13,6 kbit/s für Sprache bis 384 kbit/s für Datendienste	
	Uplink	Downlink
Frequenzband:	1.920 – 1.980 MHz	2.110 – 2.170 MHz
Kanalabstand:	5 MHz	
Duplexabstand:	190 kHz	
Multiplexen an Luftschnittstelle:	Wideband CDMA	
Chip Rate:	3,84 Mcps	

Aufbau des UMTS-Netzes

Der Aufbau entspricht zu Beginn der Evolution der von GSM her bekannten Struktur. Die Namen der Bereiche ändern sich jedoch. Das so genannte *Universal Terrestrial Radio Access Network* (*UTRAN*) umfasst die Luftschnittstelle, den *Node B*, der der BTS entspricht, sowie den *Radio Network Controller* (*RNC*), der im BSC des GSM-Netzes seine Entsprechung findet. Vom RNC gehen die Informationsströme für Sprache zur *CS-Domain* (*Circuit Switching*), für paketorientierte Daten zur *PS-Domain* (*Packet Switching*). Es gibt verschiedene Szenarien der weiteren Evolution, sie haben jedoch gemeinsam, dass ein Zusammenwachsen von CS- und PS-Domain angenommen wird.

Luftschnittstelle in UMTS

An der Luftschnittstelle verwendet UMTS *Wideband CDMA* (*WCDMA*) zur Trennung der Signale von und zu unterschiedlichen Nutzern. Da die Anwendung dieses Spreizcode-Verfahrens den wichtigsten Unterschied zu GSM darstellt, soll hier noch näher darauf eingegangen werden. Dieses Verfahren bietet aufgrund seiner Charakteristika einige Vorteile gerade für Systeme, die Teilnehmer mit Diensten unterschiedlicher Bandbreite versorgen wollen. WCDMA weist keine

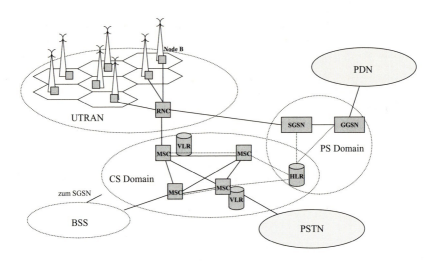

Abbildung 6.11 Struktur des UMTS-Netzes

starre Kanalstruktur auf. Die von WCDMA vorgegebene Struktur wird vielmehr durch die Anzahl und die Länge der verwendeten Spreizcodes und die als konstant vorgegebene Chip Rate bestimmt. Bei UMTS beträgt diese konstante Chip Rate 3,84 Mchips/s, die Länge der Spreizcodes
bewegt sich zwischen 4 und 256. Berücksichtigt man den schon in Abschnitt 6.6.2 erwähnten
Zusammenhang zwischen Chip Rate und Spreizcodelänge, ergeben sich folgende Abstufungen
für die Übertragungsbandbreiten.

Tabelle 6.5 Zusammenhang Spreizcodelänge und Datenrate

Chip Rate [kbit/s]	Spreizcodelänge	Brutto-Datenrate [kbit/s]	Netto-Datenrate [kbit/s]	Anwendung
3.840	4	960	384	Paketdaten, Video
3.840	8	480	128	Paketdaten
3.840	16	240	64	Paketdaten
3.840	64	120	32	Paketdaten
3.840	128	60	12,2	Sprache, Paketdaten
3.840	256	30	5,15	Sprache

Längere Codes (bei niedrigeren Bitraten) haben den Vorteil, dass sie unempfindlicher gegen
Störungen sind, da bei langen Codes mehr Bitfehler korrigiert werden können bzw. die Kor-
relation zwischen Empfangssignal und Code im Empfänger immer noch vernünftige Ergebnisse
liefert. Dies bedeutet, dass bei langen Codes – und damit auch niedrigeren Bitraten – die Sendeleistung des Endgeräts reduziert werden kann. Die Anzahl der parallel zu bedienenden Nutzer ist
vom Spreizcodevorrat in der jeweiligen UMTS-Zelle abhängig.
Die *Spreizung* einer Folge (1011) von Nutzbits ist für einen Spreizcode der Länge 4 in Abbildung
6.12 dargestellt.

Um das „*Entspreizen*" eines Empfangssignals darzustellen, wird eine zweite Folge an Nutzbits angenommen (0101), die mit dem Spreizcode 1, 1, -1, -1 gespreizt wird. Das Ergebnis ist in der folgenden Abbildung 6.13 als „Sendesignal 2" gekennzeichnet. Die Sendefolge aus Abbildung 6.12 ist mit „Sendesignal 1" bezeichnet. Die Tabelle enthält nun weiter das aus beiden Sendesignalen überlagerte Signal sowie die Entspreizung auf der Empfangsseite mit Hilfe der Spreizcodes und der Bildung der jeweiligen Skalarprodukte. Es zeigt sich, dass aus dem überlagerten Signal mit Hilfe der Spreizcodes das Ursprungssignal wieder hergestellt wurde.

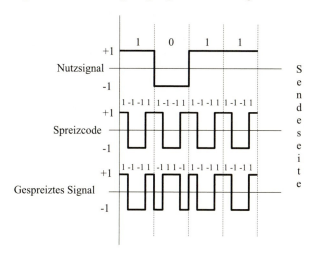

Abbildung 6.12 Spreizung eines Nutzsignals mit einem Spreizcode der Länge 4

Neben der gleichzeitigen Versorgung mehrerer Nutzer in einer Zelle müssen noch drei weitere Punkte beachtet werden. Manche Spreizcodes weisen keine Zufallsmuster auf (z. B. ein Code der Länge 256 mit Dauer-"1"). Dieser ist ein zulässiger Code, der *orthogonal* zu anderen Codes aus dem definierten Coderaum ist. Damit ergibt sich jedoch keine gleichmäßige spektrale Verteilung. Weiter kann es bei den verschiedenen Signalen durch unterschiedliche Laufzeiten zu Verschiebungen dieser Signale gegeneinander kommen. Wird im Node B dann die „Entspreizung" vorgenommen, können solche Verschiebungen dazu führen, dass das „falsche" Signal erkannt wird. In UMTS senden alle Basisstationen (Node B) auf der gleichen Frequenz. Verwenden sie auch noch den gleichen Codevorrat, können Nutzer in den sich überlappenden Grenzbereichen der Zellen ihre Zugehörigkeit zu einer Zelle nicht feststellen.

Alle drei Herausforderungen werden mit einem Verfahren gelöst: dem *Scrambling* (siehe Abschnitt 6.4.6). Dabei werden die Signale nach vorgegebenen Funktionen „verwürfelt". Damit kann zunächst das Problem der fehlenden gleichmäßigen spektralen Verteilung gelöst werden. Durch individuelle Scrambling Codes je Nutzer im Uplink wird das Problem der Laufzeiten angegangen. Das Funksignal selbst ist in Zeitschlitze zu 10 ms strukturiert. Dies entspricht einer Länge von 38.400 Chips. Die Länge des Scramblers ist dieser Länge angepasst. Damit lässt sich ein nutzer-individuelles Signal identifizieren und die Signale können zeitlich synchronisiert und Laufzeitunterschiede ausgeglichen werden. Das dritte Problem der gleichen Sendefrequenz und des identischen Codevorrats wird durch ein node-individuelles Scrambling gelöst. Jeder Node B erhält eine eigene Scrambling-Funktion, die auch den Endgeräten der Nutzer bekannt gemacht

Sendesignal 1	1 -1 -1 1	-1 1 1 -1	1 -1 -1 1	1 -1 -1 1
Sendesignal 2	-1 -1 1 1	1 1 -1 -1	-1 -1 1 1	1 1 -1 -1
Überlagertes Signal	0 -2 0 2	0 2 0 -2	0 -2 0 2	2 0 -2 0
Spreizcode Signal 1	1 -1 -1 1	1 -1 -1 1	1 -1 -1 1	1 -1 -1 1
Skalarprodukt überlagertes Signal und Spreizcode Signal 1	0+2-0+2=4	0-2+0-2=-4	0+2-0+2=4	2-0+2+0=4
Ursprungssignal 1 bei Spreizcodelänge 4	4 => **1**	-4 => **0**	4 => **1**	4 => **1**
Spreizcode Signal 2	1 1 -1 -1	1 1 -1 -1	1 1 -1 -1	1 1 -1 -1
Skalarprodukt überlagertes Signal und Spreizcode Signal 2	0-2-0-2=-4	0+2-0+2=4	0-2-0-2=-4	2+0+2-0=4
Ursprungssignal 2 bei Spreizcodelänge 4	-4 => **0**	4 => **1**	-4 => **0**	4 => **1**

Abbildung 6.13 Entspreizung eines überlagerten Empfangssignals

wird. Dies ermöglicht den Endgeräten, das Signal des für sie im Augenblick zuständigen Node B eindeutig zu identifizieren.

Die Physikalische Schicht an der Luftschnittstelle kennt zwei Betriebsmodi: *FDD* und *TDD*. Wie oben beschrieben, erfolgt die Richtungstrennung zwischen Uplink und Downlink bei FDD über unterschiedliche Frequenzen, bei TDD über unterschiedliche Zeitlagen. Deshalb wurde auf der physikalischen Schicht ein Zeitrahmen eingeführt, der für beide Modi als Struktur gilt, bei FDD aber keine Bedeutung hat, da alle Rahmen bzw. Zeitschlitze kontinuierlich belegt werden. Allerdings lässt sich aus der Zeitrahmenstruktur die Wahl der Länge des Scrambling Codes begründen. Abbildung 6.14 zeigt die Struktur des Zeitrahmens:

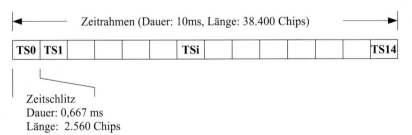

Abbildung 6.14 Zeitrahmen auf physikalischer Schicht

Im TDD-Modus werden die verschiedenen Zeitschlitze herangezogen, um eine Richtungstrennung vorzunehmen. Es wird quasi eine TDMA-Struktur überlagert. Derzeit hat diese Realisierung eine so geringe Bedeutung, dass an dieser Stelle zwecks Beschreibung auf die entsprechende Literatur verwiesen wird.

CDMA2000

Die nordamerikanische Variante eines breitbandigen Mobilfunksystems soll hier noch kurz erwähnt werden. CDMA2000 gilt als Evolution aus dem CDMAone-Mobilfunksystem heraus. Es war gewünscht, die in CDMAone genutzte CDMA-Technologie auch für Systeme der 3. Mobilfunkgeneration einsetzen zu können. Aufgrund der niedrigeren Bandbreite je Träger (1,25 MHz) bei CDMAone erlaubt dies jedoch lediglich eine Chip Rate von 1,2288 Mchip/s (Definition siehe oben). Um an die Chip Rate von UMTS heranzukommen, wurde eine Multi-Träger Variante definiert, die drei Träger zusammenfasst. Damit ergibt sich eine Chip Rate von 3,68 Mchip/s die mit der Chip Rate von 3,84 Mchip/s von UMTS vergleichbar ist. Diese Variante ist in die IMT2000-Standardisierung der ITU mit aufgenommen.

Die grundsätzliche Funktionsweise der UMTS- und CDMA2000-Netze ist gleich. Der Unterschied in der Luftschnittstelle wirkt sich aber natürlich auf die Endgeräte aus. So ist dann mit Endgeräten zu rechnen, die entweder dediziert eine von beiden Varianten realisieren oder beide beherrschen. Letzteres wird Auswirkungen auf die Kosten haben. Und natürlich auch auf Fahrzeuge, die mit breitbandigen Kommunikationsleistungsmerkmalen für bestimmte Märkte ausgerüstet werden sollen.

6.6.5 WiMAX

WiMAX vereint und erweitert die Eigenschaften von GPRS/UMTS und WLAN (siehe Abschnitt 6.8.1), um den breitbandigen IP-Zugang zum Mobilfunknetz zu ermöglichen. Ähnlich wie bei GRPS und UMTS besteht das Funknetz aus vielen Zellen, die jeweils von einer zentralen Basisstation aus kontrolliert werden. Diese Basisstation entscheidet, welche Empfänger mit welcher Priorität verbunden werden. Die überbrückbaren Strecken liegen im Bereich mehrerer Kilometer. Um über das gleiche physikalische Medium ganz unterschiedliche Kategorien von Anwendungsdaten wie z. B. Videodaten, Sprachdaten (Telefonie) oder Internet-Zugang übertragen zu können, gibt es einen Betriebsmodus mit zugesicherten Bandbreiten: Der Anwendungsdienst kann sich eine bestimmte Übertragungsqualität (Quality of Service, QoS) reservieren, um bestimmte Bandbreiten oder bestimmte Reaktionszeiten zugesichert zu bekommen.

Die Haupteinsatzgebiete von WiMAX sind neben dem mobilen Breitbandzugang zum Internet die Überbrückung der „letzten Meile"[3] eines DSL-Anschlusses zum Kunden hin für Geografien, bei denen eine Kabelanbindung zu teuer wäre.

---

[3] Als „letzte Meile" oder „dirty last mile" bezeichnet man den letzten Abschnitt einer Versorgungsleitung vom Netz bis zum Hausanschluss, sie bereitet in dünn besiedelten Gegenden oftmals die größten Probleme.

Technische Grundlagen

WiMAX wird unter dem Standard IEEE 802.16 definiert. Ähnlich wie bei WLAN (Abschnitt 6.8.1) versteckt sich eine ganze Familie von Spezifikationen hinter dem Kürzel 802.16. Diese Standards modellieren die beiden unteren Schichten (physikalische und Datenverbindungsschicht) des OSI-Modells.
Es gibt zwei Arten der Datenübertragung per WiMAX:

- *Fixed WiMAX* benutzt sehr hohe Trägerfrequenzen im Bereich von 10-66 GHz (Europa: 28 GHz, USA: 25 GHz). Diese hohen Frequenzen bieten sehr hohe Bandbreiten, verbunden allerdings mit dem Nachteil, dass Sender und Empfänger eine gute Sichtverbindung haben müssen, um Dispersion und Reflexionen gering zu halten. Fixed WiMAX bietet sich daher für Richtfunkverbindungen an, bei denen gerichtete Parabolantennen für eine sehr hohe Ausbeute der Funkfelder benutzt werden. Realistisch können ca. 10 Mbit/s auf Strecken von bis zu 10 km übertragen werden.

- *Mobile WiMAX* ist für Trägerfrequenzen zwischen 2 und 11 GHz ausgelegt. Es können mobile Endgeräte mit kleinen, nicht gerichteten Antennen verwendet werden. Das zur Verfügung stehende Frequenzspektrum wird frequenzmoduliert, um möglichst viele Kanäle unterzubringen. Das verwendete Modulationsverfahren OFDM geht sparsam mit Frequenzen um und garantiert zudem eine hohe Stabilität gegen Reflexionen. Ein etwas neuerer Standard (IEEE 802.16e-2005) für Frequenzen zwischen 2 und 6 GHz splittet das Frequenzspektrum zusätzlich auf die angemeldeten Empfänger auf und ermöglicht außerdem das Wechseln der Funkzelle (*Handover*) durch die Unterstützung von gleichzeitigen Verbindungen zu mehreren Basisstationen.

Anders als bei WLAN beruht die Anmeldung eines WiMAX-Endgerätes an der Basisstation auf dem TDMA-Algorithmus, der allen Endgeräten einen bestimmten Zeitschlitz zur Verfügung stellt. Damit kann sich das Endgerät auf die zugesagte Bandbreite verlassen.

Anwendungen im Automobil

Für mobile Anwendungen ist WiMAX nach dem Standard 802.16e gut geeignet, da zum einen das Handover in benachbarte Zellen mit der erforderten Geschwindigkeit erfolgen kann und zum anderen die Übertragungsrate ausreicht, um den Bedürfnissen der aktuellen Telematikdienste und anderer Anwendungen wie z. B. Internetzugang im Automobil zu genügen. Gewisse Schwierigkeiten ergeben sich bemerkenswerterweise nicht bei hohen sondern bei niedrigen Geschwindigkeiten, da dann die Frequenzbänder mehrfach reflektierter Signale durch den Doppler-Effekt nur gering gegeneinander verschoben sind und nicht sehr gut gegeneinander abgegrenzt werden können.
Bevor jedoch mit dem Einsatz von WiMAX im Fahrzeug begonnen werden kann, muss die flächendeckende Versorgung mit Basisstationen sichergestellt werden. Da WiMAX in Frequenzbändern definiert ist, die nicht frei verfügbar sind, wird es Betreiber von WiMAX-Netzen geben, die die entsprechenden Frequenz-Lizenzen von der Regulierungsbehörde erstehen müssen.

6.6.6 Zusammenfassung Mobilfunknetze

Mobilfunknetze sind – unabhängig von der Generation der hier vorgestellten Mobilfunknetze – das Mittel der Wahl, wenn in der Fläche Information aus bewegten Objekten in eine Zentrale oder zu andere bewegte Objekten gesendet werden soll. In letzterem Fall zumindest dann, wenn aufgrund der räumlichen Trennung zwischen beiden bewegten Objekten kein direkter Kontakt aufgebaut werden kann. Die Bitraten sind — sollte man das Umfeld von Local Area Networks gewohnt sei -— eher bescheiden aber für viele Zwecke sicher ausreichend. Der Vorteil der Mobilfunknetze liegt in ihrer Verfügbarkeit und der ständig fortschreitenden Evolution.

Die Vorgänge in Mobilfunknetzen sind aufgrund der Bewegung und der Anwendung von Funktechnologien komplex. Diese Komplexität betrifft jedoch in erster Linie den Netzbetreiber und Anbieter der mobilen Dienste. Für den Anwender treten die Dienstmerkmale an der Luftschnittstelle und deren „Passgenauigkeit" auf das vom Anwender zu lösende Problem in den Vordergrund.

Fahrzeug-spezifische Anforderungen (z. B. erweiterter Temperaturbereich) an die Endgeräte – sollten diese im Fahrzeug verbaut sein – stellen einen weiteren Punkt dar, der vom Anwender zu beachten ist. Dies gilt natürlich auch für die stark unterschiedlichen Produktzyklen von Kraftfahrzeugen und Telekommunikationselektronik.

6.7 Broadcast-Netze

In diesem Abschnitt wollen wir Kommunikationsarten betrachten, die logisch zu den Weitverkehrsnetzen gehören, da sie sich über große Distanzen erstrecken. Sie unterscheiden sich aber von den gerichteten, bidirektionalen Technologien des vorangegangenen Unterkapitels dadurch, dass ihre Nutzdaten unidirektional und ungerichtet gesendet werden. Daher basieren sie auch nicht auf Funkzellen. Im Einzelnen werden wir hier die digitalen Fernseh- und Rundfunkmedien DVB und DAB sowie das Positionierungssystem GPS erläutern.

6.7.1 Digitales Fernsehen (DVB)

Unter dem Kürzel *DVB* (*Digital Video Broadcast*) entwickelt ein Gremium aus mehr als 260 Herstellern und Anwendern (z. B. Fernsehsendern) seit 1993 eine Reihe offener Standards, die die Übertragung von Video- und anderen Daten per Digitalfunk definieren. Die Standards *DVB-S*, *DVB-T* und *DVB-C* definieren die digitale Video-Übertragung über Satelliten, terrestrische Sendeanlagen und Kabel, wobei letzterer aus nahe liegenden Gründen keine wesentliche Rolle für Multimedia-Anwendungen im Fahrzeug spielt. Basierend auf diesen Übertragungsstandards wurden weitere Standards freigegeben, die definieren, wie weitere Informationsangebote den Empfänger erreichen, z. B. Untertitel (DVB-SUB) oder andere Service-Informationen (DVB-SI). DVB eignet sich auch zum Senden von zu bezahlenden Inhalten (DVB-CA, Conditional Access): Die übertragenen Inhalte können durch *Secure Scrambling* vor allgemeinem Zugriff geschützt werden. Nur speziell ausgerüstete Empfänger können den Datenstrom de-scrambeln und die Inhalte darstellen. Der DVB-Scrambling-Algorithmus ist durch den Standard DVB-CSA definiert.

Um die Urheberrechte der digitalen Inhalte schützen zu können, gibt es die Spezifikation DBV-CPCM (Content Protection and Copy Management). Diese funktioniert analog dem im Internet verbreitetem Digital Rights Management (DRM), das Filme und Musiktitel vor unberechtigtem Kopieren bewahrt.

Die Übertragung von Videoinhalten auf so genannte Handheld Devices (PDAs, Mobiltelefone etc.) ist im Standard DVB-H (ETSI EN 203 204) festgelegt. Dieser beschreibt eine physikalische Schicht zu Übertragung von IP-Datenpaketen mit hoher Kompression, so dass trotz beschränkter Bandbreiten, oftmals widrigen Empfangsbedingungen und hohen Anforderungen an den sparsamen Umgang mit der Batterie auch digitale Videodaten übermittelt werden können.

Technische Grundlagen

Wie wird nun aus einem (analogen) Videosignal eine DVB-T-Übertragung?

Zuerst wird das Videosignal digitalisiert und komprimiert. Dazu wird das MPEG-2-Verfahren benutzt (siehe Abschnitt 6.5.1). Mehrere derartige Videoprogramme (PS, Program Streams) werden kombiniert zu einem oder zwei Transport Streams (TS), den der Sender ausstrahlt.

Durch die so genannte hierarchische Modulation ist es nämlich möglich, in einem DVB-T-Signal zwei Datenströme zu verpacken: Damit wird der Konflikt zwischen robustem Signalempfang und großer Bandbreite gelöst. Der Low-Priority-Strom liefert eine höhere Bitrate als der High-Priority-Strom, ist dafür aber weniger robust gegen Störungen des Signals.

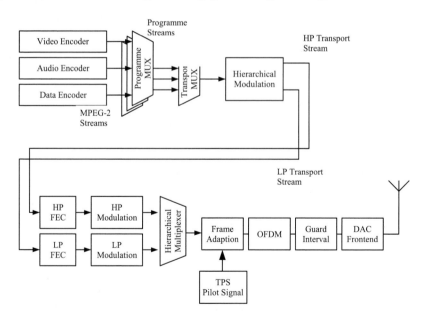

Abbildung 6.15 DVB Signalgenerierung

Nach der hierarchischen Modulation werden die beiden Transportströme mit Informationen, die das Erkennen und Beheben von Übertragungsfehlern erlauben, angereichert. Um auch bei schlechten Empfangsbedingungen gute Qualität übertragen zu können, gibt es eine Auswahl von fünf verschiedenen Fehlerkorrekturverfahren (FEC, Forward Error Correction). Der so entstandene Bitstrom wird mit einem der drei Modulationsverfahren QPSK, 16-QAM oder 64-QAM moduliert und in gleich große Blöcke aufgeteilt, die in Rahmen (Frames) gepackt werden. Dann werden Pilot- und Transmission Parameter Signale (TPS) eingefügt, die die Synchronisation der Blöcke beim Empfänger erlauben.

Zur Übertragung benutzt DVB-T OFDM mit 2.048, 4.096 (nur bei DVB-H) oder 8.192 Trägerfrequenzen. Die Übertragungsraten bei DVB-T liegen zwischen 5 und 32 Mbit/s. Anschließend wird ein „Sicherheitsabstand" (Guard Interval) der Länge 1/32, 1/16, 1/8 oder 1/4 eines Signalblocks zwischen je zwei Signalböcke eingefügt. Dieser Sicherheitsabstand wiederholt die Daten vom Ende des kommenden Blockes und dient der Unterdrückung von Echos und Störungen durch Mehrwegeempfang. Schließlich wird das (immer noch digitale) Signal im Digital-Analog-Converter (DAC) umgesetzt (VHF/UHF) und an die Antenne geschickt.

Der DVB-T-Empfänger muss diese Schritte in umgekehrter Reihenfolge machen, um einen darstellbaren Video-Datenstrom zu erhalten.

DVB-H bietet zusätzlich zu den eben beschriebenen Mechanismen noch die so genannte Multi Protocol Encapsulation (MPE). Diese erlaubt, neben MPEG-2 auch andere Datenströme, die auf verschiedenen IP-Netzprotokollen basieren, zu übertragen. Ferner wird mit DVB-H das Time Slicing eingeführt. Hierbei werden die Daten in kurzen aber heftigen Schauern übertragen. In den Zwischenzeiten kann der Empfänger in den Stromsparmodus gehen und die Batterie schonen.

DVB-SH ist eine Erweiterung von DVB-T, DVB-S und DVB-H. Der Standard spezifiziert das Versenden von Video-, Audio- und Datenströmen durch terrestrische Sendeanlagen oder Satelliten (letzteres für Gebiete ohne oder mit sehr geringer Senderabdeckung) zu Handheld Devices.

Anwendungen im Automobil

Im Automobil wird man hauptsächlich DVB-H-Empfänger verwenden, vor allem wegen der Robustheit der Datenübertragung, die im schnell bewegten Fahrzeug essentiell ist. DVB dient der Übertragung von digitalen Fernseh- und Radioprogrammen, die auch im Fahrzeug interessant sind (Rear Seat Entertainment).

DVB ist auch in der Diskussion, wenn es um die großflächige Verteilung anderer digitaler Nutzdaten geht: Beispielsweise ist es möglich, Kartendaten auf Navigationsgeräten, die mit einem DVB-Empfänger ausgerüstet oder mit einem DVB-fähigen Radio kombiniert sind, für alle Fahrzeuge, die gerade online sind, gleichzeitig zu aktualisieren. Dasselbe gilt für Karten- oder Tarifdaten, die landesweiten Mautsystemen zugrunde liegen.

6.7.2 Digitaler Rundfunk und Multimedia (DAB, DMB)

DAB (Digital Audio Broadcasting), das seit 1981 existiert, kann man als Vorgänger von DVB bezeichnen. Die Übertragungsmechanismen sind sehr ähnlich. So war DAB beispielsweise die erste Signalübertragungstechnologie, die OFDM als Modulationsverfahren eingesetzt hat. DAB dient in erster Linie der Digitalisierung von Radioprogrammen. Da dabei weniger Daten übertragen werden müssen als bei Videoanwendungen, kommt man mit dem einfacheren Komprimierungsalgorithmus MPEG-1 aus.

Aufgrund seiner langen Historie ist DAB heute in Europa sehr weit verbreitet, die meisten Radiostationen senden heute ihre Programme auch über DAB.

Neueste Entwicklungen sind *DAB+* und *DMB*. DAB+ bietet deutlich bessere Fehlerkorrekturmechanismen als DAB und unterstützt auch MPEG-Surround Formate. Es wird auch an der Erweiterung von DAB für digitale Datenanwendungen gearbeitet: Durch die Übertragung von Java-Applets in einem DAB-Datenstrom kann dem Empfänger zusätzliche Information über das Programm mitsamt der diese Information interpretierenden Applikation gesendet werden [Bar01].

DMB ist ein weiterer Konkurrent zu DVB und DAB und dient der digitalen Übertragung vom Multimediadaten mit ähnlichen Technologien. DMB wurde zuerst in Südkorea entwickelt und 2005 dort eingeführt und hat sich bisher hauptsächlich im asiatischen Raum verbreitet.

6.7.3   Positionierung

GPS (*Global Positioning System*) ist ein die Erde umspannendes System von Satelliten, die zur Positionsbestimmung benutzt werden. Der erste GPS-Satellit (NAVSTAR.1) wurde 1978 ins Weltall geschossen. GPS wurde ursprünglich vom amerikanischen Verteidigungsministerium für militärische Zwecke entwickelt, kann aber auch zivil benutzt werden: Der allgemein zugängliche Dienst SPS (Standard Positioning Service) kann mit käuflichen GPS-Empfängern unentgeltlich genutzt werden, während der militärische Dienst *PPS* (*Precise Positioning Service*) verschlüsselte Signale verwendet, die nur von speziell lizenzierten Empfängern ausgewertet werden können. Die Ortung erreicht eine Genauigkeit von etwa 7 m, jedoch können die Signale bei SPS jederzeit durch das amerikanische Verteidigungsministerium in Krisenzeiten künstlich verschlechtert (Selective Availability, Genauigkeit 50 bis 100 m) oder ganz abgeschaltet werden (Selective Deniability). Dies war zu Zeiten des Kalten Krieges angesichts der nahezu ständigen Verwicklungen des amerikanischen Militärs in den jeweils aktuellen Krisenherden dieser Welt ein echter Nachteil des Systems. Seit 2000 ist die Selective Availability abgeschaltet, kann aber jederzeit wieder aktiviert werden. Das russische Pendant zu GPS nennt sich *GLONASS* (GLObal NAvigation Satellite System), auf das wir hier nicht näher eingehen werden (interessierte, des Russischen mächtige Leser seien auf die GLONASS-Homepage [GLO07] verwiesen).

Derzeit umkreisen 30 Satelliten die Erde in 20.180 km Höhe auf sechs symmetrisch angeordneten Orbits, die um 55° gegen den Äquator geneigt sind. Durch diese Geometrie ist sichergestellt, dass von jedem Punkt auf der Oberfläche der Erde immer mindestens vier Satelliten „sichtbar" (im Sinne einer geraden, ungehinderten Verbindungslinie) sind. Jeder Satellit umkreist die Erde etwa zweimal am Tag.

Jeder GPS-Satellit hat vier hoch genaue Atomuhren an Bord, wodurch er seine Systemzeit mit allen anderen Satelliten synchronisiert hält. Die Position jedes Satelliten auf der Erdumlaufbahn (der so genannten *Ephemeride*) ist ihm selbst zu jeder Zeit bekannt. Zur Positionsbestimmung senden die Satelliten ihre Ephemeridendaten und Zeitsignale (so genannte Pseudo-Ranges) an den GPS-Empfänger auf der Erde. Dieser kann dann die Laufzeitunterschiede der Signale berechnen. Da der Empfänger mit den Ephemeridendaten den genauen Ort des Satelliten zur Zeit des Aussendens des Zeitsignals kennt, kann er seine eigene Position und Uhrzeit berechnen, sofern er die Signale von mindestens vier Satelliten empfängt. Das zugrunde liegende mathematische Verfahren bezeichnet man als Triangulation [Man04]. Bevor ein Empfänger das erste Mal seine Position bestimmen kann, muss er die Ephemeridendaten aller sichtbaren Satelliten

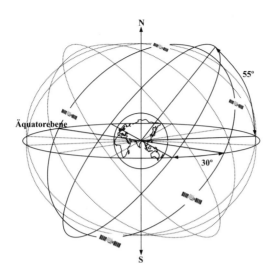

Abbildung 6.16 Satelliten des Global Positioning Systems

aufsammeln, was etwas Zeit benötigt (siehe auch Assisted GPS, unten). Daher werden GPS-Empfänger, insbesondere in Navigationsgeräten, in der Regel mit Pufferbatterien ausgestattet, damit sie die Ephemerideninformationen auch im Ruhezustand speichern können.

Die Satelliten werden von sechs rund um die Erde verteilten Kontrollstationen beobachtet. Diese messen die Unterschiede der aus den Satellitendaten berechneten Position zu ihrer genau vermessenen Position. In einem zentralen Kontrollzentrum in Colorado, USA werden die Unterschiede gesammelt und daraus berechnete korrigierte Ephemeridendaten an die Satelliten verteilt sowie deren Systemzeit synchronisiert.

Genauigkeit

Ohne Selective Availability beträgt die Genauigkeit der Positionsbestimmung mit GPS etwa 7 m. Die Genauigkeit kann erhöht werden, wenn mehr als vier Satelliten vom GPS-Empfänger ausgewertet werden. Höhere Empfindlichkeit der Empfänger hat allerdings auch ihren Preis: Dadurch werden, insbesondere in Städten, auch reflektierte Signale aufgenommen, die eine verfälschte Laufzeit gegenüber der direkten Verbindungslinie zum Satelliten haben.

Die Genauigkeit wird ferner beeinflusst durch atmosphärische Störungen und Ungenauigkeiten der Ephemeridendaten. Diese Einflüsse können mit folgenden Systemen korrigiert werden:

- *Differential GPS* (*DGPS*): Ein fester Referenzempfänger berechnet den Unterschied zwischen seiner bekannten und der aus den GPS-Signalen berechneten Position. Diese Information wird über Funk (UKW oder GSM) an mobile Empfänger in der Region verteilt. Damit erreicht man Genauigkeiten in der Größenordnung unter einem Meter. Geostationäre Satelliten (Omnistar oder Landstar) senden Korrekturinformationen über die GPS-Satellitenbahnen. Diese Information wird über das L-Band (1–2 GHz) verteilt und ist kostenpflichtig.

- *EGNOS* (European Geo-Stationary Overlay System) sendet Korrekturinformationen zu allen GPS- und GLONASS-Satelliten für die Positionsbestimmung innerhalb Europas. Dazu wurde über Europa verteilt ein System von fest lokalisierten, miteinander vernetzten Referenzempfängern aufgebaut. Die geostationären EGNOS-Satelliten senden außer den Korrekturinformationen auch Integritätsinformationen über die GPS-Signale, so dass der Empfänger abschätzen kann, wie gut seine Positionsbestimmung ist. Mit EGNOS erreicht man eine Genauigkeit in Bereichen unterhalb eines Meters.

- *WAAS* (Wide Area Augmentation System) ist das amerikanische Pendant zu EGNOS.

- *GALILEO* ist das geplante Europäische Navigationssatellitensystem, das Ende 2011 in Betrieb gehen soll, sofern die noch offenen Finanzprobleme gelöst werden. GALILEO stützt sich auf 30 Satelliten, die die Erde in etwa 23.300 km Höhe umkreisen. GALILEO soll Dienste in mehreren Kategorien anbieten: Einen frei verfügbaren offenen Dienst (Open Service), der Positionsbestimmungen mit einer Genauigkeit von ca. 4 m erlaubt; einen kommerziellen Dienst (Commercial Service), der mit verschlüsselten Korrekturdaten eine garantierte, zentimetergenaue Positionierung erlaubt; Einen sicheren Dienst (Safety-of-Life Service), der die Verfügbarkeit der Korrekturdaten zusätzlich überwacht und z. B. kurz vor einem Ausfall von Satelliten warnt, sowie staatlich regulierte Dienste für Rettungseinsätze, Polizei, Küstenwache etc. GALILEO soll kompatibel zu GPS sein, so dass beide Systeme mit einer gemeinsamen Empfängertechnologie ausgewertet werden können.

- *Ntrip* (sic) ist ein Internetprotokoll für die standardisierte Übermittlung differentieller Korrekturen der GPS-Signale an GPS-Empfänger. Ntrip wurde entwickelt vom Bundesamt für Kartographie und Geodäsie, welches Referenzimplementierungen für Ntrip-Server und -Clients als Open Source zur Verfügung stellt. Dies hat Ntrip zu hoher Akzeptanz verholfen.

- *Assisted GPS* wurde entwickelt, um die Zeiten des Herunterladens der Ephemeridendaten zu verkürzen: Spezielle Server stellen die aktuellsten Ephemeridendaten zur Verfügung, und Navigationsgeräte können sie sich beim Hochfahren per GSM/GPRS/UMTS abholen. Damit entfällt die deutlich längere Phase des Herunterladens vom GPS-Satelliten.

Dead Reckoning

Der Empfang von Satellitensignalen im Fahrzeug kann durchaus eingeschränkt sein, etwa im Tunnel oder in den tiefen Straßenschluchten großer Städte. Um in solchen Situationen trotzdem eine Position bestimmen zu können, verwendet man *Dead Reckoning* (DR) (übersetzt Koppelnavigation, hat also nichts mit der Identifizierung Verstorbener zu tun): In Zeiten, in denen keine GPS-Positionsbestimmung möglich ist, wird die Position aus zurückgelegter Wegstrecke und Änderung der Bewegungsrichtung berechnet. Die Wegstrecke wird dabei durch einen Achsimpuls gemessen, die Bewegungsrichtung durch ein Gyroskop (elektronischer Kompass). Die Eichung dieser beiden Sensoren erfolgt in Zeiten guter GPS-Positionierung mittels so genannter *Kalman-Filter*. Dabei werden Umrechnungsfaktoren berechnet, mit denen die Achsimpulse in die Fahrstrecke und die Ausgangsspannung des Gyroskops in eine Winkeländerung umgerechnet werden. Da viele kommerzielle Gyroskope stark temperaturabhängig sind, müssen die Umrechnungsfaktoren für verschiedene Temperaturbereiche berechnet und abgespeichert werden.

Abbildung 6.17 Mikromechanischer Beschleunigungssensor (Bild: Bosch)

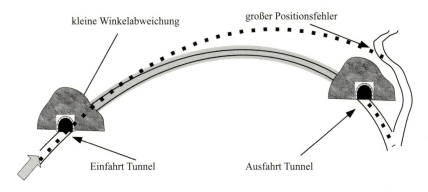

Abbildung 6.18 Positionierfehler beim Dead Reckoning

Anstelle des Achsimpulses und des Gyroskops liefert in zukünftigen Navigationsgeräten ein dreidimensionaler Beschleunigungssensor die Daten, mit denen die relative Ortsänderung auch ohne GPS-Signal berechnet werden kann. Die erreichbare Genauigkeit ist zwar nicht so gut wie beim Achsimpuls, dafür entfällt jedoch die elektrische Integration ins Fahrzeug.

Abbildung 6.17 zeigt einen solchen Sensor und die mikromechanischen Strukturen, die das Beschleunigungssignal liefern.

Dead Reckoning liefert eine schlechtere Genauigkeit als GPS: bereits kleine Ungenauigkeiten in der Richtungsbestimmung beim Umschalten von GPS auf DR summieren sich zu großen Ungenauigkeiten in der Position, die proportional zur unter DR zurückgelegten Wegstrecke sind, wie in Abbildung 6.18 schematisch angedeutet.

Anwendungen im Fahrzeug

- *Elektronische Mauterhebung* (siehe Abschnitt 6.8.2).

- *Fahrzeugnavigation*: Wie alle Telematikdienste im Fahrzeug braucht auch eine Navigationsanwendung immer eine gute Positionsbestimmung, die ohne GPS nicht möglich ist. Navigationsgeräte beziehen die GPS-Position in der Regel aus einem integrierten oder externen GPS-Modul, auf dem die HF-Empfangseinheit mit einem Prozessor kombiniert ist, der aus den empfangenen Daten die Position berechnet. Innerhalb des Navigationssystems ist das GPS-Modul meist über eine serielle Schnittstelle an den Hauptprozessor angekoppelt und übermittelt die Positionen im standardisierten NMEA-0183-Format (von der amerikanischen National Marine Electronics Association definiert). Mobile Navigationsgeräte, die auf PDAs oder Mobiltelefonen laufen, benötigen ein externes GPS-Modul, das über Kabel (Seriell oder USB) oder Bluetooth, angebunden ist.

Im Navigationssystem wird die aktuelle Position mit den hinterlegten Kartendaten abgeglichen (so genanntes *Map Matching*), um Ungenauigkeiten in der Position auszugleichen. Die Karten dienen natürlich auch der Zieleingabe und der Berechnung der Route. Wenn die Kartendaten im Navigationssystem vorgehalten werden, spricht man von *Onboard-Navigation*. Alternativ gibt es Dienste, bei denen die Kartendaten – stets aktuell – auf einem zentralen Server liegen. Über eine GPRS-Verbindung schickt das Navigationsgerät die aktuelle und die Zielposition an einen Server, der die Route berechnet und die Routeninformation an das Navigationsgerät zurücksendet (*Offboard-Navigation*).

6.8   Kommunikation im Nahbereich

Nachdem wir uns in den letzten Unterkapiteln mit den Weitverkehrsnetzen beschäftigt haben, wollen wir uns nun der Telekommunikation im Nahbereich des Fahrzeugs (WLAN, DSRC) zuwenden.

6.8.1   WLAN

Wireless-LAN-Netze (WLAN) ermöglichen den einfachen, schnellen Zugang zum Internet, ohne Kabel verbinden zu müssen. Da in den letzten Jahren die verfügbaren Bandbreiten bei WLAN deutlich gestiegen, die Kosten für WLAN-Ausrüstungen hingegen gefallen sind, wurden WLAN-Netze eine ernst zu nehmende Alternative zu kabelgestützten LANs. Mittlerweile sind die meisten neu verkauften Notebooks bereits mit integrierten WLAN-Antennen ausgerüstet. Ältere Modelle können mit günstigen Standard-Empfängern nachgerüstet werden, die über USB, PCI oder PCMCIA angeschlossen werden können. Das Vorhandensein öffentlicher WLAN-HotSpots eröffnet ganz neue Möglichkeiten des mobilen Zugangs zum Internet: In vielen Tankstellen, Cafés, Hotels oder Flughäfen kann man mittlerweile gegen Gebühr, eher selten umsonst, per WLAN ins Internet.

Im Gegensatz zu kabelgestützten LANs sind WLANs natürlich deutlich anfälliger gegen Einbruchsversuche, da die Signale in der Luft jederzeit abgehört und beeinflusst werden können. Daher sind Verschlüsselungsalgorithmen für öffentliche, private und firmeneigene WLANs von zentraler Bedeutung.

Für Anwendungen im Außenbereich sind stärkere Sender zugelassen. Mit speziellen Antennen ist es möglich, bei Entfernungen bis 5.000 m Richtfunkstrecken zwischen Gebäuden aufzubauen und somit erheblich an Infrastrukturkosten zu sparen. Stärkere Sender sind auch geeignet, um begrenzte Flächen abzudecken, auf denen beispielsweise mit Fahrzeugen kommuniziert werden soll (z. B. Speditionshöfe).

Technische Grundlagen

Die WLAN-Standards definieren die untersten beiden Schichten des OSI-Modells:
Physikalische Schicht: WLAN-Sender senden lizenzfrei gemäß den Standards 802.11b und 802.11g im ISM-Band (Industrial, Scientific, and Medical Band) bei 2,4 bis 2,4835 GHz bzw. nach 802.11a im UNII-Band (Unlicensed National Information Infrastructure, USA) zwischen 5,15 und 5,725 GHz. Da die Sendeleistungen durch nationale Regularien beschränkt sind, und die Dispersion bei höheren Frequenzen stärker zum Tragen kommt, ist die Reichweite der WLAN-Sender im 5-GHz-Band etwas geringer als im 2,4-GHz-Band. Beide WLAN-Frequenzbereiche sind prinzipiell inkompatibel, es gibt aber Mehrband-WLAN-Geräte, die in beiden Bereichen senden bzw. empfangen können.

802.11b/g: Das ISM-Band müssen sich die WLAN-Sender mit vielen anderen, unterschiedlichsten Geräten teilen, wie z. B. Bluetooth-Antennen oder Mikrowellenherden. Dadurch kommt es immer wieder zu Störungen der WLAN-Netze. Zwar ist die Leistung, die eine WLAN-Antenne abgibt, um Größenordnungen geringer als die eines Mikrowellenherdes (max. 100 mW in geschlossenen Räumen gegenüber ca. 1.000 W bei den Mikrowellenherden), es kann aber dennoch im Nahbereich zu minimalen Erwärmungen menschlicher Gewebeteile kommen. Vermutlich kommt daher die Bezeichnung „HotSpot" für WLAN Access Points.

Die Frequenzkanäle bei 802.11b/g haben einen Frequenzabstand von 5 MHz. Ein Kanal muss für WLAN aber 22 MHz breit sein. Daher können nur drei Kanäle gleichzeitig in einem örtlichen Bereich betrieben werden.

802.11a: Die Kanäle, die WLAN im Band 5,15 und 5,725 GHz benutzt, liegen im Abstand von 20 MHz. Dadurch können bis zu 19 Kanäle gleichzeitig genutzt werden. WLAN-Sender verteilen die zu übermittelnden Signale auf mehrere Unterfrequenzen. Fällt eine dieser Unterfrequenzen wegen einer externen Störung aus, so werden die Daten auf die anderen Unterfrequenzen verteilt. Die Verteilung der Daten auf die Unterfrequenzen erfolgt nach einer vorher festgelegten, dem Sender und Empfänger bekannten Codefolge (so genanntes *Chipping*). Als Multiplexverfahren wird OFDM verwendet.

Die *Sendeleistung* von WLAN-Geräten ist in den meisten Ländern Europas durch entsprechende Regularien begrenzt: In Deutschland dürfen Sender im Frequenzband um 2,4 GHz mit maximal 100 mW (entspricht etwa 20 dBm) senden, Außenanlagen im Frequenzband ab 5,470 GHz (Kanal 100) mit maximal 1.000 mW (30 dBm). Letztere müssen Transmission Power Control (TPC) und Dynamic Frequency Selection (DFS) verwenden, um die Sendeleistung zu kontrollieren.

Die erreichbaren Bandbreiten liegen bei 11 Mbit/s (802.11b), 54 Mbit/s (802.11a und g) und sogar 300 Mbit/s (802.11n). Die Datenrate kann bis zu verdoppelt werden, wenn die Bandbreite entsprechend erhöht wird. Dies ist zwar nicht standardisiert, wird aber von einigen Herstellern als proprietäre Lösung angeboten.

Media Access Control (MAC) Schicht: Dies ist die 2. Schicht nach OSI. Hier werden die Endgeräte eines WLAN-Netzes erkannt und identifiziert.

WLAN-Netze existieren in zwei Ausprägungen, dem Infrastruktur- und dem Ad-Hoc-Modus:
Der **Infrastruktur-Modus** dient der Anbindung eines Endgerätes (in der Regel Heim- oder Arbeitsplatz-PC) an einen Access Point. Der Access Point setzt die WLAN-Verbindung um in eine statische IP-Verbindung, die über Ethernet oder DSL weitergeroutet wird. In diesem Modus übernimmt der Access Point die Koordination des Netzwerkes: Er sendet in regelmäßigen Abständen Datenpakete, die potenziellen Endgeräten Informationen über das WLAN mitteilen:

Netzwerkname (SSID, Service Set Identifier), Liste der unterstützen Geschwindigkeiten und Art der Verschlüsselung. Diese Datenpakete bezeichnet man englisch als Beacon (Leuchtfeuer).

Besteht ein WLAN-Netz aus mehreren Zellen, zwischen denen ein Handover stattfinden soll, kommt es im „klassischen" WLAN zu Problemen, da die Intelligenz der Anbindung im Client (PC/PDA) steckt. Bewegt er sich im Netz, so muss er sich beim nächsten Access Point erneut anmelden. Neuere Protokolle versprechen Abhilfe zu schaffen. Sie verlagern die Kontrollfunktionen in die Access Points und steuern diese über eine gemeinsame Zentrale (Lightweight Access Point Protocol).

Im **Ad-Hoc-Modus** verbinden sich Endgeräte (PCs, PDAs etc.) direkt miteinander. Dazu müssen alle Endgeräte den gleichen Netzwerknamen (SSID) verwenden. Will sich ein neuer Client in ein Ad-Hoc-Netzwerk einwählen, so sendet er Datenpakete aus, die Netzwerknamen, unterstützte Geschwindigkeiten und Verschlüsselungsarten enthalten. Diese Pakete werden von anderen Endgeräten des Netzes beantwortet. Die Reichweite der WLAN-Sender begrenzt die Ad-Hoc Netze: Endgeräte, die zu weit voneinander entfernt sind, um sich noch erkennen zu können, wissen nicht voneinander und können nicht in Kontakt treten.

Sicherheit

WLAN-Verbindungen sind generell anfällig gegen Eindringlinge, da das Transportmedium nicht abgeschottet werden kann. Deshalb werden sehr sichere Verschlüsselungsverfahren benötigt, um zu verhindern, dass Daten ausspioniert werden oder der eigene Internetanschluss von sparsamen Nachbarn unentgeltlich mitbenutzt wird (so genannte WLAN-Schnorrer). Die systematische Suche nach unzureichend geschützten WLAN-Zugängen wird als War-Driving oder War-Walking bezeichnet.

Frühere Netze verwendeten *WEP* (Wired Equivalent Privacy). Mittlerweile lösen *WPA* (Wi-Fi Protected Access) und *WPA2* (nach dem Standard IEEE 802.11i) WEP ab (siehe Abschnitt 6.5.2). Die in diesen Algorithmen verwendeten Schlüssel basieren auf dem WLAN-Passwort, mit dem die Verbindung eingerichtet wurde. Dies muss folglich so gewählt werden, dass es nicht einfach zu erraten ist.

Anwendungen rund ums Automobil

Für Multimedia-Anwendungen im Fahrzeug kann WLAN eine preisgünstige Alternative zu den landesweiten Mobilfunknetzen sein: Zwar ist die Flächenabdeckung lokal sehr beschränkt und mit Infrastrukturkosten verbunden, dafür werden aber keine Verbindungs- oder Datenkosten fällig. Wir wollen einige Beispiele anreißen:

- Auf dem Prüffeld eines Automobilherstellers ist eine Reihe von Erprobungsfahrzeugen für unterschiedliche Tests unterwegs. Hier kann WLAN eine kostengünstige Alternative zu den öffentlichen Weitverkehrsfunknetzen sein. Alle Fahrzeuge werden anstelle eines GSM/GPRS/UMTS-Modems mit einem WLAN-Modem ähnlicher Preisklasse ausgerüstet. Die Fläche des Prüffeldes wird mit WLAN-Basisstationen abgedeckt. Im Außenbereich sind starke Sender auf der Frequenz 5,470 GHz nötig, die mit bis zu 1.000 mW senden (802.11a). Mit geeigneten Antennen können solche Sender etwa 300 m weit strahlen. Die Anzahl der Fahrzeuge, die gleichzeitig unterwegs sein kann, begrenzt die Bandbreite, die für jedes Fahrzeug zur Verfügung steht. Um höhere Datenraten zu erreichen, müssen mehr Sender auf dem Gelände installiert werden. Dies wiederum erfordert eine schnelle Übergabe des WLAN-Empfängers im Fahrzeug von einer Basisstation an die nächste (Handover). Handover ist spezifiziert unter IEEE 802.11f für Datenverbindungen nach 802.11a/b/g. Verschlüsselte Verbindungen oder Verbindungen mit hohem Datenaufkommen leiden unter der Trägheit dieses Handovers. Daher gibt es für Anwendungen im Fahrzeug einige proprietäre Handover-Verfahren. Ein Standard ist im Entstehen, er wird unter 802.11r veröffentlicht werden.

- Eine Telematik-Unit erhebt im Fahrzeug größere Datenmengen (z. B. CAN- oder FlexRay-Logs). Diese Datenmengen über GSM/GPRS zu übertragen, würde aufgrund der begrenzten Bandbreite zu viel Zeit in Anspruch nehmen. UMTS könnte Abhilfe schaffen, ist aber recht teuer und noch nicht überall verfügbar. Daher bietet sich WLAN als Alternative für Szenarien an, bei denen das Fahrzeug in regelmäßigen Abständen in die Nähe einer WLAN-Basisstation kommt, z. B. auf dem Parkplatz oder in der Garage. Der Fahrer stellt das Fahrzeug ab, das WLAN-Modem im Fahrzeug meldet sich bei der Basisstation an, und schon ist die Telematik-Unit im Firmennetz und kann vom Arbeitsplatz-PC eines Testingenieurs kontaktiert werden. Fahrzeuge, die länger unterwegs sind, werden an öffentlichen WLAN-Hot-Spots angemeldet und bauen eine verschlüsselte IP-Verbindung ins Firmennetz auf.

- Die Onboard-Diagnose-Einheit eines Serienfahrzeugs ist mit einem WLAN-Modem ausgestattet. Sobald das Fahrzeug in eine Vertragswerkstatt kommt, meldet sich das Modem bei der Basisstation der Werkstatt an und überspielt alle Diagnosedaten. Der Server der Werkstatt erstellt sofort ein Diagnoseprofil. Der Mechaniker kann dem Kunden bereits beim Übergabegespräch mitteilen, welche Module getauscht bzw. repariert werden müssen.

6.8.2 DSRC

DSRC (Dedicated Short Range Communication) dient der kurzreichweitigen, dafür aber sehr schnellen drahtlosen Kommunikation mit kurzer Reichweite. DSRC wurde speziell für automobile Anwendungen (Kommunikation mit Baken am Straßenrand oder zwischen Fahrzeugen) entwickelt. Die Verbindung zwischen zwei DSRC-Transpondern wird sehr schnell aufgebaut und Nutzdaten sehr schnell ausgetauscht. Daher werden beispielsweise in Mautanwendungen die zu übertragenen Daten vorab im DSRC-Modul gespeichert und beim Passieren einer Bake nur zwischen dem fahrzeug-seitigem DSRC-Modul und dem Modul am Straßenrand ausgetauscht, ohne dass die Maut-Applikation aktiv in die Kommunikation eingreifen muss.

Standardisierung/Technologie

Ab 1992 wurden Standards für DSRC entwickelt, um die Interoperabilität zwischen den Fahrzeug- und straßenseitig eingesetzten Geräten unterschiedlicher Hersteller zu ermöglichen. Bei der

Abbildung 6.19 DSRC-Mautbake
(Foto: ASFINAG)

Abbildung 6.20 DSRC-Fahrzeuggerät GO-Box
(Foto: ASFINAG)

Standardisierung hielt man sich an das OSI-Schichtenmodell, beschränkte sich aber aus Performance-Gründen auf die drei Schichten 1, 2, 7 (Physikalisch, Data-Link, Application). Die CEN Standards EN 12253 und EN 12795 beschreiben die physikalische und Data-Link-Schicht des OSI-Modells für DSRC. Die Kommunikation erfolgt im Frequenzband bei 5,8 GHz und basiert, genau wie bei WLAN, auf dem OFDM-Modulationsverfahren. Diese nahe Verwandtschaft zu WLAN erlaubt die Entwicklung von Chipsätzen, die beide Technologien abdecken. Datenraten für Downlink/Uplink sind 500 kbit/s bzw. 250 kbit/s. EN 12834 spezifiziert die kritische Phase des Verbindungsaufbaus und das Interface für die Applikations-Schicht, auf der die Nutzdaten für eine schnelle Übertragung aufbereitet und vorgehalten werden müssen.

Der sich im Entstehen befindende Standard 802.11p definiert DSRC-Übertragung bei 5,9 GHz für sicherheitskritische Anwendungen in der Fahrzeug-Kommunikation unter dem Titel WAVE (Wireless Access in Vehicular Environments). WAVE benutzt 10 MHz breite Kanäle (halb so breit wie bei WLAN) um die Anzahl der gleichzeitig zur Verfügung stehenden Kanäle zu erhöhen. Außerdem können sich sicherheitskritische Anwendungen Bandbreite mit sehr hoher Priorität zusichern lassen.

In Mautsystemen werden auch DSRC-Systeme eingesetzt, deren physikalische Schicht nicht Mikrowellen sondern infrarotes Licht einsetzt. Die wesentlich höheren Frequenzen erlauben die Übertragung deutlich größerer Datenmengen (Datenrate typischerweise 1 Mbit/s). Allerdings erkauft man sich diesen Vorteil durch den Nachteil, dass die Kommunikation immer die direkte Sichtverbindung braucht. Kontrollbaken, die auf Infrarot-DSRC Basis arbeiten, sind zudem sehr anfällig gegen optische Störungen wie z. B. Sonnenlicht (Abendrot). Damit die Übertragung von Daten beim Durchfahren einer Mautbrücke erfolgen kann, muss der DSRC-Transponder in einer Höhe von ca. 1,5 m direkt hinter der Windschutzscheibe eines LKWs montiert sein und gute Sichtverbindung nach vorne haben.

Anwendungen im Automobil

Die wesentliche Anwendung für DSRC im Umfeld des Automobils ist die elektronische Gebührenerhebung.

- *DSRC-basierte Mautsysteme*: In Regionen, in denen relativ wenige, relativ lange Straßenabschnitte mit wenigen Ein- und Ausfahrten bemautet werden sollen, eignet sich ein System, das nur auf DSRC basiert. An allen Ein- und Ausfahrten des zu bemautenden Straßennetzes werden DSRC-Baken aufgestellt, die mit relativ einfachen und billigen Transpondern im Fahrzeug kommunizieren und so das „Betreten" und „Verlassen" des Mautbereiches feststellen. Aus der geografischen Differenz der Einfahrt- und Ausfahrtstelle ergibt sich die zurückgelegte Wegstrecke, aus der unter Berücksichtigung weiterer Parameter wie z. B. Achszahl oder Emissionsklasse des Fahrzeugs der zu bezahlende Betrag berechnet wird. Der Betrag wird entweder von einer mit der Fahrzeugeinheit verbundenen Chipkarte abgebucht oder dem Fahrzeughalter in Rechnung gestellt. Ein derartiges System wurde z. B. in Österreich installiert.

  Alternativ wird beim Durchfahren einer Mautbrücke der Betrag erhoben, der dem aktuellen Straßenabschnitt entspricht. Dieses Verfahren wird gerne als elektronische Ergänzung zu klassischen, personenbetriebenen Mautbrücken installiert.

- *GPS-basierte Mautsysteme*: Das derzeit einzige GPS-basierte Mautsystem im Betrieb ist das System der deutschen TollCollect GmbH zur Erhebung von LKW-Straßennutzungsgebühren. Die Entscheidung, ob das Fahrzeug auf einer mautpflichtigen Autobahn unterwegs ist, und wie viele Kilometer es zurücklegt, basiert auf einem ausgeklügelten Algorithmus der *On-Board-Unit* (OBU), in welchen maßgeblich die GPS-Position einfließt. In diesem System wird DSRC für Kontrollen benutzt: Beim Durchfahren einer mit einem DSRC-Sender ausgestatteten Kontrollbrücke identifiziert sich die OBU bei der Bake und gibt an, ob und wie viel Maut sie für den aktuellen Streckenabschnitt berechnet hat. In der Kontrollbake befindet sich neben dem DSRC-Sender ein optisches Kontrollsystem, das die Achsenzahl ermittelt und mit der durch DSRC übermittelten Fahrzeugklasse vergleicht. Stimmt die Abrechnung, werden alle Daten wieder gelöscht. Stimmt sie nicht, so wird das Fahrzeug anhand des Kennzeichens identifiziert und eine Kontrollmitteilung über die TollCollect-Zentrale an das Bundesamt für Güterverkehr (BAG) geschickt, das den Schwarzfahrer zu Rechenschaft zieht. Ähnlich funktionieren auch dynamische Kontrollen, bei denen eine DSRC-Sender aus einem Kontrollfahrzeug des BAG die OBU testet.

  Eine weitere Anwendung von DSRC im deutschen Mautsystem ist die Unterscheidung von verschiedenen Straßentypen, die zu dicht nebeneinander liegen, als dass sie durch den GPS-Algorithmus eindeutig und zuverlässig genug separiert werden könnten. Um zu vermeiden, dass ein Fahrzeug auf der mautpflichtigen Straße keine Maut bezahlt oder umgekehrt, gibt eine DSRC-Bake der OBU lokal auf der Mautstraße ein Signal, das die Fahrzeuge auf der mautfreien Straße nicht bekommen.

- *Ad-Hoc-Netze*: Aufgrund der schnellen Kommunikation eignet sich DSRC nicht nur zur Kommunikation zwischen Fahrzeug und Straßenrand sondern auch zwischen Fahrzeugen (Car-2-Car-Communication, C2C). Solche Verbindungen müssen sich sehr schnell auf- und wieder abbauen können. Sie eignen sich, um sehr schnell lokal relevante Informationen unter Verkehrsteilnehmern zu verbreiten, etwa über einen Unfall, der sich im weiteren Straßenverlauf ereignet hat, oder zur Erhebung von sehr dynamischen Verkehrsdaten (*Floating Car Data*).

Abbildung 6.21 TollCollect DSRC-Kontrollbake und Dashboard-OBU mit integrierter, gegen die Windschutzscheibe gerichteter DSRC-Antenne (Fotos: TollCollect)

6.9   Kommunikation im Auto und ums Auto herum

Der letzte Bereich der Konnektivität betrifft die Kommunikation in unmittelbarer Nähe des Fahrzeugs (Bluetooth, USB, RFID).

6.9.1   Bluetooth®

Die *Bluetooth®*-Technologie[4] wird für kurz- bis mittelreichweitige Funkverbindungen zwischen zwei oder mehreren Computern, PDAs oder Eingabegeräten verwendet. Die Übertragung von Daten für unterschiedlichste Anwendungen, etwa Audiodaten, Internetseiten, Visitenkarten, SIM-Kartendaten usw. orientiert sich an den in einer Reihe unterschiedlicher Profile 6.9.1 definierten Mechanismen und Formaten.

Um 1994 wurde der Industriestandard IEEE 802.15.1 entwickelt, um Geräte drahtlos über kurze Distanzen vernetzen zu können. Ab 1998 war der Telekommunikationsausrüster Ericsson maßgeblich an der Entwicklung beteiligt: Ericsson favorisierte auch, die neue Technologie nach dem Wikingerkönig Harald Blåtand (Blauzahn) zu benennen, der große Teile Skandinavien christianisiert hatte. Seit 1999 wacht die Bluetooth Special Interest Group (SIG)[Blu] darüber, dass neue Geräte zu den aktuellen Standards konform sind. Dafür lassen die Hersteller von Endgeräten aber auch Zulieferer von Hardware (etwa Bluetooth-Controller) und Software (Protokoll-Stacks) ihre Produkte gegen Gebühr durch die Bluetooth SIG zertifizieren und bekommen ein offizielles Konformitätssiegel. Dadurch ist das Anbinden von Eingabegeräten (Clients) aller aller Art an einen PC (Host) sehr einfach geworden: Unabhängig von den Herstellern der Bluetooth-fähigen Geräte können Verbindungen aufgebaut und Daten übertragen werden.

---

[4] Der Name Bluetooth und das entsprechende Logo sind eingetragenes Warenzeichen der Bluetooth SIG Inc.

Standards

Neben der ursprünglichen Spezifikation IEEE 802.15.1 gibt es heute mehrere Versionen der Bluetooth-Spezifikation: Bluetooth 1.0A und 1.0B (1999) erlaubte eine maximale Datenübertragungsrate von 723,2 kbit/s. Dabei gab es jedoch noch gravierende Sicherheitslücken.
Bluetooth 1.1 (2001) erlaubte ebenfalls eine maximale Datenübertragungsrate von 723,2 kbit/s. Außerdem wurde der Radio Signal Strength Indicator (RSSI) spezifiziert, der die Signalstärke angibt.
Bluetooth 1.2 spezifiziert *Adaptive Frequency-Hopping* (*AFH*) (siehe unten), wodurch die Empfindlichkeit der Bluetooth-Verbindungen gegen statische Störfelder im gleichen Frequenzband (z. B. durch WLAN) reduziert wird. Ferner gibt es neue Datenübertragungsmechanismen für synchrone Übertragung (SCO). Die erreichbaren Datenraten betragen maximal 723,2 kbit/s in eine Richtung und 57,6 kbit/s in die Gegenrichtung (asynchron) bzw. 433,9 kbit/s in beide Richtungen (synchron).
Bluetooth 2.0 + EDR (November 2004) bringt eine Verdreifachung der Datenübertragungsgeschwindigkeit durch Enhanced Data Rate (EDR): bis zu 2,1 Mbit/s.
Bluetooth 2.1 + EDR (in Arbeit) soll weitere Neuigkeiten bringen wie Secure Simple Pairing und Quality of Service.
Bluetooth 3.0 wird auf Ultrabreitband-Übertragung (UWB) beruhen. Diese Spezifikation (ECMA-368) wird Datenraten von bis zu 480 Mbit/s ermöglichen.

Technische Grundlagen

Bluetooth ist im lizenzfreien *ISM-Frequenzband* zwischen 2,402 GHz und 2,480 GHz spezifiziert. In diesem Frequenzbereich arbeiten allerdings auch WLAN-Geräte und andere Mikrowellensender. Daher wurde die Bluetooth-Technologie von Anfang an sehr robust gegen solche Störungen ausgelegt.
Dazu wurde ein Frequenzsprungverfahren (*Adaptive Frequency Hopping*, *AFH*) entwickelt, bei dem das Frequenzband in 79 Frequenzstufen im 1-MHz-Abstand eingeteilt wird. Diese Stufen können bis zu 1.600 Mal in der Sekunde gewechselt werden.
Bluetooth-Signale werden mit dem *G-FSK* (*Gaussian Frequency Shift Keying*) Verfahren moduliert: Ein gesetztes Bit wird durch positive, ein ungesetztes durch negative Abweichung von der jeweiligen Frequenzstufe repräsentiert.
Bluetooth-Sender werden in drei Leistungsklassen eingeteilt: Klasse 1 mit maximal 100 mW Leistung und einer Reichweite von bis zu 100 m, Klasse 2 mit maximal 2,5 mW Leistung und 20 m Reichweite und Klasse 3 mit der Maximalleistung 1 mW und 10 m Reichweite.

Verbindungsaufbau

Jeder Bluetooth-Controller verfügt über eine individuelle, eindeutige 48 Bit lange Seriennummer. Mit dieser identifiziert sich das Gerät innerhalb von zwei Sekunden in einem Bluetooth-Netz. Unverbundene Geräte lauschen im Standby-Modus in Abständen von bis zu 2,56 Sekunden nach Nachrichten und kontrollieren dabei bis zu 32 Hop-Frequenzen. Ein Gerät (Gerät A), das eine Verbindung aufbauen will, agiert als Master.

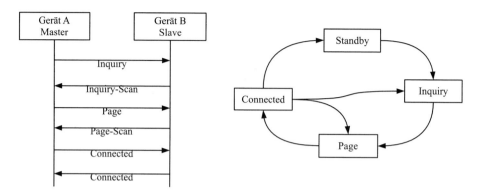

Abbildung 6.22 Ablaufdiagramm (links) und Zustände (rechts) beim
Bluetooth-Verbindungsaufbau

Der Master sucht das vorhandene Bluetooth-Netz nach Geräten ab, die bereit sind, in Verbindung zu treten (Inquiry). Dazu sendet er auf einer fest definierten Frequenz-Sequenz Signale im Abstand von $3{,}12\,\mu$s und wartet auf Rückmeldung.

Im Netz vorhandene Bluetooth-Geräte (Gerät B) scannen die gleiche Frequenzfolge im Abstand von $1{,}28\,\mu$s. Durch diese unterschiedlichen zeitlichen Signalabstände findet ein Treffen der beteiligten Geräte mit großer Wahrscheinlichkeit und sehr schnell statt. Gerät B beantwortet die Inquiry mit der Inquiry-Scan-Nachricht, die seine Systemtaktung enthält, und wird dadurch zum Slave. Nun synchronisieren Master und Slave ihre Taktung und damit das zeitliche Muster der zukünftigen Frequecy Hops. Durch die so genannte Page-Nachricht, die vom Slave mit Page-Scan beantwortet wird, wird die Sprungsequenz in Abhängigkeit von der eindeutigen Seriennummer des Masters übermittelt. Danach gehen Master und Slave in den Zustand Connected (verbunden) (siehe Abbildung 6.22). Nun wechseln beide Partner ihre Trägerfrequenzen gemäß der vereinbarten Sequenz.

Der Standby-Status erlaubt, Strom zu sparen, was bei der Vielzahl portabler, batteriebetriebener Bluetooth-Geräte von großer Wichtigkeit ist. Er unterteilt sich in drei mögliche Modi:

- *Hold*: Der Slave meldet sich für eine bestimmte Zeit von der Verbindung ab. In dieser Zeit sendet der Master keine weiteren Anfragen und der Slave empfängt keine Pakete.

- *Sniff*: Dieser Modus wird eingesetzt, wenn die Verbindung aufrecht erhalten, die Aktivitäten aber reduziert werden sollen. Der Slave teilt dem Master mit, dass er nur noch in bestimmten Abständen auf eine kleinere Anzahl von Frequenzen lauscht.

- *Park*: Im Park-Modus bleibt der Slave mit dem Master synchronisiert, empfängt aber keine Daten mehr.

Netztopologien

Bluetooth unterstützt eine Vielzahl unterschiedlicher Netztopologien:

- *Point-to-Point*: Ein Master und ein Slave bauen eine Punkt-zu-Punkt-Verbindung auf. Diese Topologie wird benutzt um beispielsweise Daten zu synchronisieren (Termine, Visitenkarten) sowie für serielle Verbindungen oder Audio-Anwendungen.

- *Point-to-Multipoint*: Ein Master baut Verbindungen zu mehreren Slaves auf. Beispiel: Ein Informationssystem liefert über Bluetooth Informationen zu einer Sehenswürdigkeit an tragbare Geräte in der nächsten Nähe.

- *Piconet*: Ein Piconetz besteht aus einem Master und bis zu sieben aktiven Slaves. Weitere bis zu 252 Slaves können im Netz geparkt sein, d. h. sie sind auf die Frequenzmuster des Masters synchronisiert, nehmen aber nicht aktiv am Netz teil. Der Master steuert die Kommunikation im Piconetz und vergibt Sendeslots an die Slaves. Ein Gerät kann Teilnehmer in mehreren Piconetzen sein aber nur in einem als Master. Slaves in Piconetz kommunizieren nie direkt miteinander sondern nur über den Master (da dieser als einziger Daten abfragen kann).

- *Scatternet*: Durch Verlinkung mehrerer (bis zu zehn) Piconetzen baut sich ein Scatternetz auf. Die Verlinkung geschieht über Master oder Slaves, die an zwei Piconetzen teilnehmen (Master/Slave Bridge bzw. Slave/Slave Bridge). Jedes Piconetz hat hierin eine eigene Frequency-Hopping Folge.

Bluetooth Protokoll-Stack

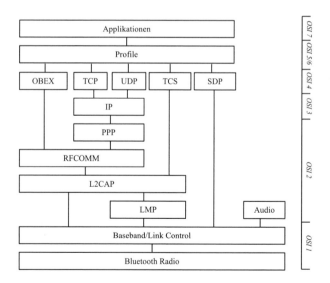

Abbildung 6.23 Bluetooth Protokoll-Stack

- *Bluetooth Radio*: Die unterste Schicht des Bluetooth-Protokollstacks entspricht der OSI-Schicht 1 (Physical Layer). Antenne und Controller arbeiten zusammen, um Signale auf den Bluetooth zugewiesenen Trägerfrequenzen im Band zwischen 2,402 GHz und 2,480 GHz aufzulösen.

- *Baseband*: Diese Schicht überwacht die physikalischen Verbindungen. Hier werden die zwischen den Teilnehmern am Bluetooth-Netz ausgehandelten Frequenzsprünge durchgeführt. Es stehen zwei unterschiedliche Datenkanäle zur Verfügung: *synchron* (verbindungsbasiert, *SCO* (Synchronous Connection Oriented)) und asynchron (paketbasiert, *ACL* (Asynchonous Connection-Less)). Der synchrone Datenkanal bietet mit 64 kbit/s ausreichend und zuverlässig Bandbreite, um Sprach- und Audiodaten übertragen zu können. Asynchrone Datenübermittlung wird für Datendienste (z. B. serielle Verbindung oder FTP, IP) benutzt. Baseband gehört noch zur OSI-Schicht 1.

  Bluetooth-Datenpakete bestehen aus einem 72-Bit-Zugriffscode, einem 54-Bit-Header sowie einem variablen Nutzdatenfeld von bis zu 2.745 Bit Länge (Pakettyp DH5). Für Bluetooth 2.0+EDR sind bis zu 8.168 Bit Nutzdaten pro Paket möglich (Pakettyp 3-DH5).

  Für unterschiedlich zuverlässige Übertragungen gibt es drei verschiedene Pakettypen, mit denen die Daten einfach, doppelt oder gar dreifach übertragen werden. Die dreifache Übertragung garantiert die höchste Ausfallsicherheit, kostet aber am meisten Bandbreite und Strom, so dass viele Geräte im einfachen Modus senden.

- *Audio*: Digitale Audiodaten werden direkt zwischen Baseband und einem Codec ausgetauscht, und zwar als Strom vom PCM-Daten (Pulse Code Modulation). Der Codec setzt die digitalen Daten in ein analoges Audiosignal um.

- *LMP* (Link Management Protokol): Dieses Protokoll verwaltet die Verbindung zwischen zwei Bluetooth-Geräten. Dies umfasst das Aushandeln und die Kontrolle der Größe der zu übermittelten Pakete aber auch Sicherheitsaspekte wie Authentifizierung und Verschlüsselung sowie Verwaltung, Austausch und Überprüfung von Schlüsseln.

- *L2CAP* (Logical Link Control and Adaption Protocol): Dieses Protokoll ist für die Segmentierung der Datenpakete höherer Protokollebenen, die im ACL-Modus verbindungsfrei übertragen werden, zuständig: höherwertige Protokolle können bis zu 64 kB große Datenpakete an L2CAP übergeben. Ferner wird hier das Multiplexing von Protokollen und Datenströmen und die Zuordnung logischer Kanäle zwischen L2CAP-Endpunkten angeboten: Die unterschiedlichen Profile allozieren je nach Bedarf mehr oder weniger Datenkanäle, die im L2CAP verwaltet werden. Weitere Datenkanäle stehen für Link Management und Datenkontrolle zur Verfügung. L2CAP verwaltet die Peer-to-Peer-Kommunikation, auf der die verschiedenen Netztopologien basieren und abstrahiert so die Master/Slave-Kommunikation für die höheren Protokollschichten. L2CAP ist nur für ACL-Pakete zuständig. L2CAP und LMP gehören zur OSI-Schicht 2 (Data Link Layer).

- *RFCOMM* (Radio Frequency Communication Protocol) emuliert das serielle Protokoll RS-232 für die kabellose Übertragung von Daten. Höherwertige Protokollschichten können so einfach einen seriellen Port für die Datenübertragung öffnen, ohne sich um die physikalische Implementierung (Kabel oder Funk) kümmern zu müssen.

- *TCS* (Telephony Control protocol Specification): baut Sprach- und Datenverbindungen zu Telefonen auf und überwacht diese.

- *SDP* (Service Discovery Protocol): Dieses Protokoll ermöglicht das dynamische Erkennen von Diensten/Profilen auf den beteiligten Geräten. Informationen über die durch den Slave unterstützten Dienste werden angefordert. Dadurch kann der Master nach Diensten einer bestimmten Klasse suchen und eine Auswahl treffen oder aber direkt nach einem bestimmten Dienst suchen.

- *OBEX* (Object Exchange Protocol) wurde ursprünglich entwickelt, um häufig verwendete Datensätze wie z. B. Adress- oder Termininformation über Infrarot-Schnittstellen zwischen PC und PDA oder Telefon auszutauschen, und später für Bluetooth adaptiert.

- *TCP/UDP/IP/PPP*: Diese Protokolle sind im IP-Stack standardisiert. Sie ermöglichen paketbasierte Datenverbindungen (siehe Abschnitt 5.7).

Bluetooth-Profile

Die oberste Schicht des Protokoll-Stacks wird durch eine Vielzahl so genannter Bluetooth-*Profile* gebildet. Während die Protokolle die grundsätzlichen Funktionen bereitstellen, die zur Übertragung von Nutzdaten über Bluetooth benötigt werden, beschreiben die Bluetooth-Profile die Funktionalitäten, die Dienste, die Bluetooth zur Verfügung stellt, auf Applikationsebene anbieten: ein Profil definiert eine Sammlung von Nachrichten und Funktionen (Interfaces), so genannter „Capabilities", aus den Spezifikationen der Bluetooth SIG. Dadurch entsteht ein eindeutige Definition eines Dienstes.

Beim Verbindungsaufbau zwischen Master und Slave werden die zu verwendenden Profile über das *Service Discovery Protocol* vereinbart.

Da die Standardisierung dieser Profile kontinuierlich voranschreitet, verweisen wir für die vollständige Liste der Profile auf die Internetseiten der Bluetooth SIG [Blu]. Wir wollen im Folgenden nur einige sehr wichtige Profile mit zentralen Funktionen sowie einige Profile, die im Fahrzeug zum Einsatz kommen, näher besprechen. Um sie in Applikationen nutzen zu können, werden die Profile als Klassenbibliotheken (C/C++ oder Java) zur Verfügung gestellt. In Java ist ein Teil der Profile als *JSR82* standardisiert.

- *GAP* (Generic Access Profile): Beschreibt die Mechanismen, die bei der Abfrage der verfügbaren Dienste im Verlauf des Aufsetzens einer Bluetooth-Verbindung zum Tragen kommen.

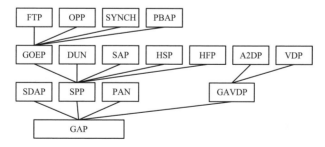

Abbildung 6.24 Abhängigkeiten der Bluetooth-Profile

- *SDAP* (Service Discovery Application Profile): spezifiziert die Funktionen, die eine Applikation benutzen soll, um Dienste eines verbundenen Bluetooth-Gerätes zu erforschen. Diese Funktionen setzen direkt auf dem Service Discovery Protocol (SDP, siehe oben) auf.

- *SPP* (Serial Port Profile): Dieses Profil implementiert eine serielle Schnittstelle über Bluetooth. Über eine solche Schnittstelle werden beispielsweise Positionsdaten aus einem GPS-Empfänger übertragen.

- *PAN* (Personal Area Networking Profile): beschreibt, wie zwei oder mehr Bluetooth-Geräte ein Ad-Hoc-Netzwerk aufbauen können und wie mit gleicher Funktionalität ein Network Access Point implementiert werden kann, der ein Bluetooth-Netz mit dem Internet verbindet. Bluetooth-Geräte, die dieses Profil unterstützen, erlauben den drahtlosen Zugang zum Internet über Bluetooth.

- *GAVDP* (Generic Audio-Video Distribution Profile): Dieses Profil spezifiziert die generischen Anteile der Funktionen, die für die Übertragung von Audio- und Videodaten über ACL-Datenkanäle benutzt werden. Weitere Inhalte dieses Profils sind die Prozeduren zum Konfigurieren, Aufsetzen, Administrieren und Terminieren der benötigten Datenkanäle.

- *GOEP* (Generic Object Exchange Profile): spezifiziert, wie Applikationen auf eine generische Art das OBEX-Protokoll verwenden. GOEP wird von höherwertigen Profilen, die Datenobjekte austauschen, verwendet (FTP, OPP und SYNCH).

- *DUN* (Dial-Up Networking Profile): dient der Modemverbindung (Internet Bridge), beispielsweise um ein Notebook im Fahrzeug an die mit einem GPRS- oder UMTS-Modem ausgestattete Head Unit anzuschließen und somit den breitbandigen mobilen Internetzugang zu ermöglichen.

- *SAP* (SIM Access Profile): erlaubt die Übertragung der Mobilfunk-Zugangsdaten, die in der SIM-Karte eines Mobiltelefons gespeichert sind. SAP wird eingesetzt, um die Head Unit eines Fahrzeuges mit den Zugangsdaten des Mobiltelefons des Fahrers auszustatten, so dass anstelle des Mobiltelefons das in der Head Unit integrierte Mobilfunkmodem für Telefonate unter der Rufnummer des Fahrers benutzt werden kann. Ebenso können alle anderen auf der SIM-Karte gespeicherten Daten wie z.B. Adressen und Termine über das SAP abgefragt werden. Bluetooth SIG empfiehlt, SIM Access Verbindungen mit mindestens Security Mode 2 (siehe unten) abzusichern.

- *HSP* (Headset Profile): Dieses Profil ermöglicht die Koppelung eines Headsets (Audio-Ausgabe und -Eingabe) an ein Mobiltelefon oder eine Head Unit im Auto.

- *HFP* (Hands Free Profile): Mit diesem Profil kann die Audio-Anlage eines Fahrzeuges (Mikrophon, Lautsprecher) als Hands-Free-Einheit in Verbindung mit einem Mobiltelefon genutzt werden. Erweiternd zum HSP, das nur die Übertragung von Audiodaten spezifiziert, beschreibt HFP auch Funktionen zur Kontrolle des Mobiltelefons (wie z.B. „Eingehenden Anruf annehmen", „Anruf beenden").

- *A2DP* (Advanced Audio Distribution Profile): dient der Übermittlung von hochwertigen Audiodaten (Musik), z.B. von einem MP3-Player an eine Head Unit oder von einem PC/PDA an ein Bluetooth-fähiges Headset. A2DP verwendet ACL.

- *VDP* (Video Distribution Profile): dient der Übermittlung von Video-Daten zwischen Bluetooth-Geräten.

- *FTP* (File Transfer Profile): Übertragung von Dateien zwischen Bluetooth-Geräten. Dazu gehören auch Remote-Funktionen zum Öffnen, Schließen und Durchsuchen von Verzeichnissen sowie zum Löschen von Dateien.

- *OPP* (Object Push Profile): aktive Übertragung (Push) oder Abfrage (Pull) von generischen Datenstrukturen (Adressen, Visitenkarten, Terminen) von einem Bluetooth-Gerät auf ein anderes. OPP setzt direkt auf dem GOEP Profil auf.

- *SYNCH* (Synchronisation Profile): Abgleich von generischen Datenstrukturen (Adressen, Terminen) zwischen zwei Bluetooth-Geräten (z. B. PDA am PC).

- *PBAP* (Phonebook Access Profile): erlaubt analog zu SYNCH die Übermittlung der Adressbücher aus einem Mobiltelefon in eine Head Unit oder umgekehrt.

Sicherheit

Bluetooth unterstützt Authentifizierung und Verschlüsselung auf Verbindungsebene. Das Profil *GAP* (Generic Access Profile) wird verwendet, um einen so genannten Security-Mode zu bestimmen:

- *Security Mode 1* (non-secure): Hierbei werden keinerlei Sicherheitsvorkehrungen getroffen, die Verbindung ist offen.

- *Security Mode 2* (service level enforced security): Sobald eine Verbindung aufgebaut wird, wird durch das Protokoll L2CAP zwischen den beteiligten Geräten ausgehandelt, welches Profil welche Sicherheitsanforderungen hat. Dadurch können auf einer Verbindung unterschiedliche Anwendungen unterschiedlich gut geschützt werden.

- *Security Mode 3* (link level enforced security) wird für eine Verbindung bei deren Aufbau durch das LMP-Protokoll festgelegt. Alle Dienste auf dieser Verbindung werden gleich geschützt.

Bluetooth-Verbindungen werden mit einer *PIN* verschlüsselt. Ein gewisses Risiko besteht beim Aufsetzen der Verbindung (Pairing), da in diesem Moment für die Authentifizierung Schlüssel ausgetauscht werden müssen. Bluetooth-Geräte können in der Regel „unsichtbar" gemacht werden, d. h. sie veröffentlichen ihre Adressdaten nicht, wenn andere Bluetooth-Geräte danach fragen.

Peripheriegeräte, Anwendungen im Automobil

Die Anzahl der Peripheriegeräte und möglicher Anwendungen ist immens. Wir picken hier nur einige markante Beispiele heraus und verweisen den interessierten Leser auf die Hintergrundliteratur [Sau06] und aktuelle Veröffentlichungen.

- Dongle: Um PCs ohne eingebaute Bluetooth-Antenne Bluetooth-fähig zu machen, kann man für wenig Geld einen Adapter erstehen, der über die USB-Schnittstelle angeschlossen wird.

- Tastatur, Maus, Drucker: Bluetooth ersetzt lästige Kabelverbindungen auf dem Schreibtisch.

- PDA und Mobiltelefon: Tragbare Geräte lassen sich mit einem PC über Bluetooth verbinden, um Adressdaten und Termine über die entsprechenden Profile zu synchronisieren.

- Telefonieren im Fahrzeug: Die einschlägigen gesetzlichen Bestimmungen zur Benutzung von Mobiltelefonen im Straßenverkehr lassen es angeraten erscheinen, auf eine Weise zu telefonieren, bei der man kein Telefon in der Hand halten muss. Bluetooth unterstützt dies auf mehrere Arten:

- Headset und Mobiltelefon: Mit einem Bluetooth-fähigen Mobiltelefon ist es möglich, ein Bluetooth-Headset zu integrieren und Gespräche zu führen, ohne ein Telefon in der Hand halten zu müssen. Hier findet das Profil HSP Verwendung.
- Autoradio/Head Unit: Die meisten Geräte kommen heute mit einem integrierten Bluetooth-Modul ins Fahrzeug. Dadurch kann die Audioanlage des Fahrzeugs als Freisprechanlage genutzt werden.
- Einbautelefon: Ist im Fahrzeug ein Mobiltelefon bereits verbaut, so wird man dieses unterwegs auch verwenden. Hier erlaubt Bluetooth mit den Profilen SAP, PBAP und SYNCH, die persönlichen Informationen, die im Mobiltelefon gespeichert sind (z. B. SIM-Karten-Information und Adressbücher), an die Fahrzeugeinheit zu übertragen und dort zu verwenden.

- GPS-Maus: Ein GPS-Empfänger liefert Positionsdaten in standardisiertem Format (Siehe 6.7.3). Diese werden über eine serielle, auf Bluetooth (SPP) aufbauende Verbindung an einen PDA oder PC mit Navigationssoftware geschickt.
- Barcode/RFID-Leser: Für logistische Anwendungen eignen sich tragbare Barcode- oder RFID-Lesegeräte, die Produkte einer Lieferung eindeutig identifizieren und diese Identifikationsinformation über Bluetooth an eine Telematikeinheit im Fahrzeug übertragen. Dort kann diese Information mit weiteren Daten, z. B. Position, Lieferadresse, Uhrzeit, aggregiert und per GPRS an die Zentrale geschickt werden.
- Stadtinformationssystem: Während der FIFA WM 2006 stellte die Stuttgarter Stadtverwaltung an Orten von besonderem Interesse (Sehenswürdigkeiten, Bahnhöfen, Bushaltestellen, Stadien, usw.). Bluetooth-Sender zur Verfügung, über die Touristen mit einem Bluetooth-fähigen Endgerät Informationen über den jeweiligen Ort bekommen. Derartige Systeme sind leicht auf Fahrzeuge zu erweitern, indem der Bluetooth-Sender beispielsweise in einem Bus eingebaut ist und aufgrund der aktuellen Position des Busses die jeweils passenden Inhalte an die Bluetooth-fähigen Geräte der Fahrgäste weiter gibt.
- Test und Diagnose: Durch Erweiterung der standardisierten Diagnose-Stecker mit einem Bluetooth-Adapter kann die Fahrzeugdiagnose auch per Bluetooth durchgeführt werden: Die Diagnosesignale des CAN- und des MOST-Busses werden so direkt in den Service-PC der Werkstatt geführt. Generell können alle Fahrzeuggeräte über Bluetooth-Verbindungen gemanagt werden, wie dies z. B. bei einem mitteleuropäischen Mautsystem vorgesehen ist: Zur Wartung und Kontrolle kann ein Servicetechniker sich mit seinem Laptop auf die OBU aufschalten und ihren Status und mögliche Fehlermeldungen abfragen.

6.9.2 Universal Serial Bus (USB)

USB ist ein Standard, der sich über alle seriellen Interfaces eines PCs erstrecken kann. Ein handelsüblicher PC kommt heute mit etwa 4 USB-Ports daher, und wem das nicht reicht, der kauft sich für wenig Geld einen USB-Hub, der aus einem USB-Port vier oder sechs oder noch mehr generiert. Dafür sind die klassischen Anschlüsse für dedizierte Geräte wie der parallele Druckerport oder die RS232-Schnittstelle von neueren PCs verschwunden. Die meisten Peripheriegeräte werden heute per USB an den PC angeschlossen (Maus, Tastatur, Drucker, PDA Cradle, Bluetooth-Karte, WLAN-Karte, Speicherstick, Kamera, MP3-Player usw.)

Abbildung 6.25 Bluetooth-Anwendungen im Fahrzeug: Diagnose und Multimedia
(Bilder: Bosch)

USB wird aber auch eingesetzt, um innerhalb eines Gerätes (embedded Devices) verschiedene Module standardisiert zu vernetzen, was die Anbindung an die höheren Softwareschichten erleichtert.
USB 1.0 wurde 1996 durch Intel entwickelt, um die Vielzahl von Peripherieschnittstellen am PC zu vereinheitlichen. 1998 folgte USB 1.1 mit leichten Verbesserungen. 2000 wurde mit der Spezifikation für USB 2.0 die Datenrate auf 480 Mbit/s erhöht. [Pea02]

Technische Grundlagen

USB ist eine gerichtete Verbindung. Im PC oder einem fahrzeuggestützten Infotainmentsystem steckt ein Host Controller, der als Server der USB-Verbindung dient und den angeschlossenen Bus kontrolliert. An ihn können bis zu 127 Clients direkt oder über Hubs angeschlossen werden. Mit USB 2.0 wurde On-The-Go (OTG) spezifiziert, ein Verfahren, das einem USB-Modul bei der Verbindungsaufnahme erlaubt, seine Rolle mit den anderen Teilnehmern im Bus zu diskutieren. Damit kann ein Controller sowohl als Host als auch als Client agieren.
Alle USB-Kabelverbindungen gehorchen der weltweit gültigen Spezifikation. Diese gibt die möglichen Steckverbinder für Host und Client an aber auch die Farbkodierung der Adern für Masse, 5V-Versorgungsspannung und der beiden Datenadern D+ und D−. USB 1.0 ging sogar so weit, die Farbe der Ummantelung festzulegen (Frost White). Diese Einschränkung wurde mit USB 1.1 gelockert: Seither darf man der Farbwahl fast freien Lauf lassen und immerhin auch schwarze, graue oder beige Kabel anbieten.
Die elektrischen Signale werden differentiell (siehe Kapitel 5.2.2) übertragen: Bei Low und Full Speed wird eine logische 1 dadurch kodiert, dass der D+ Anschluss auf mehr als 2.8V, der D− unter 0.3V gezogen wird. Um die logische 0 zu kodieren, wird D− auf 2.8V und D+ auf unter 0.3V gesetzt. Bei High Speed sind 0 und 1 genau andersherum kodiert. Mit der 5V-Versorgungsspannung können aktive USB-Geräte betrieben werden. Ein Energiesparmodus

(Suspend) ist für alle Geräte vorgeschrieben. Ein Gerät darf maximal 500 mA Strom verbrauchen. Geräte, die mehr Leistung erfordern, brauchen eine eigene Stromversorgung.
USB unterstützt drei verschiedene Übertragungsgeschwindigkeiten:

- Low Speed mit 1.5 Mbit/s
- Full Speed mit 12 Mbit/s
- High Speed mit 480 Mbit/s (seit USB 2.0)

USB Hosts müssen dem PC, dessen Bestandteil sie sind, ein standardisiertes Interface für Treiber und Applikationen anbieten. Die Standards, die es hier gibt, sind *UHCI* (Universal Host Controller Interface, USB 1.0) und *OHCI* (Open Host Controller Interface, USB 1.1). UHCI delegiert den Großteil der Funktionalität an den Hauptprozessor und erlaubt somit einfachere, billigere Host Controller. OHCI Host Controller decken dagegen mehr Funktionalität ab und erlauben einfachere Anwendungen im Hauptprozessor. EHCI (Enhanced Host Controller Interface, seit USB 2.0) unterstützt auch High Speed USB. Ein einheitliches Interface zum Hauptprozessor wurde geschaffen.
Die Anmeldung von Devices am Host bezeichnet man als *Enumeration*. Wenn der Host Controller feststellt, dass ein USB-Gerät an einem Port angeschlossen wurde, fragt er nach einem Reset des Devices alle relevanten Parameter (Device Descriptor, Stromverbrauch, Anzahl der Endpoints) ab und vergibt eine Device-Adresse. Das Host-System ist dann dafür verantwortlich, den richtigen Device-Treiber für den Host Controller zu laden.

Anwendungen im Fahrzeug

Auch im Fahrzeug möchte der moderne mobile Mensch einige seiner USB-fähigen Peripheriegeräte einsetzen, etwa einen USB-Speicherstick mit Kartendaten für das Navigationssystem oder den MP3-Player mit seinen Lieblingssongs. Viele Head Units bieten heute bereits entsprechende USB-Anschlüsse. Die Hersteller der Fahrzeuggeräte haben dabei mit gewissen Schwierigkeiten zu kämpfen, da die Entwicklungszyklen ihrer Geräte und der Fahrzeuge viel länger sind als die der USB-Devices. Es wird zu Situationen kommen, in denen der Fahrer mit einem brandneuen USB-Gerät in sein drei Jahre altes Fahrzeug einsteigt und feststellen muss, dass er erst mal den richtigen Treiber herunterladen und installieren muss.

6.9.3 RFID

RFID (Radio Frequency IDentification) dient der einfachen und billigen, eindeutigen Kennzeichnung von Gegenständen (oder Personen). RFID-Tags oder Transponder speichern eine eindeutige Identifizierungsnummer und können durch ein Radiosignal dazu gebracht werden, diese zurückzusenden. RFID-Tags bestehen lediglich aus Antenne und einem Mikrochip, der die Radiosignale dekodieren kann und seiner Anwendung entsprechende weitere digitale Funktionen hat. RFID-Tags können als aktive, semi-passive oder passive Bauelemente ausgelegt sein. Die Energie, die passive RFID-Tags für die Antwort brauchen, beziehen sie ausschließlich aus der absorbierten Energie des empfangenen Signals, während semi-passive und aktive Tags eine Batterie benötigen. Sie können extrem klein ausgelegt werden (Stand 2007: $0,05 \times 0,05$ mm ohne Antenne) und extrem billig (wenige Cent) hergestellt werden. Dadurch eignen sie sich, um Waren jedweder Art oder gar Geldscheine oder Ausweise zu kennzeichnen. Sie können auch in Lebewesen implantiert werden. Semi-passive Tags brauchen die Batterie, um einen internen Signalprozessor zu speisen, sie senden aber im Gegensatz zu den aktiven Tags keine Informationen aus. Passive Tags sind auf Entfernungen von wenigen Zentimetern bis einigen Metern ansprechbar, aktive Tags können ihre Informationen mehrere hundert Meter weit senden.

RFID-Tags senden in den folgenden Frequenzbereichen: Low-Frequency (LF: 125 — 134,2 kHz und 140 — 148,5 kHz), High-Frequency (HF: 13,56 MHz) and Ultra-High-Frequency (UHF: 868 MHz – 928 MHz). Die Übertragungstechnologie ist in den ISO Standards 18000 festgelegt.

Anwendungen im Fahrzeug

Bereits seit 1990 werden RFID-Tags in *Funkschlüsseln* verwendet. Das Fahrzeug kann den zu ihm passenden Schlüssel eindeutig erkennen, wenn er sich in der Nähe befindet. Fahrzeugschlüssel werden mit aktiven RFID-Tags realisiert.

Seit 2003 versieht Michelin seine *Reifen* mit passiven RFID-Tags, um sie eindeutig identifizieren und verfolgen zu können. Damit beantwortet man die Anforderungen des amerikanischen Verkehrsministeriums (Transportation, Recall, Enhancement, Accountability and Documentation Act (TREAD Act)) und gibt den Fahrzeugherstellern ein einfaches Mittel an die Hand, die Bereifung ihrer Fahrzeuge zu kontrollieren. Außerdem speichert der Chip den idealen Reifendruck, der dann an der Tankstelle automatisch eingestellt werden kann.

- *Elektronische Gebührenerfassung*: Geldkarten mit RFID-Tags werden benutzt, um Prepaid-Mautsysteme zu realisieren. Der Fahrer bucht zu Hause am PC oder an einer Bezahlstation einen Geldbetrag auf seine RFID-Karte, der beim Durchfahren einer Mautbrücke über die RFID-Funkstrecke ausgelesen und reduziert wird.

- *Warenwirtschaft*: Die Verfolgung von Gütern ist elektronisch möglich, wenn jede Wareneinheit mit einem eindeutigen RFID-Chip ausgestattet ist. Wenn die Ladefläche eines LKWs mit einem RFID-Scanner ausgestattet ist, der die gescannten IDs an den Bordcomputer eines LKWs weiterleitet, erfährt dieser, welche Waren wann und wo geladen oder entladen wurden. Der Bordcomputer steht in GPRS-Verbindung mit einer Zentrale. Somit kann dort ein Operator die Warenströme detailliert verfolgen und Diebstähle verhindern.

- *Trailer-Erkennung*: In der Logistik gehören Zugmaschinen und Auflieger oft zu unterschiedlichen Flotten: Ein Logistikunternehmen besitzt und belädt die Auflieger und stellt sie auf einem Umschlagplatz ab, wo sie ein Subunternehmen mit seinen Zugmaschinen abholt. Durch RFID-Tags in den Aufliegern kann der Fahrer den Auflieger seiner nächsten Tour eindeutig erkennen. Die Pforte des Umschlagplatzes erkennt dann, wann welcher Auflieger den Platz verlässt oder wieder betritt.

6.10   Vereinheitlichung

In den vorangegangenen Abschnitten hatten wir die gängigen, im Umfeld des Fahrzeuges relevanten Kommunikationstechniken vorgestellt. Verschiedentlich war von aktuellen Bemühungen die Rede, die unterschiedlichen Kommunikationsarten sowohl geografisch als auch technologisch zu vereinheitlichen. Wir wollen — sozusagen als Zusammenfassung der Thematik „Konnektivität im Fahrzeug" – einen Ausblick in die nahe Zukunft geben und das Standardisierungsprojekt „*CALM*" vorstellen.

6.10.1 CALM

Unter dem Titel CALM (Continuous Communications Air Interface for Long and Medium Range) werden die derzeit gängigsten, für den Straßenverkehr relevanten Funktechnologien vereinigt. Das Ziel des ISO-Standardisierungsgremiums, der „TC204 WG16", ist die Spezifikation eines Kommunikationssystems, das Anwendungen selbständig die passende, verfügbare Kommunikationstechnologie heraussucht. Damit soll es in naher Zukunft möglich sein, jedes Fahrzeug zu jeder Zeit, an jedem Ort an das Internet anzuschließen.

Dann werden vielfältigste Anwendungen der Informationstechnologie möglich sein, die das Leben im Fahrzeug angenehmer machen, beispielsweise die Erhebung von lokalen Verkehrsdichteinformationen in Echtzeit (Floating Car Data), die Erhöhung der Fahrzeugsicherheit (automatischer Notruf bei Unfällen (E-Call), Warnungen beim Herannahen an Gefahren, Unfälle und Pannen), Kommunikation zwischen Fahrzeugen, vom Fahrzeug zum Straßenrand, die elektronische Erhebung von Maut (zugegebenermaßen macht Maut weniger das Leben *im* Fahrzeug als das der Straßenbetreiber angenehmer), und viele andere mehr.

Auf der Applikationsebene unterscheidet CALM-Applikationen ohne Internetzugang (die also nur direkt mit einem Server oder anderen Fahrzeugen kommunizieren), Applikationen mit statischem Internetzugang und Applikationen mit mobilem Internetzugang. Der CALM-Protokoll-Stack muss für die mobilen Applikationen in der Lage sein, *eine* kontinuierliche IP-Verbindung aufrecht zu erhalten, auch wenn die darunter liegenden physikalischen Verbindungen schnell wechseln. Unterschiedliche CALM-Anwendungen sollen gleichzeitig auf diese IP-Schicht zugreifen können.

Das wird durch das IPv6 Protokoll mit Media Switching auf der Network-Ebene (Schicht 3 des OSI-Stacks) erreicht. CALM soll schnelles Handover zwischen bewegtem Fahrzeug und Sendeanlagen am Straßenrand aber auch zwischen Fahrzeugen erlauben.

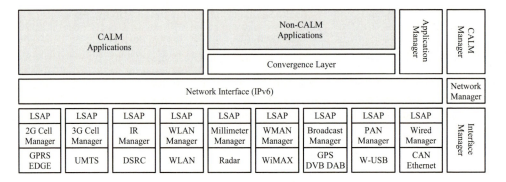

Abbildung 6.26 CALM Protokoll-Architektur

Unter dem Network Interface gibt es Blöcke für die verschiedenen Übertragungsprotokolle, bestehend aus der entsprechenden physikalischen Schicht und einem Link Service Access Point (LSAP), der zusammen mit dem jeweiligen Interface-Manager die OSI-Schicht 2 bildet. Der Interface-Manager hat als Adaptionsschicht die Aufgabe, generische Transaktionsfunktionen wie Starten, Beenden, Authentifizierung, Suchen nach Trägermedien, usw. zu vereinheitlichen und die Eigenheiten der jeweiligen physikalischen Schicht auf IPv6 abzubilden:

- 2G Cell Manager: Mobilfunk der 2./2.5. Generation (GPRS/EDGE)
- 3G Cell Manager: Mobilfunk der 3. Generation (UMTS)
- IR Manager: Infrarot (DSRC)
- WLAN Manager: WLAN nach IEEE 802.11 a-p
- Millimeter Manager: Radar, Millimeterwellen (60-62 GHz)
- WMAN Manager: WiMAX
- Broadcast Manager: Broadcast-Signale wie GPS, DVB und DAB
- PAN Manager: W-USB (Wireless USB)
- Wired Manager: Kabelgebundene Kommunikationskanäle ins Fahrzeug, (CAN, MOST, Ethernet, Firewire)

Weitere Kommunikationskanäle werden in Zukunft ebenfalls in die CALM-Architektur integriert werden [Wil04].
Eine erste Umsetzung der CALM-Standards für Sicherheitsanwendungen in Straßenverkehr erfolgt durch das EU-Projekt CVIS (Cooperative Vehicle Infrastructure System).

6.11 Zum Weiterlesen

- **Nachrichtentechnik**: Es gibt eine große Vielzahl von Standardwerken zu den einzelnen Übertragungstechnologien. Die beiden Bücher von **M. Werner** behandeln die Grundlagen sehr umfangreich: Das Buch „Nachrichtenübertragungstechnik" [Wer06a] stellt die physikalischen und nachrichtentechnischen Grundlagen der analogen und digitalen Verfahren sehr gut dar, das Buch „Nachrichtentechnik" [Wer06b] baut darauf auf und geht auf Themen der Mobilfunkkommunikation besonders ein. Die anderen Kommunikationstechniken wie **WLAN**, **Bluetooth** & Co. sind nachzulesen bei **M. Sauter** [Sau06].

- Das Thema der **satellitengestützten Positionierung** ist im Buch „Satellitenortung und Navigation" von **W. Mansfeld** [Man04] sehr detailliert abgehandelt. Neuere Entwicklungen wie beispielsweise die dreidimensionalen Beschleunigungssensoren verfolgt man am besten im Internet.

- Mehr über **DSRC** findet man bei **Hans-Joachim Fischer** [Fis03].

- **USB** ist sehr erfrischend und kompakt beschrieben bei **Craig Peacock**[Pea02].

- Mehr aktuelle Informationen über die digitalen Rundfunktechnologien findet man auf den entsprechenden Web-Seiten [DVB], [DAB].

• Eine Quelle von interessanten Artikeln ist die vierteljährlich erscheinende Publikation „Technical Review" und andere Veröffentlichungen der „European Broadcasting Union", die größtenteils kostenfrei bezogen werden können [EBU07]

6.12 Literatur zu Konnektivität

[Bar01] BARLETTA, Antonio: JAVA-applications in Digital Audio Broadcasting. In: *EBU TECHNICAL REVIEW* 288 (2001), September

[BGT04] BANET, Franz-Josef ; GÄRTNER, Anke ; TESSMAR, Gerhard: *UMTS*. 1. Auflage. Hüthig Telekommunikation, 2004

[Blu]   BLUETOOTH: *Bluetooth ® Special Interes Group Web Site*. – www.bluetooth.org (28.7.2007)

[Bun06] BUNDESNETZAGENTUR: *Jahresbericht Bundesnetzagentur*. 2006. – http://www.bundesnetzagentur.de/media/archive/9009.pdf (28.7.2007)

[CDG07] CDG: *CDMA Development Group Website*. 2007. – http://www.cdg.org (28.7.2007)

[DAB]   DAB: *DAB-Website*. – http://www.worlddab.org (28.7.2007)

[DVB]   DVB: *DVB-Website*. http://www.dvb.org (28.7.2007)

[EBU07] EBU: *European Broadcasting Union: Technical Publications*. http://www.ebu.ch/en/technical/publications/index.php(28.7.2007). Version: 2007

[Fis03] FISCHER, Hans-Joachim: *Dedicated Short Range Communication – DSRC – A Tutorial*. Blaubeuren : Elektrische Signalverarbeitung Dr. Fischer GmbH, 2003

[GLO07] GLONASS: *Homeapge der russischen GLONASS-Agentur*. 2007. – http://www.glonass-ianc.rsa.ru (28.7.2007)

[GSM]   GSM: *GSM Website*. – http://www.gsmworld.com (28.7.2007)

[Man04] MANSFELD, Werner: *Satellitenortung und Navigation, Grundlagen und Anwendung globaler Satellitennavigationssysteme*. 2. Auflage. Wiesbaden : Vieweg, 2004

[Pea02] PEACOCK, Craig: *USB in a Nutshell – Making Sense of the USB Standard*. 2002. – http://www.beyondlogic.org/usbnutshell/usb-in-a-nutshell.pdf (28.7.2007)

[Rok06] ROKOSCH, Uwe: *On-Board-Diagnose und moderne Abgasnachbehandlung*. Würzburg : Vogel Verlag, 2006

[Sau06] SAUTER, Martin: *Grundkurs Mobile Kommunikationssysteme, Von UMTS, GSM und GPRS zu Wireless LAN und Bluetooth ®Piconetzen*. 2. Auflage. Wiesbaden : Vieweg, 2006

[VDA05] VDA: *Auto 2005, Jahresbericht des Verbands der Deutschen Automobilindustrie*. 2005. – http://www.vda.de/en/service/jahresbericht/auto2005/(29.7.2007)

[Wer06a] WERNER, Martin: *Nachrichten-Übertragungstechnik, Analoge und digitale Verfahren mit modernen Anwendungen*. Wiesbaden : Vieweg, 2006

[Wer06b] WERNER, Martin: *Nachrichtentechnik. Eine Einführung für alle Studiengänge*. 5., völl. üb. u. erw. Aufl. Wiesbaden : Vieweg, 2006

[Wil04] WILLIAMS, Bob: *CALM Handbook v1.2, ISO TC204*. 2004

7 Plattform-Software

Boris Tolg

7.1 Softwarearchitekturen

Die Entwicklung eines Infotainmentsystems für ein Kraftfahrzeug erfordert ein hohes Maß an interdisziplinärem Fachwissen. Zum einen muss die Software verschiedene Multimediaapplikationen, wie Radio, Video oder Navigation, bereitstellen. Zum anderen handelt es sich um ein Softwaresystem, das auf einem eingebetteten System innerhalb eines Kraftfahrzeugs entwickelt wird, sodass ein erhöhtes Maß an Zuverlässigkeit und Korrektheit der Software erforderlich ist. Die Erstellung einer umfangreichen Softwarearchitektur für die Planung des Systems ist eine Möglichkeit, um der Komplexität der Problemstellung Rechnung zu tragen. In diesem Kapitel wird auf die Besonderheiten eingegangen, die bei der Entwicklung einer Softwarearchitektur für ein Infotainmentsystem beachtet werden sollten. Abschnitt 7.1.1 gibt einen Überblick über die Historie der Unified Modelling Language (UML) sowie eine kurze Einführung der Modellierungselemente.

Die Ansprüche der Kunden an ein Infotainmentsystem wachsen beständig, ebenso wie der Anteil an Software innerhalb eines Kraftfahrzeugs. Während die Komplexität eines Infotainmentsystems durch die Verbindung von Multimediaanwendungen und den Besonderheiten eines eingebetteten Systems innerhalb eines Kraftfahrzeugs, wie zum Beispiel Unterspannung, durchaus mit modernen PC-Anwendungen vergleichbar ist, ist gleichzeitig die Fehlertoleranz der Kunden für eine Anwendung in einem Kraftfahrzeug deutlich geringer. Auch wenn durch die heutigen Multimediasysteme keine sicherheitskritischen Aufgaben wahrgenommen werden, wird doch immer das Fahrzeug als Ganzes wahrgenommen.

Ein weiteres Problem, mit dem sich Entwickler von Infotainmentsystemen konfrontiert sehen, ist die Variantenvielfalt im Automobilbereich. Die Software soll häufig für mehrere Baureihen eines Automobilherstellers in unterschiedlichen Varianten eingesetzt werden. Dabei kann es sich um Varianten mit unterschiedlichen Funktionsumfängen, Sprachen und sogar Benutzeroberflächen handeln. Müssen verschiedene Käufergruppen angesprochen werden, kann sich die zugrunde liegende Hardware zwischen den Varianten unterscheiden, um Kosten zu sparen. Die Software muss aus diesem Grund häufig so aufgebaut sein, dass sie über Prozessorgrenzen hinweg verschoben werden kann. [GP04]

Da es nicht wirtschaftlich ist, für jeden Kunden ein komplett neues System zu entwickeln, können die Produkte für unterschiedliche Automobilhersteller auch als verschiedene Produktlinien gesehen werden, die von einer gemeinsamen Basis abstammen. Dadurch ergibt sich die Notwendigkeit, den gemeinsamen Nenner zwischen den Infotainmentsystemen für verschiedene Automobilhersteller und deren Varianten zu finden und diesen so zu entwerfen, dass er eine allgemeine Gültigkeit besitzt. Ein möglicher Ansatz dieser Art ist der von dem *Software Engineering Institute* (SEI) [SEI] entwickelte *Product Line Approach* (PLA) [PLA].

7.1.1 Notation

Aufgrund der großen Menge an Themen, die in diesem Buch behandelt werden, kann keine vollständige Einführung in die Unified Modeling Language (UML) und deren Hintergrund erfolgen. Vielmehr sollen die Grundlagen der Notation vermittelt werden, sodass die wesentlichen Aussagen der Diagrammtypen und die Beispiele in diesem Buch verstanden werden können. Es wird deswegen davon ausgegangen, dass bereits Kenntnisse in mindestens einer Programmiersprache vorliegen. Weiterhin sei jedoch gerade bei diesem Thema für ein umfassendes Verständnis auf die empfohlene Literatur verwiesen.

- Die Version 1.0 der UML wurde 1997 bei der Object Management Group (OMG) [OMG] zur Standardisierung eingereicht und akzeptiert. Sie entstand durch die Zusammenarbeit von Grady Booch (Booch Notation), Jim Rumbaugh (Object Modeling Technique, OMT) und Ivar Jacobson (Object-Oriented Software Engineering, OOSE), den so genannten drei Amigos, bei der Rational Software Corporation.

- Bis 2003 wurde die UML bis zu der Version 1.5 weiterentwickelt und standardisiert und um Elemente, wie die Object Constraint Language (OCL) und das einheitliche Austauschformat XML Metadata Interchange (XMI), erweitert.

- Seit Oktober 2004 ist die UML 2.0 Superstructure Specification bei der Object Management Group (OMG) verfügbar.

- Aktuell wird an der Version 2.1 [OMG06] der UML, deren Superstructure Dokument seit April 2006 verfügbar ist, gearbeitet.

Die UML 2.1 stellt 13 verschiedene Diagrammtypen zur Verfügung, um Softwarearchitekturen zu dokumentieren. Diese teilen sich auf in Struktur- und Verhaltensdiagramme. Im Folgenden wird auf einige der Diagrammtypen kurz eingegangen, und es werden die wesentlichen Modellierungselemente aus [OMG06] erklärt.

Strukturdiagramme

Strukturdiagramme dienen innerhalb der UML dazu, statische Zusammenhänge zwischen Softwareelementen darzustellen. Diese Zusammenhänge können dabei durch unterschiedliche Diagramme sowohl für abstrakte Beschreibungen der Softwarearchitektur, als auch für Momentaufnahmen eines Softwaresystems während der Laufzeit dargestellt werden. Die UML stellt dazu eine Menge an Elementen zur Verfügung, die zur Beschreibung eines Softwaresystems genutzt werden können.

Das Klassendiagramm

Eine *Klasse* definiert abstrakt den Bauplan für eine Gruppe von *Objekt*en, die zur Laufzeit generiert werden können und die sich in ihren Fähigkeiten gleichen. Die Fähigkeiten einer Klasse können durch deren *Attribute*, also Variablen, und *Operationen* beschrieben werden. Eine Klasse wird in der UML im einfachsten Fall durch ein einfaches Rechteck repräsentiert, wie auf der linken Seite dargestellt. Kommen noch Attribute und Operationen hinzu, so werden zusätzlich zwei horizontale Linien hinzugefügt, die die einzelnen Bereiche voneinander trennen.

Beispiel: Ein Beispiel für eine Klasse ist die Ansteuerung für einen Wärmesensor. Jeder Wärmesensor verfügt über eine Funktion, um den Zugriff auf den Sensor zu initialisieren, die Temperatur abzufragen und den Sensor wieder freizugeben. Weiterhin existiert ein Attribut, mit dem die aktuelle Temperatur gespeichert wird. Wie in dem Beispiel zu erkennen ist, wird der Typ des Attributs `temperature` durch einen Doppelpunkt von dem Namen des Attributs getrennt.

Eine Klasse verfügt über die Möglichkeit, die von ihr bereitgestellten Operationen und Attribute an andere Klassen zu vererben. Die Funktionalität der Klasse muss dadurch nicht ein zweites Mal entwickelt werden, kann aber durch die erbende Klasse erweitert werden. Die erbende Klasse kann auch Funktionalität der vererbenden Klasse durch eigene Implementierungen ersetzen. In diesem Fall spricht man von Überladen. Die Richtung des Pfeils ist grundsätzlich in Richtung der vererbenden Klasse zu wählen. Die Beziehung nennt sich eine *Verallgemeinerung*.

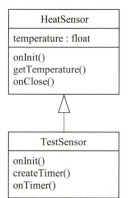

Beispiel: Um die Funktionen zu testen, die auf den Wärmesensor zugreifen, kann es sinnvoll sein, einen Testsensor zu entwickeln, der unabhängig von der tatsächlichen Temperatur in einem regelmäßigen Zeitraster die Temperatur anhebt. Dieser Sensor kann von dem bereits entwickelten Wärmesensor erben und diesen erweitern. Zunächst wird die Initialisierungsoperation überladen, um in dieser mit der neuen Operation `createTimer` einen Zähler zu erzeugen, der in regelmäßigen Abständen die Operation `onTimer` aufruft, in der die neue Temperatur berechnet wird. Durch die UML wird dies wie links dargestellt beschrieben.

Es kann Situationen geben, in denen bestimmte Funktionen einer Klasse nach außen hin nicht sichtbar sein, bzw. auch nicht mit vererbt werden sollen. Um dies zu ermöglichen kann für jedes Attribut und jede Operation eine Sichtbarkeit festgelegt werden. Die UML stellt hierzu drei Symbole zur Verfügung, das + deklariert ein Element als `public` (öffentlich), ein solches Element ist frei von außen zugreifbar und wird vererbt. Das # Symbol wird für `protected` (geschützte) Elemente verwendet, die vererbt werden, aber von fremden Klassen nicht benutzt werden können und das – markiert `private` (private) Elemente, die weder vererbt, noch von außen benutzt werden können. Alternativ können auch die drei Schlüsselwörter `public`, `protected` und `private` direkt genutzt werden, um die Attribute und Operationen zu ordnen.

Ein besonderer Fall der Klasse ist die so genannte *abstrakte Klasse*. Eine abstrakte Klasse definiert ausschließlich die Namen von Attributen und Operationen, liefert aber für mindestens eine Operation keine Implementierung und erzwingt somit die Überladung in einer erbenden Klasse. Das ist der Grund, weshalb zur Laufzeit des Programms kein Objekt von der abstrakten Klasse erzeugt werden kann. Um in der UML Notation eine Klasse als abstrakt zu kennzeichnen, muss der Name in Kursivschrift gesetzt sein.

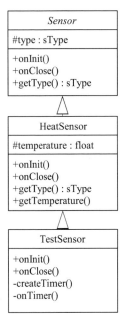

Beispiel: Wenn es mehr als nur Temperatursensoren in einem System gibt, kann es sinnvoll sein, die grundlegende Funktionalität, die jeder Sensor bereitstellen muss, in einer abstrakten Klasse zu definieren. So ist zum Beispiel sichergestellt, dass jeder Sensor initialisiert und deinitialisiert werden kann. Um das ursprüngliche Beispiel fortzusetzen, wurde nun die Klasse `HeatSensor` von der abstrakten Klasse `Sensor` abgeleitet.

Nun ist allerdings unklar, von welchem Typ der Sensor ist, wenn sich viele verschiedene Sensoren in einer Liste vom Typ Sensor befinden. Aus diesem Grund wurde die Operation `getType` hinzugefügt, die eine Variable vom Typ `sType` zurück gibt. Natürlich muss diese Funktion in jeder der abgeleiteten Klassen überschrieben werden, um den korrekten Typ des Sensors zurückgeben zu können.

Der neue Typ `sType` soll als Aufzählung realisiert werden. Eine Aufzählung eignet sich, um ein weiteres Element der UML einzuführen, den *Stereotypen*. Ein Stereotyp erlaubt es, die bestehenden Elemente des UML Metamodells um selbst definierte Eigenschaften zu erweitern. Es ist so zum Beispiel möglich, einen bestimmten Klassentyp durch ein individuelles Piktogramm darzustellen oder Klassen besondere Eigenschaften zuzuweisen. Aufzählungen werden, ebenso wie Strukturen, als Stereotypen realisiert und als Klasse dargestellt. Über dem Namen der Klasse wird der Name des Stereotypen in französischen Anführungszeichen ausgeschrieben.

Objektorientierte Programmiersprachen, wie Java oder C++, stellen bereits ein Konstrukt für eine Klasse bereit, das die durch die UML beschriebenen Zusammenhänge umsetzen kann. Im Automotive Umfeld muss jedoch noch häufig auf die Programmiersprache C zurückgegriffen werden, die ein solches Konstrukt nicht kennt. Um den Einstieg in die UML für C Programmierer zu erleichtern sei erwähnt, dass eine UML Klasse in C am besten durch eine Header-Datei mit einer dazugehörigen C-Datei umschrieben werden kann. Viele der Möglichkeiten einer Klasse lassen sich so auch in C umsetzen, erfordern aber eine hohe Disziplin der Entwickler.

Mit den bekannten Elementen kann nun beinahe einer der Diagrammtypen der UML erzeugt werden, das *Klassendiagramm*. Genauer gesagt sind bereits alle bisher präsentierten Abbildungen sehr einfache Klassendiagramme. Ein Klassendiagramm dient dazu, die Zusammenhänge zwischen verschiedenen Klassen zu beschreiben. Dazu wird noch cin ncucr Verbindungstyp benötigt, die so genannte *Assoziation*.

Abbildung 7.1 stellt vier verschiedene Anwendungsmöglichkeiten für Assoziationen vor. Eine Assoziation beschreibt eine Beziehung zwischen zwei Elementen der UML und kann dabei Informationen über die *Navigierbarkeit*[1] zwischen den Elementen, deren *Multiplizität*[2] und den Namen des Attributs, durch das die Verbindung realisiert wird, vermitteln. Das erste Beispiel zeigt lediglich, dass eine Beziehung zwischen den Klassen A und B existiert, es wird jedoch keine Aussage über die Navigierbarkeit, die Multiplizität oder die Art der Verbindung getroffen. Dies kann sinnvoll sein, wenn die genauen Informationen erst zu einem späteren Zeitpunkt ergänzt werden können. Beispiel 2 zeigt durch das offene Pfeilende bei Klasse B eine Navigierbarkeit von Klasse A zu Klasse B an. Die Multiplizität wird durch die Zahlen oberhalb der Assoziation angegeben. Klasse B hat immer eine Verbindung zu genau einer Instanz von Klasse A, während Klasse A Verbindungen zu einer beliebig großen Menge an Instanzen der Klasse B haben kann, mindestens jedoch zu einer. Über das Attribut, durch das die Möglichkeit der Navigation gegeben wird, wird in Beispiel 2 keine Aussage getroffen. Beispiel 3 ergänzt durch das X auf der Assoziation vor Klasse A das vorhergehende Beispiel um die Information, dass eine Navigation von Klasse B zu Klasse A nicht möglich ist. Der Text +name unterhalb der Assoziation bei Klasse B gibt an, dass die Navigierbarkeit durch das als public markierte Attribut name der Klasse A realisiert wird. Abschließend ergänzt Beispiel 4 die Assoziation um eine Information über den Grund, warum diese existiert. Der ausgefüllte Richtungspfeil gibt dabei die Richtung an, in der die Information zu lesen ist: Klasse B ist name von Klasse A.

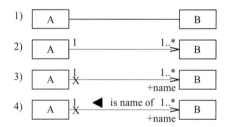

Abbildung 7.1 Verschiedene Anwendungsmöglichkeiten für Assoziationen

Grundsätzlich müssen nicht immer alle Informationen gegeben werden, um die Beziehungen zwischen den Klassen zu beschreiben. Je abstrakter die zu beschreibende Ebene der Architektur ist, desto weniger Informationen sind nötig, um ein prinzipielles Verständnis für das Dargestellte zu erlangen. Sollen die Diagramme jedoch für eine Spezifikation verwendet werden, anhand derer das tatsächliche Programm entwickelt werden soll, so ist es sinnvoll, jede verfügbare Information in dem Diagramm zu vermerken.

---

[1] Die Navigierbarkeit beschreibt die Richtung der Beziehung zwischen zwei Elementen. Besitzt eine Klasse z. B. ein Attribut vom Typ einer anderen Klasse, so ergibt sich eine unidirektionale Navigierbarkeit.

[2] Eine Klasse kann mehrere gleichartige Beziehungen zu einer anderen Klasse besitzen. Dies wird als Multiplizität bezeichnet.

Beispiel: Abbildung 7.2 zeigt eine Weiterentwicklung des Temperatursensorbeispiels. Die einzelnen Sensoren sollen in einer einfach verketteten Liste gespeichert werden, die von einer späteren Kontrollklasse durch die Funktion `getNext` durchiteriert werden sollen. Zu diesem Zweck wurde die Klasse `SensorList` entwickelt, die einen Zeiger auf eine Datenstruktur `sElements` verwaltet, die als `struct` realisiert ist. Aus dem Diagramm geht hervor, dass immer genau eine Instanz von `sElements` mit maximal einer Instanz der Klasse `SensorList` verbunden ist. Die Navigation kann nur durch das geschützte Attribut `elements` der Klasse `SensorList` in Richtung von `sElements` erfolgen, nicht umgekehrt. Die Struktur `sElements` beinhaltet zwei öffentliche Zeiger, von denen der erste, `next`, wieder auf die Struktur selbst zeigt und damit die einfache Verkettung der Liste realisiert. Der zweite Zeiger, `sensor`, ermöglicht die Navigation zu der bereits bekannten abstrakten Klasse `Sensor`. Neu hinzugekommen ist die Information, dass die abstrakte Klasse `Sensor` durch das geschützte Attribut `type` zu der Aufzählung `sType` navigieren und auf dessen Werte zugreifen kann.

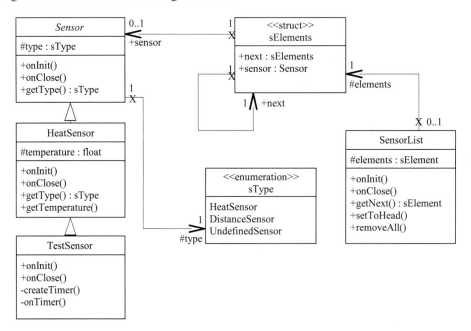

Abbildung 7.2 Ein einfaches Klassendiagramm

Das Objektdiagramm

Es stellt sich nun die Frage, wie ein solches Szenario während der Laufzeit des Systems aussehen könnte, denn darüber wird bisher keine Aussage getroffen. Es ist aber sicher, dass sich in der Klasse `SensorList` keine Instanzen der abstrakten Klasse `Sensor` befinden werden, da von dieser keine Instanzen erzeugt werden können. Um eine statische Momentaufnahme eines Softwaresystems zur Laufzeit beschreiben zu können, müssen die Zusammenhänge zwischen den Instanzen von Klassen beschrieben werden, die in der UML Terminologie Objekte heißen.

Die Instanz eines Elements der UML wird ebenso wie das ursprüngliche Element dargestellt; im Falle eines Objekts also wie eine Klasse. Anstelle des Klassennamens wird eine unterstrichene Verkettung des Objektnamens, eines Doppelpunkts und des Namens der Klasse, die durch das Objekt instantiiert wird, gestellt. Im Beispiel auf der linken Seite ist `Objekt 1` eine Instanz der Klasse `Klasse 1`. Sowohl der Name des Objekts als auch der Name der Klasse sind optional. Ein namenloses Objekt einer namenlosen Klasse wird durch einen unterstrichenen Doppelpunkt gekennzeichnet.

Objekt 1 : Klasse 1

Als Teil der Spezifikation eines Objekts können den einzelnen Attributen Werte zugewiesen werden. Diese werden wie bei einer Klasse in einem abgetrennten Bereich dargestellt. Die Wertzuweisung erfolgt durch ein Gleichheitszeichen nach dem Namen des Attributs, gefolgt von dem Wert.

Objekt 1 : Klasse 1
-value : integer = 0

Eine Verbindung zwischen Objekten wird als *Link* bezeichnet. Da Objekte Instanzen von Klassen sind, repräsentiert der Link die Assoziation zwischen diesen Klassen zur Laufzeit. Grundsätzlich wird die Verbindung zwischen Objekten, wie auf der linken Seite dargestellt, durch eine einfache durchgezogene Linie dargestellt. Die Navigierbarkeit zwischen den Objekten wird durch die Assoziation zwischen den instantiierten Klassen vorgegeben. Es ist möglich diese durch die bei Assoziationen üblichen Pfeilenden zu kennzeichnen.

Beispiel: Abbildung 7.3 zeigt ein Beispiel, wie die in Abbildung 7.2 dargestellte Klassenstruktur zur Laufzeit aussehen kann. Es existiert eine Instanz `HeatSensors` der Klasse `SensorList`, die zur dargestellten Laufzeit genau eine Verbindung zu einer Instanz der Struktur `sElements` besitzt. Die erste Instanz von `sElements` ist die Wurzel der einfach verketteten Liste. Dieses Element besitzt keine Verbindung zu einer Instanz einer Sensorenklasse. Die beiden folgenden Elemente, `element 1` und `element 2`, besitzen jeweils eine Verbindung zu einer Instanz der Klasse `HeatSensor`. Bei den Instanzen der Klasse `HeatSensor` wurde der Wert des Attributs `sType` auf den Wert `HeatSensor` gesetzt, um eine eindeutige Zuordnung des Sensortyps zu ermöglichen. Das Diagramm verdeutlicht die grundsätzlich andere Sicht auf die Software, die durch ein Objektdiagramm ermöglicht wird. Die statischen Zusammenhänge der einzelnen Klassen untereinander haben keinerlei Bedeutung, auch Vererbungen werden nicht dargestellt. Dafür wird ein Bild der Software zur Laufzeit ermöglicht, das verdeutlicht, wie viele Instanzen der einzelnen Klassen gleichzeitig aktiv sind.

Das Kompositionsstrukturdiagramm

Durch Klassen- und Objektdiagramme können nun einfache Softwaresysteme beschrieben werden. Da bei der Erstellung eines Diagramms aus Gründen der Übersichtlichkeit jedoch darauf geachtet werden sollte, dass nur ca. zehn Elemente dargestellt werden, lassen sich komplexe Systeme nur durch Abstraktionen beschrieben. Die UML 2.1 bietet zahlreiche Möglichkeiten, Elemente und Informationen zu abstrahieren, um den Zugang zu komplexen Systemen zu vereinfachen. Eine erste Möglichkeit, um Abstraktionsmöglichkeiten in Softwaresystemen zu erkennen, ist das so genannte Kompositionsstrukturdiagramm.

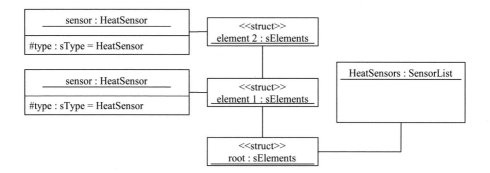

Abbildung 7.3 Ein einfaches Objektdiagramm

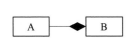

Eine Komposition beschreibt eine Beziehung zwischen zwei Elementen der UML, bei der das eine Element ein Teil des anderen Elements, also eines Ganzen, darstellt. Bei Klassen kann dies bedeuten, dass ein Element für die Existenz und Speicherung des anderen Elements zuständig ist, das zweite also ohne das erste nicht existieren kann. In jedem Fall bedeutet das Löschen des Ganzen immer auch das Löschen aller Teile. Wie auf der linken Seite dargestellt, wird eine Komposition zwischen zwei Klassen A und B durch eine ausgefüllte Raute gekennzeichnet. In dem vorgestellten Beispiel ist Klasse B für die Erzeugung und Speicherung von Klasse A zuständig.

Beispiel: Abbildung 7.4 zeigt eine erneute Weiterentwicklung des bereits bekannten Klassendiagramms. Hinzugekommen ist eine Klasse `SensorControl`, die über das Attribut `HeatSensors` verfügt und eine Komposition. Die Existenz des Attributs `HeatSensors` wurde bereits durch den Namen der Instanz der Klasse `SensorList` in dem in Abbildung 7.3 dargestellten Objektdiagramm nahe gelegt. Die in Abbildung 7.4 gewählte Lösung ermöglicht es, die Zusammenhänge zwischen den Klassen unter Berücksichtigung aller Attribute und Operationen auf einer Ebene darzustellen.

Um die in Abbildung 7.4 dargestellte Beziehung als Kompositionsstrukturdiagramm darstellen zu können, wird noch ein zusätzliches Elemente der UML benötigt.

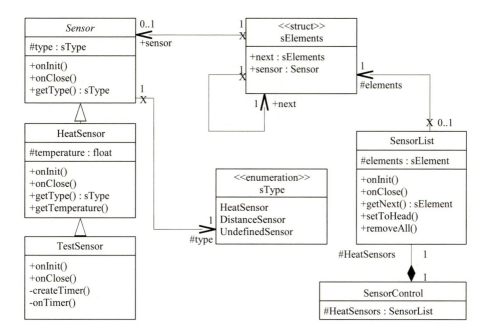

Abbildung 7.4 Eine Komposition in einem Klassendiagramm

Ein *Part* ist die Darstellung eines Teils innerhalb einer Klasse der UML. Der Name eines Parts wird, ähnlich dem eines Objekts, als eine Verkettung eines Instanznamens, eines Doppelpunkts und des Namens einer Klasse, die durch den Part instantiiert wird, dargestellt. Im Gegensatz zu einem Objekt wird der Name jedoch nicht kursiv geschrieben, auch werden keine Attribute oder Operationen innerhalb eines Parts dargestellt. Die äußere Umrandung des Parts wird mit einer durchgezogenen Linie gezeichnet, wenn die Klasse, auf der der dargestellte Part basiert, direkt durch eine Komposition mit der Klasse verbunden ist, die das Ganze repräsentiert. Natürlich kann der Part mit weiteren Parts verbunden sein, die nicht durch eine Komposition mit dem Ganzen verbunden sind, dennoch aber indirekt Teil des Ganzen sind, weil sie zum Beispiel durch einen Part erzeugt werden. In diesem Fall wird die äußere Umrandung des Parts durch eine gestrichelte Linie dargestellt.

Innerhalb von Kompositionsstrukturdiagrammen werden Konnektoren verwendet, um Parts miteinander zu verbinden. Konnektoren können zum Beispiel Instanzen von Assoziationen sein. Sie bedeuten aber im Gegensatz zu Assoziationen nicht, dass eine Kommunikationsbeziehung zwischen den zugrunde liegenden Klassen, sondern lediglich zwischen den durch den Konnektor verbundenen speziellen Instanzen der Klassen besteht. Es ist jedoch ebenfalls möglich, eine beliebig geartete Kommunikationsbeziehung zwischen zwei Instanzen durch einen Konnektor auszudrücken. Die einzige Bedingung ist, dass die Schnittstellen der durch den Konnektor verbundenen Elemente kompatibel sind.

Der so genannte Kompositionskonnektor wird dazu verwendet, Parts untereinander zu verbinden. Er wird als einfache durchgezogene Linie gezeichnet, die über eine Multiplizität an den Enden verfügen kann.

Beispiel: Abbildung 7.5 zeigt das im vorherigen Beispiel entwickelte System als Kompositionsstrukturdiagramm. Die Darstellung zeigt im Wesentlichen den Aufbau der Klassenstruktur, die auch in Abbildung 7.4 gezeigt wird. Innerhalb der Klasse `SensorControl` werden die Beziehungen zwischen den einzelnen Elementen dargestellt, die als Teil des Ganzen `SensorControl` fungieren. Die Multiplizitäten an den einzelnen Konnektoren entsprechen dabei jedoch nicht denen in dem Klassendiagramm. Die UML erlaubt es, die Multiplizitäten innerhalb eines Kompositionsstrukturdiagramms weiter einzuschränken, da nicht die allgemeinen Klassenbeziehungen dargestellt werden, sondern ein spezieller Fall. Die Existenz eines Kompositionsstrukturdiagramms ersetzt jedoch nicht das Klassendiagramm, sondern zeigt lediglich eine andere Sicht der Dinge.

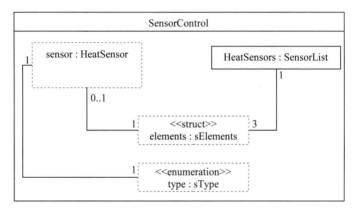

Abbildung 7.5 Ein Kompositionsstrukturdiagramm

Der Vorteil des Kompositionsstrukturdiagramms liegt nun darin, dass nicht nur das Innenleben einer Klasse dargestellt werden kann, sondern auch dessen Kommunikationsschnittstellen zu anderen Klassen. Dies erlaubt es, zum einen die Kommunikation zwischen Elementen auf einer höheren Ebene darzustellen, zum anderen aber auch Bereiche zu planen, die wiederverwendet werden können. Das Beispiel soll nun um Schnittstellen zu anderen Klassen und um die Möglichkeit der Wiederverwendung erweitert werden. Dazu muss zunächst definiert werden, was eine Schnittstelle in der UML ist und wie sie dargestellt wird.

Eine Schnittstelle ist ein Vertrag, der zwischen den Klassen eingegangen wird, die sie implementieren und denen, die darauf zugreifen wollen. Sie funktioniert ähnlich einer abstrakten Klasse, jedoch mit zwei Unterschieden. Zum einen müssen alle Operationen öffentlich sein, da sie eine Kommunikationsschnittstelle zu anderen Klassen definieren, zum anderen gibt ein Interface keine Standardimplementierung für eine Operation vor. Da alle Operationen abstrakt sind, kann natürlich, wie bei einer abstrakten Klasse, keine Instanz eines Interfaces erzeugt werden. Es gibt verschiedene Darstellungen für ein Interface. Auf der linken Seite wurde die Klassennotation gewählt, die den Stereotyp `interface` besitzt.

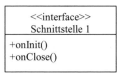

Ein Interface kann durch eine Klasse realisiert, beziehungsweise implementiert oder benutzt werden. Um diese Beziehungen zwischen einer Klasse und einem Interface in Klassennotation beschreiben zu können, werden zwei neue Typen von Verbindungen benötigt. Der erste neue Verbinder ist die so genannte *Realisierung*. Sie wird verwendet, um deutlich zu machen, dass eine Klasse ein Interface implementiert, also die durch die Schnittstelle beschriebenen Operationen mit Funktionalität versieht. Der Verbinder wird durch eine gestrichelte Linie mit einem nicht gefüllten Dreieck, das auf die Schnittstelle zeigt, dargestellt. Der zweite neue Verbinder ist eine spezielle Form der *Abhängigkeitsbeziehung*, die durch den Stereotyp `use` gekennzeichnet wird. Die Verbindung einer Klasse mit einem Interface mit diesem Verbinder gibt an, dass die Klasse auf Operationen der Schnittstelle zugreift, diese jedoch nicht selbst realisiert.

1)

2)

Wie bereits angedeutet wurde, existieren in der UML verschiedene Darstellungsformen für Schnittstellen. Die Klassennotation ist immer dann von Vorteil, wenn in dem Diagramm Informationen über die durch die Schnittstelle bereitgestellten Operationen dargestellt werden sollen. In Kompositionsstruktur- und Komponentendiagrammen wird jedoch gewöhnlich die platzsparende *Lollipopnotation* benutzt. Die Lollipopnotation verwendet anstelle von verschiedenen Verbindern unterschiedliche Piktogramme für die Darstellung der Schnittstelle, um deutlich zu machen, welche Klasse eine Schnittstelle realisiert oder benutzt. Das erste Piktogramm stellt die so genannte bereitgestellte Schnittstelle dar. Diese wird immer dann verwendet, wenn die Klasse die Schnittstelle implementiert. Das zweite Piktogramm ist analog für eine Schnittstelle, auf die zugegriffen wird. Um die Verbindung zweier Schnittstellen zu zeigen, wird eine Abhängigkeitsbeziehung zwischen den Schnittstellen gezogen, die auf die bereitgestellte Schnittstelle zeigt. In diesem Fall darf der Stereotyp `use` nicht verwendet werden.

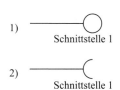

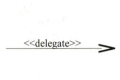

Für die Erstellung von Kompositionsstrukturdiagrammen steht noch ein weiterer Konnektor zur Verfügung. Der Delegationskonnektor besitzt an einem Ende einen offenen Richtungspfeil und den Stereotyp delegate. Durch diesen Konnektor kann ausgedrückt werden, dass Aufrufe, die durch einen Port empfangen werden, direkt an einen anderen weitergeleitet werden. Dieser Konnektortyp kann sowohl mit Parts als auch mit Ports verbunden werden. Die Voraussetzung dafür ist jedoch, dass die zur Kommunikation verwendeten Ports eindeutig aus der Klassenbeschreibung hervorgehen.

Ein *Port* stellt einen öffentlichen Interaktionspunkt einer Klasse mit ihrer Umgebung dar. Es können sowohl bereitgestellte als auch benötigte Schnittstellen angehängt werden, um zu verdeutlichen, welche Operationen durch den Port aufgerufen oder bereitgestellt werden können. Die Notation eines Ports erfolgt gewöhnlich, wie auf der linken Seite dargestellt, durch ein Rechteck, das den Rand der Klasse schneidet. Der Port kann eine Instanz einer Klasse sein. In diesem Fall wird der Name der Basisklasse durch einen Doppelpunkt getrennt hinter dem Namen des Ports angegeben. Existieren mehrere Instanzen eines Ports, so kann die Multiplizität in eckigen Klammern hinter dem Namen des Ports angegeben werden.

Beispiel: Abbildung 7.6 zeigt eine Modifikation der bereits bekannten Klasse HeatSensor. Die Klasse verfügt nun über den Port Converter, der eine Instanz der Klasse Interface-Converter ist. An den Port wurde die bereitgestellte Schnittstelle Sensor gehängt, die das Protokoll definiert, über das die Klasse angesprochen werden kann.

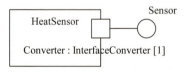

Abbildung 7.6 Portdarstellung mit bereitgestellter Schnittstelle

Beispiel: Abbildung 7.8 zeigt eine überarbeitete Version des Kompositionsstrukturdiagramms und Abbildung 7.7 das neue Klassendiagramm. Wie aus dem Klassendiagramm zu ersehen ist, wurde die vormals abstrakte Klasse Sensor in eine Schnittstelle für die Sensorklassen umgewandelt. Die ursprüngliche Vererbungsbeziehung wurde durch eine Realisierung ersetzt, um zu verdeutlichen, dass die Schnittstelle durch die Klasse HeatSensor implementiert wird. Da die Aufzählung sElements die Sensoren verwaltet, diese aber nicht ansteuert, ist sie unabhängig von der Schnittstelle. Im Gegensatz dazu steuert die Klasse SensorControl die Klasse SensorList um externe Zugriffe durch die Schnittstelle Sensor direkt an die Sensoren weiterzuleiten. Es wurde folglich eine Abhängigkeitsbeziehung mit dem Stereotyp use zwischen der Klasse SensorControl und der Schnittstelle Sensor gezeichnet.

In dem Kompositionsstrukturdiagramm haben sich ebenfalls einige Veränderungen ergeben. Zunächst wird die Klasse HeatSensor zusammen mit dem Port Converter und der angebotenen Schnittstelle Sensor gezeigt, um zu verdeutlichen, welche Schnittstellen durch den

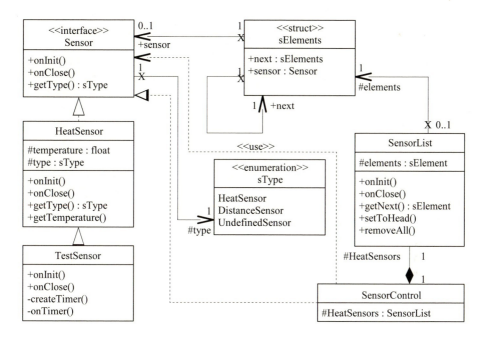

Abbildung 7.7 Ein Kompositionsstrukturdiagramm

Port verarbeitet werden. Die Darstellung der Klasse HeatSensor mit der Definition des Ports Converter könnte ebenfalls in einem separaten Diagramm erfolgen, wenn eine klar hierarchische Darstellung aller Diagramme erforderlich ist. Da sich die Klasse HeatSensor innerhalb der Klasse SensorControl befindet, wäre das in dem Beispiel nicht der Fall. Innerhalb der Klasse SensorControl wird an der Klasse HeatSensor lediglich der Port Converter dargestellt, da die Definition der Schnittstellen des Ports bereits erfolgt ist. Alternativ wäre es aber auch möglich, die Schnittstellen direkt an den Port zu zeichnen und auf eine separate Definition zu verzichten. Die externen Zugriffe über die Schnittstelle Sensor werden direkt an die interne Schnittstelle delegiert. Dabei muss natürlich berücksichtigt werden, dass zunächst die interne Sensorliste durchlaufen werden muss, um auf alle Sensoren zugreifen zu können.

Das Komponentendiagramm
In den vorangegangenen Abschnitten wurden Diagrammarten vorgestellt, die es ermöglichen, kleine Bereiche eines Softwaresystems zu beschreiben. Ein Infotainmentsystem besteht jedoch aus einer sehr großen Anzahl an Klassen, sodass eine Darstellung auf dieser Ebene praktisch nicht zu gebrauchen und auch nicht zu pflegen ist. Kompositionsstrukturdiagramme bieten eine erste Möglichkeit, Klassen darzustellen, die innerhalb anderer Klassen verwendet werden. Es ist also durchaus legitim, von den übergeordneten Klassen als einer anderen Abstraktionsebene zu sprechen. Es ist nun nahe liegend, Systeme, die auf Klassenebene zu komplex sind, in Bereiche einzuteilen, die funktionale Gruppen bilden und die sich durch Schnittstellen von ihrer Umgebung abgrenzen. Die Darstellung des Systems könnte dann durch die Darstellung solcher

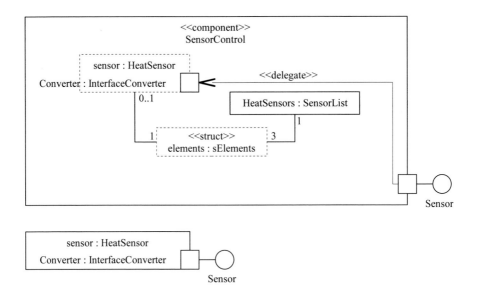

Abbildung 7.8 Ein Kompositionsstrukturdiagramm

funktionaler Bereiche abstrahiert und vereinfacht werden. Die UML verwendet für genau diesen Fall das *Komponentendiagramm*.

Eine *Komponente* ist eine spezielle Form einer Klasse, die die in ihr enthaltenen Elemente vollständig von ihrer Umgebung kapselt und die durch eine andere Komponente mit gleichen Schnittstellen ersetzt werden kann. Eine Komponente kann Klassen und andere Komponenten enthalten. Dies bietet die Möglichkeit, auch sehr komplexe Systeme immer weiter zu abstrahieren, um die Darstellung zu vereinfachen. Die UML kennt verschiedene Notationen für eine Komponente. Eine davon ist auf der linken Seite abgebildet. Die Komponente wird ebenso wie eine Klasse, jedoch ergänzt um den Stereotyp <<component>>, dargestellt. Die Darstellung der Schnittstellen erfolgt wie in einem Kompositionsstrukturdiagramm durch die Lollipopnotation. Da eine Komponente eine spezielle Form der Klasse ist, können Schnittstellen auch über Ports gebündelt werden.

Beispiel: Das in Abbildung 7.7 dargestellte Klasse `SensorControl` kann nun als Komponente interpretiert werden, da die von ihr enthaltene Funktionalität vollständig durch eine Schnittstelle vor ihrer Umwelt verborgen wird. Die Klasse kann jederzeit durch eine andere Klasse ersetzt werden, die die gleiche Schnittstelle bereitstellt. Diese könnte, anstelle der verketteten Liste, für die Speicherung der Sensoren zum Beispiel Zeiger verwenden. Ist die Definition der Komponente wie in Abbildung 7.7 gezeigt erfolgt, so kann die Komponente nun in einem Komponentendiagramm verwendet werden, das, wie in Abbildung 7.9 gezeigt, den nächst höheren Grad der Abstraktion der Software darstellt. Die Komponente ist nun über die Schnittstelle `Sensor` mit der Klasse `HeatManagementControl` verbunden, die über die Schnittstelle `Fan` die Geschwindigkeit der Systemlüfter regelt. Diese Komponenten können wiederum zu einer Komponente zusammengefasst werden, um das System weiter zu abstrahieren und die Zusammenhänge auf einer noch allgemeineren Ebene zu zeigen.

Abbildung 7.9 Ein Komponentendiagramm

Verhaltensdiagramme

Verhaltensdiagramme zeigen das dynamische Verhalten eines Softwaresystems. Es können Nachrichtensequenzen dargestellt werden, die die Kommunikation zwischen verschiedenen Objekten während der Laufzeit des Systems wiedergeben, oder die Algorithmen, die innerhalb einer Klasse zur Anwendung kommen. Während die statischen Diagramme dazu dienen, den grundsätzlichen Aufbau eines Systems zu planen und zu entwerfen, dienen die dynamischen Diagramme dazu, den statischen Aufbau mit Funktionalität zu füllen. Die UML stellt eine Reihe von Verhaltensdiagrammen zur Verfügung, von denen einige hier vorgestellt werden sollen.

Das Sequenzdiagramm

Ein wesentliches Merkmal einer Komponente ist, wie im letzten Abschnitt beschrieben, die Schnittstelle, über die sie angesteuert wird. Aber nicht nur die Namen der Operationen innerhalb der Schnittstelle sind von Bedeutung um deren Verhalten zu definieren, sondern auch die Reihenfolge, in der diese erwartet werden. Die UML verwendet so genannte Sequenzdiagramme, um die Kommunikationssequenzen zwischen Instanzen von Klassen oder Komponenten zu beschreiben und damit deren Verhalten zu definieren.

Eine *Lebenslinie* repräsentiert einen Teilnehmer einer Kommunikationssequenz. Die Darstellung erfolgt ähnlich wie bei einem Objekt, jedoch mit dem Unterschied, dass eine gestrichelte Linie, die senkrecht nach unten verläuft, die Zeitachse der Kommunikation darstellt. Während ein Objekt über eine Multiplizität verfügen kann, stellt eine Lebenslinie immer genau ein kommunizierendes Element dar. Verfügt das durch die Lebenslinie instantiierte Element über eine Multiplizität, so kann ein so genannter *Selektor* in eckigen Klammern hinter den Namen der Lebenslinie geschrieben werden, um das genaue Element zu spezifizieren. Wird der Selektor weggelassen, so kann jedes beliebige Element an der Kommunikation beteiligt sein. Die Beschriftung einer Lebenslinie wird, wie auf der linken Seite dargestellt, als Verkettung des Namens der Instanz, eines optionalen Selektors in eckigen Klammern und eines Doppelpunkts gefolgt von dem Namen des instantiierten Elements angegeben.

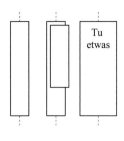

Ausführungsbalken zeigen die Aktivierung einer Lebenslinie an. Diese kann zum Beispiel durch eine eintreffende Nachricht oder zeitlich gesteuert erfolgen. Werden mehrere Aktivitäten gleichzeitig durchgeführt, so werden mehrere Aktivierungsbalken versetzt übereinander gezeichnet, um die einzelnen Aktivitäten voneinander zu unterscheiden. Ein Aktivierungsbalken kann für sehr einfache Aktionen, wie zum Beispiel das Auswerten von übermittelten Attributen, aber auch für sehr komplizierte Abläufe innerhalb des Elements stehen. Sollen die von dem Element durchgeführten Aktionen näher beschrieben werden, so kann das Rechteck vergrößert und mit einem Namen versehen werden, der die ausgeführte Aktion benennt.

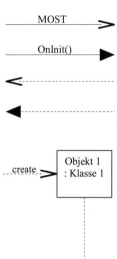

Es gibt verschiedene Arten von *Nachrichten*, die zwischen Lebenslinien ausgetauscht werden können. Auf der linken Seite ist zunächst ein asynchroner Aufruf dargestellt, der über das MOST Protokoll erfolgen soll. Dieser wird als durchgezogene Linie mit einem offenen Pfeilende dargestellt. Die zweite Nachricht, die dargestellt wird, zeigt einen synchronen Funktionsaufruf. Das Pfeilende bei synchronen Nachrichten ist geschlossen. Die letzten beiden Nachrichten zeigen Antwortnachrichten, für den asynchronen und den synchronen Fall. Das besondere an einer Antwortnachricht ist, dass sie mit einer gestrichelten Linie gezeichnet wird.

Ein weiterer Nachrichtentyp dient dazu, innerhalb einer dargestellten Sequenz ein neues Element zu erzeugen. Die *Erzeugungsnachricht* wird als gestrichelte Linie mit einem offenen Pfeilende gezeichnet. Zwei Besonderheiten unterscheiden sie von einer asynchronen Antwortnachricht. Zum einen endet dieser Nachrichtentyp immer direkt an dem Anfang einer Lebenslinie, zum anderen wird sie durch den Text `create` gekennzeichnet.

Es ist ebenfalls möglich, dass eine Lebenslinie während einer dargestellten Sequenz endet, wenn das dazugehörige Objekt seine Aufgabe erfüllt hat. Um das Ende einer Lebenslinie zu kennzeichnen, wird ein `X` auf die Lebenslinie gezeichnet. Die gestrichelte Linie wird danach beendet.

Beispiel: Abbildung 7.10 zeigt ein Beispiel für ein einfaches Sequenzdiagramm. Die Komponente `HeatManagementControl` initialisiert zunächst die Komponente `SensorControl` durch einen synchronen Aufruf. Die Komponente `HeatManagementControl` arbeitet also solange nicht weiter, bis die Initialisierung von `SensorControl` abgeschlossen ist. Im Anschluss an die Initialisierung von `SensorControl` erfolgt die Initialisierung von `FanControl` analog. Um die Temperatur innerhalb des Infotainmentsystems kontrollieren zu können, wird nun damit begonnen, die aktuelle Temperatur von `SensorControl` zu erfragen. Das Ergebnis wird mit der Antwortnachricht übermittelt. Je nach übermittelter Temperatur kann dann durch Senden der `setFanSpeed` Nachricht die Lüftergeschwindigkeit geregelt werden. Es stellt sich nun die Frage, wie verdeutlicht werden kann, dass die Abfrage der Temperatur in einer Schleife erfolgt, um das System permanent zu überwachen. Die UML 2.1 stellt für diese und für andere Aufgaben ein neues Konstrukt bereit, das *Fragment* genannt wird.

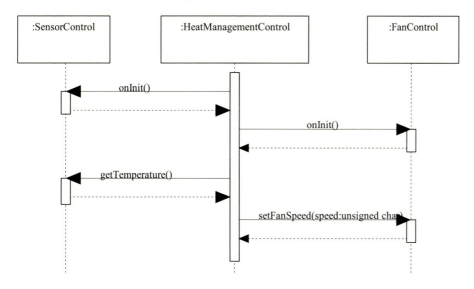

Abbildung 7.10 Ein Sequenzdiagramm

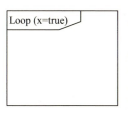

Ein Fragment beschreibt einen Bereich in Sequenzdiagrammen, in dem für die enthaltenen Nachrichten besondere Umstände gelten. Die Darstellung erfolgt durch eine Box, die den besonderen Bereich mit allen Nachrichten einschließt, sowie ein kleines Fünfeck in der linken oberen Ecke. Innerhalb des Fünfecks kann angegeben werden, um was für ein Fragment es sich handelt. Aus Platzgründen wird hier lediglich auf das `loop` Fragment eingegangen. Das Fragment beschreibt eine Menge von Nachrichten, die innerhalb einer Schleife ausgeführt werden. In Klammern kann ein boolescher Ausdruck definiert werden, der das Abbruchkriterium bestimmt.

Beispiel: Abbildung 7.11 zeigt das weiterentwickelte Beispiel aus Abbildung 7.10. Die Nachrichtensequenzen, die das Abfragen der aktuellen Temperatur und das Setzen der Lüftergeschwindigkeit betreffen, sind nun durch das Fragment eingeschlossen. Die Bezeichnung des Fragments macht deutlich, dass es sich um ein `loop` Fragment handelt, die eingeschlossenen Nachrichten also innerhalb einer Schleife ausgeführt werden. Der in Klammern angegebene boolesche Ausdruck wird vor jedem Durchlauf der Schleife überprüft.

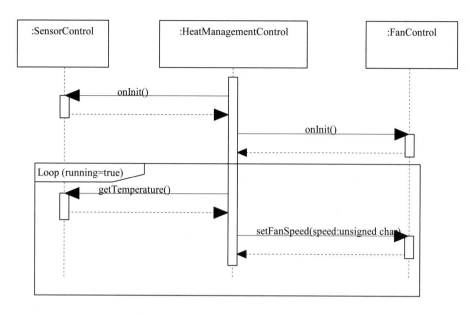

Abbildung 7.11 Ein Sequenzdiagramm

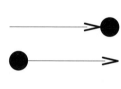

Es gibt noch weitere Nachrichtentypen für besondere Ereignisse. Bei den so genannten *verlorenen Nachrichten* handelt es sich um Nachrichten, deren Empfänger in dem dargestellten Kontext nicht modelliert werden soll. Die Notation erfolgt durch eine Nachricht, die in einem ausgefüllten Kreis endet. Eine *gefundene Nachricht* wird verwendet, wenn der Sender der Nachricht zwar bekannt ist, im Rahmen der Beschreibung aber keine Rolle spielt. Die Notation erfolgt durch eine Nachricht, die an einem ausgefüllten Kreis beginnt.

Beispiel: Eine gefundene Nachricht kann verwendet werden, um, wie in Abbildung 7.12 gezeigt, darzustellen, dass die gezeigte Sequenz durch ein externes Ereignis ausgelöst wird. Das Diagramm zeigt das Eintreffen der Nachricht OnInit bei der Klasse SensorControl. Diese beginnt daraufhin, eine Instanz der Klasse SensorList zu erzeugen, die wiederum eine Instanz der Klasse sElelements erzeugt. Diese wird als Wurzel für die einfach verkettete Liste verwendet. Nach dem Erzeugen der Klasse SensorList wird auch diese durch die Klasse SensorControl mit einer onInit Nachricht initialisiert. Die Klasse SensorList ruft daraufhin, dargestellt durch eine synchrone Nachricht, die Funktion addSensor bei sich selbst auf. Dadurch wird ein zweiter Aktivitätsbalken erzeugt, der parallel zum ersten verläuft, auch wenn der erste aufgrund des synchronen Aufrufs vorerst gestoppt ist. Innerhalb der Funktion addSensor werden weitere Instanzen der Klassen sElements und HeatSensor erzeugt und mit der Liste verkettet. Abschließend beendet sich die Funktion und springt zu der ursprünglichen Aktivität zurück.

Für Sequenzdiagramme existiert, ebenso wie für die statischen Diagramme, eine Möglichkeit, die dargestellten Informationen zu abstrahieren. Diese Möglichkeit ist besonders dann sinnvoll einzusetzen, wenn sich sehr komplexe Nachrichtensequenzen in logische Blöcke einteilen lassen,

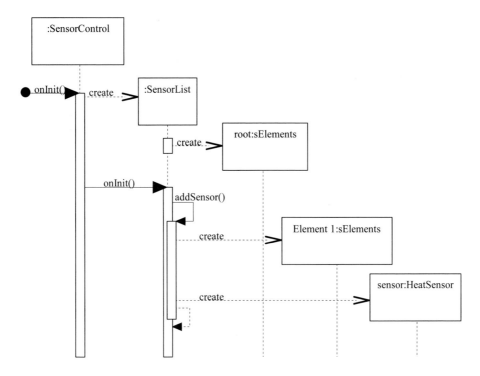

Abbildung 7.12 Ein Sequenzdiagramm

oder bestimmte Blöcke wiederholt auftreten. Ein gutes Beispiel hierfür ist ein Datentransfer über ein Nachrichtenprotokoll, bei dem sich die Kommunikation in Verbindungsaufbau, Datentransfer und Verbindungsabbau einteilen lässt oder aber die Initialisierung der Komponente SensorList in dem hier gezeigten Beispiel. Da zwei Hitzesensoren erzeugt werden sollen, müsste sich der Aufruf der Funktion addSensor folglich noch einmal wiederholen. Und auch in Sequenzdiagrammen gilt die Regel, nie zu viele Elemente gleichzeitig zu zeigen, um einen schnellen Überblick und ein einfaches Verständnis zu ermöglichen.

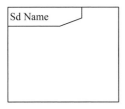

Ein *Diagrammrahmen* zeigt die äußere Begrenzung eines Diagramms an. Die Notation erfolgt, ähnlich wie bei einem Fragment, durch eine Box mit einem Fünfeck in der linken oberen Ecke, in dem der Name des Diagramms vermerkt wird. Der Diagrammname setzt sich aus zwei Teilen zusammen, einem Kürzel für den Diagrammtyp und einer Bezeichnung für den dargestellten Inhalt. Ein solcher Rahmen kann um jeden Diagrammtyp der UML gezogen werden.

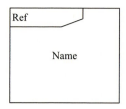

Eine *Diagrammreferenz* verweist innerhalb eines Diagramms auf eine an anderer Stelle definierte Nachrichtensequenz. Die Darstellung erfolgt wiederum ähnlich eines Fragments. Innerhalb des Fünfecks in der linken oberen Ecke wird die Bezeichnung `Ref` verwendet, um eine Diagrammreferenz zu kennzeichnen. Der Name der Nachrichtensequenz, auf die verwiesen wird, wird zentriert innerhalb der Box angegeben, die normalerweise die beinhalteten Nachrichten umschließt.

Beispiel: Die Abbildungen 7.13 und 7.14 zeigen das weiterentwickelte Beispiel aus Abbildung 7.12. Zunächst wurde die Nachrichtensequenz, die durch den Aufruf der Operation `addSensor` ausgelöst wird, in einem eigenen Diagramm (Abbildung 7.13) dargestellt. Durch den in dem Diagramm enthaltenen Rahmen wird ein Name für die Nachrichtensequenz definiert: `AddSensor`. Abbildung 7.14 stellt eine Vereinfachung der ursprünglichen Nachrichtensequenz aus Abbildung 7.12 dar. Der Aufruf der Operation `addSensor` wurde durch eine Diagrammreferenz ersetzt, die über den Namen `AddSensor` auf die in Abbildung 7.13 gezeigte Nachrichtensequenz verweist. Durch die vereinfachte Darstellung ergeben sich mehrere Vorteile. Es wird vermieden, die durch `AddSensor` definierte Nachrichtensequenz mehrfach darzustellen, sie kann stattdessen wie ein Baustein immer wieder referenziert werden. Ein weiterer Vorteil ist, dass die Übersichtlichkeit in Abbildung 7.14 erhöht wurde, während das Diagramm selbst weniger Platz beansprucht.

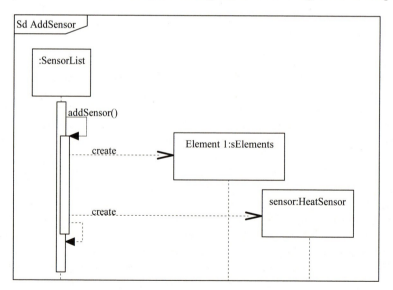

Abbildung 7.13 Ein Sequenzdiagramm

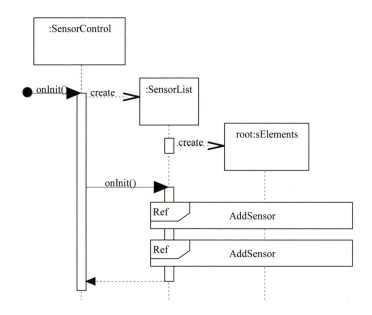

Abbildung 7.14 Ein Sequenzdiagramm

Das Zustandsdiagramm

Innerhalb eines Infotainmentsystems tritt häufig der Fall auf, dass sich eine Softwarekomponente in unterschiedlichen Zuständen befinden muss. Ein Beispiel hierfür ist der durch das Öffnen der Fahrertür ausgelöste Systemstart, bei dem bestimmte Komponenten zunächst nur einen Teil ihrer Funktionalität bereitstellen müssen. Später, im normalen Betrieb des Fahrzeugs, müssen alle Softwareanteile voll verfügbar sein. Befindet sich das Fahrzeug in der Werkstatt, wird der Diagnosemodus aktiviert. In diesem Zustand müssen zum Beispiel keine Infotainmentfunktionen verfügbar sein, dennoch müssen einige Infotainmentkomponenten durch Diagnosenachrichten neu konfiguriert werden können. Ein einfaches Beispiel wäre auch das bereits vorgestellte Hitzekontrollsystem. Abhängig von der aktuellen Temperatur kann sich die Software in unterschiedlichen Hitzezuständen befinden, die verschiedenen Gegenmaßnahmen beinhalten. Übersteigt die Temperatur eine vorgegebene Schwelle, so kann zum Beispiel ein Lüfter aktiviert werden, um die Temperatur zu senken. Steigt die Temperatur über eine weitere Schwelle, so werden Teile der Software deaktiviert und letztendlich das komplette System. Die UML stellt für die Modellierung solcher Zustände, der dabei durchgeführten Aktionen und der Bedingungen, die zu einem Zustandswechsel führen, die so genannten Zustandsdiagramme zur Verfügung. Der durch das Zustandsdiagramm beschriebene *Zustandsautomat* ist ein *endlicher Automat*, wie er in der theoretischen Informatik bekannt ist.

Ein *Zustand* beschreibt eine Situation innerhalb eines Softwareelements, wie einer Klasse oder Komponente, in der eine bestimmte unveränderliche Situation gilt. Dies kann die geöffnete Fahrertür sein, aber auch ein Temperaturwert, der sich zwischen zwei definierten Schwellen befindet. Die Darstellung eines Zustands erfolgt immer durch ein Rechteck mit abgerundeten Kanten. Im einfachsten Fall wird lediglich der Name des Zustands innerhalb des Rechtecks angegeben. Es ist aber auch möglich, ein bestimmtes internes Verhalten für den Zustand zu definieren. Dies geschieht in einem durch eine horizontale Linie abgetrennten Bereich durch Angabe von Bezeichnern und Verhaltensbeschreibungen, die durch einen Backslash voneinander getrennt werden. Für die Bezeichner existieren eine Reihe vordefinierter Schlüsselwörter. Durch den Bezeichner `Entry` wird das Verhalten definiert, das ausgeführt wird, wenn der Zustand betreten wird. Analog beschreibt `Exit` das Verhalten bei Verlassen des Zustands und `Do` das Verhalten des Elements, während es sich in dem Zustand befindet.

Eine *Transition* beschreibt den Übergang von einem Zustand zu dem nächsten. Die Darstellung erfolgt durch eine durchgezogene Linie mit einem offenen Pfeil an dem Ende der Transition, welcher auf den neuen Zustand verweist. Die Beschriftung der Transition erfolgt durch die Angabe eines *Auslösers*, eines *Wächter*s in eckigen Klammern und ‚getrennt durch einen Slash, eines *Verhaltens*. Der Auslöser beschreibt das Ereignis, das eintreten muss, damit die Transition durchgeführt wird. Der Wächter ist ein boolescher Ausdruck, der auf den Parametern des auslösenden Ereignisses basieren kann und der erfüllt sein muss. Wenn die Transition ausgeführt wird, so beschreibt das Verhalten die Schritte, die bei dem Zustandswechsel durchgeführt werden. Die Angabe kann die Operationen und Attribute des Objekts verwenden, das durch den Automaten beschrieben wird.

Um ein Zustandsdiagramm eindeutig beschreiben zu können, gibt es eine Reihe von *Pseudozuständen*, die durch den Zustandsautomaten eingenommen werden können. Der *Startzustand* wird als ausgefüllter schwarzer Kreis dargestellt und besitzt genau eine ausgehende Transition, die weder einen Auslöser, noch einen Wächter besitzen darf. Die Transition verweist auf den ersten Zustand, der von dem System eingenommen wird. Dieser Pseudozustand wird benötigt, um einen eindeutigen Anfang für einen Zustandsautomaten zu definieren.

Der *Endzustand* wird durch ein Kreuz dargestellt und markiert das Ende eines Zustandsautomaten und des dazugehörigen Objekts. Die zum Endzustand führende Transition beschreibt das letzte Verhalten des Objekts.

Beispiel: Abbildung 7.15 zeigt das Beispiel eines Zustandsdiagramms, wie es in einer Temperaturkontrolle zum Einsatz kommen könnte. Zunächst wird durch den Startzustand und die dazugehörige Transition verdeutlicht, dass sich die Temperaturkontrolle zu Beginn in dem Zustand

HeatState0 befindet. Das durch das Schlüsselwort Entry definierte Verhalten bestimmt, dass beim Betreten des Zustands der Lüfter deaktiviert wird. Während sich das System in dem Zustand befindet, wird permanent die aktuelle Temperatur überprüft. Dies wird durch das Schlüsselwort Do definiert. Der Zustand kann durch eine Transition verlassen werden, die durch die Funktion incrementState aktiviert wird. Die Transition wird durch einen Wächter kontrolliert. Dieser bezieht sich auf zwei Attribute des zu dem Automaten gehörenden Objekts temperature und upperbound1. Es ist folglich nur möglich, den Zustand zu verlassen, wenn die Temperatur eine vorgegebene obere Schranke erreicht. Der folgende Zustand HeatState1 aktiviert den Lüfter, sobald er betreten wird und überprüft ebenfalls permanent die Temperatur. Wiederum wird durch die Operation incrementState eine Transition ausgelöst, durch die der Zustand verlassen werden kann. Erreicht die Temperatur eine weitere obere Schranke, so wird in den nächsthöheren Zustand gewechselt. Diesmal existiert allerdings noch eine zweite Transition, die durch die Operation decrementState aktiviert wird. Hier wird überprüft, ob die Temperatur eine vorgegebene untere Schranke unterschreitet, um in den Zustand HeatState0 zurückzufallen. Ähnlich verhält sich der Zustand HeatState2, bei dessen Betreten einige Applikationen beendet werden, die die Systemtemperatur negativ beeinflussen. Interessant ist die Transition, die zu dem Endzustand führt. Wiederum wird die Transition durch die Operation incrementState ausgelöst und durch einen Wächter kontrolliert, jedoch ist für diese Transition zusätzlich ein Verhalten definiert, das das Herunterfahren des kompletten Systems auslöst.

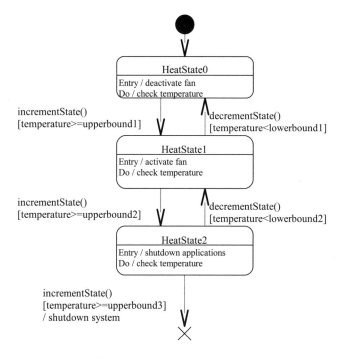

Abbildung 7.15 Ein Zustandsdiagramm

Natürlich ist ein Aufruf der Operationen incrementState und decrementState wenig sinnvoll, da beide Aufrufe stets hintereinander erfolgen müssten. Eine elegantere Lösung wäre eine bedingte Verzweigung, die, abhängig von der Temperatur, den Zustand wechselt. Diese ließe sich mit nur einer Operation realisieren.

Der Pseudozustand *Entscheidung* realisiert eine bedingte Verzweigung, durch die eine Transition in verschiedene Richtungen aufgespalten werden kann. Abhängig von den Wächtern der ausgehenden Transitionen des Pseudozustands wird entschieden, welche Transition zu wählen ist. Treffen die Wächter mehrerer Transitionen zu, so wird von diesen eine beliebige gewählt. Trifft kein Wächter zu, so muss davon ausgegangen werden, dass das Modell fehlerhaft ist. Aus diesem Grund sollte immer eine ausgehende Transition mit dem Wächter [else] versehen werden, die gewählt wird, wenn kein anderer Wächter zutrifft.

Beispiel: Der aus Abbildung 7.15 bekannte Zustandsautomat wurde in Abbildung 7.16 unter Verwendung des Pseudozustands Entscheidung weiterentwickelt. Es wird nun in jedem Zustand nur noch die Operation updateState verwendet, um den Zustandswechsel zu überprüfen. Jede Transition aus Abbildung 7.15 findet eine eindeutige Entsprechung in Abbildung 7.16. Diejenigen Transitionen, die zu einem Entscheidungszustand führen, besitzen nun den Auslöser, während die Wächter an die Transitionen gehängt wurden, die die Entscheidungszustände verlassen. Hinzugekommen sind zwei Transitionen mit dem Wächter [else], die sicherstellen, dass in jedem Fall eine eindeutige Entscheidung getroffen werden kann.

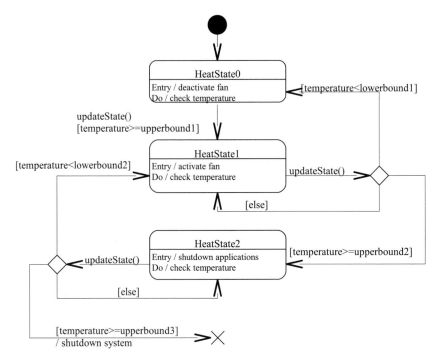

Abbildung 7.16 Ein Zustandsdiagramm

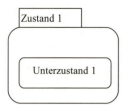

Ein Zustand kann seinerseits Zustände beinhalten. In diesem Fall spricht man von einem *zusammengesetzten Zustand*. Die Unterzustände und deren Notation verhalten sich ebenso wie normale Zustände. Für einen internen Zustandsautomaten kann ein Anfangszustand definiert werden. Es existieren jedoch noch einige andere Pseudozustände, die die Definition eines internen Zustandsautomaten erleichtern. Bei einem zusammengesetzten Zustand kann der Name in einer Box außerhalb des Zustands gezeichnet werden, um mehr Platz für den internen Zustandsautomaten zu erhalten.

Ein *Eintrittspunkt* ist ein Pseudozustand, der den Anfang eines internen Zustandsautomaten definiert. Wie ein Startzustand besitzt der Eintrittspunkt genau eine Transition zu dem Zustand des internen Zustandsautomaten, der als nächstes ausgeführt werden soll. Im Gegensatz zu einem Startzustand kann es mehrere Eintrittspunkte für einen internen Zustandsautomaten geben, die auf verschiedene interne Zustände verweisen. Die Notation erfolgt durch einen nicht ausgefüllten Kreis, der auf dem Rand eines zusammengesetzten Zustands platziert wird.

Der *Austrittspunkt* ist wiederum ein Pseudozustand. Wird ein Austrittspunkt durch eine Transition eines internen Zustandsautomaten erreicht, so wird der interne Zustandsautomat und der zusammengesetzte Zustand verlassen. Der Austrittspunkt wird, wie der Eintrittspunkt, auf dem Rand eines zusammengesetzten Zustands gezeichnet und durch einen durchgestrichenen nicht ausgefüllten Kreis dargestellt.

Durch den *Geschichtszustand*, ein weiterer Pseudozustand, wird der Unterzustand gespeichert, der in einem internen Zustandsautomaten zuletzt aktiv war. Dieser Pseudozustand kann sehr nützlich sein, wenn ein zusammengesetzter Zustand durch verschiedene interne Zustände verlassen wird. Besitzt eine Transition den Geschichtszustand eines internen Zustandsautomaten als Ziel, so wird die Bearbeitung des internen Zustandsautomaten mit dem Zustand fortgesetzt, der zuletzt aktiv war. Die Notation eines Geschichtszustands erfolgt durch einen nicht ausgefüllten Kreis, in den der Buchstabe H geschrieben wird. Der Pseudozustand muss sich innerhalb des zusammengesetzten Zustands befinden, dessen letzter Unterzustand gespeichert werden soll.

Beispiel: In Abbildung 7.17 wurde der Zustand HeatState1 durch einen zusammengesetzten Zustand ersetzt. Der Zustand setzt sich nun aus zwei Unterzuständen zusammen, die die Geschwindigkeit des Lüfters kontrollieren. Zunächst wurde für den zusammengesetzten Zustand definiert, dass beim Betreten des Zustands eine interne Zeitschaltuhr aktiviert wird, die beim Verlassen des Zustands wieder deaktiviert wird. Jedes Mal, wenn die interne Zeitschaltuhr abläuft, kann ein Wechsel zwischen den Unterzuständen erfolgen. Die Transitionen zwischen den Unterzuständen werden dabei wieder durch Wächter kontrolliert, die von der aktuellen Temperatur abhängig sind. Für die eingehenden Transitionen wurde jeweils ein Eintrittspunkt erzeugt, der eindeutig den Unterzustand festlegt, mit dem die Bearbeitung fortgesetzt werden soll. Wird der Zustand HeatState1 durch den Zustand HeatState0 erreicht, so startet der Lüfter mit einer

Geschwindigkeit von 50 % seiner Maximalgeschwindigkeit. Wird der Zustand durch den Zustand
HeatState2 erreicht, so wird der Lüfter auf seine Maximalgeschwindigkeit geschaltet. Eine ausgehende Transition wurde direkt an den zusammengesetzten Zustand angefügt. Diese Notation
ist so zu interpretieren, das, egal in welchem Unterzustand sich der zusammengesetzte Zustand
befindet, die Transition ausgeführt wird. Wenn durch den nachfolgenden Entscheidungszustand
entschieden wird, dass in dem Zustand HeatState1 verblieben werden soll, ist unbekannt, aus
welchem Unterzustand heraus der Aufruf der Transition erfolgt ist. Deshalb verweist die [else]
Transition nun auf einen Geschichtszustand. Dadurch ist sichergestellt, dass die Bearbeitung korrekt fortgesetzt wird.

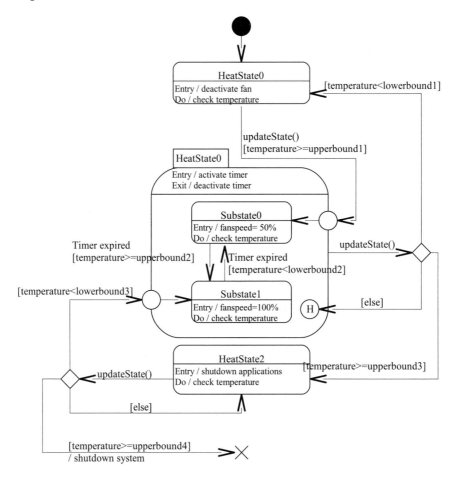

Abbildung 7.17 Ein Zustandsdiagramm

7.2 AUTOSAR Plattformarchitektur

Auf den folgenden Seiten dieses Buches werden grundlegende Konzepte vorgestellt, die für die Entwicklung einer Plattformarchitektur für ein Infotainmentsystem benötigt werden. Um für die jeweiligen Konzepte eine Beispielarchitektur präsentieren zu können, die auch in der Praxis Relevanz besitzt, wurde die *Automotive Open System Architecture* (AUTOSAR) [AUT] ausgewählt. Die 2002 gegründete AUTOSAR Initiative hat sich zum Ziel gesetzt, eine einheitliche Softwareplattform für Steuergeräte zu entwickeln. Die Plattformsoftware besteht aus klar definierten Softwarekomponenten, die durch verschiedene Hersteller unabhängig voneinander entwickelt werden können. Die AUTOSAR Architektur ist in Schichten organisiert, die die verschiedenen Aufgaben der Plattform wahrnehmen und die Applikationen von Schicht zu Schicht mehr von der zugrunde liegenden Hardware und der Plattform entkoppeln. Abbildung 7.18 zeigt das Schichtenmodell der AUTOSAR Plattform.

Direkt über der Hardware wurde der *Microcontroller Abstraction Layer* definiert, dessen Aufgabe darin besteht, die tatsächlich verwendete Hardware von den darüberliegenden Schichten zu entkoppeln. In dieser Schicht befinden sich die Treiber für die Ein- und Ausgabe, Kommunikationsmechanismen wie CAN oder I2C, Speicherzugriffe auf Flash Speicher oder ein EEPROM und interne Peripherie, wie zum Beispiel die Uhr. Die Implementierung dieser Schicht ist hochgradig von der zugrunde liegenden Hardware abhängig, bietet der darüberliegenden Schicht jedoch eine standardisierte Schnittstelle um auf die Hardware zuzugreifen.

Die darauf folgende Schicht kapselt die *Electronic Control Unit* (ECU) spezifischen Anteile und wird *ECU Abstraction Layer* genannt. Grundsätzlich ermöglicht er die Zugriffe auf die gleichen Mechanismen wie der zugrunde liegende Microcontroller Abstraction Layer, kapselt dabei aber die Position der bereitgestellten Dienste und eventuelle Besonderheiten beim Zugriff. Ein Beispiel für die in dieser Schicht vorgenommene Kapselung wäre ein interner Microcontroller, der zwei CAN-Kanäle besitzt und ein über SPI angeschlossener ASIC, der vier weitere CAN-Kanäle bereitstellt. Während der Zugriff im Microcontroller Abstraction Layer tatsächlich getrennt über verschiedene Treiber erfolgen muss, können die Schichten oberhalb des ECU Abstraction Layer auf sechs CAN-Kanäle zugreifen, ohne Rücksicht auf dessen tatsächliche Umsetzung.

Der *Services Layer* enthält eine Reihe von Mehrwertdiensten, die durch die Plattform bereitgestellt werden und die in den folgenden Kapiteln dieses Buches näher beschrieben werden. Dazu gehören das *System & Power Management* (SPM) [AUT06d], das für das korrekte Hochstarten des Systems verantwortlich ist und dessen Verhalten zu Laufzeit kontrolliert. Ein Fehlerspeicher [AUT06c], in dem aufgetretene Fehler als *Diagnostic Trouble Code*s (DTC) abgelegt werden können und eine zentrale Steuerungsinstanz für Diagnosezugriffe von außerhalb des Systems [AUT06b]. Es wird weiterhin eine zentrale Steuerungsinstanz für Zugriffe auf nicht flüchtige Medien, wie zum Beispiel Flash Speicher, bereitgestellt [AUT06e].

Das AUTOSAR *Runtime Environment* (RTE) [AUT06g] dient lediglich dazu, alle Dienste und Zugriffe auf die Plattform von den Applikationen zu verbergen. Zu den Applikationen wird eine einheitliche Schnittstelle präsentiert, die unabhängig von der zugrunde liegenden Plattform Dienste anbietet. Sämtliche Kommunikation zwischen den Applikationskomponenten erfolgt über das RTE, sodass es unerheblich ist, ob es sich um interne Kommunikation auf dem gleichen Gerät oder externe Kommunikation über ein Nachrichtenprotokoll handelt. Teile des RTE, wie zum Beispiel die Applikationsschnittstellen, können automatisch generiert werden, um dessen Performance zu erhöhen und die Fehleranfälligkeit der Implementierung zu mindern.

Die *Complex Drivers* lassen sich keiner Schicht eindeutig zuordnen und nehmen aus diesem Grund eine Sonderrolle ein. In dieser Gruppe der Plattformsoftware können Treiber enthalten sein, die direkten Zugriff auf die Hardware besitzen, aber sehr komplexe Algorithmen anwenden müssen, um die ermittelten Daten zu verarbeiten. Es ist aber auch möglich, neue Kommunikationsmechanismen und Protokolle in die Plattform zu integrieren und zu erweitern. Allgemein ausgedrückt gilt dies für jegliche Hardware, die innerhalb der AUTOSAR Standardisierung nicht berücksichtigt wurde.

Die Complex Drivers dienen auch als Migrationslösung für bestehende Applikationen, die nicht auf dem AUTOSAR Konzept basieren. Da diese Applikationen häufig eine direkte Abhängigkeit zu der zugrundeliegenden Hardware besitzen, können sie als komplexe Treiber definiert werden. Erweiterungen zu der bestehenden Applikation können dann sukzessive mit AUTOSAR konformen Schnittstellen umgesetzt werden.

Es ist zu erwähnen, das die Complex Drivers eine mögliche Gefahr für die Architektur darstellen, da sie die Möglichkeit bieten, das durch AUTOSAR vorgegebene Konzept zu umgehen. Sie sollten daher nur mit größter Vorsicht verwendet werden.

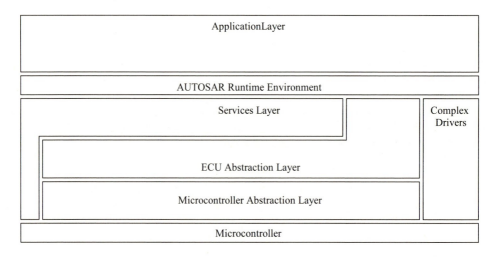

Abbildung 7.18 Übersichtsdiagramm der AUTOSAR Architektur

Die folgenden Kapitel gehen auf bestimmte Aspekte einer Plattformsoftware näher ein. Dabei wird den Mehrwertdiensten des Services Layer besondere Beachtung geschenkt, da sie die Besonderheiten eines eingebetteten Systems reflektieren.

7.3 Betriebssysteme

Betriebssysteme für eingebettete Systeme befinden sich in einer Umgebung, die aufgrund des immensen Kostendrucks sehr starken Einschränkungen hinsichtlich Speicher und Prozessorleistung unterworfen ist. Aufgrund dieser Tatsache sind die Anforderungen an ein Betriebssystem im embedded Umfeld sehr viel größer als an ein Standardbetriebssystem.

Die Variantenvielfalt der Betriebssysteme ist gerade im embedded Bereich sehr groß, da ein sehr hoher Spezialisierungsgrad für die verwendete Hardware erreicht werden muss, um die Anforderungen an die Software zu erfüllen. In einfachen Steuergeräten kommen Echtzeitanforderungen an das Betriebssystem hinzu, die eine vorgegebene Ausführungszeit und eine einfache Analysierbarkeit des Systems bedingen. Dies ist für Infotainmentsysteme aber eher ungewöhnlich, da keine für den Fahrer lebenswichtigen Aufgaben, wie zum Beispiel die Airbagsteuerung, übernommen werden.

Im Folgenden werden einige Mechanismen vorgestellt, die in einem Betriebssystem vorhanden sein müssen, das in einem Infotainmentsteuergerät verwendet werden soll. Zunächst werden einige grundlegende Begriffe und Konzepte eingeführt, um ein Verständnis der darauf aufbauenden Verfahren zu ermöglichen. Natürlich kann keine vollständige Einführung in das umfangreiche Thema moderner Betriebssysteme gegeben werden, sodass auch in diesem Kapitel zu einem umfassenden Verständnis auf die weiterführende Literatur ([Tan03]) verwiesen wird.

7.3.1 Parallelisierung

In modernen Betriebssystemen werden permanent Programme scheinbar parallel ausgeführt, obwohl für die Ausführung der Programme lediglich ein Prozessor zur Verfügung steht. Auch wenn die Anzahl der Kerne innerhalb eines Prozessors immer weiter zunimmt, so bleibt diese Anzahl doch weit hinter der Menge der gleichzeitig laufenden Programme zurück. Es müssen folglich Programme, die scheinbar parallel ausgeführt werden, in Wahrheit sequentiell ausgeführt werden. Aus diesem Grund wird für die in Computern auftretende parallele Verarbeitung von Programmen auch der Begriff *Quasiparallelität* verwendet. Die im Folgenden beschriebenen Mechanismen werden genutzt, um die sequentielle Bearbeitung von Programmen parallel erscheinen zu lassen.

- **Program Counter**: Der *Program Counter* oder *Befehlszähler* bezeichnet ein Spezialregister, das von vielen Prozessoren unterstützt wird und das die Position des nächsten auszuführenden Befehls im Speicher beinhaltet. Jeweils nach dem Laden eines neuen Befehls wird der Befehlszähler erhöht, sodass er wiederum auf die Adresse des nächsten Befehls im Speicher verweist.

- **Stack Pointer**: Der *Stack Pointer*, auch *Kellerzeiger* genannt, ist ein weiteres Spezialregister. Der Kellerzeiger verweist auf eine Adresse im Speicher, an der sich der so genannte *Callstack* befindet.

- **Callstack**: In dem Callstack werden Informationen über Prozeduren abgelegt, die betreten, aber noch nicht wieder verlassen wurden. Die abgelegten Informationen umfassen die Eingabeparameter der Prozedur sowie lokale und temporäre Variablen. Wenn die Ausführung eines Programms unterbrochen wird, so kann mit Hilfe des Callstacks die Historie der vorangegangenen Aufrufe rekonstruiert werden, die zu der aktuellen Situation geführt hat.

- **Prozesse**: Im Zusammenhang mit Parallelität von Computern fällt häufig der Begriff *Prozess*. Ein Prozess bezeichnet ein Konstrukt in einem Betriebssystem, das über eine bestimmte Menge von Ressourcen, wie zum Beispiel Speicher oder geöffnete Dateien, verfügt. Ein Prozess verhält sich so, als würde er für die Ausführung einen eigenen Prozessor besitzen. In der Realität wird durch einen vorgegebenen Mechanismus, das *Scheduling* (siehe unten), zwischen mehreren gleichzeitig laufenden Prozessen hin und her geschaltet. Dabei ist wichtig, dass jeder Prozess über einen eigenen Adressraum verfügt. Das bedeutet, dass die in einem Prozess benutzten Adressen nur innerhalb des Prozesses gültig sind und fremde Prozesse nicht darauf zugreifen können.

- **Threads**: Ein *Thread* ist eine weitere Form der Parallelisierung von modernen Betriebssystemen. Threads laufen innerhalb eines Prozesses und bezeichnen parallele Programme, die auf gemeinsamen Ressourcen und somit auch in einem gemeinsamen Speicher agieren. Jeder Thread besitzt einen eigenen Program Counter sowie einen Callstack. Ebenso wie bei den Prozessen wird die parallele Ausführung von Threads durch einen *Scheduler* realisiert, der die Ausführungsreihenfolge festlegt. Da Threads nicht über einen eigenen Adressraum und eigene Ressourcen verfügen kann ein Wechsel zwischen Threads schneller erfolgen, als zwischen Prozessen. Das Thread Konzept findet üblicherweise Anwendung bei Aufgaben, die innerhalb eines Programms kooperativ erledigt werden müssen. Dies ist sinnvoll, da zwischen verschiedenen Threads keine Schutzmechanismen für die verwendeten Ressourcen und folglich auch nicht für den Speicher existieren. Zum Beispiel kann eine Datei, die im Kontext eines Threads geöffnet wurde, durch alle Threads im gleichen Prozess verwendet werden. Innerhalb eines eingebetteten Systems ist es jedoch nicht sinnvoll, jedes Programm in einem eigenen Prozess zu verwalten, da, wie bereits erwähnt, der Wechsel zwischen Prozessen teurer ist, als zwischen Threads. Die Konfiguration der Software innerhalb eines Steuergeräts ist jedoch auch nicht so dynamisch, wie bei einem Arbeitsplatz PC. Es kann also auch hier davon ausgegangen werden, dass die statische Softwarekonfiguration innerhalb eines Prozesses eine kooperative Ressourcennutzung realisiert.

7.3.2 Prozesskommunikation

Parallel ausgeführte Threads agieren in einem gemeinsamen Adressraum und mit gemeinsamen Ressourcen. Um den kooperativem Zugriff auf diese Ressourcen zu gewährleisten, werden Mechanismen benötigt, die eine Synchronisierung zwischen den Quasi parallelen Threads ermöglichen. Ein mögliches Fehlerbild, das ohne Synchronisierung auftreten kann, sind die so genannten *Race Conditions*. Angenommen, ein Programm liest einen Wert aus dem Speicher, inkrementiert diesen und schreibt ihn zurück. Wenn ein zweiter Thread parallel auf dem gleichen Wert im Speicher arbeitet, ist es abhängig von dem Ausführungszeitpunkt, mit welchem Wert er arbeitet. Aber auch durch die Einführung von Synchronisierungsmöglichkeiten können Probleme entstehen. Auf diese wird in Kapitel 7.6 näher eingegangen, das eine Einführung in das Ressourcenmanagement gibt.

- **Semaphoren**: Eine *Semaphore* ist ein Variablentyp, der 1965 von E. W. Dijkstra vorgeschlagen wurde, um ein spezielles Problem zu lösen, das durch eine Race Condition hervorgerufen wurde. Die Semaphore ist eine ganzzahlige Variable, in der die Anzahl von erlaubten Zugriffen auf eine Ressource gespeichert werden kann. Der Zugriff erfolgt durch zwei Funktionen up und down, die jeweils ausschließlich aus atomaren Operationen bestehen und die während ihrer Ausführung nicht unterbrochen werden dürfen. Die Operation down überprüft, ob die Semaphore dem Wert 0 entspricht, falls ja, wird der aufrufende Thread blockiert, ohne den down Aufruf zu beenden, falls nein, wird der Wert der Semaphore dekrementiert und der Thread arbeitet weiter. Die up Operation inkrementiert den Wert der Semaphore um eins. Falls Threads existieren, die durch einen Aufruf der down Operation auf die Semaphore geblockt sind, so wird einer von ihnen durch das System geweckt, sodass er seine Aufgaben weiter bearbeiten kann. Der Zugriff auf einen begrenzten Speicherbereich, wie zum Beispiel einen Nachrichtenpuffer, kann so durch eine Semaphore geregelt werden, indem die maximale Nachrichtenanzahl als Ausgangswert der Semaphore verwendet wird. Versucht ein Thread eine neue Nachricht in den Puffer zu schreiben, wenn diese voll ist, so wird er beim Aufruf der Semaphore geblockt, bis in dem Puffer wieder Platz zur Verfügung steht.

- **Mutexe**: Ein *Mutex* bezeichnet eine spezielle Form der Semaphore, die einfacher zu realisieren ist. Bei einem Mutex muss nicht die Anzahl der Zugriffe auf eine Ressource gespeichert werden, da es darum geht, einen bestimmten Zugriff nur einmal zu gleichen Zeit zu ermöglichen. Für die Speicherung der Semaphore wird in diesem Fall kein ganzzahliger Variablentyp benötigt, sondern lediglich ein Bit. Soll zum Beispiel ein bestimmtes Codesegment nur von einem Thread zur gleichen Zeit durchlaufen werden, da es den Zugriff auf eine gemeinsam genutzte Variable realisiert, so wird von einer *Critical Section* gesprochen, die durch eine Semaphore mit der maximalen Zugriffszahl 1, also einem Mutex, geschützt werden kann.

- **Barriers**: So genannte *Barriers* oder *Barrieren* bezeichnen einen weiteren Mechanismus zur Synchronisierung von Prozessen. Dabei liegt der Fokus dieser Methode mehr auf Gruppen von Prozessen oder Threads statt auf paarweiser Synchronisierung.

- **Message Passing**: Eine Methode, um Nachrichten zwischen Prozessen auszutauschen, die nicht notwendigerweise auf dem gleichen Prozessor ausgeführt werden, ist das *Message Passing*. Diese Methode basiert grundsätzlich immer auf den Operationen send und receive. Es existieren sehr viele verschiedene Möglichkeiten und Protokolle, die den Nachrichtenaustausch zwischen Prozessen und Prozessoren realisieren. Einige von ihnen werden in Kapitel 5 näher beschrieben.

7.3.3 Prozessplanung – Scheduling

Wie bereits in den vorangegangenen Abschnitten beschrieben wurde, laufen mehrere Prozesse, die auf einem Prozessor ausgeführt werden quasi parallel ab, indem ein Scheduler den sequentiellen Ablauf der verschiedenen Prozesse steuert. Hierbei ist zwischen verschiedenen Ansätzen des Planens zu unterscheiden. *Preemptive* Algorithmen unterbrechen den aktuell laufenden Prozess nach einem vorgegebenen Schema und verhindern damit, dass ein Prozess das ganze System blockieren kann. Natürlich kostet jeder Prozesswechsel Zeit, sodass dieses Verhalten mit einer in Summe höheren Ausführungszeit für alle Prozesse bezahlt wird. *Nicht Preemptive* Algorithmen verhalten sich genau umgekehrt, indem sie laufende Prozesse grundsätzlich nicht unterbrechen. Bei der Wahl eines Planungsalgorithmus ist es wichtig zu wissen, welche Anforderungen an das Zielsystem gesetzt werden. Ein Benutzer an einem Arbeitsplatzrechner wird großen Wert darauf

legen, dass seine persönlichen Anfragen schnell bearbeitet werden, während die Hintergrund-
prozesse, die er nicht unmittelbar bemerkt, eine geringere Wichtigkeit besitzen. Anders sieht es
bei einem Steuergerät für den Airbag in einem Kraftfahrzeug aus, bei dem kein Prozess einen
anderen ausbremsen darf und es vorgegebene Intervalle für die Ausführungsdauer einer Aufgabe
gibt.

Bei einem Infotainmentsystem ist es, ebenso wie bei der Airbagsteuerung, wichtig, dass vorgegebene Ausführungszeiten eingehalten werden, auch wenn nicht, wie bei dem Beispiel, das Leben
des Fahrers davon abhängt. Da das Gehör des Menschen sehr empfindlich auf Verzögerungen in
einer Audiowiedergabe reagiert, dürfen andere Prozesse die Audioverarbeitung nicht behindern,
es existieren also weiche Echtzeitanforderungen. Gleichzeitig existieren in dem System jedoch
auch Prozesse, die für die Bearbeitung ihrer Aufgaben sehr viel Zeit benötigen und bei denen
eine viel größere Toleranz bei dem Benutzer vorausgesetzt werden kann. Ein Beispiel hierfür ist
die Routenberechnung der Navigation.

Im Folgenden werden einige bekannte Planungsalgorithmen mit ihren Vor- und Nachteilen für
ein Infotainmentsystem vorgestellt.

- **Round-Robin**: Der *Round-Robin*-Algorithmus ist ein sehr einfacher und weit verbreite-
  ter Planungsalgorithmus. Er basiert auf einem festen Zeitintervall, dem Quantum, das jedem Prozess für die Berechnung seiner Aufgaben zugewiesen wird. Ist der Prozess nach
  Ablauf des Intervalls noch nicht fertig, so wird er unterbrochen. Für den Round-Robin-
  Algorithmus muss lediglich eine Liste der aktuell aktiven Prozesse vorliegen. Wird der
  aktive Prozess unterbrochen, so wird er an das Ende der Liste angehängt und später weiter
  bearbeitet.

  Der kritische Punkt bei diesem Algorithmus ist die Größe des gewählten Intervalls. Ein zu
  kurzes Intervall resultiert in einer prozentual zu hohen Belastung des Prozessors für den
  Prozesswechsel. Ein zu langes Intervall verzögert mitunter die Ausführungszeiten derjenigen Prozesse, die sich sehr weit hinten in der Prozessliste befinden.

- **Prioritätenbasiert**: Bei prioritätenbasierten Ansätzen wird, im Gegensatz zu dem Round-
  Robin-Algorithmus, nicht davon ausgegangen, dass alle Prozesse gleich wichtig sind. Jedem Prozess wird eine Priorität zugewiesen. Benötigt ein höherpriorer Prozess den Prozessor, so wird ein niedrigpriorer gegebenenfalls unterbrochen. Der Vorteil solcher Verfahren
  ist, dass bestimmte Aufgaben bei entsprechender Priorität, wie zum Beispiel die Audiowiedergabe, nicht durch andere Prozesse unterbrochen werden und somit keine Verzögerungen bei deren Bearbeitung auftreten. Der Nachteil besteht in der Gefahr, dass Prozesse
  mit geringer Priorität niemals ausgeführt werden. Hier ist es sinnvoll, Prioritätenklassen
  zu definieren. Dabei ist darauf zu achten, dass Prozesse mit hoher Priorität nur eine geringe Ausführungszeit besitzen sollten, um das System nicht zu blockieren. Je mehr Zeit
  die Komponente für ihre Aufgaben am Stück benötigt, desto geringer sollte die Priorität
  ausfallen. Es ist möglich, dass prioritätenbasierte Scheduling mit anderen Verfahren zu
  kombinieren, indem z. B. zwischen den Prioritätsklassen prioritätenbasiertes Scheduling
  verwendet wird, innerhalb einer Klasse jedoch Round-Robin.

  Prioritätenbasiertes Scheduling eignet sich für Infotainment-Steuergeräte, da Aufgaben mit
  einer geringen durchschnittlichen Ausführungszeit eine hohe Priorität eingeräumt werden
  kann, sodass keine Verzögerungen in der Ausführung auftreten.

- **Earliest-Deadline-First**: Der *Earliest-Deadline-First*-Algorithmus ist ein populärer Echtzeit Planungsalgorithmus. Jeder Prozess, der Ausführungszeit benötigt, muss dies zusammen mit seiner einzuhaltenden Deadline dem Algorithmus kenntlich machen. Die Anmeldung wird in eine Liste eingefügt, die die rechenbereiten Prozesse nach ihren angemeldeten Deadlines sortiert. Der Algorithmus wählt dann den Prozess mit der frühsten Deadline aus und weist ihm den Prozessor zu. Besitzen zwei Prozesse die gleiche Deadline, so kann der Algorithmus wählen. Dabei werden Prozesse, die bereits laufen, bevorzugt.

  Auch wenn der Algorithmus für die Planung sehr komplex ist, eignet sich dieser Ansatz für ein Infotainmentsystem. Bei der Planung des Systems muss jedoch darauf geachtet werden, dass Prozesse ohne Echtzeitanforderungen, wie zum Beispiel eine Routenberechnung, eine unrealistisch weit entfernte Deadline bekommen müssen. Andernfalls kann, bei einem sehr ausgelasteten System, die Deadline der Routenberechnung erreicht werden, sodass diese alle anderen Prozesse blockiert.

Kapitel 7.6 stellt im Rahmen des Ressourcenmanagement eine Reihe von Problemen vor, die bei einer quasiparallelen Ausführung von Prozessen auftreten können, die gemeinsame Ressourcen nutzen.

7.3.4 Speichermanagement

Speicher ist in jedem Computer eine wichtige und begrenzte Ressource. Gerade Letzteres trifft auf Systeme zu, die in einem Kraftfahrzeug verbaut werden. Die Anforderungen an den Speicher sind vielfältig und widersprüchlich, so soll der Speicher schnell zugreifbar, möglichst groß, nicht flüchtig und billig sein. Um diese Anforderungen zu erfüllen, wird der Speicher durch unterschiedliche Hardware umgesetzt, die in der so genannten Speicherhierarchie organisiert ist. Räumlich nah bei dem Prozessor befindet sich der kleine, schnelle und teure Cache Speicher. Die zweite Stufe der Hierarchie bildet das mittelschnelle *Random Access Memory* (RAM), und die letzte Stufe bildet gewöhnlich ein sehr großer und billiger, dafür aber langsamer, nichtflüchtiger Speicher. In Infotainmentsystemen wird, im Gegensatz zu modernen Computern, die Festplatten besitzen, häufig Flash Speicher verwendet. In diesem Kapitel soll das Konzept des *virtuellen Speichers* vorgestellt werden, das eine Reihe von Vorteilen bei der Speicherverwaltung bietet.
Bei klassischen Ansätzen der Speicherverwaltung arbeiten Programme direkt mit den physikalischen Adressen des Speichers. Da beim Linken die Adressen für die Sprungbefehle berechnet werden, muss dem Linker bereits bekannt sein, an welche Position im Speicher das Programm geladen werden soll, um keine Konflikte zu erzeugen. Dieses Problem ist als *Relokationsproblem* bekannt. Ein weiteres Problem ist der Speicherschutz. Ein Programm kann zu jedem beliebigen Zeitpunkt auf jede beliebige Adresse des Speichers zugreifen und damit absichtlich oder unabsichtlich andere Programme beschädigen. Eine mögliche Lösung für diese Probleme stellt der virtuelle Speicher dar.
Das Konzept des virtuellen Speichers benutzt, wie der Name bereits andeutet, virtuelle Adressen, um den Speicher zu adressieren. Jeder virtuellen Adresse wird dabei eindeutig eine physikalische Adresse zugeordnet. Prozessen, als organisatorischen Verwaltern und Besitzern der Ressourcen, wird immer der gleiche virtuelle Adressraum zugeteilt. Da jeder Prozess nun den gleichen Adressraum besitzt, kann kein Zugriff in den Adressraum eines fremden Prozesses erfolgen, da sich für die jeweiligen Prozesse hinter gleichen virtuellen Adressen verschiedene physikalische

Adressen verbergen. Die Probleme der Relokation und des Speicherschutzes sind damit behoben. Eine weitere interessante Eigenschaft des virtuellen Speichers ist, dass seine Größe theoretisch nicht durch den physikalisch vorhandenen Speicher begrenzt ist.

Die Umsetzung von virtuellen Adressen auf physikalische wird durch die so genannte *Memory Management Unit* (MMU) durchgeführt. Dazu wird bei den meisten Systemen mit virtuellem Speicher eine Technik verwendet, die *Paging* genannt wird. Bei der Paging-Technik wird sowohl der virtuelle, als auch der physikalische Speicher in Bereiche gleicher Größe eingeteilt. Bei virtuellem Speicher heißen diese Bereiche *pages*, bei physikalischem *page frames*.

Der Computer hält eine Tabelle, *Page Table* genannt, in der die Abbildung von pages auf page frames enthalten ist. Eine virtuelle Adresse besteht nun aus zwei Bereichen, einem *Index* und einem *Offset*. Der Index beschreibt den Eintrag der Page Table, in dem auf den physikalischen Speicher verwiesen wird. Der Offset gibt die genaue Position innerhalb des page frames an, auf den zugegriffen werden soll. Zusätzlich zu den für die Adressauflösung benötigten Informationen besitzt die Page Table noch ein zusätzliches Bit, das *Present/Absent-Bit*. Es signalisiert, ob eine Seite der Page Table derzeit auf den physikalischen Speicher abgebildet wird, oder nicht.

Versucht ein Programm nun auf eine bestimmte Adresse zuzugreifen, so überprüft die MMU zunächst den Index der Adresse und bildet diesen auf die Page Table ab. Signalisiert das Present/Absent-Bit, dass die Seite noch nicht geladen wurde, so wird ein so genannter *page fault* ausgelöst. Das Betriebssystem lädt das entsprechende page frame und führt den Befehl erneut aus. Ist die Seite bereits geladen, so wird der Index der virtuellen Adresse durch den Eintrag der Page Table, der Basisadresse des physikalischen Speichers, ersetzt. Das Ergebnis ist die physikalische Adresse. Abbildung 7.19 verdeutlicht dies.

Ein letztes Schlüsselwort, das genannt werden soll, ist der so genannte *Translation Lookaside Buffer* (TLB). Da eine Page Table aufgrund der Größe des zu adressierenden Speichers sehr groß werden kann und da jeder Prozess eine eigene Page Table benötigt, werden Page Tables häufig im Hauptspeicher verwaltet. Dies hat jedoch zur Folge, dass ein virtueller Speicherzugriff immer zwei Speicherzugriffe zur Folge hat, einen auf die Page Table und einen auf den eigentlichen Speicher. Um diesen Flaschenhals zu umgehen, werden moderne Rechner mit einem kleinen in Hardware realisierten TLB ausgestattet. Der TLB dient als kleiner Cache mit wenigen Speicherplätzen für die zuletzt aufgerufenen Einträge der Page Table. Erfolgt ein Zugriff auf den Speicher, wird zunächst parallel in allen Speicherstellen des TLB überprüft, ob der gesuchte Page-Table-Eintrag vorliegt. Im positiven Fall kann dann ohne zusätzlichen Hauptspeicherzugriff auf die physikalische Adresse zugegriffen werden. Im negativen Fall erfolgt ein normaler Zugriff auf die Page Table, wobei der angefragte Eintrag einen wenig genutzten TLB Eintrag verdrängt. Bei dem nächsten Speicherzugriff an die gleiche Stelle kann so ein erneuter Page-Table-Zugriff vermieden werden.

Gerade bei Systemen, bei denen es auf eine hohe Geschwindigkeit beim Starten ankommt, ist das Konzept des virtuellen Speichers interessant. Da ein Programm nicht vollständig geladen werden muss, bevor es ausgeführt wird, führen sehr große Programme nicht zu einer großen Verzögerung, da sie nur nach Bedarf geladen werden müssen. Diese Fähigkeit wird *Demand Paging* genannt. Weiterhin können Seiten, die sich bereits im Speicher befinden, wieder auf ein nichtflüchtiges Medium ausgelagert werden, um Programme ausführen zu können, die mehr Platz benötigen, als zur Verfügung steht. Da Letzteres jedoch sehr zeitaufwändig ist, sollte es in Infotainmentsystemen niemals dazu kommen.

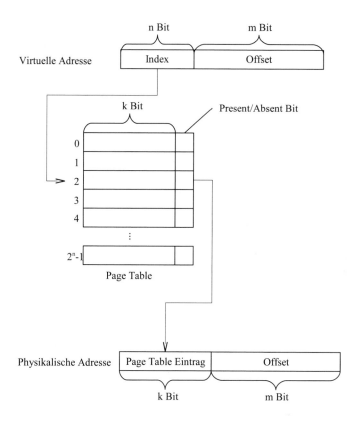

Abbildung 7.19 Umsetzung einer virtuellen Adresse durch eine Page Table

7.4 System- & Powermanagement

Ein eingebettetes System muss eine Vielzahl von Anforderungen erfüllen, die das Systemverhalten wesentlich beeinflussen. Durch die hohen Stückzahlen müssen die Kosten niedrig gehalten werden. Dadurch entstehen sowohl Einschränkungen für den zur Verfügung stehenden Speicher, als auch für die mögliche Prozessorarchitektur. Aufgrund des geringen Freiraums innerhalb eines Fahrzeugs steht nur sehr wenig Platz für ein Infotainment-System zur Verfügung. Dies zwingt die Hersteller dazu, die benötigte Hardware sehr dicht zu verbauen, was einen direkten Einfluss auf die Wärmeentwicklung hat. Eine weitere wesentliche Anforderung ist der geringe Energieverbrauch, um die Fahrzeugbatterie nur minimal zu belasten. Eine besondere Anforderung für Infotainmentsysteme, die in einem Fahrzeug verbaut werden, ist die geringe Zeit, die für den Systemstart zur Verfügung steht. Typische Szenarien sehen vor, 5 Sekunden nach dem Einschalten des Geräts ein vollständig laufendes Audiosystem verfügbar zu haben.

Das *System- und Powermanagement* (SPM) ist eine der zentralen Komponenten zur Steuerung eines eingebetteten Systems. Es kontrolliert die Software und die Hardware, um den Energieverbrauch zu senken und ein kontrolliertes Systemverhalten zu ermöglichen. Dabei muss unterschieden werden zwischen einem SPM, das grundsätzliche Energiesparfunktionen, wie Suspend oder Hibernate realisiert und einem spezialisiertem SPM, das ein beschleunigtes Aufstarten, basierend auf anwendungsspezifischen Faktoren, ermöglicht. Es existieren verschiedene Ansätze, um ein SPM zu realisieren, das die grundlegenden Energiesparfunktionen bereitstellt. Die bekanntesten sind das von Intel und Microsoft entwickelte *Advanced Power Management* (APM) [APM96] und das *Advanced Configuration and Power Interface* (ACPI) [ACP06], das durch die Firmen Hewlett-Packard, Intel, Microsoft, Phoenix und Toshiba entwickelt wurde. Im Folgenden werden am Beispiel des APM und des ACPI zunächst die grundsätzlichen Konzepte eines SPM erläutert.

Die System- & Powermanagement Software ist üblicherweise in allen Schichten der Softwarearchitektur aktiv, um das System optimal kontrollieren zu können. Die Treiberschicht, liefert die Einschaltgründe für das System und kontrolliert die angeschlossene Hardware. Die Applikationsschicht beinhaltet die rechenintensiven Anteile des Systems. Sowohl der APM, als auch der ACPI Ansatz verfolgen ein solches Konzept. Dabei überlässt der ältere APM Ansatz die Kontrolle noch zu großen Teilen dem hardwarenahen BIOS, während der neue ACPI Ansatz die Kontrolle des Systems dem Betriebssystem überlässt, da dieses einen besseren Überblick über den aktuellen Systemzustand besitzt.

Um den aktuellen Zustand des Systems zu definieren, besitzt ein SPM eine Reihe von *Systemzuständen*, die durch bestimmte Ereignisse, wie zum Beispiel die Betätigung des Einschalters, aktiviert werden. Die Systemzustände können durch einen Zustandsautomaten beschrieben werden, der die möglichen Übergänge zwischen den Zuständen definiert. Dadurch besitzen die Systemzustände ein begrenztes Gedächtnis der letzten Ereignisse im System. Bevor ein Systemzustand wechselt, wird bei jeder Applikation, die durch das SPM kontrolliert wird, der Wechsel des Zustands angefragt. Die Applikation kann daraufhin den Zustandswechsel einleiten und bestätigen, oder diesen verweigern.

Beispiel: Abbildung 7.20 zeigt die durch das APM definierten Systemzustände. Die Zustände bedeuten im Einzelnen:

- **Full On**: Wenn sich das System in dem Zustand `Full On` befindet, sind alle Applikationen aktiv und das System wird nicht durch das SPM kontrolliert. Dieser Zustand ist typisch für Laptops, die im Netzbetrieb betrieben werden.

- **APM Enabled**: In diesem Zustand arbeitet das System normal, wird aber durch das SPM kontrolliert. Wenn besondere Ereignisse, wie zum Beispiel ein geringer Ladezustand der Batterie, auftreten, so werden diese an die Applikationen weitergeleitet.

- **APM Standby**: Das System arbeitet mit Einschränkungen. Einige angeschlossene Geräte werden in einen Energiesparmodus geschaltet. Wenn möglich wird die Taktung des Prozessors verringert. Es ist in kurzer Zeit möglich, den Normalzustand wieder herzustellen.

- **APM Suspend**: Das System arbeitet nicht mehr. Viele der angeschlossenen Geräte werden nicht mehr mit Strom versorgt. Wenn möglich wird die CPU weitestgehend abgeschaltet. Systemparameter werden gesichert, um später wiederhergestellt werden zu können. Das System benötigt eine längere Zeit, um den Normalzustand wieder herzustellen.

- **Off**: Das System ist ausgeschaltet und verfügt über keine Stromversorgung.

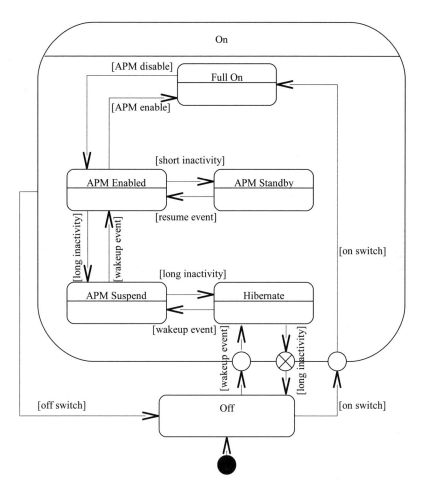

Abbildung 7.20 Die APM Systemzustände

In einem Infotainmentsystem können allgemeine Zustandsautomaten, wie der in Abbildung 7.20 gezeigte, verwendet werden, auch wenn üblicherweise nicht alle gebotenen Funktionen, wie zum Beispiel Hibernate, zur Verfügung stehen oder gewünscht sind. Gelegentlich müssen jedoch spezielle Automaten verwendet werden, um die Anforderungen der Kunden zu erfüllen. Da die Zeitanforderungen an das System sehr kritisch sind und die zur Verfügung stehende Hardware nur über begrenzten Speicher und Prozessorkapazitäten verfügt, muss der Systemstart so früh wie möglich eingeleitet werden. In einem Kraftfahrzeug bedeutet dies, dass bereits ein Systemstart eingeleitet wird, sobald erkannt wird, dass die Fahrertür geöffnet wurde. Häufig müssen zu diesem frühen Zeitpunkt auch bereits die ersten Anzeigen, wie zum Beispiel die Uhrzeit, auf dem Display verfügbar sein.

Selbst wenn das System vollständig gestartet wurde, können jederzeit Ereignisse eintreten, die einen Zustandswechsel erfordern. Es existiert deshalb kein Zustand, in dem das System nicht durch das SPM kontrolliert wird. Da das komplette System im Notfall schnell beendet werden und der Systemstart aufgrund der begrenzten Ressourcen exakt kontrolliert werden muss, benötigen alle Applikationen in einem Infotainmentsystem eine Anbindung an das SPM. Diese zwingende Anbindung ist in den APM und ACPI Konzepten nicht vorgesehen.

Da in einem Infotainmentsystem eine klar definierte Menge an Applikationen existiert, deren Abhängigkeiten untereinander bekannt sind, kann das Aufstarten des Systems durch eine vorgegebene Applikationshierarchie besser optimiert werden, als bei einem offenen System. Ähnlich dem Runlevel-Konzept bei einem Unix- oder Linux-System können statische Softwareblöcke definiert werden, die der Reihe nach in die verschiedenen Zustände gefahren werden. Es ist so z. B. möglich, das Audiosystem separat als erstes zu starten, um die volle Prozessorleistung nutzen zu können und die frühzeitige Ausgabe von Warnsignalen zu ermöglichen.

7.4.1 Beispielarchitektur

Als Beispiel für die Softwarearchitektur eines System- & Powermanagement wird der Automotive Open System Architecture (AUTOSAR) *ECU State Manager* (ECUM) [AUT06d] vorgestellt.

Innerhalb der AUTOSAR Architektur ist der ECUM während des Systemstarts eine der ersten Komponenten, die noch vor dem Betriebssystem gestartet werden. Er ist für die Steuerung der Initialisierung und Deinitalisierung aller anderen Softwarekomponenten und den Zustand des Gesamtsystems verantwortlich. Dazu müssen Ereignisse ausgewertet werden, die entweder einen Systemstart, einen Reset oder das Herunterfahren des Systems zur Folge haben können. Das vollständige Abarbeiten aller Transitionen zwischen diesen unterschiedlichen Systemzuständen durch die Applikationen muss von dem ECUM überwacht und kontrolliert werden. Der ECUM besitzt einen generischen Zustandsautomaten (siehe Abbildung 7.22), der durch die Verwendung von Ressourcenmanagern weiter verfeinert werden kann (siehe Kapitel 7.6).

Abbildung 7.21 zeigt die Einbettung des ECU State Manager in die AUTOSAR Architektur. Da der ECUM für die Initialisierung und Steuerung der anderen Softwarekomponenten zuständig ist, besitzt er viele Kommunikationsschnittstellen. Als eine der ersten Komponenten im System wird der ECUM noch vor dem Betriebssystem (OS) gestartet. Dieses wird erst während des Systemstarts durch den ECUM initialisiert.

Als eine der wichtigsten Funktionen im System muss das grundsätzliche Speichern von Fehlern ermöglicht werden. Aus diesem Grund wird der im *Diagnostic Event Manager* (DEM) [AUT06c] realisierte Fehlerspeicher noch vor dem Start des Betriebssystems durch den ECUM vorinitialisiert (siehe Kapitel 7.5).

Der ECUM startet die Initialisierung eines Treibers abhängig von dessen Funktion vor oder nach dem Start des Betriebssystems. Die Zustandswechsel des Zustandsautomaten des ECUM sind teilweise von Informationen der Treiber abhängig, da diese die Weckgründe des Systems übermitteln. Eine detaillierte Beschreibung findet sich in der Beschreibung des `Wakeup`-Zustands.

Der *Non-Volatile Random Access Manager* (NVRAM Manager)[AUT06e] steuert ein Speichermedium für persistente Daten. Dieses wird im Automotive Umfeld häufig durch Flash Speicher realisiert. Das Ablegen persistenter Daten ist eine der Voraussetzungen für die Diagnose, da Fehlermeldungen auch nach einem Neustart des Systems verfügbar sein müssen. Nach dem Start des Betriebssystems und der Treiber wird die Komponente initialisiert und die persistenten Daten wiederhergestellt.

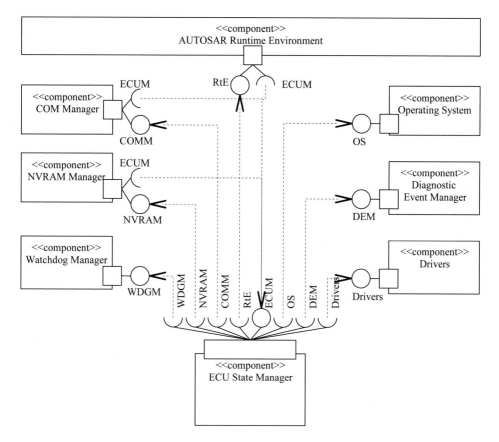

Abbildung 7.21 Architektur des AUTOSAR ECU State Manager

Um die Verlässlichkeit der Softwarekomponenten überwachen zu können und um einen in die Hardware integrierten Watchdog zu steuern, wird der *Watchdog Manager* (WDGM) [AUT06h] benötigt. Die Softwarekomponenten, die durch den WDGM überwacht werden, müssen mit einem individuellen zyklischen Zähler konfiguriert werden. Spätestens nach dessen Auslaufen wird eine Nachricht von der Applikation erwartet, die bestätigt, dass die Applikation normal funktioniert. Nach Erhalt der Nachricht wird der Zähler erneut gestartet. Können keine Lebenszeichen von einer Applikation empfangen werden, so wird durch den WDGM ein Eintrag in den Fehlerspeicher vorgenommen.

Es ist für alle Applikationen möglich, während der Laufzeit des Systems eine individuell feinere Abstufung der Systemzustände vorzunehmen. Diese werden durch so genannte *Ressource Manager*, wie den in Abbildung 7.21 dargestellten *Communication Manager* (COM Manager) [AUT06a] verwaltet. Das Konzept der Ressourcenverwaltung wir ausführlich in Kapitel 7.6 erörtert.

Als letzte Komponente der AUTOSAR Plattformsoftware wird das AUTOSAR Runtime Environment (RTE) [AUT06g] gestartet. Das RTE bietet eine Schnittstelle zu allen Funktionen des Betriebssystems und der Plattformsoftware und kapselt so die Plattformsoftware von den Applikationen. Das RTE gewährleistet eine Portierbarkeit der Applikationen und die Unabhängigkeit von der zu Grunde liegenden Plattform.

Beispiel: Abbildung 7.22 zeigt die ECUM Systemzustände. Die Zustände bedeuten im Einzelnen:

- **Power Off**: In diesem Zustand ist das komplette System ohne Stromversorgung. Er wurde modelliert, um den vollständigen Ablauf von Systemstart bis zum Herunterfahren modellieren zu können.

- **Startup I**: Bevor das Betriebssystem gestartet wird, müssen bereits einige andere Softwarekomponenten, wie z. B. grundsätzliche Funktionen des Fehlerspeichers (siehe Kapitel 7.5), initialisiert werden. Diese erste Initialisierungsphase, die sehr schnell durchgeführt werden muss, wird mit `Startup I` bezeichnet. Sie beginnt bei dem *Reset Vector*, also der Adresse im Speicher, an der der erste auszuführende Code steht, und endet mit dem Start des Betriebssystems.

- **Startup II**: In der zweiten Phase des Systemstarts werden die Anteile der Basissoftware initialisiert, die das Betriebssystem benötigen, wie zum Beispiel die Treiber. Die Initialisierung des Fehlerspeichers wird vervollständigt und die Ressourcenmanager initialisiert. Die zweite Phase des Systemstarts endet mit dem Start des AUTOSAR Runtime Environment (RTE).

- **Run**: Nachdem das Betriebssystem und das RTE erfolgreich gestartet wurden, wird das System in den `Run` Zustand versetzt. Innerhalb des Zustands beginnen alle Applikationen damit, ihre Tätigkeiten aufzunehmen. Das System muss sich im Zustand `Run` befinden, damit kein Shutdown eingeleitet wird. Applikationen können den Wechsel in den `Run` Zustand einfordern, wenn das System weiterlaufen muss.

- **Shutdown I**: Innerhalb der AUTOSAR Architektur existieren die Zustände `Shutdown I` und `Shutdown II` in dieser Form nicht. Stattdessen wurden die Zustände `Go Off I` und `Go Off II` als Unterzustände des Zustands `Shutdown` definiert. In Anlehnung an die Modellierung des Systemstarts wurde an dieser Stelle eine andere Darstellung gewählt, die jedoch die ursprüngliche Reihenfolge der Bearbeitung nicht verändert.

  Durch die AUTOSAR Architektur werden für das Herunterfahren des Systems verschiedene Zustände definiert. Diese Zustände werden als *Shutdown Targets* bezeichnet. Zunächst werden unabhängig von dem Shutdown Target Teile der Plattformsoftware beendet und persistente Daten gesichert (siehe Kapitel 7.5). Abhängig von dem Shutdown Target wird der Wechsel in den `Sleep` Zustand eingeleitet oder das System beendet. Das Beenden des Systems wird in zwei Schritten durchgeführt. Der erste Schritt endet mit dem Herunterfahren des Betriebssystems und dem Wechsel in den `Shutdown II` Zustand.

- **Shutdown II**: Der Zustand `Shutdown II` wird nach Beendigung des Betriebssystems erreicht. In diesem Zustand wird unterschieden zwischen einem Reset und dem Ausschalten des Systems und die entsprechenden Befehle abgesetzt.

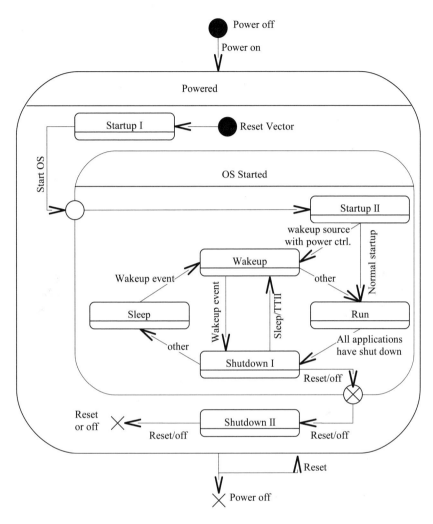

Abbildung 7.22 Systemzustände des AUTOSAR ECU State Manager

- **Sleep**: Die AUTOSAR Architektur kennt eine Reihe verschiedener Sleep Zustände, die aufeinander aufbauen. Innerhalb der Zustände ist das System inaktiv und verbraucht typischerweise immer weniger Strom. Jeder der Sleep Zustände ist ein Shutdown Target. Als Beispiel werden die Zustände Sleep und Off genannt, diese Liste ist jedoch beliebig erweiterbar. Während sich das System in dem Sleep Zustand befindet, kann es durch externe Ereignisse geweckt werden, die einen Zustandswechsel in den Wakeup-Zustand auslösen.

- **Wakeup**: Durch den Erhalt eines Weckgrunds innerhalb des Sleep-Zustands wird der Wechsel in den Wakeup-Zustand eingeleitet. Mögliche Weckgründe umfassen dabei CAN Kommunikation oder das Beschalten einer fest verdrahteten Eingangsleitung. Nach dem Aufwachen kann zunächst eine Überprüfung des Speichers durchgeführt werden. Danach ermitteln die Treiber, ob die jeweilige Hardware einen Weckgrund erzeugt hat, sodass eine Liste möglicher Weckgründe erzeugt wird. Diese müssen zunächst validiert werden, um z. B. Spannungsspitzen auf den Leitungen auszuschließen. Wird mindestens ein Weckgrund bestätigt, kann entweder die Sleep-Phase verlängert bzw. vertieft oder in den Run-Zustand gewechselt werden. Andernfalls wechselt der Zustandsautomat in den Shutdown-Zustand.

7.5 Diagnose

Mit steigender Komplexität, der in einem Kraftfahrzeug verwendeten Software, steigt deren Fehleranfälligkeit. Da aber, gerade bei Steuergeräten, die Toleranzschwelle für Fehler sehr niedrig ist, muss diesem Trend entgegengewirkt werden, ohne jedoch die Innovationsfähigkeit einzuschränken. Zu diesem Zweck wurden verschiedene Ansätze für eine Fahrzeugdiagnose entwickelt, die es ermöglichen, bereits verbaute Steuergeräte zu analysieren. Es existiert z. B. ein Fehlerspeicher, in dem die aufgetretenen Ereignisse abgelegt werden können. Moderne Diagnosesysteme sind weiterhin in der Lage, so genannte *Freeze Frame*'s zu erzeugen, eine Momentaufnahme aller Sensordaten des Systems zum Zeitpunkt eines Ereignisses.

Ende der achtziger Jahre wurde in den USA die so genannte *On Board Diagnosis* (OBD) [OBD] eingeführt. Ursprünglich gedacht, um primär die abgasbeinflussenden Systeme zu überwachen und eine nachträgliche Diagnose zu ermöglichen, wird OBD in modernen Fahrzeugen als Komponente gesehen, die aufgetretene Fehler in allen Steuergeräten analysierbar macht. Dies erfolgt über eine Signallampe (*Malfunction Indicator Light* [MIL]), die den Fahrer über den Fehler direkt informiert und durch eine genormte Diagnoseschnittstelle, die es den Servicemitarbeitern ermöglicht, den Fahrzeugzustand zu ermitteln. Im Rahmen der OBD werden eindeutige Zahlenkombinationen, so genannte Diagnostic Trouble Codes (DTC), verwendet, um die Fehler zu kennzeichnen. Der OBD Standard legt weiterhin die Existenz eines Fehlerspeichers fest, in dem aufgetretene Ereignisse gespeichert werden müssen.

2006 wurde das *Unified Diagnostic Services* (UDS) [UDS] Protokoll als Standard durch die *International Organization for Standardization*(ISO) veröffentlicht, der eine Reihe von Diagnosediensten für Steuergeräte definiert. Der Standard basiert auf den bekannten Standards ISO 14230 (*Keyword Protocol 2000*) [Key] und ISO 15765 (*Controller Area Network* [CAN]) [CAN], bietet jedoch einige Vorteile gegenüber seinen Vorgängern. Dazu gehören ein einheitliches Handling der Diagnosesessions und eine klarere Organisation der bereitgestellten Dienste. Das Protokoll nutzt keine einheitliche Nachrichtenlänge. Aus diesem Grund muss eine Transportschicht verwendet werden, die die Nachrichten gegebenenfalls in Teile zerlegen und wiederherstellen kann. Die bereitgestellten Diagnosedienste werden über eine eindeutige Kennung adressiert.

Um das Datenformat für Diagnosedienste zu vereinheitlichen, wurde durch die *Association for Standardisation of Automation and Measuring Systems* (ASAM) [ASA] der so genannte *Open Diagnostic data exchange* (ODX) Standard entwickelt [ASA06]. Dieser ermöglicht es, eine gemeinsame Software für die Diagnose von beliebigen Steuergeräten zu verwenden. ODX verwendet die *Extensible Markup Langague* (XML), um die angebotenen Dienste und das Format für die Daten zu spezifizieren, die bei der Diagnose übermittelt werden. Innerhalb des Standards wird dabei weder ein eigenes Protokoll für die Datenübertragung entwickelt, noch eine Festlegung auf ein bestimmtes Protokoll vorgegeben. Dennoch wurde auf eine Kompatibilität zu bekannten Protokollen, wie UDS oder OBD, geachtet.

Der Vorteil von ODX ist, dass Diagnosedienste und die übertragenen Daten in einer einheitlichen herstellerunabhängigen Sprache beschrieben werden können. Die Diagnosesoftware muss nun lediglich die ODX-Beschreibungen eines neuen Steuergeräts interpretieren können, um die Diagnose durchzuführen. Ein weiterer Vorteil entsteht, wenn die ODX-Beschreibung der Dienste für eine automatische Generierung von Code genutzt wird. Auf diese Weise lässt sich nicht nur eine Verallgemeinerung der Diagnosedaten, sondern auch eine Fehlerreduktion bei der Entwicklung der Diagnoseschnittstelle erreichen.

7.5.1 Beispielarchitektur

Als Beispiel für die Softwarearchitektur einer Diagnosekomponente wird der Automotive Open System Architecture (AUTOSAR) *Diagnostic Communication Manager* (DCM) [AUT06b] und dessen Umfeld vorgestellt.

Abbildung 7.23 zeigt die Architektur des DCM. Er hat die Aufgabe, eingehende Anfragen nach Diagnoseanfragen zu untersuchen und diese an die entsprechenden Softwarekomponenten, Applikationen, wie AUTOSAR Plattformsoftware, zu verteilen. Die Diagnoseinformationen der Softwarekomponenten werden an das DCM übermittelt und durch dieses an die unteren Softwareschichten weitergeleitet. Der DCM besteht im Wesentlichen aus drei Softwareschichten, dem *Diagnostic Session Layer* (DSL), dem *Diagnostic Service Dispatcher* (DSD) und dem *Diagnostic Service Processing* (DSP). Verbindungen zu anderen AUTOSAR Plattformkomponenten sind als externe Schnittstellen an der Außenseite der DCM-Komponente eingetragen. Abbildung 7.24 zeigt die Einbettung des DCM in die umgebenden Komponenten.

Die DSL Schicht ist die Steuerungsinstanz für die verschiedenen Diagnosesessions und stellt den Datenfluss für die einzelnen Diagnoseanfragen und -antworten sicher. Weiterhin wird durch das Einrichten von Timern die Einhaltung von Zeitanforderungen überwacht. Es ist der DSL Schicht möglich, eine laufende Kommunikation geringer Priorität zu unterbrechen, wenn eine hochpriore Anfrage gestellt wird. Der Communication Manager [AUT06a], der durch eine Schnittstelle mit dem DCM verbunden ist, legt den Modus der Kommunikation fest und kann so die Diagnose ganz oder in Teilen unterbrechen. Die Einhaltung des durch den COM Manager vorgegebenen Kommunikationsmodus obliegt der DSL Schicht.

Innerhalb des DSD wird die Ansteuerung der Diagnoseschnittstellen der Applikationen durchgeführt. Sie führt einen Validitätscheck der eingegangenen Diagnoseanfragen durch und aktiviert für valide Diagnoseanfragen die angesprochenen Funktionen der Applikation. Fehlerhafte Diagnoseanfragen werden automatisch zurückgewiesen. Die Antworten der Applikationen werden in der DSD-Schicht empfangen und an die unteren Schichten übermittelt. Um die Software von der zugrundeliegenden Plattform zu trennen, werden die Nachrichten durch das in Abbildung 7.24 dargestellte AUTOSAR Runtime Environment (RtE) [AUT06g] an die Applikationen übermittelt.

Diagnosedienste, die für alle Anwendungen benötigt werden, wie z. B. der Zugriff auf den Fehlerspeicher, werden durch die DSP-Schicht bearbeitet. Dies betrifft insbesondere die Diagnosedienste für OBD- und UDS-Anwendungen. Während die Bearbeitung der Anfragen, die durch

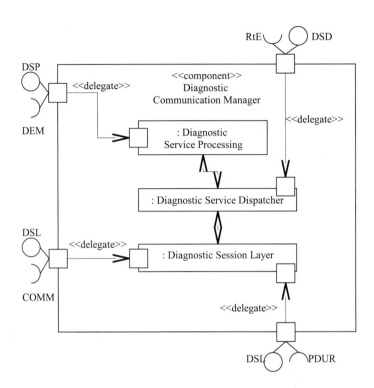

Abbildung 7.23 Die Detailarchitektur des Diagnostic Communication Managers

die DSD-Schicht verteilt werden, innerhalb der Applikationen erfolgen muss, stellt die DSP-Schicht eine einheitliche Implementierung für alle Applikationen bereit. Für die Umsetzung der Funktionen des Fehlerspeichers ist das DCM mit dem in Abbildung 7.24 gezeigten Diagnostic Event Manager [AUT06c] verbunden. Der DEM stellt dabei die Implementierung des Fehlerspeichers, während die DSP-Schicht für das Verpacken und Senden der Diagnosenachrichten verantwortlich ist.

Für das Speichern und Verarbeiten von Fehlermeldungen und den so genannten Freeze Frame's ist der in Abbildung 7.24 und 7.25 gezeigte Diagnostic Event Manager (DEM) verantwortlich. Um Daten sammeln oder abfragen zu können, stellt der DEM den Applikationen eine einheitliche Schnittstelle zur Verfügung. Einträge für den Fehlerspeicher können so an den DEM übermittelt werden. Das externe Auslesen der Daten wird durch eine Schnittstelle mit dem DCM ermöglicht. Bei der Fehlerbehandlung ist zu beachten, dass gerade während des Systemstarts in der Basissoftware Probleme auftauchen können, bevor der DEM vollständig initialisiert wurde. Auch Freeze Frames können zu diesem frühen Zeitpunkt nicht immer vollständig erzeugt werden. Das Format der aufgetretenen Ereignisse weicht also von dem Format der zur Laufzeit aufgetretenen Fehler ab. Für eine vollständige Systemdiagnose müssen diese Probleme aber ebenfalls diagnostizierbar sein. Es wird daher vorgeschlagen eine zweite Schnittstelle für die Plattformsoftware bereitzustellen, die die während des Systemstarts aufgetretenen Ereignisse in einem Puffer zwischenspeichert. Nach der vollständigen Initialisierung des DEM werden die Einträge des Puffers und jedes weitere Ereignis der Plattformsoftware in den Fehlerspeicher übertragen. Ereignisse, die

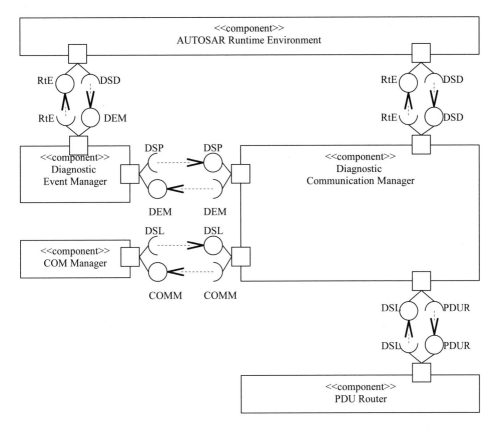

Abbildung 7.24 Die AUTOSAR Diagnosearchitektur

durch die Applikationssoftware oberhalb des AUTOSAR Runtime Environments erzeugt werden, können über die normale API des DEM direkt in den Fehlerspeicher geschrieben werden. Für das permanente Speichern von Fehlerspeichereinträgen wird ein so genanntes *Non-Volatile Random Access Memory* (NVRAM) [AUT06e] verwendet, das Daten auch ohne Spannungsversorgung erhalten kann. Innerhalb eines Kraftfahrzeugs wird üblicherweise Flash verwendet, um nichtflüchtigen Speicher zu realisieren. In der AUTOSAR Architektur wird das NVRAM durch den NVRAM Manager verwaltet. Beim Herunterfahren des Systems wird das Kopieren aller gesammelten DTC's in den NVRAM veranlasst, um diese zu sichern. Umgekehrt werden bei einem Neustart des Systems nach der Initialisierung des DEM die gespeicherten DTCs in den Fehlerspeicher zurück kopiert.

Der *Protocol Data Unit* (PDU) Router [AUT06f] empfängt *Interaction Layer Protocol Data Units* (I-PDU), die über verschiedene Protokolle in das System gelangt sein können, und dient als einheitliche Vermittlungsstelle. Die AUTOSAR Plattform sieht in ihrer Plattformsoftware Komponenten für die Verarbeitung der Protokolle *Controller Area Network* (CAN), *Local Interconnect Network* (LIN) und FlexRay vor. Die Pakete werden innerhalb des Routers nicht verändert, sondern lediglich an das entsprechende Ziel weitergeleitet. Alle externen Diagnoseanfragen werden durch den PDU-Router an das DCM übermittelt.

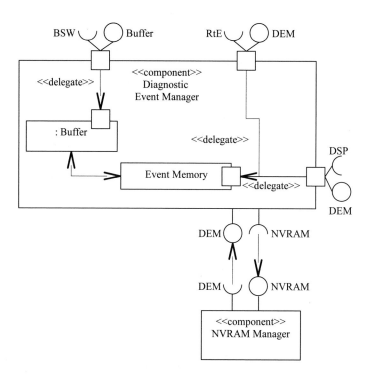

Abbildung 7.25 Mögliche Architektur des AUTOSAR Diagnostic Event Manager

Die Zugriffsrechte auf die Kommunikationsressourcen werden durch den COM Manager verwaltet. Dieser ist einer der Ressource Manager und wird in Kapitel 7.6 genauer beschrieben.
Das AUTOSAR Runtime Environment kapselt die AUTOSAR Plattformsoftware von den Applikationen. Alle Schnittstellen, die von Plattformkomponenten bereitgestellt werden, durchlaufen diese Kapselung. Somit ist die Unabhängigkeit der Software gewährleistet, und eine Portierung auf andere Soft- oder Hardwareplattformen wird erleichtert.

7.6 Ressourcenmanagement

Wie bereits in der Einleitung zu dem System & Powermanagement Kapitel beschrieben wurde, befindet sich ein Infotainmentsystem in einer Umgebung mit harten Zeitanforderungen und begrenzten Ressourcen. Aus diesem Grund ist es wichtig, die begrenzten Ressourcen zu verwalten, um eine annähernd optimale Ausnutzung zu erzielen. Die Verwaltung der Ressourcen kann dabei sehr einfach erfolgen, wenn lediglich der Zugriff kontrolliert werden soll. Spielen jedoch anspruchsvolle Anforderungen, wie die Garantie eines vorgegebenen *Quality of Service* (QoS) oder die Nutzung von verteilten Ressourcen eine Rolle, so müssen komplexe Modelle verwendet werden, um die Ressourcennutzung zu optimieren. Die Optimierungsstrategien basieren häufig auf einem Modell, das das Verhalten der zur Verfügung stehenden Ressourcen widerspiegelt und durch Parameter messbar macht. Ausgehend von der berechneten Ressourcenauslastung kann dann nach vorgegebenen Regeln über neue Anforderungen entschieden werden.

Für die Verwaltung von Ressourcen können verschiedene Ansätze auf verschiedenen Ebenen der Abstraktion gewählt werden. Lokale Ressourcenmanager verwalten den direkten Zugriff auf die Ressourcen und die Vergabe von Rechten an anfragende Applikationen. In verteilten Systemen können hierarchische Strukturen gewählt werden, die Anfragen auf mehrere lokale Ressourcenmanager aufteilen und deren Auslastung über eine zentrale Stelle zugreifbar machen. In bestimmten Fällen können sogar Algorithmen entwickelt werden, die die zukünftige Auslastung von Ressourcen berechnen und die Zugriffe, basierend auf diesen Annahmen beschränken.

Ein typischer Fall von Ressourcenmanagement ist der Zugriff vieler paralleler Applikationen mit unterschiedlichen Prioritäten auf eine gemeinsame Ressource des Betriebssystems, z. B. eine Semaphore. Da zu einem vorgegebenen Zeitpunkt ein Zugriff nur durch eine Applikation durchgeführt werden darf, wird ein Mechanismus benötigt, der alle folgenden Zugriffe bis zur Freigabe der Ressource blockt. In diesem sehr einfachen Szenario können bereits verschiedene Probleme auftauchen. [Tan03]

Angenommen, in einem System existieren 4 verschiedene Tasks T1 bis T4 mit absteigenden Prioritäten, wie in Abbildung 7.26 dargestellt. Während der Bearbeitung von Task T4 belegt dieser die Semaphore S1 und wird im Anschluss durch Task T1 unterbrochen. Task T1 wiederum muss ebenfalls auf S1 zugreifen und wird geblockt, da die Semaphore durch Task T4 belegt wird. Die anschließenden Berechnungen der Tasks T2 und T3 verzögern die Abarbeitung von Task T1 weiter, da sie ebenfalls Vorrang vor Task T4 besitzen. Erst, nachdem Task T4 in der folgenden Bearbeitung S1 freigibt, kann die Bearbeitung von dem höchstprioren Task T1 abgeschlossen werden. Dieser Vorgang nennt sich *Prioritätenumkehrung* (Priority inversion).

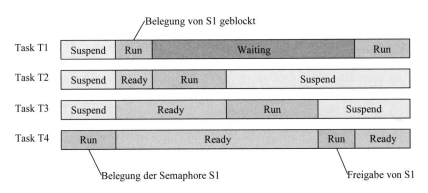

Abbildung 7.26 Ein Beispielszenario für eine Umkehrung der Systemprioritäten

Ein weiteres typisches Problem lässt sich durch ein noch einfacheres Szenario mit zwei Tasks T1 und T2 konstruieren, wie in Abbildung 7.27 gezeigt. Der Task T1 belegt die Semaphore S1 und wird danach unterbrochen, da er zum Beispiel auf ein Ereignis warten muss. Nun beginnt Task T2 seine Berechnungen und belegt dabei Semaphore S2. Kurz danach tritt das Ereignis ein, auf das Task T1 wartet, sodass Task T2 unterbrochen wird. Für die weiteren Berechnungen muss Task T1 nun S2 belegen, wird jedoch geblockt, da die Semaphore bereits durch T2 belegt ist. Wenn T2 nun in seinen nachfolgenden Berechnungen die Semaphore S1 belegen muss, so verklemmen sich die beiden Tasks, es entsteht ein Deadlock.

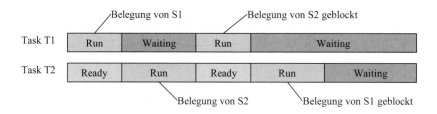

Abbildung 7.27 Ein Beispielszenario für eine Deadlock Situation

Eine Möglichkeit, diesen Problemen zu begegnen ist, das Unterbrechen von Tasks zu verhindern, während sie Ressourcen belegen. Dieser Mechanismus wird z. B. im OSEK Betriebssystem durch das so genannte *Priority Ceiling Protocol* erreicht. Bei diesem Protokoll wird jeder Ressource statisch eine Priorität (die so genannte *Ceiling Priority*) zugewiesen. Diese muss mindestens so hoch sein wie die höchste Priorität P_{max} aller Tasks, die die Ressource nutzen. Sie darf aber nur maximal so hoch sein wie die niedrigste Priorität derjenigen Tasks, die die Ressource nicht nutzen, aber eine höhere Priorität besitzen als P_{max}.

Belegt ein Task nun eine Ressource, so wird seine Priorität für die Dauer der Ressourcenbelegung auf die Ceiling Priority angehoben. Damit besitzt der Task die höchste Priorität aller Tasks, die die Ressource nutzen und kann nicht mehr unterbrochen werden. Deadlocks, die durch eine Prioritätenumkehrung entstehen, können so verhindert werden. Der Nachteil dieser Methode ist jedoch, dass bei jeder Ressourcenbelegung ein Prioritätenwechsel durchgeführt werden muss, der Zeit kostet. Weiterhin kann eine Analyse aller Tasks, die eine Ressource nutzen, sehr aufwändig bzw. unmöglich sein.

Im Folgenden wird eine Architektur für einen Ressourcenmanager vorgestellt, der in der AUTOSAR Architektur Anwendung findet.

7.6.1 Beispielarchitektur

Um das Architekturkonzept eines Ressource Managers zu verdeutlichen, wird in diesem Kapitel der Automotive Open System Architecture (AUTOSAR) Communication Manager (COM Manager) [AUT06a] vorgestellt.

In Abbildung 7.28 wird die Einbettung des COM Managers in die AUTOSAR Architektur dargestellt. Dabei wurde die Darstellung vereinfacht, um sich auf die wesentlichen Komponenten zu konzentrieren. Innerhalb der AUTOSAR Architektur verwaltet der COM Manager die Kommunikationsressourcen, genauer die Kommunikationsmöglichkeiten über die einzelnen angeschlossenen Bussysteme. Zu diesem Zweck wird für jeden Kanal eines Bussystems ein Zustandsautomat verwaltet, der, sofern sich das System im Run Zustand befindet, die Zugriffsrechte auf den jeweiligen Bus steuert. Abbildung 7.29 zeigt eine Darstellung des Zustandsautomaten. Eine detaillierte Beschreibung der Zustände wird im Folgenden gegeben. Eine Softwarekomponente, die nach außen mit dem System kommunizieren muss, wird innerhalb des COMM statisch auf einen oder mehrere Kanäle abgebildet. Dabei ist der Komponente nicht bekannt, über welche Kanäle sie kommuniziert, sondern lediglich der aktuell von ihr geforderte Kommunikationsmodus (No Communication, Silent Communication oder Full Communication). Der Modus Full Communikation erlaubt sowohl das Empfangen, als auch das Senden von Nachrichten über den entsprechenden Kanal, während der Modus Silent Communication lediglich das Empfangen von Nachrichten zulässt. Der No Communication Modus unterbindet jegliche Kommunikation und ist der Startzustand für jeden Kanal. Der COM Manager erlaubt die Beschränkung der Kommunikation auf bestimmte Kommunikationsmodi und ermöglicht so eine einfache Konfiguration des gesamten Systems.

Das AUTOSAR Runtime Environment (RTE) [AUT06g] dient als Schnittstelle zu den Applikationen, die nicht zur Plattformsoftware gehören. Die Anforderung eines neuen Kommunikationsmodus durch eine Applikation wird durch die Schnittstelle des RTE an den COMM übermittelt, ebenso wie dessen Mitteilung über einen Moduswechsel. Dadurch werden, wie durch die AUTOSAR Architektur gefordert, alle Zugriffe auf die Plattformsoftware durch das RTE gekapselt. Die Kommunikation eines Geräts nach außen kann nur erfolgen, wenn sich das System im Run Zustand befindet. Aus diesem Grund benötigt der COMM eine Verbindung zu dem ECU State Manager (ECUM) [AUT06d]. Fordert eine Softwarekomponente einen Kommunikationsmodus an, der externe Kommunikation zulässt, so muss der COMM zunächst den Systemzustand Run von dem ECUM einfordern, bevor die Kommunikation freigeschaltet werden kann.

Um Konfigurationsdaten persistent ablegen zu können, muss der COMM mit dem Non-Volatile Random Access Memory (NVRAM) [AUT06e] Manager kommunizieren, der einen nichtflüchtigen Speicher kontrolliert. Zu den Daten, die abgelegt werden müssen gehören zum Beispiel die aktuelle Beschränkung auf einen bestimmten Kommunikationsmodus, da diese Beschränkung bereits beim Systemstart bekannt sein muss. Es ist jedoch zu beachten, dass eine persistent gespeicherte Beschränkung auf den No Communication Modus eine erneute Konfiguration von außen verhindern würde, folglich darf diese nicht persistent gespeichert werden.

Für die Steuerung der Diagnosezugriffe benötigt der Diagnostic Communication Manager (DCM) [AUT06b] die Möglichkeit, den Full Communication Modus einzufordern. Sofern die Diagnose aktiv ist, unterliegt diese Forderung keinerlei Einschränkungen. Der DCM überwacht die exakte Einhaltung der durch den COMM vorgegebenen Kommunikationsmodus für die Diagnosezugriffe.

Fehler, die während des Betriebs auftreten werden, müssen in einem Fehlerspeicher abgelegt werden. Innerhalb der AUTOSAR Architektur obliegt die Kontrolle über den Fehlerspeicher dem Diagnostic Event Manager (DEM) [AUT06c], zu dem der COMM eine Schnittstelle besitzen muss.

Beispiel: Abbildung 7.29 zeigt die zu Beginn des Kapitels angesprochenen Kommunikationszustände des COMM. Nur die Hauptzustände können durch eine Applikation gefordert werden. Die Unterzustände dienen der Synchronisation mit anderen Geräten im Netzwerk. Da andere Geräte Fehler speichern würden, wenn eins der Geräte plötzlich das Netzwerk verlässt, kann durch die Unterzustände die Bereitschaft zum Herunterfahren des Netzwerks gespeichert werden. Die Zustände bedeuten im Einzelnen:

- **No Communication**: Innerhalb des No Communication Modus ist keine Netzwerkkommunikation über den jeweiligen Kanal gestattet. Jeder Kanal wird beim Starten des Systems mit diesem Modus initialisiert. Dennoch können passive Wecksignale über die jeweiligen Kanäle empfangen werden. Ein solches passives Wecksignal bewirkt einen sofortigen

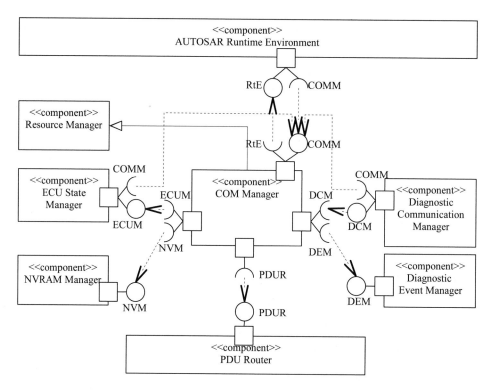

Abbildung 7.28 Architektur des AUTOSAR COM Manager

Wechsel in den Full Communication Modus. Fordert keine Applikation als Reaktion auf den Weckgrund den Full Communication Modus an, so wechselt der Zustandsautomat für eine konfigurierbare Zeitspanne in den Ready Sleep Unterzustand, um das Verlassen des Full Communication Modus vorzubereiten. Durch diese Hysterese wird ein Kippeln zwischen den Zuständen verhindert.

- **Silent Communication**: Bei einem Wechsel in den Silent Communication Modus wird das Empfangen von Nachrichten über den durch den Automaten gesteuerten Kanal aktiviert. Wird der Silent Communication Modus durch eine Applikation gefordert, ohne dass bereits vorher in den Full Communication Modus gewechselt wurde, so befindet sich der Zustandsautomat im Unterzustand Network Released, der einen sofortigen Wechsel in den No Communication Modus gestattet, wenn keine Kommunikationsanfrage vorliegt. Wechselt der Zustandsautomat jedoch aus dem Full Communication Modus zurück in den Silent Communication Modus, so wartet der Zustandsautomat auch dann im Prepare Bus Sleep Unterzustand, wenn keine Kommunikationsanfrage mehr vorliegt. Der Wechsel aus dem Unterzustand Prepare Bus Sleep in den Network Released Unterzustand kann nur durch ein zentrales Netzwerkweites Steuersignal eingeleitet werden, um ein synchronisiertes Herunterfahren eines Busses zu ermöglichen. Die verschiedenen Vorgehensweisen beim Wechsel in den No Communication Modus liegen darin begründet, dass ein Gerät erst dann innerhalb eines Netzwerks registriert wird, wenn es mindestens einmal eine Nachricht verschickt hat. Der Ausfall eines Geräts kann also erst dann erkannt werden, wenn es mindestens einmal den `Full Communication` Modus erreicht hat.

- **Network Released**: Der `Network Released` Unterzustand wird beibehalten, solange aktive Anfragen für den `Silent Communication` Modus vorliegen. Der Zustand dient jedoch als Übergangszustand für den `No Communication` Modus, in den sofort gewechselt wird, wenn es keine Kommunikationsanfragen mehr gibt.

- **Prepare Bus Sleep**: Bei einem Wechsel aus dem `Full Communication` Modus wird zunächst der `Prepare Bus Sleep` Unterzustand des `Silent Communication` Modus erreicht. Unabhängig davon, ob weitere Kommunikationsanfragen bestehen, wird in diesem Unterzustand gewartet, bis ein zentrales Steuersignal das Abschalten des Busses signalisiert.

- **Full Communication**: Innerhalb des `Full Communication` Modus wird sowohl das Senden als auch das Empfangen von Nachrichten gestattet. Der Modus kann nur erreicht werden, wenn mindestens eine Applikation innerhalb des Systems die volle Kommunikation von dem COMM fordert. Das Verlassen des `Full Communication` Modus kann auf zwei Arten erfolgen. Entweder durch ein zentrales Steuersignal, das das Abschalten des Busses fordert, oder nach einer konfigurierbaren Zeitspanne, wenn von keiner Applikation der `Full Communication` Modus benötigt wird.

  - **Network Requested**: Solange mindestens eine Applikation den `FullCommunication` Modus fordert, befindet sich der Zustandsautomat in dem `Network Requested` Unterzustand, der für die Bereitstellung der benötigten Kommunikationsressourcen sorgt. Liegen keine weiteren Anforderungen vor, so erfolgt ein sofortiger Wechsel in den `Ready Sleep` Unterzustand.

  - **Ready Sleep**: Der `Ready Sleep` Unterzustand gibt die Kommunikationsressourcen für das Senden von Nachrichten frei. Durch eine erneute Anfrage des `Full Communication` Modus wird ein sofortiger Wechsel in den `Network Requested` Unterzustand eingeleitet. Erfolgt keine weitere Anfrage, so wird nach einer konfigurierbaren Dauer der `Full Communication` Modus verlassen und in den `Prepare Bus Sleep` Unterzustand des `Silent Communication` Modus gewechselt.

Innerhalb des COMM wird der Kommunikationsmodus nach der höchsten gestellten Anfrage gewählt. Die Bereitstellung der benötigten Ressourcen wird innerhalb der Unterzustände geregelt. Diese Strategie garantiert jedoch nicht die Bereitstellung verschiedener Dienstgüteklassen, sondern lediglich ein zentral steuerbares Verhalten des Bussystems.

Die AUTOSAR Architektur erlaubt die Definition eigener Ressource Manager, die für spezielle Applikationen Unterzustände zu dem `Run` Zustand verwalten oder den Zugriff auf Systemressourcen regulieren.

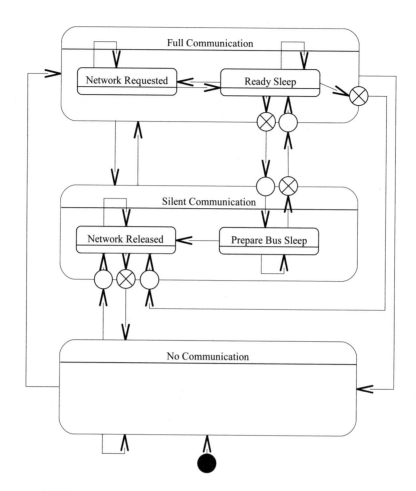

Abbildung 7.29 Zustandsautomat des AUTOSAR COM Manager

7.7   Zum Weiterlesen

- **Softwarearchitektur**: Einen leicht zu lesenden und umfassenden Überblick über das Thema Softwarearchitektur gibt das Buch UML 2 Glasklar von **Rupp**, **Hahn**, **Queins**, **Jeckle** und **Zengler** [RHQ+05]. Generell zu empfehlen sind ebenfalls die Bücher von **Martin Fowler**, wobei [Fow03] besonders hervorgehoben werden sollte. Nicht zum Einstieg,
  aber als umfassendes Nachschlagewerk, sollte die UML-Spezifikation verwendet werden
  [OMG06].

- **AUTOSAR**: Die Dokumentation zum Thema AUTOSAR ist auf der Homepage der Organisation frei verfügbar und liefert einen umfassenden Überblick über das Thema [AUT].
  Ebenfalls im Vieweg Verlag erschienen sind die Bücher [ZS07] und [Rei07], die sich mit
  dem Thema AUTOSAR befassen.

- **Betriebssysteme**: Ein leicht veraltetes, aber dennoch sehr gut für den Einstieg geeignetes Buch ist das Standardwerk von **Tanenbaum** [Tan03]. Einen Überblick über aktuelle im Automotive Umfeld gebräuchliche Betriebssysteme liefert ein Artikel von **Schröder-Preikschat** [SP04].

- **System- & Powermanagement**: Einen Einstieg in die grundsätzlichen Konzepte gibt die Beschreibung der AUTOSAR Architektur [AUT06d]. Weniger auf das Automotive-Umfeld abgestimmt, aber vom Konzept her ähnlich, ist die Beschreibung des APM [APM96] und des ACPI [ACP06].

- **Diagnose**: Das ebenfalls im Vieweg Verlag erschienene Buch von **Zimmermann** und **Schmidgall** [ZS07] gibt eine Einführung zum Thema Diagnose im Kfz. Ein praktisches Beispiel für die Umsetzung einer Diagnosearchitektur liefert die Umsetzung in der AUTOSAR Architektur [AUT06b] und [AUT06c].

- **Ressourcenmanagement**: Das Standardwerk von **Tanenbaum** [Tan03] gibt eine verständliche und sehr gut geschriebene Einführung in das Thema Ressourcenmanagement. Die in der AUTOSAR Architektur verwendeten Ressourcenmanager geben ein praktisches Beispiel für eine Umsetzung auf einer abstrakteren Ebene [AUT06a].

7.8 Literatur zur Plattformsoftware

[ACP06]   HEWLETT-PACKARD CORPORATION AND INTEL CORPORATION AND MICROSOFT CORPORATION AND PHOE-NIX TECHNOLOGIES LTD: AND TOSHIBA CORPORATION: Advanced Configuration and Power Interface Specification. Version: october 2006. http://www.acpi.info/DOWNLOADS/ACPIspec30a.pdf. 2006 (3.0b). – Forschungsbericht

[APM96]   INTEL CORPORATION AND MICROSOFT CORPORATION: Advanced Power Management (APM). 1996 (1.2). – Forschungsbericht

[ASA]   *Association for Standardisation of Automation and Measuring Systems.* http://www.asam.net/

[ASA06]   ASAM: ASAM MCD-2D (ODX) / ASAM. 2006 (2.1.0). – Forschungsbericht

[AUT]   AUTOSAR: *AUTOSAR: Automotive Open System Architecture.* www.autosar.org

[AUT06a]   AUTOSAR: Specification of Communication Manager / AUTOSAR GbR. 2006. – Forschungsbericht

[AUT06b]   AUTOSAR: Specification of Diagnostic Communication Manager / AUTOSAR GbR. 2006. – Forschungsbericht

[AUT06c]   AUTOSAR: Specification of Diagnostics Event Manager / AUTOSAR GbR. 2006. – Forschungsbericht

[AUT06d]   AUTOSAR: Specification of ECU State Manager / AUTOSAR GbR. 2006. – Forschungsbericht

[AUT06e]   AUTOSAR: Specification of NVRAM Manager / AUTOSAR GbR. 2006. – Forschungsbericht

[AUT06f]   AUTOSAR: Specification of PDU Router / AUTOSAR GbR. 2006. – Forschungsbericht

[AUT06g]   AUTOSAR: Specification of RTE Software / AUTOSAR GbR. 2006. – Forschungsbericht

[AUT06h]   AUTOSAR: Specification of Watchdog Manager / AUTOSAR GbR. 2006. – Forschungsbericht

[CAN]   *ISO 15765 Road vehicles – Diagnostics on controller area network (CAN)*

[Fow03]   FOWLER, M.: *UML konzentriert.* 3. Auflage. Addison-Wesley, 2003

[GP04]   GERDOM, M. ; POSCH, T.: Pragmatische Software-Architektur für Automotive-Systeme. In:
            OBJEKTspektrum 05 (2004), S. 64–66

[Key]   *ISO 14230 Road vehicles – Diagnostic systems – Keyword protocol 2000*

[OBD]   *ISO 15031-5 Communication between vehicle and external equipment for emissions-related
            diagnostics – Part 5: Emission-related diagnostics services*

[OMG]   *Object Management Group.* http://www.omg.org/

[OMG06]   OMG: Unified Modeling Language: Superstructure version 2.1 / OMG. 2006. – Forschungs-
            bericht

[PLA]   *Product Line Approach.* http://www.sei.cmu.edu/productlines/

[Rei07]   REIF, K.: *Automobilelektronik. Eine Einführung für Ingenieure.* 2. Auflage. Vieweg Verlag,
            2007

[RHQ+05]   RUPP, C. ; HAHN, J. ; QUEINS, S. ; JECKLE, M. ; ZENGLER, B.: *UML 2 Glasklar Praxiswissen für
            die UML -Modellierung und -Zertifizierung.* Hanser Fachbuchverlag, 2005

[SEI]   *Software Engineering Institute.* http://www.sei.cmu.edu/

[SP04]   SCHRÖDER-PREIKSCHAT, W.: Automotive Betriebssysteme. In: *Eingebettete Systeme. PEARL
            2004: Fachtagung Der Gi -Fachgruppe Real-Time Echtzeitsysteme Und Pearlboppard,* 2004

[Tan03]   TANENBAUM, A. S.: *Moderne Betriebssysteme.* Pearson Studium, 2003

[UDS]   *ISO 14229-1 Unified diagnostic services (UDS) – Part 1: Specification and Requirements*

[ZS07]   ZIMMERMANN, W. ; SCHMIDGALL, R.: *Bussysteme in der Fahrzeugtechnik.* 2. Auflage. Vieweg
            Verlag, 2007

8   Usability – Der Mensch im Fahrzeug

Michael Burmester (Kapitel 8.1), Ralf Graf, Jürgen Hellbrück (Kapitel 8.2),
Ansgar Meroth (Kapitel 8.3)

8.1   Benutzerzentrierte Gestaltung von Benutzungsschnittstellen

Seit Mitte der neunziger Jahre nimmt die Informationsfülle und die Funktionalität in Fahrzeugen zu. Neben der gesamten Komfortfunktionalität, wie Klimaanlagen, elektrische Fensterheber, elektronische Sitzverstellung etc., kamen Informations- und Kommunikationssysteme, wie Telefon, Navigationssystem, E.Mail sowie über das Autoradio hinausgehende Unterhaltungssysteme, wie CD-Wechsler, Equalizer, Fernsehen, DVD hinzu. Dies zeigte sich zunächst in der steigenden Anzahl von Bedienelementen wie Schaltern, Regler und Anzeigen im Fahrzeug, was bereits zu Unübersichtlichkeit und Nutzungsschwierigkeiten führte. Als Reaktion darauf entstand der Ansatz die vielen Informationen und Funktionalitäten zentraler anzuzeigen und die Funktionen einheitlicher steuerbar zu machen. Einer der bekanntesten Ansätze war die Einführung des iDrives von BMW. Als Eingabegerät steht ein Dreh-Drück-Regler in der Mittelkonsole zur Verfügung, der zusätzlich in vier bzw. acht Richtungen geschoben und gezogen werden kann. Dieses Eingabegerät zusammen mit einem zentralen Display ermöglicht einen Großteil der Interaktionen mit Informationen und Funktionen. Bei der Einführung des iDrives im Jahre 2001 wurde schnell deutlich, dass diese eigentlich gute Idee nicht optimal umgesetzt wurde. Der ÖAMTC schrieb im Jahre 2003 dazu „IDrive erfordert besonders von Menschen, die den Umgang mit Computern scheuen, viel Übung, kann aber selbst von computervertrauten UserInnen nicht immer verlässlich bedient werden. Obwohl der Einstellknopf sogar über variablen Bedienwiderstand verfügt, ist die Anwendung von iDrive während der Fahrt fast unmöglich, da der Bildschirm ständig im Auge behalten werden muss" [ÖAM03] und USA Today brachte es auf den Punkt mit „it manages to complicate simple functions beyond belief" (zitiert nach [Nor03]). Obwohl es sicher die Absicht war, die Nutzung der Fahrzeugkomfort- und Infotainmentsysteme zu vereinfachen, so wird doch deutlich, dass dies nicht vollständig gelungen war. Wenn Nutzungsprobleme nach der Einführung der Produkte auftreten, so kann häufig festgestellt werden, dass die vorausgegangenen *Gestaltungsprozesse* ohne die Berücksichtigung der Anforderungen und Verhaltensgewohnheiten der betreffenden Nutzergruppen, des vorliegenden Usability-Gestaltungswissens oder ohne Anwendung von Usability-Methoden ausgeführt wurden [Mar05].

8.1.1   Usability

Benutzerzentrierte Gestaltung wird als der methodisch fundierte Prozess gesehen, der es erlaubt, einen hohen Grad an *Gebrauchstauglichkeit* oder neudeutsch „*Usability*" zu erreichen. Zunächst muss also geklärt werden, was Usability ist, denn Benutzerzentrierte Gestaltung leitet sich im Wesentlichen aus dem Verständnis von Usability ab. In der Norm DIN EN ISO 9241 in Teil 11 [DIN98 S. 4] wird „Usability" definiert als „das Ausmaß, in dem ein Produkt durch bestimmte

Benutzer in einem bestimmten *Nutzungskontext* genutzt werden kann, um bestimmte Ziele effektiv, effizient und zufrieden stellend zu erreichen". Um die Tragweite dieser Definition zu erfassen, ist es notwendig die einzelnen Aspekte der Definition näher zu betrachten:

Produkt: Unter einem Produkt wird in der Regel ein interaktives System verstanden. Es wird definiert als eine „Kombination von Hardware- und Softwarekomponenten, die Eingaben von einem (einer) Benutzer(in) empfangen und Ausgaben zu einem (einer) Benutzer(in) übermitteln, um ihn (sie) bei der Ausführung einer Arbeitsaufgabe zu unterstützen" [DIN00 S. 3]. Benutzer können ihre Ziele durch Interaktion mit dem Produkt, d. h. durch ein Wechselspiel von Ein- und Ausgaben, erreichen. Interagiert der Benutzer oder die Benutzerin mit einem interaktiven System, so tritt ein weiteres wichtiges Konzept auf den Plan: die *Benutzungsschnittstelle*. Nach DIN EN ISO 9241-110 [DIN06] umfasst sie alle Bestandteile der Hard- und Software eines interaktiven Systems, die Informationen und Steuerelemente zur Verfügung stellen, die für den Benutzer notwendig sind, um seine Ziele zu erreichen (nach DIN EN ISO 9241-110 [DIN06]). Hier sind Eingabegeräte, wie Tastatur, Maus, Tasten, Drehsteller, und Ausgabegeräte wie Display, Lautsprecher etc., genauso gemeint wie Elemente, die auf einem Display dargestellt sind. Solche virtuellen Steuerelemente sind z. B. eine auf dem Bildschirm grafisch dargestellte Schaltfläche (*Button*) im einfachsten Fall bis hin zu komplexen Steuerelementen wie z. B. einer geführten Eingabe eines Reiseziels in das Navigationssystem.

Ziele: Benutzer wollen etwas erreichen, wenn Sie mit Produkten in Interaktion treten. In Arbeitszusammenhängen werden die Ziele häufig von außen vorgegeben. Sie entstehen aus der Arbeitsorganisation. Ein Sachbearbeiter muss beispielsweise mit einem Vertragsverwaltungssystem einen neuen Kunden anlegen. Ziele werden in Arbeitszusammenhängen und vor allem im Freizeitbereich auch von den Benutzern selbst generiert. Neben dem Erreichen eines bestimmten Fahrziels wollen beispielsweise Benutzer im Fahrzeug einen anderen Radiosender hören, ein Telefonat annehmen, die Klimaanlage auf eine angenehme Temperatur einstellen etc.

Die für die Zielerreichung notwendigen Aktivitäten werden als *Aufgabe* bezeichnet. Ist das Ziel, das Navigationssystem auf ein bestimmtes Reiseziel zu programmieren, so muss das System zunächst angeschaltet, dann die Reisezieleingabe aufgerufen und die einzelnen Eingaben, wie Zielort, Straße, Hausnummer getätigt werden.

Effektivität: Damit ist gemeint, dass Ziele möglichst genau und vollständig erreicht werden. Erste Voraussetzung für Effektivität ist, dass ein System überhaupt über die zur Zielerreichung notwendigen Funktionen verfügt. Effektivität ist aber auch beeinträchtigt, wenn Benutzer aufgrund der schwer zu verstehenden Benutzungsschnittstelle eine vorhandene Funktion gar nicht oder nur eingeschränkt nutzen können.

Effizienz: Bei Effizienz der Zielerreichung geht es darum, wie viel Aufwand in die Zielerreichung hinein gesteckt werden muss. Angenommen ein Benutzer hat das Ziel, die Bässe seines Infotainmentsystems zu verstellen, findet diese Funktion nicht, hält schließlich sein Fahrzeug am Straßenrand an, nimmt die Bedienungsanleitung und liest den Bedienweg nach, bis er die Basseinstellung vornehmen kann. Dann wäre das Ziel erreicht aber der Aufwand wäre sehr hoch. Objektiv messbar wäre Aufwand beispielsweise in Zeit oder in Anzahl notwendiger Interaktionsschritte. Um entscheiden zu können, ob der Aufwand angemessen ist, muss es ein Kriterium geben, d. h. beispielsweise dass es als angemessen erachtet wird, dass die Bassverstellung innerhalb von 15 Sekunden möglich ist.

Zufriedenstellung: Wurden die Ziele effektiv und effizient erreicht, so stellt sich beim Benutzer Zufriedenstellung ein. Gemeint ist damit, dass es keine Beeinträchtigungen, z. B. durch Stresssituationen gab, und eine positive Einstellung gegenüber der Nutzung des Produktes entwickelt wurde.

Nutzungskontext: Lange wurde Usability als eine Qualität des Produktes gesehen, d. h. man nahm an, dass Produkte, die bestimmte Kriterien und Gestaltungsprinzipien erfüllen, eine hohe Gebrauchstauglichkeit haben. Dies kann so nicht gesagt werden. So weist Nigel Bevan, Herausgeber des bereits oben genannten Teil 11 der ISO-Norm 9241, darauf hin „[...] there is no such thing as a 'usable product' or 'unusable product'. For instance a product which is unusable by inexperienced users may be quite usable by trained users" [Bev95]. Soll die Usability beurteilt werden, so muss immer klar sein, welche Eigenschaften die Benutzerinnen oder Benutzer der betreffenden Zielgruppen (z. B. Anfänger versus Experte, alt versus jung) des Produktes haben, was sie mit dem Produkt tun wollen und in welcher Umgebung die Nutzung stattfindet. Die Umgebung ist zunächst einmal die physische Umgebung mit seinen Licht-, Temperatur-, Lärmverhältnissen etc., der technischen Umgebung sowie die soziale und organisatorische Umgebung [DIN98 S. 4]. Usability lässt sich also nur im Bezug zum *Nutzungskontext* ermitteln.

In einem globalisierten Markt werden Produkte für unterschiedliche *Kulturen* entwickelt. Die kulturspezifischen Eigenschaften des Nutzungskontextes müssen erfasst werden, d. h. dass der Nutzungskontext für alle Kulturen beschrieben werden muss, in denen das Produkt eingesetzt werden soll. So unterscheiden sich beispielsweise international Arbeitsstrukturen z. T. erheblich aber auch einfache kulturelle Unterschiede liegen vor bei Aspekten wie Leserichtung, Währungs- oder Datumsformate, Einheiten für Gewichte oder Längen, Sortierungsregeln, Bedeutung von grafischen Darstellungen oder Farben [SP04 S. 30-31]. Da Usability nur bestimmt werden kann, wenn bekannt ist, welche Charakteristika die Benutzer auszeichnen, welche Ziele und Aufgaben sie haben sowie in welchen Umgebungen das Produkt genutzt wird, dann ist Usability keine Qualität des Produktes allein sondern eine Qualität der Nutzung [Bev95]. Mit diesem Verständnis wird auch klar, dass die Nutzer mit ihren Zielen, Aufgaben und den Nutzungsumgebungen für die Beurteilung von Usability und für die Gestaltung von gebrauchstauglichen Produkten von zentraler Bedeutung sind. Die Disziplin, die sich mit dem Erreichen von Usability in der Produktentwicklung beschäftigt, heißt *Usability Engineering*. Engineering bezieht sich auf eine ingenieurwissenschaftliche Vorgehensweise. Es wird in systematischen Gestaltungs- und Entwicklungsprozessen unter Einsatz von fundierten Methoden Usability in der Gestaltung von Benutzungsschnittstellen angestrebt [May99].

8.1.2 Benutzerzentrierte Gestaltung

Der wichtigste Prozessansatz der Gestaltung von Benutzungsschnittstellen des Usability-Engineering ist die *Benutzerzentrierte Gestaltung* oder *„user centred design"*. Dabei handelt es sich um einen fundierten, praktikablen und bewährten *Gestaltungsprozess* für Benutzungsschnittstellen interaktiver Produkte, bei dem der Benutzer mit seinen Zielen, Aufgaben, Bedürfnissen, sozialen Kontexten, Nutzungsumgebungen und Verhaltensweisen als Maßstab für Gestaltungsentscheidungen gesehen und in den Gestaltungsprozess einbezogen wird. Benutzerzentrierte Gestaltung ist in Forschung und Praxis international anerkannt. Zudem wurde Benutzerzentrierte Gestaltung als internationale Norm ISO 13407 und als deutsche Norm DIN EN ISO 13407 [DIN00] beschrieben.

Benutzerzentrierte Gestaltung lässt sich anhand folgender Eigenschaften kennzeichnen [Bur07b S. 312ff.]:

Maßstab für Gestaltungsentscheidungen ist der Benutzer

Wenn der Benutzer der zentrale Maßstab für Gestaltungsentscheidungen ist, dann ist deutlich, dass die für das Gestaltungsproblem relevanten Eigenschaften des Benutzers bekannt sein müssen. Die Kenntnis der Eigenschaften setzt voraus, dass diese in fundierter und empirischer Form erhoben wurden.

Interdisziplinäres Gestaltungsteam

Aufgrund der Komplexität des Entwurfs von Benutzungsschnittstellen ist die Zusammenarbeit unterschiedlicher Disziplinen wie Produktmanager, Systemanalytiker, Designexperten, Usability-Engineering-Fachleuten, Software- und Informationsarchitekten, Softwareentwickler, Marketing und Verkaufspersonal, Fachexperten etc. erforderlich. Ein solches Team muss jeweils nach den Anforderungen des Projektes zusammengestellt werden.

Gestaltung als Prozess

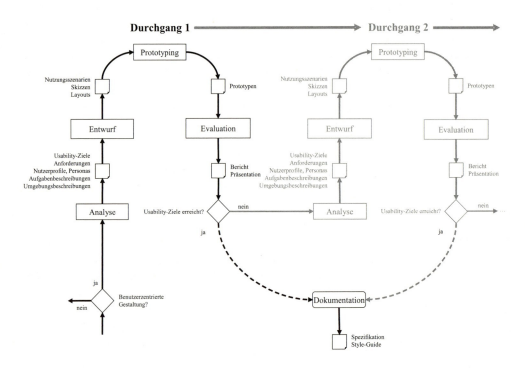

Abbildung 8.1 Benutzerzentrierter Gestaltungsprozess (nach [Bur07a]; [DIN00])

Benutzerzentrierte Gestaltung wird als Prozess verstanden. Der Prozess besteht aus vier Phasen (vgl. Abbildung 8.1, nach [Bur07a]; DIN EN ISO 13407, [DIN00]):

- *Nutzungskontextanalyse*: Die Analyse des Nutzungskontextes ist die Basis des Benutzer-zentrierten Gestaltungsprozesses. Ohne Kenntnis des Nutzungskontextes lässt sich weder gestalten noch die Usability einschätzen. Ergebnisse der Nutzungskontextanalyse sind u. a. Beschreibungen der Benutzereigenschaften (*Benutzerprofile*), Aufgabenanalysen, Umge-bungsbeschreibungen und Anforderungen.

  Ein weiteres wichtiges Ergebnis der Nutzungskontextanalyse sind Usability-Ziele. Es wird festgelegt, welcher Grad an Usability hinsichtlich der Effektivität, der Effizienz und der Zufriedenstellung erreicht werden soll. So ließe sich z. B. für ein Navigationssystem das Effizienzziel aufstellen, dass die Eingabe eines Zielortes einer bestimmten Buchstabenan-zahl ohne Fehler nach maximal 120 Sekunden von einem Benutzer ohne Vorerfahrung mit dem fraglichen System abgeschlossen sein muss.

- *Entwurf*: Die Ergebnisse der Nutzungskontextanalyse bilden die wesentliche Grundlage für den Entwurf und die Ausgestaltung der Benutzungsschnittstelle.

- *Prototyping*: Benutzerzentrierte Gestaltung basiert auf intensiver Kommunikation im Ge-staltungsteam und natürlich mit den Nutzern. Gestaltungsideen und Entwürfe müssen da-her gut kommunizierbar sein und erfahrbar gemacht werden. Dies passiert am besten durch Artefakte, die es erlauben einen Eindruck der Präsentation der Informationen und der In-teraktionsgestaltung zu erhalten. Eine rein funktionale und abstrahierende Beschreibung einer Benutzungsschnittstelle kann zu Missverständnissen darüber führen, wie die Infor-mationen tatsächlich präsentiert und die Interaktionen ablaufen sollen. Solche Formen der Beschreibung sind erst sinnvoll, wenn der Gestaltungsprozess der Benutzungsschnittstel-le abgeschlossen ist und eine Spezifikation für die Entwicklungsarbeiten erstellt werden muss.

- *Evaluation*: Lawson untersuchte Arbeitsprozesse von professionellen Gestaltern, wie z. B. Architekten. Als wichtige Phase der Gestaltungsarbeit ermittelte er nach der Analyse und der Synthese die Evaluation [Law02]. Evaluation im Benutzerzentrierten Gestaltungspro-zess ist die Bewertung oder Beurteilung von Entwürfen hinsichtlich der *Usability-Ziele* und dient zudem dem Auffinden von Optimierungsmöglichkeiten.

Methoden

Die vier Phasen des Benutzerzentrierten Gestaltungsprozesses sind jeweils mit Methoden unter-legt. Methoden sind planmäßige Verfahren, mit denen bestimmte Ziele erreicht werden können. Die Güte der Methoden ist in der Regel wissenschaftlich nachgewiesen. Besonders etablierte Methoden, die im Benutzerzentrierten Gestaltungsprozess eingesetzt werden, sind in der Norm ISO/TR 16982 [ISO02] beschrieben. Im Rahmen von Usability-Evaluationen wird beispielswei-se häufig die Methode des „Lauten Denkens" eingesetzt [Nie93]. Die Untersuchungsteilnehmer sprechen während der Untersuchung laut aus, welche Überlegungen sie gerade anstellen, um ein bestimmtes Ziel mit dem Produkt zu erreichen. Lautes Denken ermöglicht einen tiefen Ein-blick in die Problemlösestrukturen, Vorstellungen, Erwartungen und das Verständnis des Unter-suchungsteilnehmers.

Iteration

Der Benutzerzentrierte Gestaltungsprozess verläuft in Zyklen. Die Ergebnisse der Evaluation müssen Konsequenzen haben. Wurden die Usability-Ziele nicht erreicht, dann muss möglicherweise das Verständnis des Nutzungskontextes revidiert und Gestaltungsveränderungen vorgenommen werden. Diese müssen wiederum gegen die Usability-Ziele geprüft werden. Werden diese erreicht, so ist der Prozess abgeschlossen und das Ergebnis wird dokumentiert (vgl. Abbildung 8.1). Die Praxis zeigt, dass zwei Durchgänge in den meisten Fällen ausreichen, um ein Produkt zu optimieren und die Usability-Ziele zu erreichen.

8.1.3 Nutzungskontextanalyse

Die Nutzungskontextanalyse ist die Basis für Gestaltungs- und für Evaluationsaktivitäten. Damit der Nutzungskontext umfassend erfasst werden kann, haben Thomas und Bevan [TB96] ein Vorgehen für die Nutzungskontextanalyse entwickelt. In Anlehnung an die Autoren werden in Tabelle 8.1 die Arbeitsschritte der Nutzungskontextanalyse beschrieben [Bur07a].

Tabelle 8.1 Schritte der Nutzungskontextanalyse nach Thomas & Bevan

Schritt 1: Beschreibung des Produktes
1. Produktname, Version
2. Beschreibung, Zweck
3. Anwendungsfelder
4. Funktionen
5. Hardware mit Ein- und Ausgabegeräten
↓
Schritt 2: Definition der Benutzergruppen Im Optimalfall, Ermittlung der für ein Produkt relevanten Benutzergruppen auf der Basis von Marktforschungsdaten.
↓

Schritt 3: Beschreibung der Benutzergruppen
Jede Benutzergruppe wird beschrieben nach folgenden Eigenschaften:
  • Vorerfahrungen mit dem Produkt oder vergleichbaren Produkten
  • Wissen und Fähigkeiten in Bezug auf die Aufgaben
  • demografische Daten wie Alter, Geschlecht
  • körperliche Einschränkungen und spezielle Anforderungen
  • mentale Eigenschaften wie Motivation, Einstellung zum Produkt, zur Aufgabe, zur IT, Lernstile
  • Stellenbeschreibung, z. B. Position, Verantwortung, Arbeitszeiten

↓

Schritt 4: Pro Benutzergruppe – Sammlung der Aufgaben

Zunächst wird eine Sammlung der Aufgaben erstellt, die für die Produktnutzung und die Projektfragestellung relevant sind.

↓

Schritt 5: Pro Benutzergruppe und Aufgabe, Beschreibung der Aufgabeneigenschaften

Jede Aufgabe aus der Sammlung wird nach folgenden Eigenschaften beschrieben:

- Aufgabenziel
- Einbettung der Aufgabe in einen Arbeitsablauf bzw. Workflow
- Wahlfreiheit
- Beschreibung der Vorgaben und des Aufgabenergebnisses
- Häufigkeit
- Bearbeitungsdauer
- physische und mentale Anforderungen
- Sicherheit

↓

Schritt 6: Beschreibung der relevanten Umgebungen nach Benutzergruppe und Aufgaben

Jede relevante Umgebung wird beschrieben nach:

- organisatorische Umgebung (z. B. Struktur der Gruppenarbeit, Unterbrechungen, Unterstützung der Benutzer, Managementstil, formelle Kommunikationsstruktur, Organisationskultur, Leistungsüberprüfung)
- soziale Umgebung z. B. (informelle Organisations- undKommunikationsstruktur)
- Arbeitsplatzumgebung (z. B. Klima, Licht, Lärm,Arbeitshaltung, Ausstattung, Gesundheitsschutz, Sicherheit)
- technisches Umfeld (z. B. Hardware wie Drucker oder andere Computer, Software wie Betriebssystem, Handbücher und Bedienungsanleitungen)

Um Informationen über den *Nutzungskontext* zusammen zu tragen, gibt es verschiedene Methoden. Eine grundlegende ist die Dokumentenanalyse. Informationsquellen sind Marktforschungsberichte, Konkurrenzanalysen, Beschreibungen vergleichbarer Produkte oder Vorgängerversionen, Arbeitsplatzbeschreibungen sowie Expertenevaluationen, Usability-Test-Berichte oder Hotline-Reports von Vorgängerversionen. Diese Art der Erhebung ist in jedem Fall sinnvoll. Ein weiteres ökonomisches Verfahren, um konzentriert Wissen über den Nutzungskontext zusammen zu tragen, ist die Kontextsitzung [TB96]. In dieser Sitzung kommen Benutzervertreter, Produktmanager, Entwickler, Usability-Experten und weitere Personen, die Wissen über den Nutzungskontext haben, zusammen und sammeln die notwendigen Informationen. Um aktuelle und authentische Informationen aus dem Nutzungskontext zu bekommen werden empirische Erhebungen durchgeführt. Beispiele für solche Methoden sind:

- *Contextual Inquiry* [BH98]: Bei diesem Verfahren begibt sich der Usability-Experte direkt in den Nutzungskontext und besucht die Nutzer an ihrem Arbeitsplatz bzw. direkt an dem Ort, an dem ein Produkt eingesetzt wird. Dabei beobachtet und befragt der Usability-Experte den jeweiligen Benutzer und zwar, während dieser seine Tätigkeiten ausführt. Der befragte Benutzer nimmt die Rolle eines Experten für seine Ziele, Aufgaben und Bedürfnisse ein. Der Usability-Experte hingegen begibt sich in die Rolle eines Auszubildenden, der die Tätigkeiten des Benutzers bis ins Detail verstehen und erlernen möchte. Mit dieser Rollenverteilung entsteht eine sehr natürliche Befragungs- und Beobachtungssituation.

- *Fokusgruppen* [Has03]. Hier kommen nicht die Usability-Experten zu den Benutzern sondern diese kommen zu den Usability-Experten. Der Nutzungskontext wird im Rahmen einer Gruppenbefragung mit repräsentativen Benutzern erörtert. Der Vorteil von Fokusgruppen gegenüber Einzelinterviews ist, dass die Teilnehmer sich gegenseitig durch ihre Äußerungen anregen und in Kommunikation treten. Bei einer geschickten Moderation entsteht so ein vielfarbiges Bild des Nutzungskontextes.

Für die Analyse der erhobenen Informationen liegen eine Reihe von Methoden vor:

- *Aufgabenanalyse*: Bei der Aufgabenanalyse geht es um die Zerlegung von Aufgaben in Unteraufgaben sowie um die Identifikation der einzelnen Aktivitäten und Aktivitätssequenzen. Die Darstellung erfolgt auf der Basis verschiedener Beschreibungsformalismen, z. B. mit der Hierarchical Task Analysis HTA (z. B. [HR98]).

- *Kontextmodelle*: Im Rahmen des „*Contextual Design*" Prozesses von Beyer & Holtzblatt [BH98] werden Informationen aus dem Nutzungskontext im Rahmen unterschiedlicher Analysemodelle analysiert und dokumentiert: Modell der Arbeitsorganisation und des Workflows (*Flow Model*), Arbeitsabläufe (*Sequence Model*), Beschreibungen der Gegenstände, mit denen Benutzer umgehen (*Artifact Model*), das Modell der Unternehmensorganisation und -kultur (*Cultural Model*) und eine Darstellung der Arbeitsumgebung, in der der Benutzer arbeitet (*Physical Model*).

- *Problem Scenario*: Rosson und Carroll entwickelten den Gestaltungsansatz „*Scenario Based Design*" [RC02 S. 64f.], der auf der Formulierung von Szenarien beruht. In einem „Problem Scenario" wird die derzeitige Nutzung mit konkreten Akteuren, Handlungen und Umgebungsbeschreibungen in Form einer kleinen Geschichte der Nutzung dargestellt. Dies ist eine sehr anschauliche und gut kommunizierbare Form der Ergebnisdokumentation einer Nutzungskontextanalyse und leitet in die Entwurfsphase über.

- *Benutzerprofile/Personas*: *Benutzereigenschaften* lassen sich als einfache Auflistung (Benutzerprofil) oder als konkrete und anschauliche Beschreibung einer Person („Persona", [Coo99]) darstellen. Personas sind insbesondere für Entwurfsaktivitäten hilfreich, da sich so die Gestalter ein sehr konkretes Bild eines Benutzers machen können.

- *Context-Checklist*: Diese Checkliste von Thomas und Bevan [TB96] stellt sicher, dass keine wichtigen Informationen vergessen werden und bietet gleichzeitig eine strukturierte Form der Dokumentation.

- *Anforderungen*: Mit den Anforderungen an ein System werden die Eigenschaften und Fähigkeiten des Systems beschrieben, die notwendig sind um die Ziele der Nutzer vor dem Hintergrund des Nutzungskontextes zu erreichen. Sie werden aus den Nutzungskontextdaten abgeleitet und können mehr oder weniger formell beschrieben werden [Sut02].

Die Nutzungskontexte bei Fahrzeugen weisen einige Gemeinsamkeiten auf, die durchaus bekannt sind. Dazu gehört z. B. die wesentliche Struktur der Fahraufgabe [Bub03 S. 27ff.]. Der Fahrer muss folgende *primäre Aufgaben* erfüllen:

- *Navigationsaufgabe*: Bildung einer Route durch das Straßennetz von einem Startpunkt zu einem Zielort.

- *Führungsaufgabe*: Festlegung eines Kurses mit dem Fahrzeug im Umfeld von 200 m in Ort und Zeit, ohne dass andere Verkehrsteilnehmer beeinträchtigt werden.

- *Stabilisierungsaufgabe*: der Fahrer muss das Fahrzeug auf der Straße halten (seitliche Sollposition) und die Geschwindigkeit kontrollieren (Längsrichtung). Dabei müssen Berührungen mit stehenden oder sich bewegenden Objekten vermieden werden.

Die *sekundären Aufgaben* ergeben sich aus der Verkehrs- und Umweltsituation. Dazu gehören das Setzen des Blinkers wenn abgebogen werden soll, Anschalten des Scheibenwischers wenn es zu regnen beginnt, Betätigung des Lichtschalters wenn es dunkel wird, Hupen, um andere aufmerksam zu machen etc. *Tertiäre Aufgaben* betreffen die Nutzung von Komfortsystemen (z. B. Klimaanlage), Unterhaltungseinrichtungen (z. B. Radio, CD, DVD, MP3), Informationssystemen (z. B. Navigationssystem, Internet) und Kommunikationssystemen (z. B. Telefon, Funk).

Häufig werden die sekundären und tertiären Aufgaben parallel zu den primären Fahraufgaben ausgeführt. Um die primären Fahraufgaben ausführen zu können, ist der Fahrer stark auf visuelle Informationen angewiesen [Bub03]. Daher wird deutlich, dass die sekundären und tertiären Aufgaben die visuelle Aufmerksamkeit nicht zu stark von der primären Fahraufgabe abziehen dürfen.

Trotz der Gemeinsamkeiten bei Fahrzeugnutzungskontexten lassen sich erhebliche Unterschiede identifizieren, die bei der Gestaltung von Benutzungsschnittstellen beachtet werden müssen. So ergeben sich verschiedene Anforderungen aus den unterschiedlichen Altersstufen der Fahrer. Berufsfahrer haben andere Anforderungen als private Nutzer von Fahrzeugen. Zudem finden sich bei Berufsfahrern weitere Geräte im Fahrzeug, wie z. B. Funkgeräte, Systeme des Flottenmanagements oder des Mauterhebung (OBU, On Board Unit).

Für jede zu gestaltende oder zu evaluierende Benutzungsschnittstelle muss festgestellt werden, ob alle Informationen über den Nutzungskontext bekannt sind. Fehlende Informationen müssen dann erhoben werden.

8.1.4 Entwurf

Liegen die Ergebnisse aus der Nutzungskontextanalyse vor, so wird auf dieser Basis die Benutzungsschnittstelle gestaltet. Speziell der Übergang von den Ergebnissen der Nutzungskontextanalyse zum Entwurf stellt eine besondere Herausforderung da, denn nun müssen beispielsweise aus Aufgabenanalysen Interaktionen gestaltet werden, es müssen die Bedürfnisse, Kenntnisse, Gewohnheiten usw. verschiedener Zielgruppen berücksichtigt werden. Der Entwurf einer Benutzungsschnittstelle aus den umfangreichen Informationen zum Nutzungskontext ist eine außerordentlich komplexe Aufgabenstellung. Es liegen einige *Vorgehensmodelle* vor, die den Schritt von der Nutzungskontextanalyse zum Entwurf erleichtern sollen. Als Beispiel seien hier Verfahren des objektorientierten Entwurfs von Benutzungsschnittstellen [RBMI98], Contextual Design [BH98] und Scenario Based Design von Rosson und Carroll [RC02] erwähnt. Eher informelle Verfahren, wie die beiden letztgenannten, werden häufig in Benutzerzentrierten Gestaltungsprozessen eingesetzt. Durch diese Verfahren werden insbesondere Diskurs und Kreativität im Gestaltungsteam gefördert. Gerade Scenario Based Design setzt sehr auf die zwar systematische aber flexible und kreative Nutzung der Nutzungskontextergebnisse. Zentrale Methode ist das

Verfassen von Nutzungsgeschichten. In ihnen sind die relevanten Aspekte des Nutzungskontextes (beteiligte Personen, Aufgaben, soziale Umgebung etc.) in Abfolgen von Handlungen und Ereignissen, die zu einem bestimmten Ergebnis führen, enthalten. Szenarien werden zunächst textuell und im weiteren Entwurfsprozess zusätzlich grafisch ausgearbeitet. Nach Rosson und Carroll [RC03] bieten Szenarien wichtige Vorteile im Gestaltungsprozess: Erstens, Szenarien sind hoch konkret und dennoch grob. Durch diese Eigenschaften wird Reflexion und Diskussion im Gestaltungsteam gefördert und vorschnelle Entscheidungen für bestimmte Gestaltungslösungen verhindert. Zweitens, Szenarien fokussieren klar auf Benutzerziele und Benutzeraufgaben, was für ein benutzerzentriertes Vorgehen fundamental ist. Drittens, die Möglichkeit, Szenarien schnell umzuschreiben oder einfach eines neu zu verfassen, trägt ebenfalls zur Auslotung der Gestaltungsmöglichkeiten bei. Viertens, textuelle oder grafisch umgesetzte Nutzungsszenarien lassen sich sehr gut kommunizieren, so dass Ideen im Gestaltungsteam und gegenüber Externen sehr effektiv und schnell kommuniziert und diskutiert werden können.

Im Prozess der szenariobasierten Gestaltung wird das Gestaltungsproblem schrittweise erschlossen. Zunächst wird mit den Problemszenarien die derzeitige Situation beschrieben (vgl. Kap. 9.1.3). Im Anschluss daran werden mit den Activity Scenarios die zu zukünftigen Handlungen der Nutzer und die Funktionalität des zur gestaltenden Systems entworfen. Die Präsentation der Informationen wird über die Information Scenarios behandelt und schließlich werden die Interaktionen mit Hilfe der Interaction Scenarios entworfen [RC02 S. 64f.].

Während der Gestaltung wird das gesammelte Wissen zur Gestaltung der Mensch-Maschine-Interaktion herangezogen. Im Folgenden wird ein Ausschnitt dieses Wissen aufgelistet, das auch für Gestaltungen im Fahrzeugbereich vollständig oder angepasst genutzt werden kann:

- DIN EN ISO 9241-110 [DIN06] beschreibt die sieben zentralen Dialogprinzipien (Aufgabenangemessenheit, Selbstbeschreibungsfähigkeit, Erwartungskonformität, Lernförderlichkeit, Steuerbarkeit, Fehlertoleranz, Individualisierbarkeit) [DIN06]

- DIN EN ISO 9241 Teil 12 bis 17 [DIN99] enthält ca. 500 Gestaltungsregeln

- Prinzipien zum Multimedia-Design und spezielle Hinweise zu Navigation, Steuerungselementen, Auswahl und Kombination von Medien sowie Medienintegration und Aufmerksamkeitssteuerung: DIN EN ISO 14915 Teil 1-3 [DIN03a]

- Hinweise für Icons für Multimedia-Applikationen: ISO/IEC 18035 [ISO03]

- Wissen zur Gestaltung elektronischer Geräte: Baumann & Thomas [BT01]

- Regeln zur Gestaltung von Interaktionen bei Haushalts- und Unterhaltungselektronikgeräten: Burmester [Bur97]

- Usability für Handhelds: Weiss [Wei02]

- Usability für Mobiltelefone: Lindholm [Lin03]

- Richtlinien für Geräte des täglichen Gebrauchs: ISO/FDIS 20282-1 [ISO06]

- Entwurfsmuster bzw. Interaction Patterns für mobile Geräte: van Welie [Wel02]

- Interaction Patterns generell: Tidwell [Tid06]

- Visualisierung von Informationen: z. B. Ware [War03]

- Spracheingabe: Chen [Che06]

- Gestaltungswissen für Systeme im Fahrzeug (z. B. Navigationssystem): DIN EN ISO 15006 [DIN07] und DIN EN ISO 15008 (2003) [DIN03c]

Auch in die Entwurfsphase können Benutzer direkt involviert werden (*partizipatives Design*). Beispielsweise mit den Verfahren *CARD* (Collaborative Anaysis of Requirements and Design; [Tud93]) und *PICTIVE* (Plastic Interface for Collaborative Technology Initiatives through Video Exploration; [Mul91] können Benutzer Arbeitsabläufe und die Gestaltung der Benutzungsschnittstelle mit einfachen Materialen wie Papier und Stift mit entwerfen. Bei CARD geht es um die Optimierung des Ablaufes von Aufgaben, die durch das zu entwerfende System unterstützt werden sollen. Nutzerüberlegungen, Aufgabenaspekte (z. B. Verzweigungen des Aufgabenflusses) oder Bildschirminhalte werden auf Karten notiert oder skizziert und von den Benutzern gemäß ihres Verständnisses der Aufgabe angeordnet. Benutzerinnen und Benutzer können bei Bedarf neue Karten erstellen und in ihre Überlegungen einbeziehen. PICTIVE dagegen eignet sich zum detaillierten Ausarbeiten von Benutzungsoberflächen. Benutzer entwerfen mit auf Papier vorgefertigten Interaktionselementen (z. B. Schaltflächen) und erläutern ihre Gestaltungsentscheidungen in Gruppenarbeit.

Ein Benutzerzentrierter Gestaltungsprozess ist gerade bei Benutzungsschnittstellen für Fahrzeuge sehr wichtig, denn durch den besonderen Nutzungskontext kann nicht ohne weiteres Gestaltungswissen aus anderen Produktbereichen übertragen werden.

So konnte Rauch et al. [RTK04] zeigen, dass bei der Gestaltung von Menüs für Fahrerinformationssysteme andere Regeln gelten als für Produkte, die nicht im Fahrzeug eingesetzt werden. Bei Software beispielsweise sollen beim Entwurf eines Menüsystems die Anzahl der Menüebenen möglichst gering (maximal bis zur dritten Ebene) und die Anzahl der Optionen pro Menüebene groß sein [DIN99 Teil 14]. Diese Art der Gestaltung optimiert u. a. die Orientierung im Menüsystem. Im Fahrzeug ist dies anders. Hier werden bei Fahrerinformationssystemen Menüstrukturen bevorzugt, bei denen die Anzahl der Optionen pro Menüebene möglichst gering sein soll und die Anzahl der Ebenen größer sein darf. Der Grund dafür ist, dass der Fahrer zwei Aufgaben parallel zu bewältigen hat. Zum einen muss er seine primären Fahraufgaben erfüllen und zum anderen möchte er Interaktionen mit dem Menü eines Fahrerinformationssystems ausführen. In dieser Situation sind weniger Optionen pro Menüebene günstiger. Der Fahrer kann bei wenigen Optionen schneller entscheiden, welche zu seinem Ziel passt. Nach jeder Entscheidung kann er sich wieder den primären Fahraufgaben widmen, um dann die nächste Auswahl im Menüsystem zu tätigen.

8.1.5 Prototyping

Beaudouin-Lafon und Mackay [BLM03 S. 1007] definieren *Prototypen* als mehr oder weniger großen Teil eines interaktiven Systems. Prototypen sind immer ein berührbares, fühlbares Artefakt. Es handelt sich beispielsweise nicht um einen Prototypen, wenn nur eine schriftliche Dokumentation der Informationsdarstellungen und Interaktionen vorliegt. Prototyping darf jedoch nicht mit Systementwicklung verwechselt werden. Prototypen dienen immer bestimmten Zielen im Rahmen Benutzerzentrierter Gestaltung. Prototypen können beispielsweise für eine Evaluationsstudie entwickelt werden. Hier richten sich die Ausgestaltung und Entwicklung der Prototypen danach, welche Fragen beantwortet werden sollen. Wenn es z. B. darum geht, Verständlichkeit der Bildschirme eines neuen Navigationssystems vom Aufruf des Systems bis hin zum Abschluss der Zieleingabe zu untersuchen, können die einzelnen Bildschirme auch in Papierform präsentiert werden. Geht es darum wie die Texteingabe der Ortsbezeichnung mit Hilfe eines Drehdrückreglers funktioniert, so wäre ein Prototyp sinnvoll, der den Drehdrückregler

als Eingabegerät in Kombination mit einem Display aufweist, denn so kann die Detailinterak-
tion der Buchstabeneingabe untersucht werden. Im ersteren Fall kann von einem *horizontalen
Prototypen*, einen in die Breite gehenden Prototypen, und im zweiten Fall von einem *vertikalen
Prototypen*, d. h. in die Tiefe gehenden Prototypen, gesprochen werden [Nie93 S. 93]. Prototypen werden aber auch als Grundlage für Management-Entscheidungen oder zur anschaulichen
Erläuterung der entworfenen Interaktionen für Entwickler, die diese dann implementieren sollen, verwendet.

Rosson und Carroll [RC02 S. 199] führen eine Reihe unterschiedlicher Arten von Prototypen
auf. Ein paar sollen hier genannt werden. Eine besonders interessante Form des Prototypen ist
der *Papierprototyp*. Papierprototypen können bereits sehr früh im Gestaltungsprozess eingesetzt
werden [Sny03]. Sie sind schnell erstellt und haben den Vorteil, dass Benutzer das System als
in Bearbeitung erleben und dieses intensiver kommentieren, als wenn ein „Hochglanz"-Prototyp
vorliegen würde, der den Eindruck macht, das System wäre eigentlich schon fertig. Für mobile
Geräte können Papierprototypen noch um Karton oder Holzelemente erweitert werden, die dann
ein Gerät auch „fühlbar" machen. *Wizard-of-Oz* Prototypen werden meist zur Simulation komplexer Systemreaktionen genutzt. Ein menschlicher Agent simuliert dann die Systemreaktion.
Beispielsweise können so Sprachdialoge evaluiert werden, bevor überhaupt ein Sprache erken-
nendes System implementiert ist. Der menschliche Agent steuert die Reaktionen des Prototypen
auf der Basis von Spracheingaben des Benutzers nach den Regeln, die für entworfenen Sprachdialoge festgelegt wurden. *Videoprototypen* können anhand von gefilmten Nutzungsszenarios die
Nutzung und die Funktion eines zukünftigen Systems veranschaulichen. Eine Scenario-Machine
ist ein mehr oder weniger interaktiver Prototyp, der ein bestimmtes Nutzungsszenario abbildet.
Mit Rapid Prototypes wird ein bestimmter Produktaspekt (z. B. die Buchstabenauswahl mit einem Drehdrücksteller) simuliert und schließlich kann ein Prototyp auch ein Teil des späteren
Gesamtsystems sein.

8.1.6 Evaluation

Evaluation bezeichnet eine Bewertung oder Beurteilung eines Produktes. Im Benutzerzentrierten
Gestaltungsprozess dient sie zum Ermitteln von Schwachstellen zur weiteren Optimierung der
Gestaltung und zur Überprüfung, ob die Usability-Ziele erreicht wurden.

Zunächst einmal kann summative Evaluation von formativer Evaluation unterschieden werden.
Bei summativer Evaluation wird ein komplettes Produkt abschließend anhand bestimmter Kriterien bewertet. Kriterien können beispielsweise die Ergonomieanforderungen aus Normen (z. B.
der DIN EN ISO 15008, 2003 [DIN03c]) oder eines Industriestandards sein. Von formativer
Evaluation wird gesprochen, wenn es darum geht, Optimierungsmöglichkeiten für die Gestaltung zu finden. Diese Art der Evaluation ist der häufigste Fall, da die Hersteller von Produkten in
der Regel mehr an deren Optimierung als an der deren bloßen Prüfung interessiert sind. Ferner
lassen sich expertenorientierte und benutzerorientierte Evaluationsmethoden unterscheiden. Bei
expertenorientierte Methoden bewerten Usability-Experten auf der Basis von bestimmten Kriterien, theoretischen Modellen und Durchführungsregeln eine Benutzungsschnittstelle. Werden
repräsentative Benutzer in die Evaluation eingebunden, so wird von benutzerorientierten Evaluationsmethoden gesprochen. Benutzer werden beispielsweise bei der Ausführung realistischer
Aufgaben beobachtet und deren Lautes Denken wird protokolliert. Eine andere Möglichkeit ist,

Abbildung 8.2 Sitzkiste zur Evaluation von Benutzerschnittstellen (Foto: Volkswagen)

Benutzer mit Nutzungserfahrung eines Produktes zu ihren Eindrücken zu befragen, z. B. mit Interviewtechniken oder Fragebogenverfahren.

Expertenorientierte und benutzerorientierte Methoden ergänzen sich gegenseitig. Bei benutzerorientierten Methoden werden vor allem Usability-Probleme, die mit dem Anwendungswissen zu tun haben, entdeckt. Probleme mit Regelverletzungen von Gestaltungskonventionen werden eher mit expertenorientierte Methoden gefunden. Der Grund dafür ist, dass Experten sich häufig nicht in das nutzerspezifische Aufgaben- und Werkzeugwissen hinein versetzen können. Das Ermitteln von verletzten Gestaltungsprinzipien und -regeln ist für Usability-Experten einfacher. Tabelle 8.2 zeigt ausgewählte Evaluationsmethoden.

Tabelle 8.2 Ausgewählte Evaluationsmethoden

Methode	Typ	Erläuterung
Heuristische Evaluation	Exp	Usability-Experten bewerten anhand von so genannten Heuristiken, d. h. Faustregeln oder Prinzipien, die sich bei der Gestaltung von Benutzungsschnittstellen bewährt haben [Nie94], z. B. „Der Status des Systems soll jederzeit für den Benutzer erkennbar sein."
Cognitive Walkthrough	Exp	Ein interaktives Produkt wird darauf hin überprüft, ob es für Benutzer leicht zu erlernen ist (Wharton et al., 1994) [WRLP94]. „Cognitive" bezieht sich auf kognitive Theorien des Wissenserwerbs und „Walkthrough" lehnt sich an Verfahren zur schrittweisen Prüfung der Programmierung an. Beim Cognitive Walkthrough wird aufgrund von Leitfragen, jeder Interaktionsschritt unter dem Aspekt der Erlernbarkeit untersucht.
Pluralistic Usability Walkthrough	Exp. Ben.	Mit diesem Verfahren sollen Evaluationen sehr zügig durchgeführt werden [Bia94]. Es wird in einem Team evaluiert in dem sich Experten (z. B. ein Entwickler, ein Gestalter und ein Usability Experte) und Benutzer befinden. Das zu evaluierende Produkt wird aus der Perspektive des Benutzer anhand von Aufgaben bewertet und kommentiert. Das restliche Team nimmt die Bewertungen und Kommentare der Benutzerinnen und Benutzer auf und übernimmt deren Perspektive. Die Usability-Probleme werden gemeinsam erarbeitet und beschrieben.

Methode	Typ	Erläuterung
Usability Test	Ben.	Usability-Testing oder auch „User Testing" ist eine der am meisten eingesetzten Evaluationsmethoden der formativen Evaluation. Repräsentativ ausgewählte Untersuchungteilnehmer bearbeiten realistische Aufgaben mit dem zu prüfenden Produkt oder Produktprototyp. Dabei werden die Untersuchungsteilnehmer beobachtet und sie sind aufgefordert alles auszusprechen, was sie denken und fühlen (Methode des „Lauten Denkens"). Es werden kritische Situationen (z. B. ineffizente oder fehlerhafte Interaktionen) festgehalten und auf der Basis aller Daten Usability-Probleme beschrieben [Nie93]. Benutzerorientierte Usability-Untersuchungen werden auch als summative Evaluation eingesetzt, um z. B. um die Konformität mit Normanforderungen oder das Erreichen von Usability-Zielen empirisch zu prüfen.
Blickregistrierung	Ben.	Mit Blickregistrierungssystemen (bzw. Eye-Tracking-Systemen) werden die Blickbewegungen der Augen des Benutzers erfasst [Duc03]. Die Blickbewegungen geben u. a. darüber Auskunft wie sich die visuelle Aufmerksamkeit eines Benutzers verteilt, wie viel Aufmerksamkeit beispielsweise ein Fahrerinformationssystem von der primären Fahraufgabe in Anspruch nimmt (DIN EN ISO 15007-1, [DIN03b]). Wichtige Fragestellungen sind auch, welche Informationen überhaupt visuell erfasst werden, wie häufig Wechsel zwischen verschiedenen Informationsquellen (z. B. Verkehrssituation, Kombiinstrument und Fahrerinformationssystem) stattfinden.
Fragebogen	Ben.	Usability-Fragebögen werden meist für Fragestellungen summativer Evaluation eingesetzt. Wenn untersucht werden soll, ob eine Software bestimmten Kriterien entspricht, wie beispielsweise den Dialogprinzipien der DIN EN ISO 9241 Teil 110 [DIN06], dann ist der Fragebogen ISO-NORM10 von Prümper und Anft [PA93] eine Möglichkeit. Ein Fragebogen, der neben der wahrgenommenen pragmatischen Qualität (Usability) auch wahrgenommene hedonische Qualitäten eines Produktes erfasst, ist der AttrakDiff [BHK07]. Mit den wahrgenommenen hedonischen Qualitäten sind die Potenziale eines Produktes gemeint, den Benutzer zu stimulieren, sich mit dem Produkt auch jenseits seiner Aufgaben auseinanderzusetzen, um weitere Nutzungsmöglichkeiten zu entdecken. Auch das Potenzial des Produktes, dass der Benutzer sich mit dem Produkt identifizieren kann, gehört zur wahrgenommenen hedonischen Qualität. Die wahrgenommenen Ausprägungen der pragmatischen und hedonischen Qualität führen zu einem Gesamturteil des Benutzers über das Produkt (die Attraktivität). Weitere Informationen zum Einsatz von Fragebögen finden sich bei Hamborg, Gediga und Hassenzahl [HGH03].

Exp. = Expertenorientierte Evaluationsmethode;
Ben. = Benutzerorientierte Evaluationsmethode

Bei der Evaluation von Benutzungsschnittstellen, die im Fahrzeug eingesetzt werden, muss immer berücksichtigt werden, ob die Benutzungsschnittstelle auch während der primären Fahraufgabe genutzt wird. Ist dies der Fall, so muss die Interaktion mit der Benutzungsschnittstelle auch parallel zu den primären Fahraufgaben möglich sein. Die primären Fahraufgaben dürfen nicht beeinträchtigt werden und die zu evaluierenden Interaktionen müssen zudem effektiv und effizient sein. Bei Evaluationsstudien wird dann mit Doppelaufgabenparadigma mit einer Hauptaufgabe und einer Nebenaufgabe gearbeitet, d. h. , dass ein Testteilnehmer beispielsweise in einem Fahrsimulator [KN05] eine primäre Fahraufgabe (Hauptaufgabe) bewältigt und parallel dazu beispielsweise Informationen über Staumeldungen aus dem zu evaluierenden Navigationssystem (Nebenaufgabe) abrufen soll (siehe dazu Abschnitt 8.3).

Bei der Gestaltung von Benutzungsschnittstellen für Fahrzeuge empfiehlt sich eine Strategie, dass zunächst die schwersten Usability-Probleme mit expertenorientierten und mit benutzerorientierten Methoden ohne den Einbezug der primären Fahraufgabe ermittelt werden. Sind diese Probleme behoben, wird die Benutzungsschnittstelle in einem Doppelaufgabenansatz untersucht. Da die visuelle Aufmerksamkeit für die primäre Fahraufgabe von zentraler Bedeutung ist, bietet sich die Untersuchung der Verteilung der visuellen Aufmerksamkeit zwischen primärer Fahraufgabe und den Interaktionen mit der zu entwickelnden Benutzungsschnittstelle in einem Doppelaufgabenparadigma im Fahrsimulator an.

Abbildung 8.3 Evaluation eines Cockpits in der *CAVE* (Computer Aided Virtual Environment) (Foto: Produktkommunikation Mercedes Car Group)

8.1.7 Dokumentation

Sind die Usability-Ziele erreicht, so endet der iterative Prozess. In der Regel folgt dann eine vollständige Ausarbeitung der Gestaltung. Dazu gehört beispielsweise die Ausarbeitung des Layouts, der Typografie, der Icons, des Farbschemas etc. unter Berücksichtigung des Corporate Designs des jeweiligen Herstellers. Die Gestaltung ist dann zum größten Teil stabil und die Entwickler können ohne weitere Änderungen die Gestaltungslösungen implementieren. Dokumentiert wird die Gestaltung einschließlich der visuellen Präsentation und des Interaktionsverhaltens als Spezifikationen und Styleguides. Eine Spezifikation enthält detaillierte Beschreibungen der visuellen Präsentation und der Interaktionen zu den Bedienabläufen eines Produktes. Prototypen werden häufig als so genannte „Live-Specification" verwendet, da sie bestimmte Abläufe simulieren, was eine schriftliche Spezifikation ergänzen und illustrieren kann. Generische Elemente der Benutzungsschnittstellengestaltung wie Bildschirmaufteilung (z. B. pixelgenaue Bemaßung der Benutzungsschnittstellenelemente), Farbschemen sowie in Informationspräsentation und Interaktionsverhalten festgeschriebene Interaktionselemente, auch als Dialogbausteine bezeichnet (z. B. ein Texteingabedialog), werden in einem Styleguide festgehalten [Gör97]. Die Vorteile eines Styleguides lassen sich aus der Sicht der Benutzer und aus der Sicht der Produkthersteller formulieren. Mit einer auf festgelegten Dialogbausteinen basierenden Benutzungsschnittstelle können Benutzer, ihr erworbenes Bedienwissen bei einem nach dem gleichen Styleguide entwickelten Produkt wieder anwenden. Für Gestalter ist der Entwurf von Benutzungsschnittstellen, für die bereits ein Styleguide vorliegt, erheblich einfacher, da auf festgeschriebene Gestaltungsprinzipien und -regeln sowie dokumentierte Dialogbausteine zurückgegriffen werden kann, und nur noch fehlende Gestaltungsaspekte neu entworfen werden müssen. Dialogbausteine können als Softwarebausteine entwickelt und in einer Software-Bibliothek abgelegt werden, was die Entwicklung von Produkten, die aus den gleichen Dialogbausteinen bestehen erheblich vereinfacht. Zudem entsteht so ein Produktfamiliencharakter. Alle Produkte eines Herstellers weisen sehr konsistent gestaltete Benutzungsschnittstellen auf und werden von den Benutzern wieder erkannt.

8.1.8   Gestaltungsziele jenseits von Usability

Benutzerzentrierte Gestaltung wurde zur Erreichung des Gestaltungsziels Usability entwickelt. Viele der genannten Methoden dienen explizit der Erreichung dieses Ziels.
Bei der Gestaltung von Benutzungsschnittstellen für Fahrzeuge darf nicht vergessen werden, dass durch den Bezug zur primären Fahraufgabe Sicherheit immer das wichtigste Gestaltungsziel ist. In den wissenschaftlichen Fachkreisen der Mensch-Technik-Interaktion werden neben Usability vermehrt auch andere Gestaltungsziele diskutiert. Das Erleben der Benutzer beim Umgang mit Produkten, die User Experience, gerät stärker in den Fokus der Betrachtung. So soll die Nutzung von Technik Freude bringen „Joy of use" [BOMW03] und sie soll emotional gestaltet sein „emotional design" [Nor04]. Neben der Konzentration auf die Handlungen und das Erleben der Benutzer gibt es aber auch Gestaltungsziele, bei denen es um die Beeinflussung von Einstellungen und Verhalten der Benutzerinnen und Benutzer geht [Fog03]. Ganz offensichtlich ist dieses Ziel beispielsweise bei der Gestaltung von Online-Shops, denn da hat der Anbieter das Ziel, seine Kunden zu binden und möglichst viele Produkte zu verkaufen. Auch im Fahrzeug spielen solche persuasiven Technologien (Persuasive Technologies, [Fog03]) eine Rolle. Fahrer sollen beispielsweise zu sicherem und energiesparenden Fahren motiviert werden. Eine einfache Form der Persuasion ist, das Verhalten des Fahrers zurück zu melden. So kann die Anzeige des derzeitigen Benzinverbrauchs dazu führen, dass Fahrer sich bewusst werden, dass sie unökonomisch und umweltschädigend fahren und ihr Verhalten aufgrund dieser Information ändern.
Ganz gleich, welche Gestaltungsziele angestrebt werden, wichtig ist, dass diese auch erreicht werden. Wenn es Gestaltungsziel ist, dass ein Nutzer sicher fährt, bei der Nutzung eines neuen Fahrerinformationssystems Freude und Stolz erlebt, einen umweltschonenden Fahrstil pflegt oder eben effektiv und effizient Systeme nutzen kann, dann muss gezeigt werden, dass dies bei einer entwickelten Gestaltungslösung tatsächlich der Fall ist. Wenn ein Gestaltungsziel nicht erreicht wird, dann ist es notwendig, die Probleme zu ermitteln, die dem Verpassen des Ziels zugrunde liegen. Während im Usability Engineering hier bereits einige Methoden vorliegen, so müssen bei anderen Gestaltungszielen noch weitere Grundlagen erforscht und Methoden für die Praxis entwickelt werden.

8.2 Informationsverarbeitung beim Menschen

8.2.1 Usability in dynamischen Kontexten

Die erfolgreiche Gestaltung von Benutzungsschnittstellen zwischen Mensch und Technik ergibt sich immer aus dem Ausmaß geglückter Interaktionen des Benutzers mit dem Produkt. In den Produktgestaltungsprozess fließen eine Vielzahl zu berücksichtigender Faktoren ein, die sowohl die Benutzerseite wie auch die Produktseite umfassen. Hier treten beispielsweise Ziele des Benutzers, Effektivität, Effizienz, Zufriedenstellung und Nutzungskontext ins Spiel (siehe Abschnitt 8.1.1). In ingenieurswissenschaftlichem Zusammenhang erscheint es häufig besonders schwierig, dem Faktor „Mensch" hierbei entsprechend Rechnung zu tragen. Ja mehr noch, die benutzerzentrierte *Entwicklung* eines Produkts setzt voraus, dass man über ein adäquates *Modell des Benutzers* verfügt, das bereits in den Entwicklungsprozess eingespeist werden kann. Hier stellt sich zunächst die Frage, welche Aspekte des komplexen Systems „Mensch" überhaupt berücksichtigt werden sollen, wie diese in einem Modell integriert werden können und nach erfolgter Produktgestaltung, ob sich das Modell als hinreichend tauglich erwies, die Interaktionen adäquat abzubilden. Wenngleich kein Einzelansatz in der Psychologie imstande ist diese Gesamtaufgabe zu leisten, so finden wir dennoch strukturelle Hilfen, die Mensch-Technik-Interaktion aus der psychologischen Perspektive des (modellierten) Benutzers zu analysieren.

Ein anschauliches Beispiel: Fahrer *A* will noch kurz vor Ladenschluss einen Einkauf erledigen, fährt in die Innenstadt, findet unmittelbar vor dem Einkaufsgeschäft rechts am Fahrbahnrand eine Parklücke, aktiviert die akustische Einparkhilfe und navigiert zügig in die Parklücke. Insofern handelt es sich um eine geglückte Handlung und auch mutmaßlich eine erfolgreiche Interaktion mit der Technik des Parkassistenten. Aus psychologischer Sicht stellt die Interaktion mit dem Parkassistenten allerdings bezogen auf die Gesamthandlung lediglich eine Episode dar, die in einen konkreten Kontext von Handlungen eingebunden ist. So mag der Fahrer sich unter Zeitdruck fühlen (kurz vor Ladenschluss) und fährt mit höherer Geschwindigkeit als gewohnt, was zu vermehrter Anstrengung führt. Durch den komplexen Innenstadtverkehr ist die Sicht auf den Standstreifen durch andere sich bewegende Fahrzeuge behindert, wodurch die Wahrnehmung der Parklücke beeinträchtigt wird. Es gilt, schnell zu entscheiden, ob ein Einparkversuch angesichts der Größe der Parklücke und der Verkehrslage überhaupt in Frage kommt. Hierzu werden Informationen über die Länge des eigenen Fahrzeugs aus dem Gedächtnis abgerufen, die Größe der nur in Ausschnitten wahrgenommenen Parklücke wird abgeschätzt und mit den erinnerten Fahrzeugabmessungen abgeglichen. Zudem wird der zu vermutende weitere Verkehrsfluss interpoliert und es folgt eine Entscheidung zur Verringerung der Fahrzeuggeschwindigkeit und ein Stoppen neben der Parklücke. Jetzt tritt Vorwissen auf den Plan, mithilfe des Parkassistenten zügiger einparken zu können, sowie (positive) Vorerfahrungen mit dessen Bedienung und der Fahrer entscheidet sich für die Aktivierung des Parkassistenten und handelt entsprechend. Die jetzt erfolgende Ausgabe der akustischen Signale der Einparkhilfe muss wiederum wahrgenommen werden, eine Funktion nicht nur von Frequenz und Pegel der Signale sondern auch abhängig vom Hintergrundschall (Motorgeräusch oder Klimaanlage) und allgemein von der Hörfähigkeit des Fahrers. Hinzu kommt, dass eine Verteilung der Aufmerksamkeit erfolgen muss, um auf zeitgleich relevante Situationsaspekte adäquat zu reagieren, wie beispielsweise die Folge der Bedienhandlungen zur Kraftfahrzeugführung beim Einparken auszuführen. Ist das Einparken erfolgreich abgeschlossen, so mag sich ein Gefühl der Zufriedenstellung einstellen, das den Fahrer in zukünftigen vergleichbaren Situationen motivieren wird, den Einparkassistenten erneut zu benutzen.

Die psychologischen Grundbestandteile einer Analyse dieser Art umfassen somit (i) Fragen der Wahrnehmung, allerdings nicht nur isolierter Aspekte wie beispielsweise der akustischen Warnsignale sondern deren Einbettung in die Situation als Ganzem. Und es sind (ii) Aspekte der Kognition angesprochen: hier werden Ziele gesetzt, Entscheidungen abgewogen, Handlungen initiiert, korrigiert oder auch gestoppt, alles auf der Grundlage von Gedächtnis- und Aufmerksamkeitsprozessen. Da all dies in einem sich ständig verändernden dynamischen Kontext stattfindet und im Millisekundenbereich verarbeitet werden muss, ist es erstaunlich, wie nahezu mühelos uns dies im Alltag gelingt! Zwar werden in der psychologischen Modellbildung im Allgemeinen Wahrnehmungsprozesse von Kognitionsprozessen unterschieden, in den meisten Fällen tragen beide Prozesse allerdings Komponenten des jeweils anderen Prozesses in sich, wenn auch in unterschiedlicher Gewichtung. Sind sie stärker wahrnehmungsbasiert, so sprechen wir von peripheren oder Bottom-up-Prozessen, sind sie stärker kognitionsbasiert, so sprechen wir von zentralen oder Top-down-Prozessen. Im folgenden Abschnitt (8.2.2) werden wir maßgebliche zentrale Prozesse darstellen, wie sie in dem Informationsverarbeitungsmodell von Wickens und Hollands[WH00 S. 10ff]; vgl. auch [WLLGB04] und in dem Situation-Awareness-Modell von Endsley [End95] diskutiert werden und die als Rahmenmodelle zur Einordnung wichtiger psychologischer Konstrukte dienen können. In Abschnitt 8.2.3 werden wir näher auf jene in den Rahmenmodellen erwähnten psychologischen Konstrukte eingehen, die im Zusammenhang mit Usability eine besondere Rolle spielen.

Zwei Beispiele für Anwendungen psychologischer Variablen im Hinblick auf die Gestaltung von Mensch-Technik-Interaktionen finden sich in Abschnitt 8.2.4. Beispiel 1 illustriert die Gestaltung visueller Displays, Beispiel 2 die Gestaltung akustischer Signale eines Fahrerassistenzsystems.

8.2.2   Informationsverarbeitungsmodell und Situation Awareness

Was wir wahrnehmen, hängt nicht nur vom Angebot an Umweltreizen ab sondern auch von unserem Vorwissen, unseren Erwartungen und Wünschen. Dies spiegelt sich in zentralen Verarbeitungsprozessen wider, die der Kognition zugeordnet werden. Wickens et al. [WLLGB04] schlagen ein vielbeachtetes Modell vor, das die Grundarchitektur und die beteiligten Prozesse in geeigneter Weise aufzeigt (vgl. Abbildung 8.4).

Im linken Teil der Abbildung (*Perzeptuelle Enkodierung*) finden sich die modalitätsspezifischen sensorischen Register. Diese stellen eine Gedächtnisstruktur dar, mit deren Hilfe visuelle, akustische und taktile Reize in großer Menge, allerdings nur für sehr kurze Zeit (ca. 10 bis 100 Millisekunden) zur Weiterverarbeitung bereitgestellt werden. Hierbei werden physikalische (Außen-) Reize in neuronal verarbeitbare Muster enkodiert. Diese Muster neuronaler Impulse stehen dem Menschen nun zur Wahrnehmung zur Verfügung, wobei den Mustern auf der Grundlage von Vorwissen aus dem Langzeitgedächtnis Bedeutung zugewiesen wird. Hier wird beispielsweise aus drei Linien, die eine geschlossene Kontur bilden, eine Wahrnehmung konstruiert, die wir Dreieck nennen, oder beispielsweise eine Tonfolge wird als Warnsignal interpretiert. Während die sensorischen Register ohne Aufmerksamkeitszuwendung funktionieren, ist für die Interpretation von wahrgenommenen Mustern bereits Aufmerksamkeitszuwendung notwendig. Diese erfolgt allerdings automatisch und ohne dass wir uns dessen bewusst wären. In den allermeisten Fällen

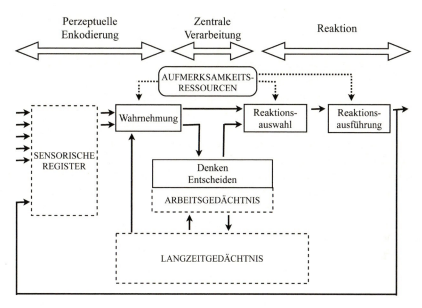

Abbildung 8.4 Ein Modell der Informationsverarbeitung nach Wickens [[WLLGB04 S. 122] und [WH00 S. 11]]

(zumal in komplexen Situationen wie dem oben genannten Einparkbeispiel) führt eine Wahrnehmung nicht unmittelbar zu einer Reaktion. Vielmehr müssen wir zunächst kurz „nachdenken", ein Prozess der *zentralen Verarbeitung*. Dieses „Nachdenken" findet im *Arbeitsgedächtnis* statt und besteht genau genommen aus einer Vielzahl kognitiver Aktivitäten. Diese Aktivitäten, sollten es hinreichend viele sein, sind zeitkonsumierend (bis zu mehreren Sekunden) und wir erleben sie als Anstrengung. Beispielsweise erstellen wir einen Handlungsplan, was wir als nächstes tun wollen, machen uns eine bildliche Vorstellung eines Sachverhalts, treffen Entscheidungen und lösen Probleme. Ein Großteil hiervon ist unserem Bewusstsein zugänglich und kann beispielsweise mit der Methode des „lauten Denkens" erfasst werden. Zudem ist das Arbeitsgedächtnis dafür verantwortlich, was in unser *Langzeitgedächtnis* aufgenommen und uns somit auch noch Stunden, Tage oder lebenslang zur Verfügung stehen wird. In der Abbildung rechts ist die Reaktion dargestellt, die vereinfacht darin besteht, aus verschiedenen Reaktionsmöglichkeiten die zielführendste auszuwählen und diese dann auch auszuführen. Beides sind Prozesse, die einer Aufmerksamkeitszuteilung bedürfen und in aller Regel schnell, automatisch und unbewusst ablaufen.

Liefert uns das Informationsverarbeitungsmodell von Wickens et al. [WLLGB04] eine erste Verortung der wichtigsten kognitiven Prozesse, so stellt das *Situation-Awareness-Modell* (SA-Modell) von Endsley [End95, EG00] eine geeignete Erweiterung des Informationsverarbeitungsmodells dar. Hierbei geht es um das „Gewahrwerden" oder auch „Bewusstwerden" situationaler Komponenten. Das Modell von Endsley trägt dem besonderen Umstand Rechnung, dass der Mensch vor allem dynamischen Veränderungen in der Umwelt Bedeutungen zuweist, mithin also bevorzugt Veränderungen wahrnimmt [DS99]. Die Grundidee des SA-Modells besteht aus

Abbildung 8.5 Das Situation-Awareness-Modell von Endsley [End95]

den drei Stufen „Wahrnehmung (und selektive Aufmerksamkeit)“, „Verstehen“ und „Vorhersage“
und ist in Abbildung 8.5 verdeutlicht.

Die drei Stufen des SA-Modells erlauben uns, verschiedene Komponenten des Informationsverarbeitungsmodells von Wickens [WLLGB04] nun in einen dynamischen Kontext einzubetten.
So konnte gezeigt werden, dass ein Großteil von Handlungsfehlern bereits dadurch entsteht, dass
die Wahrnehmung eingeschränkt ist, oder die selektive Aufmerksamkeit falsch zugeordnet wurde. Beispielsweise ist beim Autofahren die Wahrnehmung bei Nebel oder auch starkem Regen
eingeschränkt, vergleichbare Wahrnehmungsschwierigkeiten ergeben sich bei zu schwach beleuchteten Displays oder bei eingeschränkter Sehfähigkeit. Ersichtlich ergibt sich bereits hieraus
die Notwendigkeit, eine Produkt- und Anzeigegestaltung entsprechend wahrnehmungsgerecht
(Schriftgröße, Kontrast etc.) zu gestalten. Prozesse auf der zweiten Stufe, dem Verstehen und
Zuweisen von Bedeutungen, werden vornehmlich durch das Arbeitsgedächtnis und das Langzeitgedächtnis gesteuert. Auf der dritten Stufe, der Vorhersage, finden vorwiegend höhere kognitive
Prozesse des Denkens, Planens und Entscheidens statt. Das SA-Modell eignet sich insgesamt besonders gut, um die Angemessenheit von Handlungen und von Reaktionszeiten auf unerwartete
Ereignisse abzubilden, wie beispielsweise das schnelle Reagieren auf ein Kollisionswarnsignal
im KFZ. Hoch automatisierte Prozesse hingegen, wie beispielsweise das Spurhalten bei norma-
lem Fahren, werden durch das SA-Modell weniger treffend erfasst [Wic00].

8.2.3   Psychologische Konstrukte und Prozesse

In diesem Abschnitt werden wir die wichtigsten psychologischen Konstrukte, wie beispielsweise
Aufmerksamkeit und *Gedächtnis*, sowie Prozesse vorstellen, die in den beiden oben genannten
Rahmenmodellen der Informationsverarbeitung angesprochen wurden. Ziel ist es hierbei, ein
grundlegendes Verständnis zu vermitteln, mit welchen Faktoren beim Menschen wir es bei typischen Mensch-Technik-Interaktionen zu tun haben.

Sensorische Register und Perzeptuelle Enkodierung

Der Prozess der perzeptuellen Enkodierung kann nur in Gang kommen, wenn Außenreize mittels der sensorischen Register zu neuronalen Impulsen umgewandelt und diese mit Bedeutungen
versehen werden (Wahrnehmung). Hierbei ist zu beachten, dass die sensorischen Register immer
modalitätsspezifisch arbeiten, wir also eigene Register für Sehen, Hören, Taktiles, Temperaturwahrnehmung, Gleichgewichtswahrnehmung etc. besitzen. Am besten untersucht ist der Bereich
des Sehens und Hörens. Für das Sehen werden auf der Grundlage physiologischer Erkenntnisse (Aufbau des Augapfels, Sehnervs, grundlegender beteiligter Hirnareale) Prozesse diskutiert,

die ohne große Beteiligung zentraler Kognitionsprozesse ablaufen, also vor allem Bottom-up-Charakter aufweisen. Hierzu zählen:

- **Foveales und peripheres Sehen**; foveales Sehen findet statt im Zentrum der Netzhaut; etwa 2° visueller Winkel.

- **Die unterschiedliche Auflösung des optischen Bildes**; diese ist abhängig von der variablen Dichte der Rezeptoren in der Netzhaut; am größten in der Fovea.

- **Die Empfindlichkeit der Rezeptoren**; wir besitzen zwei Arten von Rezeptoren, die lichtempfindlicheren Stäbchen für das Nachtsehen und die weniger empfindlichen Zapfen für das Tagsehen.

- **Die Farbwahrnehmung**; Farben werden nur von den Zapfen kodiert, daher ist bei schwacher Beleuchtung ein rotes Auto kaum vor graugrünem Hintergrund zu unterscheiden

- **Die Adaptation**; wir passen unsere Empfindlichkeit stets der Umgebungslichtverteilung an und müssen uns an ungünstige Lichtverhältnisse erst „gewöhnen". Kommen wir aus einem dunklen Keller ans Tageslicht, so sind wir zunächst geblendet, betreten wir einen schwach beleuchteten Kellerraum aus dem Tageslicht her kommmend, so sehen wir zunächst überhaupt nichts.

Treten zusätzlich höhere kognitive Prozesse ins Spiel, so sind wir in der Lage, räumliche Tiefe wahrzunehmen indem wir eine Fülle von Informationen auswerten, die wir aus beiden Netzhäuten getrennt erhalten oder die sich aus deren Wechselspiel ergeben. Typische Informationsquellen hierfür sind die relative Größe von Objekten (kleinere Objekte scheinen aufgrund unseres Wissens weiter hinten zu liegen), Verdeckungen (was vorne liegt, kann weiter hinten liegendes verdecken), Licht und Schattenwurf und Texturgradienten (bei einem Kornfeld erkennt man am nahen Rand noch die einzelnen Ähren, weiter hinten verschwimmt alles zu einem einheitlichen Gelb). Bewegen sich die Objekte, so werten wir auch deren relative Geschwindigkeit aus (beispielsweise bewegen sich auf der Netzhaut Bilder von nahen Objekte schneller als von weiter hinten liegenden). Wenn wir die Informationen beider Augäpfel verrechnen, so erhalten wir zusätzlich brauchbare Informationsquellen für die Tiefenwahrnehmung. Beispielsweise berechnen wir durch Informationen über unsere Muskelspannung an den Augen die Stellung beider Augäpfel zueinander. Für die Wahrnehmung naher Objekte müssen die Augäpfel stärker konvergieren als für die Wahrnehmung entfernter Objekte und so können wir durch höhere kognitive Prozesse aus der Stellung beider Augäpfel zueinander auf die Entfernung von Objekten schließen. Auch für den Bereich des Hörens werden eine Vielzahl von Phänomenen diskutiert, die sich nun auf die Wahrnehmungsgegebenheiten auditiver Reize beziehen. So ist unser Ohr in der Lage, Schallfrequenzen zwischen etwa 20 Hz und 20.000 Hz wahrzunehmen. Es ist besonders empfindlich für Frequenzen in einem Bereich zwischen 1.000 Hz und 5.000 Hz. Hier liegen auch die für die Sprachwahrnehmung wichtigen Frequenzen der Konsonanten. Selten hören wir in einer Situation nur einen einzigen Reiz, vielmehr filtern wir „Interessantes" (Überraschendes, uns Wichtiges) aus dem akustischen Ereignisstrom aus und verarbeiten dies mit besonderer Aufmerksamkeit. Allerdings gelingt uns dies nicht immer. Es kann zu akustischen Maskierungseffekten kommen, wenn ein akustisches Signal ein anderes ganz oder partiell verdeckt. Tieffrequente laute Geräusche können leisere Geräusche mit hohen Frequenzen maskieren [FZ06, HE04]. Die akustische Maskierung ist von großer Bedeutung bei der Gestaltung von akustischen Alarmsignalen in geräuschvoller Umgebung. Beispielsweise könnte das Gebläse der Klimaanlage die Signaltöne eines Einparkassistenten verdecken. Akustische Alarmsignale sind bei Warnungen von hoher Dringlichkeit (beispielsweise einem Kollisionswarnsignal) von Vorteil, denn das auditive System verarbeitet im Gegensatz zum visuellen System Reize aus allen Richtungen. Typische Richtlinien zur Gestaltung akustischer Alarme (vgl. [Pat90]) beinhalten folgendes: (i) der Alarm muss gehört werden; etwa 15 dB oberhalb der Hörschwelle, die aus dem Spektrum des Hintergrundrauschens berechnet werden kann, werden empfohlen; (ii) der Alarm sollte keine Hörschäden hervorrufen (nicht oberhalb von 90 dB liegen); (iii) er sollte nicht erschrecken; (iv) er sollte die Wahnehmung anderer wichtiger Signale nicht behindern; und (v) er sollte informativ sein, beispielsweise könnte die Tonhöhe oder der Schallpegel wichtige Informationen kodieren. Im Hinblick auf die demographische Entwicklung gewinnt auch zusehends das Forschungsgebiet alterskorrelierter Beeinträchtigungen der Hörfähigkeit an Bedeutung und muss entsprechend für die Gestaltung von Mensch-Technik-Interaktionen, insbesondere für das Design von akustischen Alarmsignalen in lärmiger Umgebung, berücksichtigt werden. Dies erfordert auch audiologische Fachkenntnisse. Eine reine Pegelanhebung des Signals zur Kompensation etwaiger Hörverluste könnte schnell zu Lästigkeit für (normalhörende) Mitfahrer führen.

Im Hinblick auf Usability sind von den weiteren Sinnesmodalitäten insbesondere die taktile und haptische Modalität, Informationen zur Stellung unserer Gliedmaßen sowie Informationen zur Ausrichtung unseres Körpers im Raum nennenswert. Sensoren direkt unter der Haut geben uns Aufschluss über ausgeübten Druck und auch über die Form von Objekten. Diese Informationsquelle kann in die Gestaltung taktiler Displays einfließen, die sich insbesondere in Situationen bewähren, wo der visuelle Kanal bereits grenzwertig belastet ist [SS99]. Informationen zur Stellung der Gliedmaßen tragen einen guten Teil dazu bei, dass wir Bewegungen des eigenen Körpers wahrnehmen können. Versucht man beispielsweise manipulierbare Kontrolleinheiten wie Joysticks so zu verändern, dass sie eine isometrische Kontrolle ermöglichen (nur Druckveränderungen aber keine Manipulationswege), so ist die erfolgreiche Kontrolle durch die immer gleichen Informationen zur Stellung der Gliedmaßen erschwert. Das letzte System, das Gleichgewichtssystem, befindet sich im Innenohr und gibt uns ständig Rückmeldung über die Lage unseres Körpers im Raum. Die Bedeutung dieses Wahrnehmungskanals wird besonders deutlich, wenn diese Informationen in Konflikt stehen mit den Informationen beispielsweise des visuellen Kanals, was zum Phänomen der „Seekrankheit" führen kann. Beispielsweise fehlen einem Kleinkind im Fond eines Fahrzeugs oder auch normalgroßen Passagieren bei eingeschränkter Sicht im Fond die korrespondierenden visuellen Informationen, um die Bewegungs- und Lagerückmeldung des Innenohrs durch zentrale kognitive Prozesse richtig einzuordnen.

Insgesamt zeigt sich, dass der Informationsverarbeitung auf dieser frühen Stufe der Wahrnehmung entscheidende Bedeutung zukommt und bereits hier wichtige psychologische Variablen benutzt werden können, um Usability entscheidend zu erhöhen. Im Modell von Endsley [End95] nimmt durch die Wahrnehmung das Gewahrwerden einer Situation seinen Ursprung und ermöglicht so in der Folge zielführendes Handeln.

Aufmerksamkeit und Zentrale Verarbeitung

Aufmerksamkeit ist die Vorbedingung für die wichtigsten Prozesse der zentralen Verarbeitung. Die Aufmerksamkeit ist begrenzt und selektiv und wird durch eine Vielzahl von Einflussfaktoren

gesteuert wie beispielsweise durch den Neuigkeitswert von Informationen, der Salienz (wie stark
hebt sich ein Reiz von der Umgebung ab) sowie von Wahrnehmungsgewohnheiten, Erwartungen,
Motivation und Ermüdung. Eine große Zahl psychologischer Einzelbefunde führte zur Formulierung dreier Grundprinzipien, die es bei einer benutzerorientierten Produktgestaltung zu berücksichtigen gilt und die Aufmerksamkeitsprozesse entsprechend unterstützen (vgl. [WLLGB04]):
(i) Maximierung der Bottom-up-Verarbeitung. Dies betrifft nicht nur Lesbarkeit oder Hörbarkeit
von Signalen sondern auch eine Verminderung von deren Verwechselbarkeit im jeweiligen Kontext. (ii) Maximierung der automatischen Verarbeitung. Es sind bekannte (im Langzeitgedächtnis
gespeicherte) Icons und Piktogramme zu verwenden, denen Bedeutungen auf einfachem Wege
zugeordnet werden können, bei Text ist auf Abkürzungen zu verzichten. (iii) Maximierung der
Top-down-Verarbeitung. Vorwissen spielt eine entscheidende Rolle und kann genutzt werden.
Zudem soll die Belastung bei der Informationsverarbeitung gering gehalten werden. Daher sollten die einzelnen Signale gut unterscheidbar, in ein Vokabular nur kleinen Umfangs eingebettet
und mit hinreichend viel Redundanz versehen sein (beispielsweise Präsentation einer Alarmmel-
dung auf visuellem und auditivem Kanal gleichzeitig). Sollte eine Sprachausgabe erfolgen, so
ist auf Negationen zu verzichten, da wir als Voreinstellung des Verstehens von Äußerungen die
positive Bedeutung wahrnehmen. Erst durch zusätzlichen kognitiven Aufwand verstehen wir die
Negation. Ungünstig wäre daher eine Sprachausgabe wie beispielsweise „Stellen Sie den Motor
nicht ab!", besser wäre „Lassen Sie den Motor an!". Auch sequenzielle Umkehrungen sind beispielsweise zu vermeiden: Die Anweisung „bevor man x und y tut, mache man z" belastet das
Arbeitsgedächtnis mehr als die Instruktion „tue z, dann x und y!".

Das Konzept des *Arbeitsgedächtnisses* geht in seiner ursprünglichen Formulierung auf Baddeley [Bad86, Bad90] zurück und hat sich als sehr treffendes Konzept herausgestellt, um Prozesse
die früher dem Kurzzeitgedächtnis zugeschrieben wurden, besser zu verstehen. Die Kapazität
des Arbeitsgedächtnisses ist begrenzt. Die klassische Zahl für die gleichzeitige Verarbeitung
von Informationseinheiten wurde von Miller [Mil56] als „magische Zahl" 7 +/− 2 angegeben,
heute geht man jedoch davon aus, dass es weniger (etwa vier) Informationseinheiten sind. Die
Architektur des Arbeitsgedächtnisses besteht aus drei Teilen: einer zentralen Exekutive (sie überwacht untergeordnete Prozesse und teilt Aufmerksamkeit zu), einem räumlich-visuellen Notiz-
block (hier werden für einige Sekunden optische Eindrücke gespeichert) und einer phonologi-
schen Schleife (hier werden für einige Sekunden akustische Informationen, vorwiegend sprach-
licher Art gespeichert). Wenn wir eine Aufgabe als belastend empfinden, dann hängt dies häufig
damit zusammen, dass die zentrale Exekutive stark gefordert ist und viele Kontroll- und Pla-
nungsprozesse ausführen muss. Die Schwierigkeiten, einem angeregten Gespräch zu folgen beim
gleichzeitigen Führen eines Kraftfahrzeugs, oder das Bedienen komplexer Infotainmentsysteme
beim Fahren machen dies deutlich. Aus den Befunden der Forschung zum Arbeitsgedächtnis
lassen sich wiederum eine Reihe von Grundprinzipien ableiten, die eine Informationsverarbeitung begünstigen. So gilt es beispielsweise, die Belastung des Arbeitsgedächtnisses gering zu
halten indem die Anzahl der zu erinnernden Informationen gering gehalten wird. Dies kann beispielsweise durch „Auslagern (und Anzeigen)" von Informationen erzielt werden, die auf einem
Monitor zur Verfügung gestellt werden. Eine geeignete Gruppierung von kleineren Informationseinheiten zu größeren ermöglicht besseres Behalten wie beispielsweise bei der Darbietung von
Zahlen oder Buchstaben in Viererblöcken.

Im *Langzeitgedächtnis* werden die Informationen in vielfach vernetzter Form abgespeichert (und
auch wieder vergessen, sollten sie längere Zeit nicht benutzt werden). Auf welchem Sinneskanal

die Information bereitgestellt wurde, tritt hierbei in den Hintergrund. Entscheidend sind vielmehr bedeutungshaltige Ordnungsprinzipien. Kognitive Psychologen beziehen sich hierbei vor allem auf mentale Modelle, kognitive Karten sowie Schemata und Skripte als Ordnungsprinzipien. Bei mentalen Modellen wird jede neue Information in vorhandene Information eingebaut und auf Widerspruchsfreiheit überprüft. Typischerweise beinhalten mentale Modelle unser Wissen wie beispielsweise eine Maschine funktioniert, aus welchen Systemkomponenten sie sich zusammensetzt und wie diese zusammenspielen sowie unser Wissen, wie wir eine Maschine bedienen sollen. Kognitive Karten dienen vor allem der Repräsentation räumlicher Gegebenheiten, also der Anordnung einzelner Elemente im Raum, etwa das Wissen über die Anordnung von Bedienelementen im Kraftfahrzeug oder auch wo wir uns gerade mit unserem Kraftfahrzeug befinden. Wir sind auch in der Lage, kognitive Karten „im Geiste" zu drehen, um sie erneut „einzuorden", dies erfordert allerdings zusätzlichen kognitiven Aufwand. Schemata und Skripte helfen uns, typische Gegebenheiten und Abläufe als geordnete Folgen von Informationen abzuspeichern. So gehört beispielsweise zu unserem kognitiven Schema eines Autos, dass es vier Räder besitzt, über mehrere Sitze verfügt, sich das Steuerrad in der Regel links im Fahrzeug befindet, etc. Kommt es im Einzelfall zu Abweichungen, so werden diese als Abweichung vom Schema wahrgenommen. Skripte organisieren unser Wissen als Folge typischer Handlungen. So verfügen wir beispielsweise über ein Skript zum Überholvorgang auf der Autobahn: Blick in den Rückspiegel, Blick in den Außenspiegel, kurze Drehung des Kopfes, um den toten Winkel zu überblicken, Setzen des Blinkers und Fahrspurwechsel. Schemata und Skripte erlauben uns, Informationen in sehr ökonomischer Weise abzuspeichern, da wir fehlendes aktuelles Wissen (weil wir beispielsweise nicht konkret instruiert wurden) durch Wissen, das sich im Schema oder Skript befindet, auffüllen können. Schemata und Skripte sind immer gelernt, das heißt, hier fließt Alltagswissen und Wissen von der Welt ein, weil wir beispielsweise einen Vorgang schon oft ausgeführt haben und er daher automatisiert ist. Unter Stress oder bei Geistesabwesenheit wird oft die am wenigsten automatisierte Handlung unterlassen, hier zum Beispiel der Blick in den toten Winkel. Ein Warnsignal im Außenspiegel kann daher eine wertvolle Hilfe sein. Ein Teil der Probleme beim adäquaten Bedienen von Infotainmentsystemen im Kraftfahrzeug rührt daher, dass wir (noch) nicht geeignete Schemata und Skripte erlernt haben. Das Erlernen wird hierbei dadurch erschwert, dass sich die Folge von Bedienhandlungen je nach Hersteller (bislang) stark unterscheidet. Aus den Befunden zum Langzeitgedächtnis lassen sich ebenfalls einige Heuristiken im Hinblick auf Usability ableiten: (i) Standardisierung von Umgebungen und Kontrolleinrichtungen vermindert die Belastung des Langzeitgedächtnisses; (ii) Anbindung von Wissen an Alltagswissen hilft beim Erinnern (Vermeidung „technischer" Ausdrücke); (iii) Erleichterung des Aufbaus mentaler Modelle durch Sichtbarkeit (beispielsweise geben Schalterpositionen sichtbare Rückmeldung über den Schaltzustand, Toggle-Switches nicht.

Das *Denken und Entscheiden* hängt unmittelbar mit Leistungen des Arbeits- und des Langzeitgedächtnisses zusammen. Rasmussen [Ras86, Ras93] unterscheidet Entscheidungen je nachdem, ob sie auf Fertigkeiten, Regeln oder Wissen basieren. Regelbasiertes Entscheiden ist intuitiv, wissensbasiertes Entscheiden ist analytisch. Wir treffen intuitive Entscheidungen, wenn folgende Bedingungen vorliegen: Erfahrung, Zeitdruck, unklar definierte Ziele und viele Hinweisreize, die gleichzeitig dargeboten werden. Wir treffen analytische Entscheidungen in ungewöhnlichen Situationen, bei abstrakten Problemen, alphanumerischen und nicht graphischen Hinweisreizen und wenn exakte Lösungen gefordert sind. Ein komplexes Modell von Entscheidungsverhalten in Zusammenhang mit Situation-Awareness, Arbeits- und Langzeitgedächtnis zeigt Abbildung 8.6.

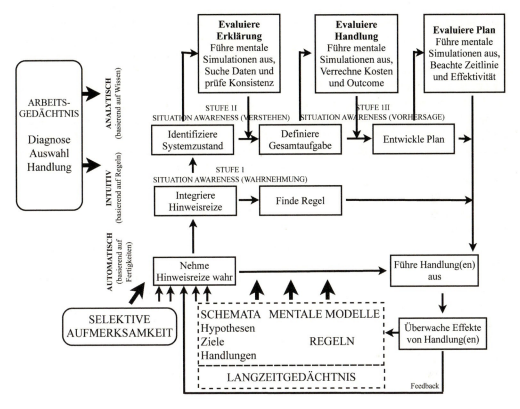

Abbildung 8.6 Ein Modell adaptiven Entscheidens beim Menschen [in Anlehnung an Wickens [WLLGB04]]

In diesem integrierten Modell von Wickens [WLLGB04] wird deutlich, wie das Langzeitgedächtnis mit Schemata und mentalen Modellen sowie dem Wissen über Regeln die Wissensbasis des Entscheidens bildet. Reize werden wahrgenommen, nachdem sie selektive Aufmerksamkeit erhalten haben. Das Arbeitsgedächtnis wirkt auf intuitive und analytische Entscheidungsprozesse ein, die dem Situation-Awareness-Modell von Endsley [End95] zugeordnet sind. Erklärungen, Handlungen und Pläne werden ständig evaluiert und gegebenenfalls modifiziert.

Reaktionsauswahl und Reaktionsausführung

Eine adäquate *Reaktion* auszuwählen und sie möglichst schnell auszuführen hängt im wesentlichen von fünf Faktoren ab (vgl. [WH00]): der *Komplexität* der Entscheidung, *Erwartungen*, *Kompatibilität*, dem *Geschwindigkeits-Genauigkeits-Ausgleich* (speed-accuracy tradeoff) und *Feedback*. Die Komplexität einer Entscheidung wird entscheidend durch die Anzahl der Alternativen bestimmt. Ersichtlich ist es komplexer, zwischen vielen als zwischen wenigen Reaktionsalternativen auszuwählen, die Komplexität hängt jedoch auch davon ab, ob sich die Alternativen gegenseitig ausschließen und wie zeitkonsumierend das Überprüfen jeder Alternative ist. Im Allgemeinen jedoch steigt die Reaktionszeit linear mit dem Logarithmus der Alternativenanzahl an (Hick-Hymansches Gesetz). Erwartungen spielen zudem eine wichtige Rolle, da erwartete Reaktionsalternativen kognitiv bereits „voraktiviert" sind und uns somit schneller zur Verfügung stehen als überraschende Alternativen. Kompatibilität bezieht sich auf den Grad an Übereinstimmung zwischen Reaktion, oftmals der zur Reaktion gehörigen Motorik, und dem mentalen Modell. Führen wir beispielsweise auf einem Display mit dem Finger eine Bewegung nach links aus, so erleichtert dies eine Bewegung nach links in der realen Welt wie etwa beim Abbiegen. Speed-accuracy tradeoff bezeichnet den Umstand, dass in aller Regel eine Erhöhung der Reaktionsgeschwindigkeit mit Einbußen bei der Genauigkeit einhergeht und umgekehrt. Wie jemand in diesem Dilemma seinen „Arbeitspunkt" wählt, ist sehr individuell und entspricht häufig einem kaum veränderlichen Verhaltensstil, es sei denn, er wird für das Lösen einer Aufgabe entsprechend instruiert. Die Rolle von Feedback wird bereits in dem Entscheidungsmodell (vgl. Abbildung 8.6) deutlich und kann auf variablen Kanälen (visuell, akustisch, taktil etc.) erfolgen. Sind schnelle Handlungssequenzen erforderlich, so kann allerdings bereits eine Verzögerung des Feedbacks von 100 Millisekunden zu entscheidenden Handlungseinbußen führen, insbesondere wenn der Handelnde wenig geübt ist (und daher stärker vom Feedback abhängig ist) oder wenn das Feedback nicht durch selektive Aufmerksamkeit ausgefiltert werden kann [WH00].

Nachdem wir nun die grundlegenden psychologischen Konstrukte vorgestellt haben, werden wir im nächsten Abschnitt 8.2.4 zwei Anwendungsbeispiele vorstellen, die eine Verbesserung der Usability unter psychologischer Perspektive illustrieren: die Gestaltung visueller Displays und die Gestaltung akustischer Signale bei Fahrerassistenzsystemen.

8.2.4   Zwei Anwendungsbeispiele

Visuelle Displays

Um visuelle Displays benutzergerecht zu gestalten, wurde eine Reihe von Richtlinien und Heuristiken formuliert, die psychologischen Aspekten der Wahrnehmung und des Gedächtnisses Rechnung tragen. So formulierten beispielsweise Bennet, Nay und Flach [BNF06] neben grundsätzlichen Erwägungen im Hinblick auf Reflexionseigenschaften, Kontrastverhältnissen und Farbwahrnehmung vier prinzipielle Herangehensweisen an das Design visueller Displays: den ästhetischen, den psychophysischen, den aufmerksamkeitsbasierten und den Problemlöse- und Entscheidungsansatz. Die Grundidee des ästhetischen Ansatzes besteht darin, Maßzahlen für das Verhältnis von Daten zu „Tinte" (relative Salienz von Daten zu Nichtdaten in einer graphischen Abbildung) und für die Datendichte (Anzahl von Datenpunkten einer Graphik dividiert durch Gesamtfläche der Graphik) zu finden. Die Beachtung ästhetischer Leitprinzipien wie beispielsweise Details in Mikrodesigns zu gruppieren, um somit unerwünschte Kontexteffekte zu verhindern, stellte sich als besonders fruchtbar für den Entwurf zweidimensionaler Darstellungen mehrdimensionaler Daten heraus. Der psychophysische Ansatz ist dadurch charakterisiert, dass psychophysische Gesetzmäßigkeiten der Wahrnehmung wie das Weber-Fechnersche Gesetz oder das Potenzgesetz von Stevens Eingang in die Displaygestaltung gefunden haben. So stellte sich beispielsweise heraus, dass Längenschätzungen weniger Wahrnehmungsfehlern unterliegen als Flächen- oder Volumenschätzungen, woraus sich ergibt, dass bei erforderlichen Vergleichen eine Kodierung über die Länge zu bevorzugen ist. Der aufmerksamkeitsbasierte Ansatz nutzt Befunde, dass sich Aufmerksamkeit bevorzugt entlang von Dimensionen bewegt. Was sich auf der gleichen (optischen) Dimension befindet, wird bevorzugt als zusammengehörig wahrgenommen, während eine zusätzliche Variation auf anderen (optischen) Dimensionen mit geringerer Aufmerksamkeit belegt ist. Man kann die aufmerksamkeitsgesteuerte Wahrnehmung auch dadurch befördern, dass die räumliche Nähe von Objekten auf einem Display oder deren farbliche Gleichgestaltung mit Gemeinsamkeiten innerhalb des mentalen Modells korrespondiert (beispielsweise ähnliche Handlungsalternativen signalisiert). Beim Problem- und Entscheidungsansatz bezieht sich die graphische Repräsentation vorwiegend auf die einem Problem zugrundeliegende Domäne, also dem Entscheidungshintergrund mit seinen Alternativen. Wie wir in Abschnitt 8.2.3 gesehen haben, kann dieser Entscheidungshintergrund eher regelbasiert sein oder eher auf Wissen und Erwartungen beruhen. Entsprechend ist eine graphische Darstellung regelbasierter Domänen unterstützender, wenn sie graphische Elemente enthält, die physikalische oder funktionale Strukturen (beispielsweise eine Temperaturanzeige, eine Ventilstellung etc.) kodiert. Wissens- und erwartungsbasierte Domänen hingegen finden sich bei Benutzern, deren Handlungsabsichten im Vordergrund stehen. Unterstützung wird hier dadurch erzielt, dass ein Transfer auf bekannte Domänen erreicht wird wie beispielsweise bei der „Schreibtisch- und Papierkorbmetapher" bei PCs.

Die genannten Ansätze machen deutlich, wie psychologische Faktoren der Wahrnehmung, der Aufmerksamkeit und des Gedächtnisses genutzt werden können, um visuelle Displays benutzergerechter zu gestalten.

Akustische Signale von Fahrerassistenzsystemen

Die Gestaltung akustischer Signale für Fahrerassistenzsysteme (Spurhaltesysteme; Einparkassistenten; Kollisionswarnsysteme) ist ebenfalls Gegenstand eingehender psychologischer Forschung. So lassen sich beispielsweise die akustischen Signale als auf einem Kontinuum von Zeichen und Sound liegend auffassen. Besitzen sie stärker Zeichencharakter, so sind sie häufig sprachnah, hoch strukturiert, zeitlich dicht und wenig mehrdeutig. Nähern sie sich stärker Umweltgeräuschen an, so weisen sie entsprechend eine geringere Strukturierung, geringere zeitliche Dichte und höhere Mehrdeutigkeit auf. Werden Nachahmungen oder Imitationen natürlicher Sounds zur Informationsvermittlung verwendet, so spricht man auch von *Audicons* in Analogie zu *Icons* im visuellen Bereich [Gra99]. Ein Audicon wird als akustisches „Gesamtereignis" wahrgenommen. Wichtig ist hierbei, dass das Audicon so hergestellt wird, dass es von den Nutzern richtig erkannt wird. Die Erkennensleistung von Audicons hängt unter anderem von folgenden Faktoren ab: den akustischen Eigenschaften des Audicons, der Auftretenshäufigkeit in der Realität, der Verwechslungsgefahr mit anderen Sounds, der Wahrnehmbarkeit des Zeichens und den emotionalen Reaktionen des Fahrers. Im Gegensatz zu den Audicons folgen die *Earcons* einer symbolischen und abstrakten Funktion. Earcons werden durch eine Kombination kurzer, rhythmischer Sequenzen von Tonhöhen unterschiedlicher Lautstärke, Timbre und Register gebildet [Bre03]. Earcons bieten den Vorteil, dass sie zu Gruppen zusammengefasst und bei sorgfältigem Design sogar hierarchisch geordnet (und gleichzeitig abgespielt) werden können. Was als zusammengehörig erlebt wird hängt davon ab, ob die Earcons wahrnehmbare Gemeinsamkeiten aufweisen (beispielsweise Timbre), im Hinblick auf Zeit und Frequenz ähnlich sind, dieselbe räumliche Position besitzen und ähnliche rhytmische Schemata besitzen. Die gemeinsame Gruppierung ist somit unmittelbar von perzeptuellen Gegebenheiten abhängig, die auf elementaren Wahrnehmungsprozessen der Ähnlichkeit beruhen. Generell lässt sich festhalten, dass der Einsatz auditiver Zeichen insbesondere dann sinnvoll ist, wenn die Information einfach und kurz ist, die Information später nicht mehr benötigt wird und sich auf eine zeitliche Dimension bezieht, eine schnelle Aufmerksamkeitszuteilung und eine sofortige Reaktion benötigt wird und der visuelle oder haptische Kanal überbeansprucht ist oder ungünstige Wahrnehmungsverhältnisse bietet. Angesichts der noch jungen Forschungslage im auditiven Bereich mag es im Hinblick auf das Design akustischer Signale nicht verwundern, dass die diskutierten Faktoren sich stark auf die perzeptuelle Ebene konzentrieren. Ein verstärkter Einbezug zentraler kognitiver Prozesse wird jedoch, vergleichbar zur visuellen Modalität, in näherer Zukunft zu erwarten sein.

8.3   Fahrsimulation

In den Abschnitten 8.1.5 und 8.1.6 wurde die Bedeutung von Prototyping und Evaluation im Entwurfsprozess von Benutzungsschnittstellen geklärt. Im Automobil stellt sich jedoch schnell die Frage nach einer geeigneten Evaluationsumgebung, die die primären und sekundären Fahraufgaben in Betracht zieht.

Papier-und-Bleistift-Methoden (*Paper-Pencil*-Methoden) eignen sich [Bub07] nur bedingt insbesondere bei Akzeptanzuntersuchungen, weil die Probanden den Nutzungskontext nur unzureichend abstrahieren können. Realfahrzeugversuche – das entgegengesetzte Extrem – haben neben den ökonomischen und sicherheitsbezogenen Nachteilen auch das Problem der Reproduzierbarkeit und eines eingeschränkten Probandendurchsatzes, sieht man einmal von groß angelegten Studien mit z. B. 100 Fahrzeugen und 43.000 Fahrstunden, wie in [DKN⁺06] beschrieben, ab.

So empfiehlt sich die Fahrsimulation zunehmend als Instrument von Usability-Untersuchungen im Fahrzeug. Sie hat eine Reihe von offensichtlichen Vorteilen:

- Die Fahrversuche im Simulator sind sicher, bis auf die häufig zu beobachtende „Fahrsimulatorkrankheit", dem Pendant zur Seekrankheit, werden die Versuchspersonen nicht beeinträchtigt.

- Die Fahrversuche im Simulator sind genau reproduzierbar, unabhängig von Wetter, Tages- und Jahreszeiten und genau dokumentiert. Auch außergewöhnliche Situationen lassen sich reproduzieren.

- Eine Änderung des Versuchsaufbaus ist in speziellen Prototypen weitaus flexibler als im Realfahrzeug.

- Die Erhebung der Daten gestaltet sich einfacher und unabhängig von Störeinflüssen, die durch die Realfahrzeugumgebung bedingt sind.

Diesen Vorteilen gegenüber steht der Nachteil, dass häufig nicht klar ist, wie realistisch die Simulation sein muss, um eine gegebene Fragestellung korrekt zu beantworten [KN05]. So sind Diskrepanzen zwischen Realfahrten und Fahrsimulatorfahrten bekannt, die primär das Lenk- und

Spurhalteverhalten, jedoch weniger die visuelle Ablenkung betreffen [KKM06]. Die Simulator-fahrt spielt ihre Vorteile in frühen Phasen der Evaluationskette aus, ohne die Realfahrt am Ende der Kette zu verdrängen.

Klassische Fragestellungen für den Simulator sind:

- Design-, Ergonomie- und Akzeptanzstudien für Fahrzeuge und Fahrzeuginterieur (siehe Abbildung 8.3) [Kai05, KNS99]

- Aufmerksamkeits-, Ablenkungs- und Ermüdungsuntersuchungen [Wil04, Kut06, Kuh06, O^{+}05] z. B. bei der Erfüllung von sekundären und tertiären Aufgaben

- Persönlichkeits- und Fahrtauglichkeitsuntersuchungen [K^{+}05] oder bei [RV06] [und ande-re Beiträge zum 4th Annual STISIM Drive User Group Meeting]

- Funktionstest und -demonstration von neuen Systemen (z. B. Spurhalteassistent, Abstands-regler) [FSNS03] bis hin zum subjektiven Empfinden von Fahrdynamik [Kai05]

- Ausbildung und Training [Uhr05]

Dementsprechend lang ist auch die Liste der auf dem Markt befindlichen Fahrsimulatoren bzw. Vorstufen. Man kann sie in etwa so klassifizieren:

- einfache Tracking-Aufgabe am PC mit der Maus oder anderen Eingabegeräten,

- Fahraufgabe am PC mit Spielelenkrad und Monitor,

- Sitzkiste mit Fahrzeuginterieur und Projektionssystem (stationär),

- stationärer Simulator mit Realfahrzeug, Force-Feedback an der Lenkung,

- dieser mit zusätzlicher Anregung von Fahrgeräuschen und Vibrationen [Lie05]

- dynamische Fahrsimulatoren mit Bewegungssystem zur Stimulation des vestibulären Ein-drucks.

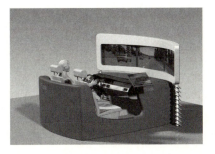

Abbildung 8.7 Demonstrationssitzkiste von FTronik (Foto: FTronik) und dynamischer Fahrsimulator der Mercedes Forschung (Foto: Produktkommunikation Mercedes Car Group)

Dazwischen existieren beliebige Varianten, die sich z. B. im abgedeckten Blickfeld (Blickwinkel) und in der Flexibilität des Versuchsaufbaus unterscheiden [MS07].

Einfacher als im Realfahrzeug lassen sich im Simulator Messwerte erheben. Eine kleine Auswahl gängiger Parameter ist:

- Visuelle Aufmerksamkeitslenkung, die mit Eye-Tracking-Kameras (Blickregistrierungs-kameras) gemessen wird, die die Augenbewegungen der Probanden und die Blickrichtung ermitteln. Beispiele sind [Duc03, Kut06, Pra03]:

  - die Dauer von Blickzuwendungen auf ein Objekt oder auf die Straße (Eyes-off-road),
  - die Häufigkeit von Blickzuwendungen,
  - die Reihenfolge der Blickzuwendung auf unterschiedliche Objekte,
  - das Sichtfeld, das beim Umherblicken (Scannen) erfasst wird,
  - Häufigkeit und Dauer des Lidschlusses und Pupillenreaktion, z. B. bei Ermüden.

- Fahrzeugführung: Hier können die unterschiedlichsten Parameter aufgenommen werden, klassische Aufgaben sind:

  - die Spurhaltung, z. B. die laterale Position oder die Anzahl der Spurüberschreitungen [Wil04, Kuh06, KKM06],
  - die Abstandshaltung bei Folgefahrten und das Einhalten der Geschwindigkeit [Wil04],
  - verschiedene Parameter zur Lenkbewegung [KKM06].

- Physiologische Parameter (Hautwiderstand, Puls, Blutdruck, EEG)
- Subjektives Empfinden

Auch hier gilt die Problematik, einen der Fragestellung angemessenen Umfang von Messwerten aufzunehmen.

8.4 Zum Weiterlesen

- Eine für einen breiten Leserkreis gut verständliche Einführung in (kognitions-)psycholo-gische Fragestellungen und Methoden aus dem Bereich Human Factors findet sich in dem Buch von **Wickens**, **Lee**, **Liu** und **Becker** [WLLGB04]. Stärker ins Detail gehend ist auch das Buch von **Wickens** und **Hollands** [WH00] sehr empfehlenswert. Detaillierte Darstel-lungen einer Fülle von Einzelthemen finden sich in den von **Salvendy** [Sal06] und **Durso** [Dur07] herausgegebenen Handbüchern zu Human Factors, Ergonomie und angewandter Kognitionspsychologie.

- Einen hervorragenden Überblick über alle wichtigen Themen der Mensch-Computer-Interaktion bietet „The Human-Computer Interaction Handbook“ von **Jacko** und **Sears** [JS03].

- Quasi ein Standardwerk zu Fragen der Gestaltung von Benutzungsschnittstellen ist sicher „Designing the User Interface: Strategies for Effective Human-Computer Interaction“ von **B. Shneiderman** und **C. Plaisant** [SP04]. Hier werden sehr fundiert theoretische Grund-lagen vermittelt und praxisorientierte Hilfsmittel an die Hand gegeben.

- **F. Sarodnick** und **H. Brau** haben ein umfassendes Werk zu „Methoden der Usability Eva-luation“ geschrieben [SB06]. Es führt in die Thematik ein und bietet einen guten Über-blick.

- Benutzerzentriertes Gestalten auf der Basis von Szenarien wird in dem Buch von **M.B. Rosson** und **J.M. Carroll** sehr detailliert und anschaulich beschrieben. „Usability Engineering – Scenario-based development of human-computer interaction" legt den Schwerpunkt auf den kreativen Entwurf von Benutzungsschnittstellen [RC02].

- Der Klassiker zum Thema Usability Engineering ist sicher immer noch das Buch von **Nielsen** „Usability Engineering" aus dem Jahre 1993 [Nie93]. Einen starken Bezug der Praxis Benutzerzentrierter Gestaltung bieten die Bücher von **J. Machate** und **M. Burmester** „User Interface Tuning" [MB03] und **S. Heinsen** und **P. Vogt** „Usability praktisch umsetzen" [HV03].

- Speziell mit der Ergonomie und Usability im Fahrzeug beschäftigt sich eine VDI-Reihe „Der Fahrer im 21. Jahrhundert" (VDI-Berichte), z. B. [SB03].

8.5 Literatur zu Usability

[ÖAM03]   ÖAMTC nimmt Auto-Elektronik unter die Lupe
            http://www.oeamtc.at(10.07.2007)

[Bad86]   BADDELEY, A. D.: *Working memory*. New York : Oxford University Press, 1986

[Bad90]   BADDELEY, A. D.: *Human memory. Theory and practice*. Boston : Allyn & Bacon, 1990

[Bev95]   BEVAN, N.: Usability is Quality of Use. In: ANZAI, Y. (Hrsg.) ; MORI, H. (Hrsg.) ; OGAWA, K. (Hrsg.): *Proceedings of the Sixth International Conference on Human-Computer Interaction*. Amsterdam : Elsevier, 1995, S. 349–354

[BH98]   BEYER, H. ; HOLTZBLATT, K.: *Contextual design : defining customer-centered systems*. San Francisco : Morgan Kaufmann, 1998

[BHK07]   BURMESTER, Michael ; HASSENZAHL, Marc ; KOLLER, Franz: Engineering attraktiver Produkte AttrakDiff. In: J., Ziegler (Hrsg.) ; W., Beinhauer (Hrsg.): *Interaktion mit komplexen Informationsräumen*. München : Oldenburg, 2007

[Bia94]   BIAS, R.: The Pluralistic Usability Walkthrough: Coordinated Empathies. In: NIELSEN, J. (Hrsg.) ; MACK, R.L. (Hrsg.): *Usability Inspection Methods*. John Wiley, 1994, S. 63–76

[BLM03]   BEAUDOUIN-LAFON, M. ; MACKAY, W.: Evolution of Human-Computer Interaction: From Memex to Bluetooth and beyond. In: JACKO, J.A. (Hrsg.) ; SEARS, A. (Hrsg.): *Human-Computer Interaction Handbook*. Lawrence Erlbaum Associates, 2003, S. 1006–1031

[BNF06]   BENNETT, K. B. ; NAGY, A. L. ; FLACH, J. M.: Visual Displays. In: SALVENDY, G. (Hrsg.): *Human Factors and Ergonomics*. Hoboken, NJ : Wiley, 2006, S. 1191–1221

[BOMW03]   BLYTHE, Mark A. (Hrsg.) ; OVERBEEKE, Kees (Hrsg.) ; MONK, Andrew F. (Hrsg.) ; WRIGHT., Peter C. (Hrsg.): *Funology: From Usability to Enjoyment*. Dordrecht : Kluwer, 2003

[Bre03]   BREWSTER, S: Nonspeech Auditory Output. In: JACKO, J. (Hrsg.) ; SEARS, A. (Hrsg.): *The Human-Computer Interaction Handbook*. Mahwah, NJ : Erlbaum, 2003, S. 220–239

[BT01]   BAUMANN, K. ; THOMAS, B.: *User interface design of electronic appliances*. London : Tylor & Francis, 2001

[Bub03]   BUBB, Heiner: Fahrerassistenz – primär ein Beitrag zum Komfort oder für die Sicherheit? In: *Der Fahrer im 21. Jahrhundert*. Düsseldorf : VDI, 2003 (VDI-Berichte 1768), S. 25–46

[Bub07]   BUBB, Heiner: Bewertung von Fahrerassistenzsystemen im Simulator. In: *3. TecDay*. Aschaffenburg, März 2007

[Bur97]   BURMESTER, Michael: *Guidelines and Rules for Design of User Interfaces for Electronic Home Devices*. Stuttgart : IRB, 1997

[Bur07a]   BURMESTER, Michael: Usability Engineering. In: WEBER, W. (Hrsg.): *Informationsdesign.*
             Berlin : Springer, 2007. – (in Druck)

[Bur07b]   BURMESTER, Michael: Usability und Design. In: SCHMITZ, R. (Hrsg.): *Kompendium Medien-*
             informatik. Berlin : Springer, 2007 (Medienpraxis)

[Che06]   CHEN, F.: *Design Human Interface in Speech Technology.* New York : Springer, 2006

[Coo99]   COOPER, A.: *The Inmates Are Running the Asylum, Why High Tech Products Drive Us Crazy*
             and How To Restore The Sanity. Boston : Pearson Professional, 1999

[DIN98]   *DIN EN ISO 9241-11 Ergonomische Anforderungen für Bürotätigkeiten mit Bildschirm-*
             geräten – Teil 11: Anforderungen an die Gebrauchstauglichkeit; Leitsätze (ISO 9241-
             11:1998). Berlin, 1998

[DIN99]   *DIN EN ISO 9241-12-17 Ergonomische Anforderungen für Bürotätigkeiten mit Bildschirm-*
             geräten – Teil 12-17. Berlin, 1996-1999

[DIN00]   Beuth: *DIN EN ISO 13407 Benutzerorientierte Gestaltung interaktiver Systeme (ISO*
             13407:1999). Berlin, 2000

[DIN03a]   *DIN EN ISO 14915 Software-Ergonomie für Multimedia-Benutzungsschnittstellen – Teil1-3.*
             Berlin, 2002,2003

[DIN03b]   *DIN EN ISO 15007-1 Straßenfahrzeuge – Messung des Blickverhaltens von Fahrern bei*
             Fahrzeugen mit Fahrerinformations- und -assistenzsystemen - Teil 1: Begriffe und Parameter
             (ISO 15007-1:2002). Berlin, 2003

[DIN03c]   *DIN EN ISO 15008 Straßenfahrzeuge – Ergonomische Aspekte von Fahrerinformations- und*
             Assistenzsystemen – Anforderungen und Bewertungsmethoden der visuellen Informations-
             darstellung im Fahrzeug. Berlin, 2003

[DIN06]   *DIN EN ISO 9241-110 Ergonomie der Mensch-System-Interaktion – Teil 110: Grundsätze*
             der Dialoggestaltung. Berlin, 2006

[DIN07]   *DIN EN ISO 15006 Straßenfahrzeuge – Ergonomische Aspekte von Fahrerinformations- und*
             Assistenzsystemen – Anforderungen und Konformitätsverfahren für die Ausgabe auditiver
             Informationen im Fahrzeug. Berlin, 2007

[DKN+06]   DINGUS, T. A. ; KLAUER, S. G. ; NEALE, V. L. ; PETERSEN, A. ; LEE, S. E. ; SUDWEEKS, J. ; PEREZ,
             M. A. ; HANKEY, J. ; RAMSEY, D. ; GUPTA, S. ; BUCHER, C. ; DOERZAPH, Z. R. ; JERMELAND, J. ;
             KNIPLING, R. R.: The 100-Car Naturalistic Driving Study, Phase II – Results of the 100-Car
             Field Experiment. / Performed by Virginia Tech Transportation Institute, Blacksburg, VA,.
             2006. – Forschungsbericht. – Sponsored by National Highway Traffic Safety Administration,
             Washington, D.C. DOT HS 810 593- April 2006

[DS99]   DURSO, F. ; S., Gronlund: Situation awareness. In: DURSO, F. T. (Hrsg.): *Handbook of applied*
             cognition. New York : Wiley, 1999, S. 283–314

[Duc03]   DUCHOWSKI, A.T.: *Eye-Tracking Methodology: Theory and Practice.* London : Springer, 2003

[Dur07]   DURSO, F. T. (Hrsg.): *Handbook of Applied Cognition.* 2. New York : Wiley, 2007

[EG00]   ENDSLEY, M. R. ; GARLAND, D. J.: *Situation awareness analysis and measurement.* Mahwah,
             NJ : Erlbaum, 2000

[End95]   ENDSLEY, M. R.: Toward a theory of situation awareness in dynamic systems. In: *Human*
             Factors 37 (1995), S. 32–64

[Fog03]   FOGG, B. J.: *Persuasive Technology, Using Computers to Change What We Think and Do.*
             San Francisco : Morgan Kaufmann, 2003

[FSNS03]   FUHR, F. ; SCHRÜLLKAMP, T.H. ; NEUKUM, A. ; SCHUMACHER, M.: Integration von Fahrsimula-
             toren in den Entwicklungsprozess von aktiven Fahrwerksystemen. In: *Simulation und Simu-*
             latoren – Mobilität virtuell gestalten. VDI-Verlag, 2003 (VDI-Berichte 1745)

[FZ06]   FASTL, H. ; ZWICKER, E.: *Psychoacoustics.* 3. Berlin : Springer, 2006

[Gör97] GÖRNER, C.: Styleguides – Vom Ladenhüter zum Steuerungsinstrument. In: MACHATE, J. (Hrsg.) ; BURMESTER, M. (Hrsg.): *User Interface Tuning – Benutzungsschnittstellen menschlich gestalten.* Frankfurt : Software und Support, 1997, S. 139–164

[Gra99] GRAHAM, R.: Use of Auditory Icons as Emergency Warning: Evaluation within a Vehicle Kollision Avoidance Application. In: *Ergonomics* 42 (1999), Nr. 9, S. 1233–1248

[Has03] HASSENZAHL, M.: Focusgruppen. In: HEINSEN, S. (Hrsg.) ; VOGT, P. (Hrsg.): *Usability praktisch umsetzen.* München : Hanser, 2003, S. 138–153

[HE04] HELLBRÜCK, J. ; ELLERMEIER, W.: *Hören. Physiologie, Psychologie und Pathologie.* Göttingen : Hogrefe, 2004

[HGH03] HAMBORG, K.-C. ; GEDIGA, G. ; HASSENZAHL, M.: Fragebogen zur Evaluation. In: HEINSEN, S. (Hrsg.) ; VOGT, P. (Hrsg.): *Usability praktisch umsetzen.* München : Hanser, 2003, S. 172–186

[HR98] HACKOS, J. ; REDISH, J.: *User and Task Analysis for Interface Design.* New York : Wiley and Sons, 1998

[HV03] HEINSEN, S. (Hrsg.) ; VOGT, P. (Hrsg.): *Usability praktisch umsetzen.* München : Hanser, 2003

[ISO02] *ISO/TR 16982 Ergonomics of human-system interaction – Usability methods supporting human-centred design.* Berlin, 2002

[ISO03] *ISO/IEC 18035 Information Technology – Icon symbols and functions for con-troling multimedia applications.* Berlin, 2003

[ISO06] *ISO 20282 Ease of operation of everyday products – Part 1.* Berlin, 2006

[JS03] JACKO, J. A. ; SEARS, A.: *The Human-Computer Interaction Handbook.* Lawrence Erlbaum Associates, 2003. – (neue Auflage E. 2007)

[K+05] KRÜGER, Hans P. u. a.: Fahrtauglichkeit und M. Parkinson. In: *MedReport* 29 (2005), Nr. 3

[Kai05] KAISER, Ralf: Fahrsimulation – Ein Werkzeug zur Überprüfung der ergonomischen Gestaltung? In: *1. Motion Simulator Conference.* Braunschweig : GZVB, 2005, S. 19–33

[KKM06] KNAPPE, Gwendolin ; KEINATH, Andreas ; MEINECKE, Cristina: Empfehlungen für die Bestimmung der Spurhaltegüte im Kontext der Fahrsimulation. In: *MMI-Interaktiv* (2006), Dez., Nr. 11

[KN05] KRÜGER, Hans-Peter ; NEUKUM, Alexandra: Der Fahrsimulator als Herausforderung für Entwickler und Anwender - Zur Forderung nach der Realitätstreue von Fahrsimulation. In: VERKEHR BRAUNSCHWEIG, Gesamtzentrum für (Hrsg.): *Motion Simulator Conference* Bd. 1, 2005, S. 13–18. – Beiträge zum gleichnamigen 1. Braunschweiger Symposium

[KNS99] KRÜGER, Hans P. ; NEUKUM, Alexandra ; SCHULLER, Jürgen: Bewertung von Fahrzeugeigenschaften – vom Fahrgefühl zum Fahrergefühl. In: *Bewertung von Mensch-Maschine-Systemen – 3. Berliner Werkstatt Mensch-Maschine-Systeme*, VDI-Verlag, 1999 (VDI-Fortschritt-Berichte, Reihe 22)

[Kuh06] KUHN, Friedemann: Methode zur Bewertung der Fahrerablenkungdurch Fahrerinformations-Systeme / Daimler Chrysler AG. 2006. – Vortrag. – anlässlich des World Usability Day in Stuttgart 11/2006

[Kut06] KUTILA, Matti: *Methods for Machine Vision Based Driver Monitoring Applications.* Tampere, Tampere University, Diss., December 2006

[Law02] LAWSON, B.: *How Designers Think. The design process demystified.* 3. Oxford : Architectural Press, 2002

[Lie05] LIENKAMP, Markus: Simulatoren aus der Vogelperspektive. In: *1. Motion Simulator Conference.* Braunschweig : GZVB, 2005, S. 200–201

[Lin03] LINDHOLM, C.: *Mobile usability: how Nokia changed the face of the mobile phone.* New York : McGraw-Hill, 2003

[Mar05]   MARCUS, A.: User Interface Design's Return of Investment: Examples and Statistics. In: BIAS, R.G. (Hrsg.) ; MAYHEW, D.J. (Hrsg.): *Cost Justifying Usability – An Update for the Internet Age*. Amsterdam : Morgan Kaufmann, 2005, S. 18–39

[May99]   MAYHEW, D.L: *The Usability-Engineering lifecycle. A practitioner's handbook for user interface design*. San Francisco, CA : Morgan Kaufmann, 1999

[MB03]   MACHATE, J. (Hrsg.) ; BURMESTER, M. (Hrsg.): *User Interface Tuning – Benutzungsschnittstellen menschlich gestalten*. Frankfurt : Software und Support, 2003

[Mil56]   MILLER, G. A.: The magical number seven plus or minus two: Some limits on pur capacity for processing information. In: *Psychological Review* 63 (1956), S. 81–97

[MS07]   MEROTH, Ansgar ; SCHÖNBRUNN, Michael: Integration von Multimedia- und Bedienkomponenten in eine Fahrsimulatorumgebung. In: *3. TecDay*. Aschaffenburg, März 2007

[Mul91]   MULLER, M.J.: PICTIVE – An Exploration in Participatory Design. In: *Proceedings of the SIGCHI conference on Human factors in computing systems: Reaching through technology*. New York : ACM, 1991, S. 225–231

[Nie93]   NIELSEN, J.: *Usability-Engineering*. Boston, San Diego : Academic Press, 1993

[Nie94]   NIELSEN, J.: Heuristic Evaluation. In: NIELSEN, J. (Hrsg.) ; MACK, R.L. (Hrsg.): *Usability Inspection Methods*. New York : John Wiley, 1994, S. 25–62

[Nor03]   Interaction Design for Automobile Interiors http://www.jnd.org/dn.mss/interaction_des.html (10.07.2007)

[Nor04]   NORMAN, D.: *Emotional Design*. New York : Basic Books, 2004

[O⁺05]   ÖSTLUND, Joakim u. a.: Driving performance assessment – methods and metrics / AIDE. 2005. – Forschungsbericht. – Bericht zum AIDE Projekt, http://www.aide-eu.org/pdf/sp2_deliv/aide_d2-2-5.pdf (Aug 2007)

[PA93]   PRÜMPER, J. ; ANFT, M. ; RÖDIGER, K.-H. (Hrsg.): *Die Evaluation von Software auf der Grundlage des Entwurfs zur internationalen Ergonomie-Norm ISO9241 Teil 10 als Beitrag zur partizipativen Systemgestaltung - ein Fallbeispiel*. Stuttgart : Teubner, 1993

[Pat90]   PATTERSON, R. D.: Auditory warning sounds in the work environment. In: *Philosophical Transactions of the Royal Society of London Series B-Biological Sciences* 327 (1990), Nr. 1241, S. 485–492

[Pra03]   PRAXENTHALER, Michael: *Experimentelle Untersuchung zur Ablenkungswirkung von Sekundäraufgaben während zeitkritischer Fahrsituationen*, Universität Regensburg, Diss., 2003

[Ras86]   RASMUSSEN, J.: *Information processing and human-machine interaction: An approach to cognitive engineering*. New York : Elsevier, 1986

[Ras93]   RASMUSSEN, J.: Deciding and doing: Decision making in natural contexts. In: G. KLEIN, R. C. J. Orasallu O. J. Orasallu (Hrsg.) ; ZSAMBOK, C. E. (Hrsg.): *Decision making in action: Models and methods*. Norwood, NJ : Ablex, 1993, S. 158–171

[RBMI98]   ROBERT, D. ; BERRY, D. ; MULLALY, J. ; ISENSEE, S.: *Designing for the User with OVID*. Macmillan Technical Publishers, 1998

[RC02]   ROSSON, M.B. ; CARROLL, J.M.: *Usability-Engineering – Scenario-based development of human-computer interaction*. San Francisco : Morgan Kaufmann, 2002

[RC03]   ROSSON, M.B. ; CARROLL, J.M.: Scenario-Based Design. In: JACKO, J.A. (Hrsg.) ; SEARS, A. (Hrsg.): *The Human-Computer Interaction Handbook*. Mahwah : Lawrence Erlbaum Associates, 2003, S. 1032–1050

[RTK04]   RAUCH, N. ; TOTZKE, I. ; KRÜGER, H.-P.: Kompetenzerwerb für Fahrerinformationssysteme: Bedeutung von Bedienkontext und Menüstruktur. In: *VDI-Berichte Nr. 1864. Integrierte Sicherheit und Fahrerassistenzsysteme*. Düsseldorf : VDI-Verlag, 2004, S. 303–322

[RV06] RYAN, A. M. ; VERCRUYSSEN, M.: Age and Sex Differences in Simulated Collision Avoidance Driving. In: *4th Annual STISIM Drive User Group Meeting, Oct. 26, 2006*. Cambridge, MA : GZVB, 2006

[Sal06] SALVENDY, G. (Hrsg.): *Handbook of Human Factors and Ergonomics*. 3. New York : Wiley, 2006

[SB03] SCHWEIGERT, M. ; BUBB, H.: Einfluss von Nebenaufgaben auf das Fahrerblickverhalten. In: *Der Fahrer im 21. Jahrhundert*. Düsseldorf : VDI, 2003 (VDI-Berichte 1768), S. 59–74

[SB06] SARODNICK, F. ; BRAU, H.: *Methoden der Usability Evaluation: wissenschaftliche Grundlagen und praktische Anwendung*. 1. Bern : Hans Huber, 2006

[Sny03] SNYDER, C.: *Paper Prototyping*. Amsterdam : Morgan Kaufmann, 2003

[SP04] SHNEIDERMAN, B. ; PLAISANT, C.: *Designing the User Interface*. Boston : Pearson, 2004

[SS99] SKLAR, A. ; SARTER, N.: Good vibrations: Tactile feedback in support of attention allocation and human-automation coordination in event-driven domains. In: *Human Factors* 41 (1999), Nr. 4, S. 543–552

[Sut02] SUTCLIFFE, A.: *User centred requirements engineering*. 1. London : Springer-Verlag, 2002

[TB96] THOMAS, C. ; BEVAN, N.: *Usability Context Analysis – A Practical Guide, Version 4.04*. http://www.usabilitynet.org/papers/UCA_V4.04.doc (14.07.07), 1996

[Tid06] TIDWELL, J.: *Designing Interfaces – Patterns for Effective Interaction Design*. Beijing : O'Reilly, 2006

[Tud93] TUDOR, L.-G.: A participatory design technique for high-level task analysis, critique and re-design: The CARD method. In: *Proceedings of the Human Factors and Ergonomics Society*. Seattle : HFES, 1993, S. 295–299

[Uhr05] UHR, Marcel B. ; KRUEGER, Helmut (Hrsg.): *Ergonomie: Mensch – Produkt – Arbeit – Systeme. Bd. 7: Transfer of Training from Simulation to Reality: Investigations in the Field of Driving Simulators*. Shaker, 2005. – zgl. ETH Zürich Diss 15640 2004

[War03] WARE, C.: Design as Applied Perception. In: CARROLL, J.M. (Hrsg.): *HCI Models, Theories, and Frameworks – Toward a Multidisciplinary Science*. Amsterdam : Morgan Kaufmann, 2003, S. 11–26

[Wei02] WEISS, S.: *Handheld Usability*. New York, Chichester : Wiley, 2002

[Wel02] WELIE, M. van: *Interaction Design Patterns*. http://www.welie.com (26.09.2006), 2002

[WH00] WICKENS, C. D. ; HOLLANDS, J.: *Engineering psychology and human performance edition=3*. Upper Saddle River, NJ : Prentice Hall, 2000

[Wic00] WICKENS, C. D.: The tradeoff of design for routine and unexpected performance: Implications of situation awareness. In: GARLAND, D. J. (Hrsg.) ; ENDSLEY, M. R. (Hrsg.): *Situation awareness analysis and measurement*. Mahwah, NJ : Erlbaum, 2000

[Wil04] WILBER, Vann: Driver Focus: A North American Perspective / Alliance of Automotive Manufacturers. 2004. – Presentation. – Presented To The ITC, Feb. 18 2004

[WLLGB04] WICKENS, C. D. ; LEE, J. D. ; LIU, Y. ; GORDON BECKER, S. E.: *An introduction to human factors engineering*. Upper Saddle River, NJ : Pearson, 2004

[WRLP94] WHARTON, C. ; RIEMAN, J. ; LEWIS, C. ; POLSON, P: The Cognitive Walkthrough-Method: A Practitioners's Guide. In: NIELSEN, J. (Hrsg.) ; MACK, R.L. (Hrsg.): *Usability Inspection Methods*. New York : John Wiley, 1994, S. 105–140

Sachwortverzeichnis

A
A2DP 258
Abhängigkeitsbeziehung 277 f.
Absorption 11, 13, 64
Abtastung 30, 35, 38, 42, 91 f., 99
Acknowledgement 171, 179
ACL 256, 258
ACPI 302
ad-hoc 173
Ad-Hoc-Netze 251
Adaptation 83
AES 219
AFH 253
Akzeptanz 349
A-Kennlinie 35
AMI 162
Amplitudenfrequenzgang 22
Antialiasing 91
Anzeige
– emissive 96
– reflektive 101
– transflektive 103
– transmissive 102
APM 302
Äquivalenzstereophonie 17
Arbeitsgedächtnis 339 f.
Arbeitspunkt 48 f.
ARQ 171, 189
Association for Standardisation of Automation
 and Measuring Systems 308
Assoziation 271, 273
Attribute 269, 274 f., 288 f.
Audicons 347
Aufmerksamkeit 329, 334, 338, 340, 342, 346 f.
Auge 81
Augendiagramm 157
Ausführungsbalken 282
Auslöser 288
Austrittspunkt 291

Automat, endlicher 287
AUTOSAR 293, 304, 309, 314

B
Backlight 103
Bandpassfilter 24, 47
Barrieren 297
Barriers 297
Baseband 256
Basisstationen 220 f., 238
Bassreflexbox 61
Befehlszähler 295
Beleuchtungsstärke 84
Benutzereigenschaften 325, 328
Benutzerprofile 325, 328
Berührung 120
Betätigungshaptik 120 f., 142
Bi-Phase 162, 188
Bit-Stuffing 165 f., 185
Blickregistrierung 334, 350
Blindleistung 53
Bluetooth 210, 212, 247, 252, 255 ff.
– Profile 257
Blur 91
Bode-Diagramm 26
Broadcast 177, 190
Brücke 50
BSC 222, 233
BSS 222
BTS 222, 232 f.
Bühnendarstellung 9
Bündelfehler 203
Burst 203, 227
Bus 160
Bytestuffing 166

C
Callstack 295 f.
CALM 211, 264